国家出版基金项目
NATIONAL PUBLICATION FOUNDATION

"十三五"国家重点图书出版规划项目

Precision Medicine

精准医学出版工程

精准医学基础系列

总主编 詹启敏

蛋白质组学与精准医学

Proteomics and Precision Medicine

钱小红 等

编著

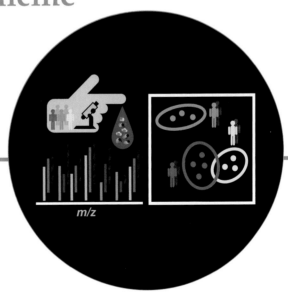

m/z

上海交通大学出版社
SHANGHAI JIAO TONG UNIVERSITY PRESS

内容提要

本书全景式地介绍了蛋白质组学及其在临床疾病研究中的应用。首先系统阐述了蛋白质组学的发展历程、基本概念、基本理论和技术策略,其次重点介绍了蛋白质组学在肝病、肾病、心血管疾病、胃癌、食管癌、结直肠癌、肺癌的基础研究和临床应用中的进展、存在问题和发展方向,最后详细介绍了蛋白质组学大数据与生物信息学方法,包括蛋白质组学数据分析方法、公共数据资源及用于精准医学的分析方法与应用实例。本书汇聚了国际蛋白质组学最新的研究成果,预测和引领精准医学研究的发展方向。

本书可以作为具有一定专业背景并从事蛋白质组学研究的临床医生和科研人员的参考书,也可作为相关领域研究生和高年级本科生的教材。具备一定临床医学、基础医学、生物化学和分析化学背景的读者可根据自己的兴趣选择性阅读部分章节。

图书在版编目(CIP)数据

蛋白质组学与精准医学/钱小红等编著.—上海:上海交通大学出版社,2017

精准医学出版工程

ISBN 978-7-313-18412-2

Ⅰ.①蛋… Ⅱ.①钱… Ⅲ.①蛋白质-基因组-应用-医学-研究 Ⅳ.①Q51②R

中国版本图书馆 CIP 数据核字(2017)第 279838 号

蛋白质组学与精准医学

编　　著:钱小红等

出版发行:上海交通大学出版社　　　　　　　　地　　址:上海市番禺路 951 号

邮政编码:200030　　　　　　　　　　　　　　电　　话:021-64071208

出 版 人:谈　毅

印　　制:苏州市越洋印刷有限公司　　　　　　经　　销:全国新华书店

开　　本:787mm×1092mm　1/16　　　　　　印　　张:20.75

字　　数:348 千字

版　　次:2017 年 12 月第 1 版　　　　　　　　印　　次:2017 年 12 月第 1 次印刷

书　　号:ISBN 978-7-313-18412-2/Q

定　　价:208.00 元

精准医学出版工程·精准医学基础系列

编 委 会

总主编

詹启敏(北京大学副校长、医学部主任,中国工程院院士)

编 委
（按姓氏拼音排序）

陈　超(西北大学副校长、国家微检测系统工程技术研究中心主任,教授)

方向东(中国科学院基因组科学与信息重点实验室副主任、中国科学院北京基因组研究所"百人计划"研究员,中国科学院大学教授)

郜恒骏(生物芯片上海国家工程研究中心主任,同济大学医学院教授、消化疾病研究所所长)

贾　伟(美国夏威夷大学癌症研究中心副主任,教授)

钱小红(军事科学院军事医学研究院生命组学研究所研究员)

石乐明(复旦大学生命科学学院、复旦大学附属肿瘤医院教授)

王晓民(首都医科大学副校长,北京脑重大疾病研究院院长,教授)

于　军(中国科学院基因组科学与信息重点实验室、中国科学院北京基因组研究所研究员,中国科学院大学教授)

赵立平(上海交通大学生命科学技术学院特聘教授,美国罗格斯大学环境与生物科学学院冠名讲席教授)

朱景德(安徽省肿瘤医院肿瘤表观遗传学实验室教授)

学术秘书

张　华(中国医学科学院、北京协和医学院科技管理处副处长)

《蛋白质组学与精准医学》
编委会

孙惠川(复旦大学附属中山医院主任医师、教授)

孙　薇(军事科学院军事医学研究院生命组学研究所副研究员)

谭敏佳(中国科学院上海药物研究所研究员)

肖　汀(中国医学科学院肿瘤医院副研究员)

薛丽燕(中国医学科学院肿瘤医院副主任医师)

杨　靖[国家蛋白质科学中心(北京)副研究员]

杨芃原(复旦大学生物医学研究院教授)

于晓波[国家蛋白质科学中心(北京)研究员]

赵晓航(中国医学科学院肿瘤医院研究员)

朱云平(军事科学院军事医学研究院生命组学研究所研究员)

钱小红，1955年出生。军事医学科学院药学专业博士，现任军事科学院军事医学研究院研究员，博士生导师。主要研究方向为蛋白质组学新技术新方法及其在重大疾病研究中的应用。1995—1998年，在美国国立卫生研究院做访问学者，主要开展基于生物质谱的蛋白质结构研究。1998年回国，担任国家第一个蛋白质组学重大研究项目——国家自然科学基金重大项目"蛋白质组分析技术在肿瘤研究中的应用"课题负责人，参与国际"人类血浆蛋白质组计划""人类肝脏蛋白质组计划""蛋白质组检测标准比对计划"等。先后担任国家生物高技术（863）项目"蛋白质组分子标志物的研发"首席科学家、国家重点科技专项（973A）"中国人蛋白质组草图"项目首席科学家。获得国家科技创新团队奖、中华预防医学会一等奖、中华医学科技奖二等奖、北京市科学技术奖一等奖和军队教学成果一等奖等。出版国内第一部系统介绍蛋白质组学的专著《蛋白质组学——理论与方法》，在 *Nature Methods*、*PNAS*、*MCP* 等国际期刊发表研究论文逾百篇。

　　"精准"是医学发展的客观追求和最终目标，也是公众对健康的必然需求。"精准医学"是生物技术、信息技术和多种前沿技术在医学临床实践的交汇融合应用，是医学科技发展的前沿方向，实施精准医学已经成为推动全民健康的国家发展战略。因此，发展精准医学，系统加强精准医学研究布局，对于我国重大疾病防控和促进全民健康，对于我国占据未来医学制高点及相关产业发展主导权，对于推动我国生命健康产业发展具有重要意义。

　　2015年初，我国开始制定"精准医学"发展战略规划，并安排中央财政经费给予专项支持，这为我国加入全球医学发展浪潮、增强我国在医学前沿领域的研究实力、提升国家竞争力提供了巨大的驱动力。国家科技部在国家"十三五"规划期间启动了"精准医学研究"重点研发专项，以我国常见高发、危害重大的疾病及若干流行率相对较高的罕见病为切入点，将建立多层次精准医学知识库体系和生物医学大数据共享平台，形成重大疾病的风险评估、预测预警、早期筛查、分型分类、个体化治疗、疗效和安全性预测及监控等精准防诊治方案和临床决策系统，建设中国人群典型疾病精准医学临床方案的示范、应用和推广体系等。目前，"精准医学"已呈现快速和健康发展态势，极大地推动了我国卫生健康事业的发展。

　　精准医学几乎覆盖了所有医学门类，是一个复杂和综合的科技创新系统。为了迎接新形势下医学理论、技术和临床等方面的需求和挑战，迫切需要及时总结精准医学前沿研究成果，编著一套以"精准医学"为主题的丛书，从而助力我国精准医学的进程，带动医学科学整体发展，并能加快相关学科紧缺人才的培养和健康大产业的发展。

　　2015年6月，上海交通大学出版社以此为契机，启动了"精准医学出版工程"系列图书项目。这套丛书紧扣国家健康事业发展战略,配合精准医学快速发展的态势,拟出版一系列精准医学前沿领域的学术专著,这是一项非常适合国家精准医学发展时宜的事业。我本人作为精准医学国家规划制定的参与者,见证了我国"精准医学"的规划和发展,欣然接受上海交通大学出版社的邀请担任该丛书的总主编,希望为我国的"精准医学"发展及医学发展出一份力。出版社同时也邀请了刘彤华院士、贺福初院士、刘昌效院士、周宏灏院士、赵国屏院士、王红阳院士、曹雪涛院士、陈志南院士、陈润生院士、陈香美院士、金力院士、周琪院士、徐国良院士、董家鸿院士、卞修武院士、陆林院士、乔杰院士、黄荷凤院士等医学领域专家撰写专著、承担审校等工作,邀请的编委和撰写专家均为活跃在精准医学研究最前沿的、在各自领域有突出贡献的科学家、临床专家、生物信息学家,以确保这套"精准医学出版工程"丛书具有高品质和重大的社会价值,为我国的精准医学发展提供参考和智力支持。

编著这套丛书,一是总结整理国内外精准医学的重要成果及宝贵经验;二是更新医学知识体系,为精准医学科研与临床人员培养提供一套系统、全面的参考书,满足人才培养对教材的迫切需求;三是为精准医学实施提供有力的理论和技术支撑;四是将许多专家、教授、学者广博的学识见解和丰富的实践经验总结传承下来,旨在从系统性、完整性和实用性角度出发,把丰富的实践经验和实验室研究进一步理论化、科学化,形成具有我国特色的"精准医学"理论与实践相结合的知识体系。

"精准医学出版工程"是国内外第一套系统总结精准医学前沿性研究成果的系列专著,内容包括"精准医学基础""精准预防""精准诊断""精准治疗""精准医学药物研发"以及"精准医学的疾病诊疗共识、标准与指南"等多个系列,旨在服务于全生命周期、全人群、健康全过程的国家大健康战略。

预计这套丛书的规模会达到 60 种以上。随着学科的发展,数量还会有所增加。这套丛书首先包括"精准医学基础系列"的 11 种图书,其中 1 种为总论。从精准医学覆盖的医学全过程链条考虑,这套丛书还将包括和预防医学、临床诊断(如分子诊断、分子影像、分子病理等)及治疗相关(如细胞治疗、生物治疗、靶向治疗、机器人、手术导航、内镜等)的内容,以及一些通过精准医学现代手段对传统治疗优化后的精准治疗。此外,这套丛书还包括药物研发,临床诊疗路径、标准、规范、指南等内容。"精准医学出版工程"将紧密结合国家"十三五"重大战略规划,聚焦"精准医学"目标,贯穿"十三五"始终,力求打造一个总体量超过 60 本的学术著作群,从而形成一个医学学术出版的高峰。

　　本套丛书得到国家出版基金资助，并入选了"十三五"国家重点图书出版规划项目，体现了国家对"精准医学"项目以及"精准医学出版工程"这套丛书的高度重视。这套丛书承担着记载与弘扬科技成就、积累和传播科技知识的使命，凝结了国内外精准医学领域专业人士的智慧和成果，具有较强的系统性、完整性、实用性和前瞻性，既可作为实际工作的指导用书，也可作为相关专业人员的学习参考用书。期望这套丛书能够有益于精准医学领域人才的培养，有益于精准医学的发展，有益于医学的发展。

　　此次集束出版的"精准医学基础系列"系统总结了我国精准医学基础研究各领域取得的前沿成果和突破，内容涵盖精准医学总论、生物样本库、基因组学、转录组学、蛋白质组学、表观遗传学、微生物组学、代谢组学、生物大数据、新技术等新兴领域和新兴学科，旨在为我国精准医学的发展和实施提供理论和科学依据，为培养和建设我国高水平的具有精准医学专业知识和先进理念的基础和临床人才队伍提供理论支撑。

　　希望这套丛书能在国家医学发展史上留下浓重的一笔！

北京大学副校长

北京大学医学部主任

中国工程院院士

2017 年 11 月 16 日

序

20 世纪 90 年代,"人类基因组计划"吸引了全世界的目光,基因测序技术使人类探索生命奥秘、破译生命天书成为可能。当时的人们误以为"人类基因组计划"完成以后,人类生老病死的奥秘就会随之揭开,医学也将迎来极大的发展和进步。然而,随着人类基因组等大量生物体全基因组序列的破译和功能基因组研究的深入,科学家们发现,事情远没有想象的那么简单:基因组学虽然在基因活性和疾病相关性方面提供了依据,但大部分疾病并不是基因改变引起的;并且,基因的表达方式错综复杂,同样的基因在不同条件下、不同时期内可能会起到完全不同的作用。关于这些问题,基因组学无法予以解答。

随着人类基因组测序的完成,众多"组学"如雨后春笋般蓬勃兴起。蛋白质组学、转录组学、代谢组学等应运而生,蛋白质组学作为其中最重要的研究领域之一,受到广泛关注。*Nature*、*Science* 在 2001 年 2 月公布人类基因组草图的同时,发表了"*And now for the proteome*"和"*Proteomics in genomeland*"的述评与展望,将蛋白质组学的地位提到前所未有的高度,认为蛋白质组学将成为新世纪最大战略资源——人类基因争夺战的战略制高点之一。当月,人类蛋白质组组织(Human Proteome Organization,HUPO)即宣告成立。次年,人类蛋白质组计划(Human Proteome Project,HPP)宣布启动。2002 年首批启动了肝脏、血浆蛋白质组计划,之后又陆续启动脑、肾脏和尿液、心血管等器官/组织蛋白质组计划,以及数据分析标准化、抗体、生物标志物等支撑分计划。中国也成为最早加入蛋白质组计划的成员国之一,倡导并领衔了人类第一个组织/器官的"肝脏蛋白质组计划"。短短十几年间,蛋白质组学已在细胞增殖、分化、肿瘤形成等方面进行了有力探索,涉及白血病、乳腺癌、结直肠癌、卵巢癌、前列腺癌、肺癌、肾癌和神经母细胞瘤等十余种重大疾病,发现了一批新型诊断标志物、治疗性创新药物,为全面提高疾病防诊治水平提供了重要基础,大力推动了"精准医学"这一新型医疗模式的发展。

2015年,美国率先开启基于基因组测序的"精准医学计划"。"精准医学",是以个体化医疗为基础,以基因组测序技术及生物信息与大数据为手段,对大样本人群与特定疾病类型进行生物标志物的分析与鉴定、验证与应用,从而精确寻找到疾病的原因和治疗的靶点,并对一种疾病的不同状态和过程进行精确分类,最终实现对疾病和特定患者进行个性化精准治疗或疾病预防。然而,美国方案基于基因测序,更多关注单个基因的核苷酸变异,相应的测序结果仅用于某些特定靶向药物疗效的预测。而大多数复杂疾病和肿瘤的发生、发展,往往是信号通路网络中多个基因动态相互影响的结果。因此,对于绝大多数非单基因突变、非靶向治疗的复杂疾病和肿瘤的个性化诊疗而言,仍有相当的局限性。我个人认为,精准医学研究应当大力向基因组学难以解决而蛋白质组学有可能取得重大突破的领域和方向拓展,如以细胞精细结构和多维度蛋白质组学为代表的亚细胞、细胞、组织、器官的蛋白质组构成原理及其功能调控规律等基础科学问题,以基于蛋白质组和信号通路发现"网络节点标志物"为代表的方法学问题,以及人类重大疾病发生发展中蛋白质组/群的精细调变等应用性问题。

中国的蛋白质组学研究从开始的亦步亦趋到现在的后发先至,是一大批开拓者不辍探索的结果,而本书的主编钱小红教授就是这批开拓者中出色的一员。她率领她的团队发展了系列蛋白质组新技术,构建了具有国际水平的蛋白质组技术平台,为"人类肝脏蛋白质组计划"、"中国肝脏蛋白质组计划"及"中国人类蛋白质组计划"重点专项提供了强大的技术支撑。她与国内外学者联合发表了国内最早的一批蛋白质组学研究论文,出版了国内第一部系统介绍蛋白质组学理论与方法的专著,为蛋白质组学研究在中国的兴起和普及做出了极大的贡献。

本书作为"精准医学出版工程·精准医学基础系列"分册之一,系统总结了蛋白质组学研究的理论成果和探索出的实践经验,以精准医学为切入点,重点介绍了蛋白质组学在基础研究和临床应用上的指导作用和技术手段。本书的编著者大都是国内蛋白质组学研究领域的先驱,内容绝非纸上谈兵,篇篇都是他们心血和智慧的结晶。无论你是处在科研一线的研究人员还是临床医生，它都将是一本不可多得的参考书。

军事科学院副院长

中国科学院院士

2017 年 11 月于北京

　　《蛋白质组学与精准医学》是"精准医学出版工程·精准医学基础系列"中的一个分册,涵盖了蛋白质组学的基本理论和技术方法,蛋白质组学在临床应用中的进展、存在问题和发展方向以及蛋白质组学大数据与生物信息学方法。我们希望通过本书,向医疗和科研工作者介绍蛋白质组学的基础理论、研究方法及其在临床医学研究中的应用,重点介绍蛋白质组学及其应用的国内外最新进展与发展趋势,以此推动蛋白质组学的基础研究向临床应用转化,为临床个体化诊断及精准药物治疗提供有力工具。

　　本书分为三个部分,共计 10 章。第一部分为理论部分,是第 1 章,重点介绍蛋白质组学的基本概念、基本理论和研究方法,国际与国内蛋白质组学研究最新进展;第二部分为蛋白质组学在临床研究中的应用,包括第 2～9 章,重点介绍蛋白质组学在肝病、肾病、心血管疾病、胃癌、食管癌、结直肠癌、肺癌中的基础研究和临床应用,以及体液蛋白质组学的分析技术与应用;第三部分为蛋白质组学大数据与生物信息学方法,是第 10 章,包括蛋白质组学数据分析方法、公共数据资源及用于精准医学的分析方法与应用实例。

　　蛋白质组学作为一门新兴学科,虽然已经走过 20 余年的发展历程,但是前十几年的研究主要集中在基础理论和技术方法层面,在应用领域,特别是医学领域的重大突破鲜有报道。2015 年,人类蛋白质组草图公布,揭示了人体几十种不同类型组织或体液的近 20 000 个基因编码的蛋白产物,为更好地理解疾病状态下机体发生的变化奠定了基础。2014 年、2015 年和 2016 年,结直肠癌、乳腺癌和卵巢癌的蛋白质组与基因组研究结果先后在 *Nature* 和 *Cell* 杂志发表,标志着蛋白质组学在基础医学研究领域的重大突破。对近百个肿瘤组织的蛋白质组进行分析,并与已有的基因组数据及临床信息进行比对和整合,为这些肿瘤的精准分型及肿瘤生物学研究提供了重要的理论依据和基础数据。尽管如此,蛋白质组学在精准医学中的应用研究还是一个崭新的领域,还有很长的路要走。本书的撰写,仅仅是在这个领域的初步探索和尝试。我们希望通过理论和实际相结合的方法,向读者介绍国际蛋白质组学最新的研究成果,预测蛋白质组学与精准医学研究的发展方向,为从事蛋白质组学研究的临床医生和科研人员提供参考。

本书由军事科学院军事医学研究院的钱小红研究员和姜颖研究员主持编著,编写工作得到诸多科研院所、高等院校和临床医院的大力支持和帮助。衷心感谢中国蛋白质组学的开拓者和引领者——贺福初院士为本书作序!编写组由军事科学院军事医学研究院、国家蛋白质科学中心(北京)、复旦大学附属中山医院、北京大学肿瘤医院、中国医学科学院肿瘤医院、深圳华大基因研究院、中国科学院北京基因组研究所、中国科学院上海药物研究所、清华大学生命科学学院、中国人民解放军总医院、北京师范大学生命科学学院等单位的专家组成。其中第 1 章由杨靖、于晓波、钱小红执笔,第 2 章由姜颖、孙爱华、孙惠川、劳运翔、李严严、李朝英执笔,第 3 章由秦钧、沈琳执笔,第 4 章由赵晓航、高佳佳、郑巍薇、代淑阳、吕宁、倪晓光、薛丽燕、李薇、赵明月执笔,第 5 章由刘斯奇、娄晓敏、潘庆飞执笔,第 6 章由谭敏佳、肖汀、翟琳辉执笔,第 7 章由陈宇凌、邓海腾、陈香美执笔,第 8 章由杨芃原、钱菊英、申华莉、付明强、陈章炜、夏妍、杨珍、刘珊珊、钱思瑶、章篯执笔,第 9 章由孙薇、高友鹤、赵颖华执笔,第 10 章由朱云平、马洁、常乘、陈涛、杨春媛执笔。

本书引用了一些作者的论著及其研究成果,在此向他们表示衷心的感谢!

书中如有疏漏、错谬或值得商榷之处,恳请读者批评指正。

编著者

2017 年 10 月于北京

目录

9 体液蛋白质组学及其应用 ⋯⋯⋯⋯⋯⋯⋯⋯⋯⋯⋯⋯ 239

1 蛋白质组学概述

蛋白质不仅是构成生物系统最重要的基本元件,而且是所有生命过程分工、整合、协同的最终执行分子。一个生物系统所表达或产生的全部蛋白质即为蛋白质组(proteome)。蛋白质组学(proteomics)是指应用各种技术手段研究蛋白质组的一门新型科学,其目的是从整体的角度分析细胞或生物体内蛋白质的组成成分、表达水平、修饰状态、相互作用及动态变化,并在此基础上揭示蛋白质功能与细胞生命活动规律的关系,进而获得在蛋白质水平上关于疾病发生、细胞代谢等过程的整体而全面的认识。蛋白质组学是生命科学进入后基因组时代的必然产物和未来的重点研究方向。

1.1 蛋白质组学基本概念与发展历史

1.1.1 蛋白质组学基本概念

蛋白质组的概念是由澳大利亚科学家 Wilkins 等于 1995 年率先提出的,其含义是指一种细胞、组织或生物体的基因组所表达的全部蛋白质及其存在方式[1, 2]。蛋白质组学是从整体水平上研究细胞、组织、器官或生物体的蛋白质组成及其变化规律的科学。蛋白质组学研究将揭示细胞和生物体蛋白质的表达、修饰、相互作用及其动态变化,进而探索蛋白质功能与细胞生命活动规律的关系,获得蛋白质水平上关于细胞活动、疾病发生发展等过程的整体且全面的认识。蛋白质组学研究不仅能更加系统地揭示生命活动规律,而且能有效阐明疾病发生发展的内在分子机制和网络,并为最终攻克这些疾病提供理论依据和解决途径。例如,通过分析比较正常和疾病状态下的蛋白质组差异,可以找到某些"疾病特异性"的蛋白质,它们既可能成为新药设计的分子靶点,也会为疾病的早期诊断提供潜在的生物标志物。因此,蛋白质组学研究不仅将帮助人们从"系统论"的视角探索生命奥秘,而且能为人类健康尤其是"精准医疗"的发展提供直接的线索和重要的手段。

1.1.2 蛋白质组学诞生的历史背景

20 世纪中期以来,以 DNA 双螺旋结构的发现为标志,生命科学研究进入了分子时代。人们曾认为,物种或个体的全部遗传信息均蕴藏于基因组之中,完成对基因组的全面解读可以完整地阐释生命活动的分子基础。为此,20 世纪 90 年代初,美国科学家率先提出并组织包括中国在内的多国科学家共同实施了人类基因组计划(Human Genome Project,HGP)。该计划的目标是测定人类染色体(指单倍体)所包含的 30 亿个碱基对组成的核苷酸序列,从而绘制人类基因组图谱,并且辨识其载有的基因及序列,达到破译人类遗传信息的最终目的。人类基因组计划是人类为了探索自身的奥秘所迈出的重要一步,是继曼哈顿计划和阿波罗登月计划之后,人类科学史上的又一个伟大工程。2001 年,人类基因组草图发表(由公共基金资助的国际人类基因组计划和私人企业塞莱拉基因组公司各自独立完成,并分别公开发表),被认为是人类基因组计划成功的里程碑[3,4]。然而,通过与酵母、果蝇等基因组图谱进行比较分析,人们发现,人类基因组的编码蛋白质数量竟然只是单细胞生物酵母的 4 倍,与果蝇等低等生物近似。那么,究竟是什么因素决定了人类的物种特征和人体的复杂性呢? 就在人类基因组计划完成的同时,科学家们就意识到单凭基因组很难回答这个问题。在这样的形势下,生物学研究的重点从揭示生物的遗传信息转移到在整体水平上对生物功能的研究,生命科学进入后基因组时代,即功能基因组时代。人们尝试采用功能基因组学的技术策略如基因表达系列分析(serial analysis of gene expression,SAGE)、RNA 测序(RNA sequencing,RNA-Seq)等对生物样本中的基因表达进行研究。然而,近年来许多针对多个物种的大规模蛋白质组分析均表明,mRNA 与蛋白质丰度并未呈现过去人们所认为的较高相关性[5-7]。2016 年发表在 *Cell* 杂志上的一篇综述文章对这些研究进行了系统总结,结果发现 mRNA 与蛋白质丰度之间的相关系数仅有不到 0.4,即转录水平上的分析并不能完全反映蛋白质水平的表达[8]。另外,由于蛋白质存在大量极其复杂的翻译后加工修饰、转移定位、构象变化、蛋白质与蛋白质及蛋白质与其他生物大分子的相互作用,这些复杂的信息难以从 DNA 和 mRNA 水平获得,从而迫使人们转向直接研究基因功能的执行体——蛋白质的组成、表达和功能模式,进而揭示生命活动的基本规律。为此,国际著名学术期刊 *Nature* 和 *Science* 在发表人类基因组测序结果的同时,分别发表了 *And now for the proteome*(《蛋白质组时代来临》)和 *Proteomics in genomeland*(《基因组领域的蛋白质组学》)两篇文章,标志着蛋白质组学时代的到来[9,10]。

1.1.3 蛋白质组学的发展

1.1.3.1 蛋白质组学的技术起源

科学的发展依赖于技术的创新和突破,蛋白质组学也不例外。起源于 20 世纪 50 年代的 Edman 降解蛋白质测序技术(protein sequencing)[11],使得人们能够对纯化的蛋白质序列进行分析。采用该技术,科学家成功鉴定了许多重要蛋白质的序列,如血红蛋白、胰岛素等。然而,该技术分析通量低且耗时,人们继续寻求取代 Edman 降解的蛋白质/多肽鉴定技术。有趣的是,许多研究者的目光都集中在了质谱(mass spectrometry,MS)技术上。然而,在 20 世纪 80 年代之前,蛋白质/多肽质谱分析面临的主要问题是如何将它们离子化,原因在于当时大多数质谱仪器所配置的离子源均采用电子轰击离子化(electron ionization,EI)模式。由于蛋白酶切多肽的极性通常很强,不具有挥发性,难以在 EI 条件下形成气化的离子,故人们往往需要借助化学衍生化的方式实现它们的氨基酸序列测定。尽管如此,基于 EI-MS 的衍生化多肽质谱分析仍存在许多缺陷,故许多的研究者们将研究方向对准了离子化模式本身,期望通过直接离子化多肽或蛋白的方式实现它们的质谱检测。20 世纪 80 年代末,质谱分析领域中相继出现了两项里程碑式的重大突破,分别是基质辅助激光解吸离子化(matrix-assisted laser desorption/ionization,MALDI)和电喷雾离子化(electrospray,ESI)两种新型离子化模式。其中,MALDI 技术最初被用来分析非挥发性的有机小分子,但在日本岛津公司田中耕一(Koichi Tanaka)博士的努力下,首次实现了对生物大分子如蛋白质的直接检测[12]。ESI 则是由耶鲁大学的约翰·芬恩(John Fenn)教授首次提出的另外一种质谱离子化模式,它可以将溶液中的分子直接转换为气态的离子,从而为之后液质联用技术的快速发展奠定了基础[13]。ESI 的一项特殊之处是它能将生物大分子转化为多电荷的离子,获取相对较低的质荷比,从而极大地提高了对大分子量蛋白的检测能力。鉴于田中耕一博士和约翰·芬恩教授对生物大分子结构鉴定所做的杰出贡献,他们和发明了利用核磁共振技术测定溶液中生物大分子三维结构方法的瑞士科学家库尔特·维特里希(Kurt Wüthrich)共同分享了 2002 年的诺贝尔化学奖。MALDI 和 ESI 技术的出现极大地提高了蛋白质/多肽的检测能力,伴随而来的问题则是如何通过对这些质谱数据的解读得到它们的氨基酸序列。由于 20 种天然氨基酸可以通过无数的排列组合拼接成一个蛋白质,因此仅仅依赖质谱数据本身仍难以实现对一个蛋白质或肽段的从头测序。当时,人们往往只能将质谱技术用于一些已知蛋白质的验证分析。幸运的是,同样是在 20 世纪末,基因组学在创新测序技术的推动下也得到了快速的发展,许多简单物种的基因组被解析出来,这就使得人们能够更加有效地预测基因产物即蛋白质的序列,从而根据所预测的序列对已知或者未知蛋白质的质谱分析数据进行解读。在这个背景下,国际上许多课题组分别独立地提出了基于肽质量指纹图(peptide mass fingerprinting,PMF)的蛋白质鉴定策略,即首先将分离所得的蛋白质酶切为肽段混合物并进行质谱分析,通过寻找与基因编码的蛋白质数据库中某个序列的理论质荷比相符的离子实现蛋白质的鉴定[14,15]。结合高分辨的双向聚丙烯酰胺凝胶电泳分离技术(two-dimensional polyacrylamide gel electrophoresis,2-D PAGE)或者高效液相色谱分析技术(high performance liquid chromatography,HPLC)[16,17],PMF 曾广泛应用于生物样品中的蛋白质鉴定分析。借助该技术,来自澳大利亚悉尼大学的 Wilkins 和 Humphery-Smith 教授等于 1995 年首次完成了对支原体中 50 个蛋白质的鉴定并提出了蛋白质组的概念(见图 1-1)[1]。

1.1.3.2 蛋白质组学技术的快速发展:从定性到定量

由于仅仅依赖于单一的多肽测定相对分子质量信息,PMF 技术在多肽序列的数据库匹配中假阳性率往往较高,尤其是在使用低分辨质谱如离子阱或四级杆质量分析器的条件下。为了解决这些问题,1994 年末,Yates 和 Mann 课题组分别发展了两种类似的基于多肽二级质谱信息的蛋白质数据库鉴定搜索算法,极大地提升了蛋白质鉴定的效率和准确性。前者选择将二级质谱中所有的碎片离子信息代入基于蛋白质序列数据库的虚拟二级谱库中进行搜索[18];后者则选择对二级质谱信息进行快速的从头测序,建立若干序列标签之后再代入类似的虚拟谱库中进行搜索[19]。尽管这两种算法各有优缺点,但无疑前者的发展和应用更为广泛,并最终形成了后来广为人知的 SEQUEST 算法体系。尽管如此,当时所谓的蛋白质组学研究仍主要集中在对蛋白质复合物进行组成

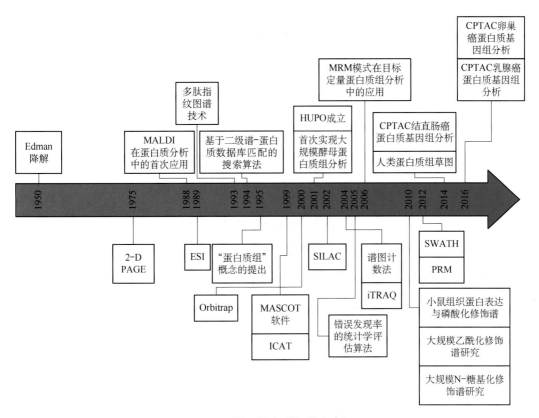

图 1-1　国际蛋白质组学大事记

解析,鲜有关于细胞或组织完整蛋白质组的分析。究其原因,离线电泳或色谱分离在很大程度上限制了蛋白质组分析的通量。因此,人们发展了许多基于液质联用技术的蛋白质组分析方法,以期提高复杂体系中蛋白质鉴定的灵敏度和通量。例如,2001 年,Yates 课题组应用名为多维蛋白质鉴定技术(multidimensional protein identification technology,MudPIT)的在线二维色谱与质谱联用技术,首次在酵母细胞中鉴定到近 1 500 个蛋白质,实现了单个生物体蛋白质鉴定数目的飞跃[20]。从此,蛋白质组学研究进入一个快速发展的阶段,各种新技术、新方法层出不穷。尤其是质谱技术的快速发展,如新型轨道阱质谱仪及数据依赖型采集模式的出现极大地提高了蛋白质组分析的灵敏度[21],使得单次蛋白质组分析中鉴定获得的蛋白质组数目与日俱增。显而易见,采用传统手动解析的方法验证蛋白质鉴定结果准确性的方法变得不再可行。如何才能有效地保证大规模蛋白质组鉴定的准确性?针对该问题,Gygi 课题组发展了一种基于反向蛋白质序列诱饵数据库错误发现率(false discovery rate,FDR)的评估方法,目前已成为检验蛋白质组分析准确性的公认标准[22]。进入 21 世纪,蛋白质组学研究逐步实现了从定性鉴定到定量分析的跨越(见图 1-1)。其中代表性的技术包括 Yates 课题组开发的二级谱图计数法(spectra counting)[23],Aebersold 课题组开发的同位素编码亲和标签技术(isotope-coded affinity tag,ICAT)[24],Mann 课题组开发的细胞培养稳定同位素标记技术(stable isotope labeling by amino acids in cell culture,SILAC)[25]以及由 Applied Biosystems 公司开发的同位素标记相对和绝对定量技术(isobaric tags for relative and absolute quantitation,iTRAQ)[26]等。此外,一些在小分子化合物定量分析中广泛应用的技术如基于一级谱信号强度的定量技术(MS1 filtering)[27]以及多重反应监测(multiple reaction monitoring,MRM)[28]也被成功移植到蛋白质组的定量分析中。在十多年的发展过程中,定量蛋白质组技术一直呈现出一种"百花齐放"的局面。近年来,新的技术和方法仍在不断涌现。例如,2012 年底,Coon 课题组和 Domon 课题组先后提出了平行反应监测模式(parallel reaction monitoring,PRM)的概念,即利用高分辨串联质谱 MS/MS 谱中的所有离子信号定量多肽及蛋白质[29,30];又如,Aebersold 课题组于同年发展了一种基于数据非依赖型采集模式的定量蛋白质组技术 SWATH,该技术能够有效保留几乎所有肽段的质谱定性定量信息,特别适用于对一些痕量稀有生物样本蛋白质组进行数字化存储(见图 1-1)[31]。

1.1.3.3 蛋白质组学逐渐走向成熟

随着技术的进步,蛋白质组学的研究范畴也日益广泛,从最初的蛋白质定性与相对表达量分析逐步拓展到了蛋白质绝对丰度定量、蛋白质-蛋白质相互作用、翻译后修饰、蛋白质的组织器官空间定位乃至亚细胞定位以及在特定生理病理条件下的蛋白质或修饰动态变化等方面。以蛋白质组为关键词的 PubMed 检索结果显示,蛋白质组的研究论文在 20 年内增加了 3 个数量级(见图 1-2)。蛋白质组学定性和定量技术方法也日趋成熟。如 2011 年,Mann 和 Aebersold 的团队分别同时报道了在 HeLa 细胞中鉴定到 9 207 个基因编码的 10 255 个蛋白质和在 U2OS 细胞中鉴定到 7 716 个基因编码的 11 548 个蛋白质,成为人细胞蛋白质深度覆盖的标志[32,33]。除了覆盖深度方面的进步,在分析速度方面也实现了较大的提升。由 Qin 和 Qian 的课题组合作开发的蛋白质组快速定性定量技术,首次将蛋白质组的深度覆盖速度由过去的 3 天时间缩短至 12 小时[34]。Coon 课题组 2014 年报道了一项在 1.3 小时内鉴定近 4 000 个酵母蛋白质的工作,基本上能够覆盖 90% 的酵母基因表达产物[35]。借助不断更新的质谱仪器和超高效

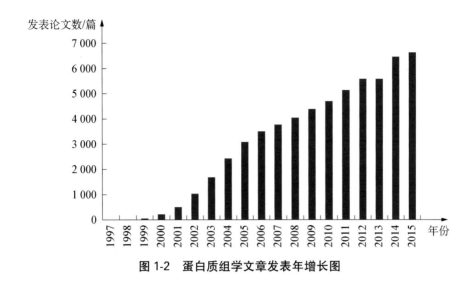

图 1-2 蛋白质组学文章发表年增长图

色谱分离系统,目前许多专门从事蛋白质组学研究的实验室均能实现在 8～12 小时之内完成细胞或组织样品 6 000～8 000 个蛋白质的鉴定[36]。此外,定量蛋白质组技术的精准度和可重复性也得到了较大的提升。例如,2014 年 Paulovich 课题组联合来自美国西雅图、波士顿和韩国不同研究小组的研究人员,共同对乳腺癌细胞中 319 种蛋白质进行了基于 MRM 的定量蛋白质组分析,结果显示不同实验室的测定结果具有很好的相关性,证明该方法可实现跨越实验室和国界的标准化,将有利于利用全球资源对所有人类蛋白质进行标准化定量设立一些新标准[37]。

在上述技术背景下,蛋白质组学研究进入了全新的发展时期,一些突破性的研究结果相继公布。例如,2015 年两个独立的研究小组在 *Nature* 杂志上同时发表了第一张人类蛋白质组草图,他们通过基于质谱的蛋白质组技术对人体几十种不同类型组织或体液进行了分析,共获得非患病人体中近 20 000 个基因编码的蛋白质产物,为更好地理解疾病状态下发生的机体变化奠定了基础[38,39]。美国于 2006 年成立了名为临床蛋白质组肿瘤分析计划(Clinical Proteomic Tumor Analysis Consortium,CPTAC)的肿瘤蛋白质组研究协作组,主要从事若干主要癌症的蛋白质组研究并于近年来取得了一系列重大进展。该协助组中主要成员 Liebler 课题组与 Carr 课题组分别于 2014 年和 2016 年在 *Nature* 杂志上报道了针对结肠癌和乳腺癌的大规模蛋白质基因组(proteogenomics)研究结果,他们分别对癌症基因组计划(The Cancer Genome Atlas,TCGA)采集的近百个相应肿瘤组织进行蛋白质组分析,并与已有的基因组数据及临床信息进行比对和整合，为这些肿瘤的精准分型及肿瘤生物学研究提供了重要理论依据[40,41]。该协作组的另一篇对卵巢癌蛋白质基因组的研究结果也于 2016 年在 *Cell* 杂志上发表[42]。值得注意的是，随着规模化蛋白质组学研究的迅速发展，质谱数据的产出速度也出现倍增的趋势，对蛋白质组数据的存储、共享及质量控制提出了更高的要求。为此，人们已经开发了多个蛋白质组学公共资源库，如 PRIDE 和肽计划（Peptide Atlas）等。以欧洲生物信息学研究所开发的 PRIDE 数据库（http://www.ebi.ac.uk/pride/）为例，其提供了一个关于蛋白质识别的开源数据库，允许研究者们存储、分享并比较他们的结果。这个免费使用的数据库旨在通过集合不同来源的蛋白质组数据，让研究者们能方便地检索已经发表的同行评议标准数据并且允许使用者运用这套标准来传递数据。

1.1.4　国际人类蛋白质组组织与人类蛋白质组计划

2001 年，就在人类基因组草图公布的同月（2001 年 2 月），22 位国际知名科学家在美国西弗吉尼亚州发起成立国际人类蛋白质组组织（Human Proteome Organization，HUPO），该组织的宗旨是：①促进国家与地区 HUPO 组织的成立与国际 HUPO 的发展；②促进蛋白质组学研究的国际学术交流与教育；③协调公众蛋白质组的合作研究。2002 年，在 HUPO 组织成立后召开的第一次研讨会上，包括中国在内的与会科学家共同提出了"人类蛋白质组计划"（Human Proteome Project，HPP）。"人类蛋白质组计划"是继"人类基因组计划"之后最大规模的国际性科技工程，也是 21 世纪第一个重大国际合作计划。由于蛋白质组研究的复杂性和艰巨性，"人类蛋白质组计划"采用按人体组织、器官和体液分批启动的策略实施。首批行动计划包括由美国牵头的"人类血浆蛋白质组计划"和由中国牵头的"人类肝脏蛋白质组计划"。随后由英国科学家牵头的蛋白质组标准化计划、德国科学家牵头的人类脑蛋白质组计划、瑞典科学家牵头的人类抗体计划、日本科学家牵头的糖蛋白质组计划及由加拿大科学家牵头的人类疾病小鼠模型蛋白质组计划相继启动。截至 2010 年年底，"人类蛋白质组计划"一共启动了 11 项分计划，都取得了相当大的进展（见表 1-1）。其中中国科学家牵头组织实施了第一个人类组织/器官的蛋白质组计划——"人类肝脏蛋白质组计划"，分别系统研究了中国人胎肝组织、法国人肝脏组织和中国成人肝脏组织的蛋白质组，并对肝脏生理功能进行了系统解读。由美国科学家牵头的"人类血浆蛋白质组计划"记录了 3 020 个血浆蛋白质并提供了免费的信息库。由德国科学家牵头的人类脑蛋白质组计划除了鉴定了大部分脑蛋白质外,还进行了预实验以建立对所用技术、方法等的比较。在前期探索实施的基础上,HUPO 组织提出一项整合的"人类蛋白质组计划"实施方案,以全面推进该计划的整体实施,绘制一份真正完整的人类蛋白质组成图和功能图。国际权威期刊 *Nature* 和 *Science* 也持续关注着该计划,并且对中国在其中扮演的角色给予了高度评价[43-45]。"国际人类蛋白质组计划"作为一项大科学工程具有突出的战略性、广泛的基础性、强大的带动性和巨大的应用性,其实施的规模化、复杂性、艰巨性均将超过"人类基因组计划",对科技、经济社会的推动作用也难以估量。随着该计划的逐步推进和全面实施,新的国际科技格局将逐渐形成。

表 1-1　人类蛋白质组计划进展

计划名称	启动年份	核心数据集	产出年份
人类肝脏蛋白质组计划	2002	ProteomeView, 6 847 个蛋白质[46]	2012
人类血浆蛋白质组计划	2002	Human Plasma PeptideAtlas,1 929 个蛋白质[47]	2011
人类脑蛋白质组计划	2003	1 832(人)/792(鼠)个蛋白质	2010
蛋白质组标准化计划	2003	蛋白质信息:mzML 分子间相互作用:PAR/MIAPAR/PSICQUIC 蛋白质分离:MIAPE-GEL/MIAPE-CC/MIAPE-CE	2010
人类肾脏和尿液蛋白质组计划	2005	人体肾组织 3 679 个蛋白质	2009
人类抗体计划	2005	第 7 版数据库已覆盖 10 118 个编码基因	2011
人类疾病小鼠模型计划	2005	小鼠分泌蛋白质组已鉴定 1 400 个以上蛋白质	2006
人类心血管蛋白质组计划	2006	1 333 个蛋白质,并附 10 000 以上 GO 注释,其中半数以上来自人的数据	2009
干细胞生物蛋白质组计划	2007	干细胞标志物、干细胞信号通路、干细胞与疾病	2009
疾病标志物计划	2009	肿瘤、心血管疾病、肺病标志物	2010
模式生物蛋白质组计划	2010	模式生物进展	2010
人类染色体蛋白质组计划	2010	人类基因组编码的 20 059 个基因中,有 67.3%(13 491)的基因在蛋白质层次有相应的证据支持[48]	2013

1.1.5　中国的蛋白质组学与人类肝脏蛋白质组计划

中国从 1997 年开始开展蛋白质组研究,是国际上较早开展蛋白质组学研究的国家之一。国家自然科学基金委于 1998 年设立了蛋白质组及其动态变化研究的重大项目,成为由中国政府资助的第一个蛋白质组研究项目,对中国蛋白质组研究的发展和走向世界起到了关键作用。2002 年,在国际人类蛋白质组组织成立后的第一次研讨会上,中国科学家倡导启动了"人类肝脏蛋白质组计划(Human Liver Proteome Project,HLPP)"。同年 10 月,在中国北京的香山成功举办了"人类肝脏蛋白质组国际研讨会",有 12 个国家的 102 位科学家出席,贺福初教授代表中国科学家提出"人类肝脏蛋白质组计划"的主体框架和实施方案,受到与会代表的热烈支持和响应,会上成立了由中国、加拿大和法国组成的人类肝脏蛋白质组计划主席国。同年 11 月,在法国凡尔赛召开的首届国际人类蛋白质组大会上,贺福初教授代表中国团队系统介绍了人类肝脏蛋白质组计划的研究目标和实施方案,并被正式推荐为国际肝脏蛋白质组计划的执行主席,赢得了国际合作项目的领导地位。此后,中国蛋白质组研究进入快速发展阶段,蛋白质组学研究相关项目列入了国家"973"和"863"计划。中国人民解放军军事科学院军事医学研究院(原中国人民解放军军事医学科学院)、中国科学院上海生物化学研究所、复旦大学、中国科学院北京基因组研究所、中国科学院大连化学物理研究所等单位相继开展了蛋白质组学研究。由中国科学家牵头组织实施的第一个人类组织/器官的蛋白质组计划——"人类肝脏蛋白质组计划"的实施,不仅揭示了首个器官(肝脏)的蛋白质组表达谱[46,49]、乙酰化修饰谱[50,51]及其相互作用连锁图[52]、亚细胞器定位图[53],发现了蛋白质组构成及丰度分布的三大规律:进化律、结构律与功能律,而且其"两谱"(表达谱、修饰谱)、"两图"(连锁图、定位图)、"三库"(标本库、抗体库、数据库)的总体目标和科学内涵构成了"国际人类蛋白质组计划"总体研究架构,也为其他蛋白质组计划的实施提供了典范[54,55]。

1.2　蛋白质组学在医学研究中的应用

全基因组测序技术的发明使得人类可以从全基因组范围迅速找到与疾病相关的基因缺陷,并针对具有这一基因缺陷的人群开展相应的诊断和个性化治疗,精准医学就此诞生。与基因相比,蛋白质的序列、结构、修饰和发挥功能的方式更加复杂多变,承担着执行生物学功能的重要任务,其表达和变化水平与疾病的发生发展动态直接相关。因此,蛋白质组学为探索疾病发生发展的分子机制,开发出可供癌症早期诊断、分子分型、临床个体化治疗的手段和蛋白质药物提供了一个强有力的平台。反之,在满足精准医学快速发展需求的同时,蛋白质组学技术也将得到跨越式的发展[56,57]。

1.2.1 蛋白质组学在疾病分子机制研究中的应用

1.2.1.1 蛋白质组学在疾病分子机制研究中的特点

随着对人体生理病理学研究的不断深入,研究对象从器官、组织、细胞到蛋白质和基因水平,研究模式从单个分子转向以组学为基础的系统生物学。自 20 世纪 90 年代人类基因组计划实施以来,基因组学得到了飞速的发展,从遗传和基因缺陷角度很好地解释了多种疾病发生的分子机制,但是大部分生命现象仍无法从基因层面来解释:基因存在编码区和非编码区,当基因突变发生在非编码区,其很可能为无意义突变;编码区的突变也可能由于密码子的通用性不会对蛋白质表达产生影响;更重要的是,一个基因由于 mRNA 的可变剪接作用,可能会编码多种蛋白质,而且蛋白质又可以带有糖基化、磷酸化、甲基化、乙酰化、泛素化等翻译后修饰,导致大部分基因表达与相应蛋白质的表达信息呈现很大的不一致性。作为生物学功能的最终执行者,蛋白质可以更加直接地体现细胞内分子信号通路、生物学过程以及机体生长发育的变化规律及生物分子发挥的生物学功能。作为一个强有力的规模化和系统化工具,蛋白质组学为开展生理和病理条件下生物分子的蛋白质靶标发现、蛋白质表达的变化规律研究和进一步揭示生物分子的功能机制提供了一个理想的技术平台[58-61]。

1.2.1.2 蛋白质组学在肿瘤分子机制研究中的应用

体细胞突变是指除生殖细胞外的细胞发生的突变。虽然体细胞突变不会造成遗传信息的改变,但是与肿瘤的发生、发展却密切相关。以乳腺癌为例,大量研究证据表明在乳腺癌中存在大量的体细胞突变,如 *BRCA1* 和 *BRCA2* 等,然而这些体细胞突变引起的细胞内信号通路和生物学过程的变化却并不清楚[62]。2016 年美国 CPTAC 团队在 *Nature* 杂志上发布了乳腺癌的蛋白质组数据,他们采用 iTRAQ 技术对来自 TCGA 的 77 名携带体细胞突变的乳腺癌患者的组织样本开展了蛋白质组和磷酸化蛋白质组分析,总共鉴定了超过 12 000 个蛋白质及 33 000 个磷酸化位点。结果发现 CETN3 和 SKP1 丢失引起 EGFR 表达上调,SKP1 丢失引起 SRC 激酶表达上调。除了证实基质、基部和管腔集群蛋白质外,还发现了 mRNA 水平无法鉴定的 G 蛋白偶联受体集群。其中在携带 PIK3CA 突变的患者中鉴定到 62 个新的蛋白磷酸化位点,包括 RPS6KA5 激酶和 EIF2AK4 激酶。在 TP53 突变中发现 MASTL 激酶和 EEF2K 激酶的磷酸化位点也明显上调。此外,研究还发现了除 ERBB2 外的一些高度活化的激酶,如 CDK12、PAK1、PTK2、RIPK2 和 TLK2。这些激酶在调节基因表达、细胞增殖、细胞迁移和凋亡中具有非常重要的作用[41]。该研究结果首次从蛋白质基因组整体水平揭示了体细胞突变引起的大规模蛋白质水平变化,为进一步开展乳腺癌的分子机制研究提供了突破口。

神经生长因子酪氨酸激酶受体 TrkA 在不同神经和非神经细胞调节细胞存活、分化和增殖中都具有关键性的作用。其中 TrkA 可以刺激乳腺癌细胞的生长,但是其分子机制仍不清楚。为了探索这个问题,Emmanuelle 等人结合蛋白质相互作用组学研究了乳腺癌细胞中参与 TrkA 细胞通路的相互作用蛋白质。他们将野生型和嵌合体 TrkA 转染 MCF-7 细胞,然后通过免疫共沉淀技术分离与 TrkA 相互作用的蛋白质,最后用 nano-LC-MS/MS 进行了鉴定。结果发现 13 个蛋白质可能与 TrkA 结合,其中 Ku70(一种 DNA 修复蛋白)可能参与了细胞存活和致癌过程。RNA 干涉实验表明,Ku70 在 TrkA 过表达乳腺癌细胞中呈现促细胞凋亡的作用。以上结果一方面阐释了 TrkA 在乳腺癌细胞发挥功能的下游信号通路的部分分子机制,另一方面还回答了酪氨酸激酶受体是促细胞凋亡还是抗细胞凋亡这一长久以来悬而未决的问题[63]。

1.2.1.3 蛋白质组学在自身免疫病分子机制研究中的应用

DNA 甲基化在维持基因组稳定性和调节表达方面具有重要作用,研究发现 DNA 甲基转移酶[DNA (cytosine-5)-methyltransferase 3A,DNMT3A]在终端分化的巨噬细胞中高表达,然而其在天然免疫中的作用机制尚不清楚。为了回答这个问题,Li 等利用 Lyz2-cre/Dnmt3afl/fl 体系构建了条件敲除巨噬细胞中 DNMT3A 的小鼠,发现 IFN-α 和 IFN-β 蛋白表达上调,表明小鼠的免疫能力得到了提高。之后基因芯片检测敲低 DNMT3A 的腹腔巨噬细胞发现 HDAC9 明显下调,而 HDAC9 敲低后,模式识别受体(PRR)信号通路也发生变化。为了解 HDAC9 影响 PRR 信号通路的分子机制,研究者采用免疫共沉淀-质谱技术(IP-MS)寻找 HDAC9 的相互作用蛋白质,鉴定到 TBK1、CD14、STAT1、Ddx3x、Dhx58、Map3k1 和 Trim25 等,其中 TBK1 正是 PRR 信号通路的关键分子。敲低腹腔巨噬细胞的 HDAC9 后,TBK1 的乙酰化发生上调并且激酶活性下降,说明 HDAC9 可以维持 PRR 信号通路 TBK1 的脱乙酰化状态,从而提高其在免疫反应中的激酶活性。该研究结果首次揭示出 DNMT3A 是通过上调 HDAC9 进而维持 TBK1 的脱乙酰化状态来调控 PRR 信号通路的[64,65]。

1.2.1.4 蛋白质组学在传染病分子机制研究中的应用

传染病是一种机体受病原体感染引起的疾病,病原体入侵机体,在机体内生长、繁殖,从而引起病理变化,因此对病原体与机体的交互作用机制研究就显得尤为重要。在乙型肝炎病毒(HBV)引起慢性乙型病毒性肝炎(慢性乙肝)过程中,细胞代谢水平也发生变化。为探究 HBV 感染时肝细胞的代谢变化,Li 等人运用 SILAC 定量技术标记细胞及其上清提取物,结合 LC-MS/MS 技术对其蛋白质表达水平进行了分析。结果发现在 HBV 感染过程中,中心碳代谢、氨基己糖代谢和苯丙氨酸降解等代谢酶的表达水平发生明显变化,其中氨基己糖生物合成的限速酶 GFAT1 表达上调。为研究 GFAT1 在 HBV 感染细胞中的作用,研究者将 DON(一种 GFAP1 抑制剂)加入到细胞培养基中。结果发现 HBsAg 表达明显降低,细胞内 HBV 的 DNA 拷贝数减少,说明下调 GFAP1 可以抑制 HBV 的基因复制。在另一个对表达上调的磷脂酰胆碱生物合成关键酶 CHKA 的研究中,研究者采用 RNA 干扰技术下调细胞 CHKA 的表达,发现 HBV 的复制同样受到抑制。该研究采用蛋白质组学差异表达分析方法研究细胞受 HBV 感染时的代谢情况,发现了多个影响 HBV 复制的关键分子,为 HBV 引起的乙肝治疗提供了新的研究方向[66]。

人类免疫缺陷病毒(即艾滋病病毒,HIV)是一种基因组简单的病毒,对其蛋白质组的研究显得愈发重要。2011 年,*Science* 刊发大规模的 HIV 侵染宿主细胞的蛋白质组数据,其对揭示 HIV 侵袭宿主细胞的机制具有重大意义。研究首先克隆了所有的18 种 HIV 病毒的蛋白和多聚蛋白的基因,如 *Vif*、*Vpu*、*Vpr*、*Nef*、*Tat*、*Rev*、*Gag*、*Pol*、*Gp160*、*MA*、*CA*、*NC*、*p6*、*PR*、*RT*、*IN*、*Gp120*、*Gp41* 等,都带有纯化标签,瞬时转染到 HEK293 细胞中。各蛋白质在细胞中表达后,提取相互作用蛋白质进行质谱分析。进而利用一种新的针对研究宿主和病原体的亲和标记/纯化质谱(affinity tagging/purification mass spectrometry,AP-MS)的打分系统质谱相互作用数据统计(mass spectrometry interaction statistics,MiST)方法分析到 497 种病毒和宿主细胞的相互作用蛋白质。分析发现,尽管 PR 蛋白是一种很小的编码蛋白质,但是其在宿主内的相互作用蛋白质却是最多的,它们可以和 Pol 的相互作用蛋白质形成一种真核生物翻译起始因子 elF3（elF3a～elF3m，13 种亚基），而将各亚基分别和 HIV PR 共转染到细胞后发现 elF3d 亚基被 HIV 蛋白酶切割，而该蛋白可以有效抑制病毒在宿主细胞的复制。另外，该研究同样发现了其他 10 种抑制 HIV 复制的蛋白质[67]。该研究不仅构建了 HIV 侵染细胞时的相互作用图谱，基于此也在一定程度上揭示了 HIV 在宿主细胞的复制机制，从而为艾滋病的治疗找到新的靶向位点。

目前采用蛋白质组学技术产生了大量人体在生理及病理条件下的蛋白质信息，如 2014 年发表的人类蛋白质组草图[39,68]及 2016 年的乳腺癌蛋白质组数据[41]，然而对新发现的差异分子的作用机制分析还需要做大量工作。作为一项重要的研究手段，蛋白质相互作用研究方法如 IP-MS、酵母双杂交、串联亲和纯化（tandem affinity purification，TAP）质谱等在疾病的分子机制研究中已经表现出突出的优势，在未来对疾病的研究中，将结合细胞生物学、分子生物学等方式来探究疾病的发病机制，从而进一步进行药物研发，找到疾病的治疗策略。

1.2.2　蛋白质组学在疾病标志物研究中的应用

1.2.2.1　生物标志物的概念

生物标志物（biomarker）是指一些生命状态或条件的可测量指示因子（https://en. wikipedia. org/wiki/Biomarker）。1980 年，美国国立卫生研究院生物标志物工作组将生物标志物定义为"客观测量和评价生理过程、病理过程和干预治疗引起药物反应的一个特征"。这些生物标志物既可以是 DNA、RNA，也可以是蛋白质或代谢分子等，其变化与机体疾病状态的发生密切相关。生物标志物的概念一经提出，就受到了极大的关注。从医学角度来看，有效的治疗和治愈癌症的关键就是是否可以找到指示早期肿瘤发生发展的指示分子。其中生物标志物分子作为临床诊断技术的核心，其发现将在癌症、自身免疫病和传染病的诊断、发展、治疗以及疗效监测等方面扮演至关重要的角色[69,70]。

如何寻找和发现具有价值的生物标志物分子是精准医学发展的重要基石。基因组学、蛋白质组学、肽组学、代谢组学和系统生物学的高度发展为快速发现生物标志物分子带来了极大的可能。蛋白质组学的优势是通过从蛋白质组与人体疾病的动态相互关系入手，找到与疾病发生发展、药物治疗和预后密切相关的蛋白质及其翻译后修饰和活性变化规律，进而对疾病的发生发展进行有效的监控。随着蛋白质组学的快速发展，各种高通量、高灵敏度的分析检测技术应运而生,如双向电泳[71]、质谱[72]、酵母双杂交[73]、蛋白质芯片[61,74]和噬菌体展示技术等。这些技术可从蛋白质组学层面上获取各种生命体的生理学和病理学信息,进而全面发现与癌症相关的分子机制并获得新的诊断检测标志物分子,从而在提高临床治疗效果的同时节省大量的时间和费用。

1.2.2.2 生物标志物分子类型

按照生物标志物分子在疾病发生、发展和治疗过程中的作用,可将生物标志物分为危险评价(risk assessment)、早期诊断(early diagnostics)、疾病分型(disease stratification)、疾病分期(disease staging)、辅助治疗(therapeutic treatment)和预后(prognosis)等类型(见图 1-3)[75]。下面主要对早期检测、分子分型和临床治疗用蛋白质分子标志物进行阐述。

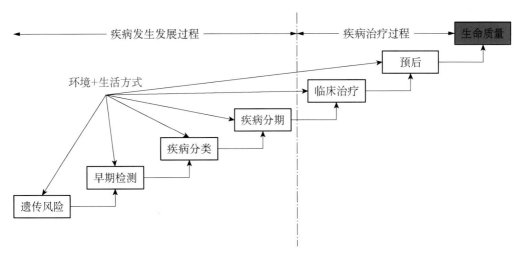

图 1-3 生物标志物与疾病发生发展和治疗间的相互关系

1.2.2.3 癌症早期检测的分子标志物

癌症长久以来威胁着人类的健康,为了攻克癌症,医学界一直在做着不懈的努力。中国目前是世界癌症第一大国,每年新发癌症病例约 429 万,因癌症死亡约 281 万人[76]。更重要的是,中国 80% 的癌症患者确诊时即属于中晚期,癌症一旦出现转移或进入中晚期就变成急性病。癌症如果能在早期发现将具有很高的治愈率,手术后可以作为慢性病治疗,存活几年甚至几十年。因此如果能早期发现癌症发生的迹象,通过早干预、早预防、定期体检等干预措施可以避免或延缓癌症的发生和发展。目前,世界卫生组织在早期发现、早期治疗的基础上将癌症定义为可以治疗、控制甚至治愈的慢性病。随着医学的进步,癌症可以像慢性病一样进行治疗。2011 年,世界卫生组织提出,40％的癌症患者可通过预防而不得癌症,40％的癌症患者可以通过早发现、早诊断和早治疗而治愈,20％可以带癌生存,这充分说明了癌症早期发现的必要性和重要性。因此,找到用于早期诊断的肿瘤标志物分子将起到至关重要的作用,不仅大大提高癌症患者的生存率和挽救患者生命,而且可以节省大量的人力物力和时间成本。目前各国政府、诊断试剂公司和研究机构对肿瘤标志物研究进行了大量的投入,发现了很多新型肿瘤标志物分子,其中有些已经被证明可以用于临床检测(见表 1-2)。

表 1-2　临床采用的肿瘤标志物和代谢产物

肿瘤		肿瘤标志物	代谢产物
肾上腺皮质肿瘤			皮质醇、醛固酮、脱氢表雄酮硫酸盐
胆管/胆囊癌		CA19-9、CEA	
膀胱癌		Cyfra21-1 TPA NMP22(尿)	
乳腺癌		CEA CA15-3 HER2/neu(血清、组织) uPA/PAI-1(组织) 雌激素受体、孕激素受体(组织)	
支气管癌	燕麦细胞癌	NSE TPA 降钙素 Cyfra21-1	
	鳞状细胞癌	SCCA Cyfra21-1	ACTH
	腺癌	CEA Cyfra21-1	
	大细胞癌	CEA	
类癌			5-羟色胺、5-羟吲哚乙酸(尿)
宫颈癌		SCCA、CEA	
绒毛膜癌		β-HCG(人绒毛膜促性腺激素)	
结直肠癌		CEA CA19-9	

（续表）

肿瘤	肿瘤标志物	代谢产物
胃癌	CA72-4（胃癌抗原） CEA CA19-9 CA50	
肝细胞癌	AFP	
垂体瘤		PRL HGH ACTH FSH LH TSH
淋巴/粒细胞白血病	β_2-微球蛋白、副蛋白	胸腺嘧啶激酶、新蝶呤
头颈部恶性肿瘤	SCCA、SEA（癌胚抗原）	
黑色素瘤	蛋白 S-100	
肾癌	M2-PK（丙酮酸激酶-M2） TPA CEA	
神经内分泌瘤	NSE 嗜铬粒蛋白 A	
食管癌	SCCA、SEA	
骨肉瘤、骨转移	骨特异性碱性磷酸酶 脱氧吡啶啉（尿）	
卵巢癌 上皮癌	CA125、CASA（癌相关血清抗原）	
卵巢癌 黏液癌	CA125、CA72-4	
胰腺癌	CA19-9 CA125 CA50	
嗜铬细胞瘤 副神经节瘤	肾上腺素类物质（血浆） 儿茶酚胺（尿） NSE 嗜铬粒蛋白 A	高香草酸（尿） 肾上腺素类（尿） 香草扁桃酸（尿）
前列腺癌	PSA、游离 PSA、PCA3（尿）	

（续表）

肿瘤		肿瘤标志物	代谢产物
睾丸癌	生殖细胞癌	AFP、β-HCG LDH	
	精原细胞癌	胎盘碱性磷酸酶、AFP、β-HCG、LDH NSE	
甲状腺癌	乳头、滤泡 髓样癌	TG 降钙素、CEA	
子宫癌		CA125、CA19-9 TPA、CEA	
胃泌素瘤		促胃液素	

以肺癌为例。肺癌在中国发病率和病死率均排名癌症首位。由于肺癌在早期没有明显的临床特征，发现非常困难。大部分患者在发现临床症状时已是中晚期，失去了最佳的手术机会。因此，早期发现和早期治疗是目前唯一有可能治愈肺癌的机会。2006 年发表在 *The New England Journal of Medicine* 的一项研究表明，患有非小细胞肺癌并在ⅠA期进行手术的患者，其 10 年生存率高达 92%。早期发现肺癌并进行手术是唯一有可能治愈肺癌的最好机会，因此迫切需要可以用于早期诊断和预后的生物标志物分子。Hsu 等人采用 iTRAQ 质谱技术定量分析了来自配对的腺癌组织中 1 763 个蛋白质的表达水平，进一步结合生物信息学和文献发掘，从 133 个高表达蛋白质中选择出 6 个候选生物标志物蛋白质分子（ERO1L、PABPC4、RCC1、RPS25、NARS 和 TARS），用免疫组化和蛋白质印迹法进行了验证。结果发现这 6 个蛋白质在肿瘤中的表达水平显著高于正常组织，其中 ERO1L 和 NARS 的变化水平与淋巴结转移呈正相关，尤其是 ERO1L 在腺癌早期过表达的患者生存率显著降低。研究结果表明 ERO1L 可以用于指示肿瘤的早期转移[77]。在另一项研究中，Jin 等采用两种凝集素（AAL/AAGL 和 AAL2/AANL）富集了小细胞肺癌患者血清中的低丰度蛋白，然后用 iTRAQ 和 LC-MS/MS 分析了蛋白的糖基化水平。结果发现了 53 个差异表达蛋白，其中 4 个糖蛋白（AACT、AGP1、CFB 和 HPX）用蛋白质印迹法进行了验证。接受者操作特征（receiver operating characteristic，*ROC*）分析表明 AACT 可以有效区分肿瘤早期（ⅠA+ⅠB）和良性及健康组织，灵敏度为 94.1%。凝集素 ELISA 实验结果表明，GlcNAcylated AACT 可以有效区分Ⅰ期小细胞肺癌患者和正常对照，*AUC* 值为

0.908,灵敏度和特异性分别为 90.9% 和 86.2%。结合 GlcNAcylated AACT 和 CEA 可将 AUC 进一步增加到 0.914,显著提高小细胞肺癌早期的检测率[78]。

近年来,越来越多的研究表明,肿瘤在发生的早期可以被免疫系统识别,激发宿主的体液免疫反应,宿主会产生针对肿瘤抗原的自身抗体,而肿瘤自身抗体与肿瘤的发生发展密切相关,因其出现时间早、特异性高、检测手段容易等优势,研究发现及检测肿瘤自身抗体有着重要的临床意义。美国于 2012 年批准一组由 7 个肿瘤自身抗原[p53、NY-ESO-1、CAGE、GBU4-5、膜联蛋白(annexin A1)和 SOX2]组成的特征性图谱 Early CDT®-Lung test,用于肺癌的早期筛查。当将吸烟、分期或肿瘤类型等因素考虑在内时,其敏感性和特异性可分别达到 36% 和 91%,而且不影响其准确性。国内周彩存教授团队也对此做了大量的工作,开发出了 7 种自身抗体检测试剂盒,被国家食品药品监督管理局批准成为首个用于联合低剂量螺旋 CT 进行早期肺癌筛查的检测试剂盒。除了肺癌,研究者陆续在其他肿瘤中也发现了多种特异性自身抗体,表明蛋白质组学在发现癌症早期诊断标志物方面具有巨大潜力。Anderson 等采用包含有 4 988 个人蛋白质的核酸可编程蛋白质芯片(nucleic acid programmable protein arrays,NAPPA)筛选了乳腺癌早期患者的血清 IgG 抗体。在第 1 阶段中,他们测定了 53 例 1~3 期乳腺癌患者和 53 例健康人的血清,发现了 761 个抗原分子。在第 2 阶段,他们将发现的肿瘤抗原用于制备小型肿瘤抗原芯片,筛选了 51 个乳腺癌患者和 39 例良性乳腺疾病患者,证实了 119 个肿瘤抗原,灵敏度为 9%~40%,特异性为 91%。以上抗原进一步在不同血清样本(51 例患者和 38 例对照)中进行了验证,最终发现了 28 个可用于乳腺癌早期检测的自身抗原标志物分子,其构成的特征性图谱的灵敏度和特异性分别为 80.8% 和 61.6%,AUC 为 0.756[79]。在另一项研究中,Wang 等采用人类蛋白质组芯片技术筛选了三阴性乳腺癌患者($n=45$)和正常人($n=45$)的血清,结果发现了 748 个与三阴性乳腺癌相关的自身抗体。进一步的 ELISA 实验(145 例患者和 145 例对照)证明了 13 个三阴性乳腺癌的自身抗体标志物分子(CTAG1B、CTAG2、TP53、RNF216、PPHLN1、PIP4K2C、ZBTB16、TAS2R8、WBP2NL、DOK2、PSRC1、MN1 和 TRIM21),其构成的特征性图谱的灵敏度和特异性分别为 33% 和 98%,为进一步应用于三阴性乳腺癌的早期检测奠定了基础[80]。

1.2.2.4 蛋白质组与肿瘤分子分型

组织病理学诊断一直是肿瘤诊断的标准和临床治疗的重要依据,但是针对相同组织学类型和 TNM 分期的患者采用相同的治疗方案，往往不同患者表现出的疗效和预后有很大的差异。因此，传统病理的形态学诊断已经越来越无法适应现代肿瘤诊断和治疗的需要。如何针对特定人群设计出个体化的治疗方案，提高中晚期肿瘤的治疗效果和术后生存率非常重要。1999 年，Golub 发现在没有任何既往生物学信息的前提下，只检测基因表达就可以有效区分出急性髓系白血病和急性淋巴细胞白血病，因此提出基因表达可以作为一种肿瘤早期检测和分型的有效手段[81]。随着人类基因组测序计划的完成，以全基因组序列改变或修饰和以表达改变为研究对象的转录组学、蛋白质组学的研究进展及相关技术的发展，为人们从全基因组水平研究同一组织学类型肿瘤的分子差异成为可能。基于分子差异的个体化治疗是肿瘤治疗达到最佳疗效、最小不良反应和最少医疗费用的必由之路，是个体化医疗的未来发展方向[60]。

　　肿瘤的形成是遗传、环境和自身免疫系统等多因素协调变化和发展的生理学和病理学过程，涉及大量不同种类和性质的 DNA 和蛋白质等生物分子。肿瘤发生发展过程中，细胞恶变前后的蛋白质组发生了非常复杂的变化，普通的生物化学分析技术只能检测一种或几种蛋白质，而蛋白质组学技术使得研究者可以从组学角度系统分析肿瘤发生过程中的蛋白质变化，全面了解肿瘤相关蛋白质的总体变化趋势，发现肿瘤特异性蛋白。这不仅为肿瘤诊断提供了有效的分子标志物，而且也可以为肿瘤的治疗和药物开发提供了可靠的靶标。因此，全面测定肿瘤组织和细胞中的蛋白质表达和翻译后修饰水平将为理解肿瘤发生发展的分子机制和发现可以用于肿瘤分子分型和个体化治疗的策略奠定基础。例如，Tyanova 等人采用 SILAC 定量蛋白质组学分析了 40 例 luminal 雌激素阳性和三阴性乳腺癌患者，定量深度超过了 10 000 个蛋白质。这些蛋白质组图谱首次鉴定了乳腺癌亚型及相关能量代谢、细胞生长、mRNA 翻译和细胞-细胞交流的生物学信息。另外，他们还发现了一个由 19 个蛋白质组成、可区分乳腺癌亚型的分子指纹图谱。值得一提的是，这个指纹图谱中只有 3 个蛋白质与基因拷贝数和 mRNA 表达水平相关。该工作为今后开发出针对乳腺癌亚型的个性化治疗提供了有价值的依据[82]。

　　Humphrey 等人采用免疫亲和纯化结合高分辨率质谱技术全面测定了 ATCC（$n = 19$）和 TKCC（$n = 17$）两组胰腺导管腺癌细胞系的酪氨酸磷酸化图谱，鉴定和定量了超过 1 800 个酪氨酸磷酸化位点。该磷酸化图谱均可将 ATCC 和 TKCC 两组细胞系分为 3 个亚型。生物信息学分析发现这 3 种亚型与细胞-细胞黏附、表皮-间质细胞转化、mRNA 代谢和受体酪氨酸激酶信号通路相关。其中第 3 种亚型中的多个酪氨酸激酶表现出较高的磷酸化水平。最后研究发现磷酸化激酶富集的细胞系对 EGFR 抑制剂——尼洛替尼(erlotinib)显示出更高的敏感性,表明磷酸化具备预测药物治疗效果的潜力。这项研究结果表明,信号转导网络可以作为一种新型的肿瘤分类标准,在胰腺导管腺癌的分子机制研究和临床治疗方面具有重要的应用价值[83]。在另一项研究中,Cremona 等采用激光微切割技术和反相蛋白质芯片技术检测了肾透明细胞癌的 75 条信号通路关键蛋白质的磷酸化水平,结果发现肾透明细胞癌可能通过 27 条信号通路分为两组,其中在 A 组患者中呈现高水平的 EGFR、RET 和 RASGFR1 磷酸化,与细胞周期和增殖密切相关;而在 B 组患者中呈现出高水平的 ERK1/ERK2 和 STAT 磷酸化,与细胞死亡和存活相关[84]。在另一项工作中,Dennison 等人采用反相蛋白质芯片检测了乳腺癌患者组织和细胞系中蛋白质的磷酸化表达,结果发现了一种新的乳腺癌低危亚型——Reactive 亚型,表现为 ER 阳性/HER2 阴性。进一步结合 TCGA 数据预测发现该亚型患者具有更好的预后效果[85]。

1.2.2.5　临床治疗与预后

与基因组反映机体的静态信息相比,蛋白质组学是系统化、规模化测定机体内体液、细胞和组织中的蛋白质表达和翻译后修饰等活性信息,更加直观地反映机体从正常到疾病下的动态变化。利用此信息,医生可以在正确的时间和地点给患者设计最佳的治疗方案。例如,卵巢癌是女性生殖系常见的恶性肿瘤之一,发病率仅次于宫颈癌和子宫体癌而处于第 3 位。目前,美国食品药品监督管理局(the Food and Drug Administration,FDA)只批准了少数卵巢癌的肿瘤标志物检测项目。卵巢癌的肿瘤标志物在疾病诊断、疗效监测和预后判断中已被广泛应用。美国约翰·霍普金斯大学的 Daniel Chen 实验室采用高通量 Luminex 液相抗体芯片技术在大规模临床样本中验证了前期蛋白质组学发现的候选蛋白标志物分子,在此基础上开发出了新型多重蛋白标志物特征图谱[CA125-Ⅱ、转铁蛋白、转甲状腺素蛋白(前清蛋白)、载脂蛋白 A Ⅰ和 β_2-微球蛋白],已获得 FDA 批准。该图谱能够在妇女盆腔包块中检查出患者是否罹患卵巢癌,并确定是否需要手术治疗[86]。最近,美国爱荷华大学(the University of Iowa)的 Velez 等人应用蛋白质组学技术为一名眼疾患者成功制订了个体化的治疗方案。在该项目中,Velez 等人首先用抗体芯片对几种不同类型眼部葡萄膜炎患者活检液体的细胞因子表达水平进行了分析,包括 3 例特发性后葡萄膜炎、2 例中间葡萄膜炎、3 例病毒性眼内炎、2 例自身免疫性视网膜病变、1 例多灶性脉络膜炎、1 例炎症性玻璃体视网膜病变和 1 例 HLA-B27 葡萄膜炎。结果发现这些患者存在共同的细胞因子表达特征图谱(IL-23、IL-1RI、IL-17R、TIMP-1 和 TIMP-2、IGFBP-2、b-NGF、PDGFRb、BMP-4 和 SCF)。他们对一名无法找到病因的视力丧失患者进行了细胞因子测定,发现该患者细胞因子的表达图谱与自身免疫性视网膜病变特征一致,提示该疾病可能与自身免疫病有关。根据此发现,他们进一步在患者血清中检测到了抗视网膜自身抗体。随后该项目医生将间歇性糖皮质激素注射治疗改为一种能够持续释放类固醇入眼的装置,患者的视力得到了改善,并且没有出现复发现象[87]。该研究在疾病的个体化诊断和治疗方面迈出了重要的一步,为以蛋白质组学为基础的精准医学提供了范例。

1.2.3 蛋白质组学在药物研发中的应用

1.2.3.1 概述

药物研究具有高投入、高风险、高回报和周期长等特点,其关键是如何找到合适的靶标并开展简单、高效的药物分子筛选。蛋白质组是基因编码和表达的蛋白质产物,是机体全部蛋白质分子的存在和相互作用方式。采用蛋白质组学技术,人们可以在蛋白质组整体水平,从生命本质的层次上探索人类生命活动的规律,了解人体生理和病理过程的本质。在疾病的发生和发展过程中,药物发挥其功能主要是通过蛋白质及其参与的多个信号通路完成,因此蛋白质组学可以反映出机体生理和病理活动的动态变化信息。通过对正常、疾病和用药状态下的细胞或机体进行蛋白质组学比较,可能揭示出药物作用于机体的分子机制和发现新的药物作用靶标以供筛选新型药物,进而指导药物的研发和临床治疗过程。

1.2.3.2 药物靶标的发现

药物靶标是指药物分子在体内的作用结合位点,包括基因、受体、酶、离子通道等生物大分子。根据基因组学数据预测,可供药物开发的靶标大约有 5 000～10 000 个。然而在过去 100 年中,总共发现的药物靶标只有 500～1 000 个[88]。由于肿瘤的发生发展具有高度的异质性,如何发现新的药物靶标对于药物筛选模型的建立、先导化合物分子的筛选和新型抗肿瘤药物的开发具有非常重要的意义。由于许多疾病与信号传导途径异常有关,因而信号分子可作为治疗药物设计的靶点。在信号传递过程中涉及成百上千个蛋白质,蛋白质与蛋白质的相互作用发生在细胞内信号传递的所有阶段,而且这种复杂的蛋白质作用的串联效应可以完全不受基因调节而自发产生。通过与正常细胞比较,掌握与疾病细胞中某个信号途径活性增加或丧失有关的蛋白质的改变,将为药物设计提供更合理的靶点。例如,Chen 等采用激光微切割和蛋白质组学技术分析了 48 例 CEA 低表达的结肠癌患者,结果发现与正常对照相比,ENO1、HSP27 和 MIF 的蛋白质表达水平在结肠癌患者中显著升高,与这 3 个基因的表达水平一致。另外,也发现 ENO1 和 MIF 的水平在血清中得到升高,表明 ENO1 和 MIF 可有助于诊断 CEA 阴性的结肠癌患者,并可能开发成为新的治疗靶标[89]。

1.2.3.3　药物作用的分子机制和临床治疗评价

通过比较患者用药前后的蛋白质组水平变化可以为发现新靶蛋白,了解药物作用机制,评价药物不良反应和合理设计药物提供新的途径。表皮生长因子受体(EGFR)单克隆抗体西妥昔单抗(cetuximab)是唯一治疗头颈部鳞状细胞癌的靶向药物。然而西妥昔单抗抗性限制其在这种疾病中的活性。内源性和代偿性 HER3 信号可能与西妥昔单抗有关。为了研究西妥昔单抗联合一种抗 HER3 单克隆抗体 seribantumab (MM-121)治疗头颈部鳞状细胞癌的效果,Jiang 等人筛选了 12 种鳞状细胞癌细胞系中 HER 受体的蛋白质表达和磷酸化水平,并测试了西妥昔单抗和 MM-121 联合用药对鳞状细胞癌临床前小鼠模型的治疗效果。研究结果表明,MM-121 显著抑制了 HER3 和 AKT 的磷酸化。西妥昔单抗和 MM-121 联合用药在体外细胞系中可以通过同时抑制 HER3、EGFR 及其下游的 PI3K/AKT 和 ERK 信号通路的激活而增强抗肿瘤活性。体内实验也证明,高剂量和低剂量 MM-121 联合西妥昔单抗通过抑制 HER3、EGFR、AKT 和 ERK 而显著增强抗肿瘤活性。这项研究第一次报道了头颈部鳞状细胞癌的联合用药治疗实验,揭示了 HER3 在具有 EGFR 抑制剂抗性的头颈部鳞状细胞癌中的新型分子机制,指出了抑制 HER3 可能在头颈部鳞状细胞癌临床治疗中具有重要的作用[90]。

有证据显示,神经调节蛋白(heregulin)驱动的 ERBB 信号是临床前乳腺癌模型中细胞毒性和抗内分泌治疗抗性的一个重要的分子机制。在这个研究中,Curley 等在一个临床前 ER 阳性乳腺癌模型中评价了 seribantumab (MM-121)单独使用和与芳香化酶抑制剂来曲唑(letrozole)联用对细胞信号通路和肿瘤生长的影响。在体外,神经调节蛋白处理的 MCF-7Ca 细胞中 ER 磷酸化水平升高。在来曲唑敏感性细胞(MCF-7Ca)

和抗性细胞（LTLT-Ca）中，发现 seribantumab 处理的细胞抑制了基底和神经调节蛋白介导的 ERBB 受体磷酸化和下游效应分子活化，而在来曲唑处理的细胞中却没有发现这种现象。值得一提的是，在 MCF-7Ca 来源的移植肿瘤（xenograft）模型中，seribantumab 和来曲唑联用比单独施加来曲唑显示出更高的抗肿瘤活性，这种现象伴随着在产生来曲唑抗性前后 PI3K/MTOR 信号的下调。另外，加入 MTOR 抑制剂的抗肿瘤活性并没有变化。该研究结果表明神经调节蛋白驱动的 ERBB3 信号调节了 ER 阳性乳腺癌模型对来曲唑的抗性，说明神经调节蛋白表达的 ER 阳性乳腺癌患者可能得益于采用 seribantumab 药物的抗内分泌治疗[91]。

1.3 蛋白质组学与精准医学——机遇与挑战

在过去 20 年里，蛋白质组学无论在技术发展、数据处理、理论探索还是在应用方面都得到了长足的发展。目前，蛋白质组技术已可初步实现细胞、组织和血清等临床样本中蛋白质表达的深度覆盖，并揭示人体在健康到疾病不同状态下蛋白质水平的动态变化，包括蛋白质表达、蛋白质-蛋白质相互作用、蛋白质-小分子相互作用、蛋白质翻译后修饰及针对血清中人体蛋白质自身抗体的检测等，其部分研究成果在肿瘤分型和早期诊断应用上已崭露头角[59,61,62,82,92,93]。随着蛋白质组学技术的进一步快速发展，以蛋白质为基础的生物学信息将达到空前的规模，这将不仅大大加深人们对生物体功能的了解，改变传统的蛋白质生物学功能研究的单一模式为蛋白质组学、生物化学和细胞生物学等多学科有机结合的系统生物学模式，而且将从新的纬度上弥补其他组学（如基因组学和转录组学）的不足，为精准医学的发展提供新的动力。

1.3.1 蛋白质组学技术的发展将带来精准医学的突破

以质谱为代表的蛋白质组学技术得到高速发展，开发出了多种蛋白质定性定量检测技术，包括细胞培养稳定同位素标记技术（stable isotope labeling with amino acids in cell culture，SILAC）、同位素标记相对和绝对定量（isobaric tags for relative and absolute quantitation，iTRAQ）、多重反应监测（multiple reaction monitoring，MRM）和 SWATH-MS（sequential window acquisition of all theoretical fragment ions-mass spectrometry）等，可实现细胞、组织和体液中蛋白质的大规模定量测定。前面提到的

2014 年和 2016 年的两篇 *Nature* 和一篇 *Cell* 文章,美国 CPTAC 团队采用高分辨率质谱技术分别系统阐释了结直肠癌、乳腺癌和卵巢癌的蛋白质组－基因组学特征(proteogenomic characterization)。他们采用 LC-MS 首先分析了 TCGA 的肿瘤样本,结果发现生殖细胞突变引起的蛋白质表达水平变化显著高于体细胞突变。另外,mRNA 转录本丰度不能预测肿瘤之间的蛋白质表达水平差异。采用蛋白质组数据,它们还鉴定了结肠和直肠癌的 5 个亚型,其中 2 个亚型与 TCGA 转录组鉴定的亚型一致[40]。在对乳腺癌的研究中,他们采用 iTRAQ 定量质谱技术测定了 105 个乳腺癌肿瘤中的蛋白质表达谱和磷酸化谱,鉴定了超过 12 000 个蛋白质和 33 000 个磷酸化位点。结合基因组突变、蛋白质组和磷酸化蛋白质组分析发现了多个新的蛋白标志物和信号通路。例如,CETN3 和 SKP1 丢失与 EGFR 高表达密切相关,SKP1 丢失会增加 SRC 酪氨酸激酶表达。另外,蛋白质组数据分析还发现了 mRNA 水平没有找到的 G 蛋白偶联受体亚群[41]。在对卵巢癌的研究中,他们测定了 174 个 TCGA 卵巢癌样本,得到的数据进一步与基因组学整合。结果发现基因拷贝数的变化可以影响到蛋白质组,包括蛋白质相关的染色体不稳定性及与基因组重排和卵巢癌存活率相关的一系列信号通路。另外,还发现体细胞基因组驱动下癌症蛋白质组、翻译后修饰与高危性卵巢癌之间的相关性规律[42]。以上结果表明,高通量蛋白质组学技术将为系统解读基因组,发现新的关键致癌驱动基因和制订个体化医疗方案提供基础。

人类生命的蓝图是 30 亿碱基对组成的人类基因组。从 1977 年第一代 DNA 测序技术(Sanger 法)发明以来,DNA 测序已经经历了以 Sanger 法为代表的第一代测序技术、以 Illumina 和 Roche454 为代表的第二代测序技术,发展到以 PacBio 公司的单分子实时测序技术(SMRT)和以牛津纳米孔单分子测序技术(Oxford Nanopore Technologies)为代表的第三代单分子测序技术。DNA 测序技术的每一次革新,都对基因组学、转化医学和药物研发等领域产生巨大的推动作用。2014 年,美国亚利桑那州立大学生物设计研究所的 Stuart Lindsay 和赵亚南等人首次开发出了能够精确鉴定蛋白质氨基酸的单分子技术。该技术结合了 DNA 纳米孔技术、电化学和一种机器学习算法,当单链肽段通过纳米孔时,纳米孔两边的电极可以记录每个氨基酸通过时产生的特征性电信号。利用这些特征性电信号就可以判断氨基酸的种类及其微小的变化,包括氨基酸短肽、*D*-和 *L*-构型对映体与甲基化氨基酸等[94]。尽管该技术离发展到成熟阶段还有很多工作需要完成,但是该结果表明未来可能会像基因组测序一样实现人类蛋白质组的单分子测序,将蛋白质组学甚至生命组学研究提高到一个新的水平[60]。

1.3.2 蛋白质组学加速基础研究成果向临床应用转化

蛋白质组学在疾病的早期诊断、疾病预防、分子分型、疗效预测和预后中有巨大的发展潜力。目前,蛋白质组学鉴定的蛋白质标志物分子已经超过 1 000 种,已经有少数标志物分子或其构建的特征性图谱通过美国 FDA 或临床检验改进修正计划(Clinical Laboratory Improvement Amendments,CLIA)实验室验证用于临床。例如,OVA1[CA125-Ⅱ、转铁蛋白、转甲状腺素蛋白(前清蛋白)、载脂蛋白 A-Ⅰ和 β_2-微球蛋白]已获得美国 FDA 批准用于卵巢癌患者是否选择手术的参考[95]。另外,由 6 个肿瘤自身抗原[p53、NY-ESO-1、CAGE、GBU4-5、膜联蛋白(annexin A1)和 SOX2]组成的 EarlyCDT®-Lung test 也成为世界上第一个用于肺癌早期检测的临床自身抗体检测试剂[96]。然而被批准用于临床的蛋白质标志物分子仍远远小于发现的数目,主要有以下 3 个原因。①高质量的临床样本少。高质量、背景清晰的临床样本是开展生物标志物研究的前提。但是在过去十几年中,生物标志物研究所采用的临床样本比较混乱,使得下游研究难以重复前期的研究结果。②通量化标志物验证仍存在瓶颈。采用蛋白质组学很容易在一次实验中找到成百上千个差异表达蛋白质,但是如何在大规模临床样本中验证这些潜在标志物分子需要大量的时间和费用。③生物标志物开发周期长。每个临床用标志物分子必须要经过发现、证实、实验室内验证和实验室间验证等多个不同阶段,实验周期长(大约 15 年),技术要求高[61,75]。

除了用于生物标志物研究之外,质谱已经开始用于临床细菌和真菌的检测,展示出了临床诊断应用的巨大潜力[97]。例如,基于质谱开发出的选择/多重反应监测(selected/multiple reaction monitoring,SRM/MRM)定量检测技术,可对有限数量的蛋白质分子进行绝对定量。另外可进一步与免疫亲和纯化方法结合,提高检测的灵敏度,实现对体液中肿瘤标志物分子的测定[98]。蛋白质芯片技术具有简单快速、灵敏度高和需要样本量小等特点,在临床蛋白质标志物检测方面具有广泛的应用前景。目前有多款蛋白质芯片用于临床,一类是基于平面基片,如英国朗道实验室(Randox laboratory)的 Evidence 生物芯片分析系统(Evidence-Biochip Analyzer system),可以在 1 小时内通量化检测 1 200 个样本,检测指标涵盖了心血管、代谢综合征、细胞因子和肿瘤标志物等。其中检测药物滥用芯片已被欧盟 CE 认证和美国 FDA 批准列为体外诊断试剂。另一类是基于液相微球芯片的分析系统,如 ZEUS Scientific 公司的 AtheNA Multi-Lyte® 检验系统和 BioRad 公司的 BioPlex 2200® 多重标志物检测平台,产品主要集中于自身免疫病(全身性类风湿疾病、血管炎、甲状腺疾病和腹腔疾病等)和传染病(EB 病毒、疱疹病毒和可导致先天性宫内感染及围产期感染而引起围产儿畸形的病原体感染)等。随着蛋白质组技术的灵敏度、自动化、通量化能力的不断提高和越来越多的蛋白质标志物分子在临床得到验证,蛋白质组学技术将在临床检测中发挥越来越重要的作用[93]。

1.3.3　组学大数据助力精准医学

随着高通量测序和以高分辨率质谱为代表的蛋白质组学技术的快速发展,基因组学、转录组学、蛋白质组学、脂质组学、糖组学、表观遗传学等多种组学技术的"齐头并进",生命组学产生了空前的数据量,全球每年产生的生物数据总量高达 EB 级,涵盖了基础研究、药物开发、临床诊疗和健康管理等。大数据开始贯穿生命科学和健康产业的各个环节,为揭示生命科学本质和推动精准医学的实施开启了新的时代。与基因组相比,蛋白质组需要测量的蛋白质无论在数量上还是在结构复杂度上都面临更大的挑战。针对以上问题,蛋白质组学科研人员在仪器、实验流程、检测方法、数据挖掘、数据质控和数据库的构建上均进行了系统化的创新和完善,可以在蛋白质组学范围定性定量检测健康和疾病状态下的蛋白质组水平的变化。最近的研究陆续表明,蛋白质组学通过检测肿瘤驱动基因引起的一系列蛋白质表达及其翻译后修饰差异能够很好地阐释人体缺陷基因驱动的机体细胞和组织中信号通路的细微改变,这对于揭示重要肿瘤基因的分子机制和设计临床精准治疗方案具有非常重要的参考价值[40,92,99]。蛋白质组学将为精准医疗和人类的健康做出其应有的贡献。

1.4　小结与展望

在过去 20 年里,蛋白质组学经历了概念提出、技术发展到成为生命组学、大数据、精准医学研究和应用中必不可少的组成部分。蛋白质组学在重大疾病发生发展的分子机制研究、生物标志物发现及药物开发等多个研究领域都呈现出巨大的发展潜力,取得了一系列可喜的成果。相对于 DNA 和代谢分子等相对简单的生物分子,蛋白质分子由于其特有的序列、翻译后修饰、结构、丰度差异和相互作用方式导致其在发挥功能过程中呈现出高度的复杂性。为了解决这些具有挑战性的问题,蛋白质组学技术无论从检测灵敏度、重复性、蛋白质数量还是临床样本通量上都得到了极大的提高,可在短时间内测定特定组织和细胞的全蛋白质组,具备了开展大规模重大疾病研究的能力。中国是世界人口大国,如何提高人民的生活健康水平,实现疾病的早期诊断、精准治疗和降低医疗成本是 21 世纪中国大力发展经济的同时所面临的一个重大社会问题。作为生命组学的核心力量,蛋白质组学将在前期的坚实基础上进一步在医学各个领域得到推广和应用,为精准医学的发展做出应有的贡献。

参考文献

[1] Wasinger V C, Cordwell S J, Cerpa-Poljak A, et al. Progress with gene-product mapping of the Mollicutes: Mycoplasma genitalium [J]. Electrophoresis, 1995,16(7):1090-1094.

[2] Liotta L A, Petricoin E F 3rd. The promise of proteomics [J]. Nature, 1999,402(6763):703.

[3] Venter J C, Adams M D, Myers E W, et al. The sequence of the human genome [J]. Science, 2001,291(5507):1304-1351.

[4] Lander E S, Linton L M, Birren B, et al. Initial sequencing and analysis of the human genome [J]. Nature, 2001,409(6822):860-921.

[5] Gholami A M, Hahne H, Wu Z, et al. Global proteome analysis of the NCI-60 cell line panel [J]. Cell Rep, 2013,4(3):609-620.

[6] Selevsek N, Chang C Y, Gillet L C, et al. Reproducible and consistent quantification of the Saccharomyces cerevisiae proteome by SWATH-mass spectrometry [J]. Mol Cell Proteomics, 2015,14(3):739-749.

[7] Jovanovic M, Rooney M S, Mertins P, et al. Dynamic profiling of the protein life cycle in response to pathogens [J]. Science, 2015,347(6226):1259038.

[8] Liu Y, Beyer A, Aebersold R. On the dependency of cellular protein levels on mRNA abundance [J]. Cell, 2016,165(3):535-550.

[9] Abbott A. And now for the proteome... [J]. Nature, 2001,409(6822):747.

[10] Fields S. Proteomics in genomeland [J]. Science, 2001,291(5507):1221-1224.

[11] Edman P. Method for determination of the amino acid sequence in peptides [J]. Acta Chem Scand, 1950,4:282-283.

[12] Tanaka K, Waki H, Ido Y, et al. Protein and polymer analyses up to m/z 100 000 by laser ionization time-of-flight mass spectrometry [J]. Rapid Commun Mass Spectrom, 1988,2(8):151-153.

[13] Fenn J B, Mann M, Meng C K, et al. Electrospray ionization for mass spectrometry of large biomolecules [J]. Science, 1989,246(4926):64-71.

[14] Rosenfeld J, Capdevielle J, Guillemot J C, et al. In-gel digestion of proteins for internal sequence analysis after one- or two-dimensional gel electrophoresis [J]. Anal Biochem, 1992,203(1):173-179.

[15] Mortz E, Vorm O, Mann M, et al. Identification of proteins in polyacrylamide gels by mass

spectrometric peptide mapping combined with database search [J]. Biol Mass Spectrom, 1994,23 (5):249-261.

[16] Monch W, Dehnen W. High-performance liquid chromatography of peptides [J]. J Chromatogr, 1977,140(3):260-262.

[17] O'Farrell P H. High resolution two-dimensional electrophoresis of proteins [J]. J Biol Chem, 1975,250(10):4007-4021.

[18] Eng J K, McCormack A L, Yates J R. An approach to correlate tandem mass spectral data of peptides with amino acid sequences in a protein database [J]. J Am Soc Mass Spectrom, 1994,5 (11):976-989.

[19] Mann M, Wilm M. Error-tolerant identification of peptides in sequence databases by peptide sequence tags [J]. Anal Chem, 1994,66(24):4390-4399.

[20] Washburn M P, Wolters D, Yates J R 3rd. Large-scale analysis of the yeast proteome by multidimensional protein identification technology [J]. Nat Biotechnol, 2001,19(3):242-247.

[21] Makarov A. Electrostatic axially harmonic orbital trapping: a high-performance technique of mass analysis [J]. Anal Chem, 2000,72(6):1156-1162.

[22] Elias J E, Haas W, Faherty B K, et al. Comparative evaluation of mass spectrometry platforms used in large-scale proteomics investigations [J]. Nat Methods, 2005,2(9):667-675.

[23] Liu H, Sadygov R G, Yates J R 3rd. A model for random sampling and estimation of relative protein abundance in shotgun proteomics [J]. Anal Chem, 2004,76(14):4193-4201.

[24] Gygi S P, Rist B, Gerber S A, et al. Quantitative analysis of complex protein mixtures using isotope-coded affinity tags [J]. Nat Biotechnol, 1999,17(10):994-999.

[25] Ong S E, Blagoev B, Kratchmarova I, et al. Stable isotope labeling by amino acids in cell culture, SILAC, as a simple and accurate approach to expression proteomics [J]. Mol Cell Proteomics, 2002,1(5):376-386.

[26] Ross P L, Huang Y N, Marchese J N, et al. Multiplexed protein quantitation in Saccharomyces cerevisiae using amine-reactive isobaric tagging reagents [J]. Mol Cell Proteomics, 2004,3(12): 1154-1169.

[27] Cox J, Mann M. MaxQuant enables high peptide identification rates, individualized p. p. b. -range mass accuracies and proteome-wide protein quantification [J]. Nat Biotechnol, 2008,26(12): 1367-1372.

[28] Anderson L, Hunter C L. Quantitative mass spectrometric multiple reaction monitoring assays for major plasma proteins [J]. Mol Cell Proteomics, 2006,5(4):573-588.

[29] Peterson A C, Russell J D, Bailey D J, et al. Parallel reaction monitoring for high resolution and high mass accuracy quantitative, targeted proteomics [J]. Mol Cell Proteomics, 2012,11(11): 1475-1488.

[30] Gallien S, Duriez E, Crone C, et al. Targeted proteomic quantification on quadrupole-orbitrap mass spectrometer [J]. Mol Cell Proteomics, 2012,11(12):1709-1723.

[31] Gillet L C, Navarro P, Tate S, et al. Targeted data extraction of the MS/MS spectra generated by data-independent acquisition: a new concept for consistent and accurate proteome analysis [J]. Mol Cell Proteomics, 2012,11(6): O111. 016717.

[32] Nagaraj N, Wisniewski J R, Geiger T, et al. Deep proteome and transcriptome mapping of a human cancer cell line [J]. Mol Syst Biol, 2011,7:548.

[33] Beck M, Schmidt A, Malmstroem J, et al. The quantitative proteome of a human cell line [J].

Mol Syst Biol，2011，7：549．

［34］ Ding C，Jiang J，Wei J，et al．A fast workflow for identification and quantification of proteomes ［J］．Mol Cell Proteomics，2013，12(8)：2370-2380．

［35］ Hebert A S，Richards A L，Bailey D J，et al．The one hour yeast proteome ［J］．Mol Cell Proteomics，2014，13(1)：339-347．

［36］ Riley N M，Hebert A S，Coon J J．Proteomics moves into the fast lane ［J］．Cell Syst，2016，2(3)：142-143．

［37］ Kennedy J J，Abbatiello S E，Kim K，et al．Demonstrating the feasibility of large-scale development of standardized assays to quantify human proteins ［J］．Nat Methods，2014，11(2)：149-155．

［38］ Wilhelm M，Schlegl J，Hahne H，et al．Mass-spectrometry-based draft of the human proteome ［J］．Nature，2014，509(7502)：582-587．

［39］ Kim M S，Pinto S M，Getnet D，et al．A draft map of the human proteome ［J］．Nature，2014，509(7502)：575-581．

［40］ Zhang B，Wang J，Wang X，et al．Proteogenomic characterization of human colon and rectal cancer ［J］．Nature，2014，513(7518)：382-387．

［41］ Mertins P，Mani D R，Ruggles K V，et al．Proteogenomics connects somatic mutations to signalling in breast cancer ［J］．Nature，2016，534(7605)：55-62．

［42］ Zhang H，Liu T，Zhang Z，et al．Integrated proteogenomic characterization of human high-grade serous ovarian cancer ［J］．Cell，2016，166(3)：755-765．

［43］ Cyranoski D．China takes centre stage for liver proteome ［J］．Nature，2003，425(6957)：441．

［44］ Cyranoski D．China pushes for the proteome ［J］．Nature，2010，467(7314)：380．

［45］ Normile D，Jianxiang Y．Japan and China gear up for 'postgenome' research ［J］．Science，2001，294(5540)：84．

［46］ Sun A，Jiang Y，Wang X，et al．Liverbase：a comprehensive view of human liver biology ［J］．J Proteome Res，2010，9(1)：50-58．

［47］ Omenn G S，States D J，Adamski M，et al．Overview of the HUPO Plasma Proteome Project：results from the pilot phase with 35 collaborating laboratories and multiple analytical groups，generating a core dataset of 3020 proteins and a publicly-available database ［J］．Proteomics，2005，5(13)：3226-3245．

［48］ Guo F，Wang D，Liu Z，et al．CAPER：a chromosome-assembled human proteome browsER ［J］．J Proteome Res，2013，12(1)：179-186．

［49］ Ying W，Jiang Y，Guo L，et al．A dataset of human fetal liver proteome identified by subcellular fractionation and multiple protein separation and identification technology ［J］．Mol Cell Proteomics，2006，5(9)：1703-1707．

［50］ Zhao S，Xu W，Jiang W，et al．Regulation of cellular metabolism by protein lysine acetylation ［J］．Science，2010，327(5968)：1000-1004．

［51］ Wang Q，Zhang Y，Yang C，et al．Acetylation of metabolic enzymes coordinates carbon source utilization and metabolic flux ［J］．Science，2010，327(5968)：1004-1007．

［52］ Wang J，Huo K，Ma L，et al．Toward an understanding of the protein interaction network of the human liver ［J］．Mol Syst Biol，2011，7：536．

［53］ Ding C，Li Y，Guo F，et al．A cell-type-resolved liver proteome ［J］．Mol Cell Proteomics，2016，15(10)：3190-3202．

［54］ He F. Human liver proteome project：plan，progress，and perspectives ［J］. Mol Cell Proteomics，2005,4(12):1841-1848.

［55］ He F，Liu S. CNHUPO：pioneer and vigorous roles for proteomics investigation in China ［J］. Mol Cell Proteomics，2008,7(6):1186-1187.

［56］ Wulfkuhle J D，Liotta L A，Petricoin E F. Proteomic applications for the early detection of cancer ［J］. Nat Rev Cancer，2003,3(4):267-275.

［57］ He F. Lifeomics leads the age of grand discoveries ［J］. Sci China Life Sci，2013,56(3):201-212.

［58］ Aebersold R，Mann M. Mass-spectrometric exploration of proteome structure and function ［J］. Nature，2016,537(7620):347-355.

［59］ Xing X，Liang D，Huang Y，et al. The application of proteomics in different aspects of hepatocellular carcinoma research ［J］. J Proteomics，2016,145:70-80.

［60］ Yu K H，Snyder M. Omics profiling in precision oncology ［J］. Mol Cell Proteomics，2016,15(8):2525-2536.

［61］ Yu X，Petritis B，LaBaer J. Advancing translational research with next generation protein microarrays ［J］. Proteomics，2016,16(8):1238-1250.

［62］ Nik-Zainal S，Davies H，Staaf J，et al. Landscape of somatic mutations in 560 breast cancer whole-genome sequences ［J］. Nature，2016,534(7605):47-54.

［63］ Com E，Lagadec C，Page A，et al. Nerve growth factor receptor TrkA signaling in breast cancer cells involves Ku70 to prevent apoptosis ［J］. Mol Cell Proteomics，2007,6(11):1842-1854.

［64］ Li X，Zhang Q，Ding Y，et al. Erratum：Methyltransferase Dnmt3a upregulates HDAC9 to deacetylate the kinase TBK1 for activation of antiviral innate immunity ［J］. Nat Immunol，2016,17(8):1005.

［65］ Li X，Zhang Q，Ding Y，et al. Methyltransferase Dnmt3a upregulates HDAC9 to deacetylate the kinase TBK1 for activation of antiviral innate immunity ［J］. Nat Immunol，2016,17(7):806-815.

［66］ Li H，Zhu W，Zhang L，et al. The metabolic responses to hepatitis B virus infection shed new light on pathogenesis and targets for treatment ［J］. Sci Rep，2015,5:8421.

［67］ Jager S，Cimermancic P，Gulbahce N，et al. Global landscape of HIV-human protein complexes ［J］. Nature，2012,481(7381):365-370.

［68］ Wilhelm M，Schlegl J，Hahne H，et al. Mass-spectrometry-based draft of the human proteome ［J］. Nature，2014,509(7502):582-587.

［69］ Ludwig J A，Weinstein J N. Biomarkers in cancer staging，prognosis and treatment selection ［J］. Nat Rev Cancer，2005,5(11):845-856.

［70］ Schwarzenbach H，Hoon D S，Pantel K. Cell-free nucleic acids as biomarkers in cancer patients ［J］. Nat Rev Cancer，2011,11(6):426-437.

［71］ Liu K，Qian L，Wang J，et al. Two-dimensional blue native/SDS-PAGE analysis reveals heat shock protein chaperone machinery involved in hepatitis B virus production in HepG2. 2. 15 cells ［J］. Mol Cell Proteomics，2009,8(3):495-505.

［72］ Li X，Jiang J，Zhao X，et al. In-depth analysis of secretome and N-glycosecretome of human hepatocellular carcinoma metastatic cell lines shed light on metastasis correlated proteins ［J］. Oncotarget，2016,7(16):22031-22049.

［73］ Rual J F，Venkatesan K，Hao T，et al. Towards a proteome-scale map of the human protein-protein interaction network ［J］. Nature，2005,437(7062):1173-1178.

[74] Yu X, Schneiderhan-Marra N, Joos T O. Protein microarrays for personalized medicine [J]. Clin Chem, 2010,56(3):376-387.

[75] LaBaer J. So, you want to look for biomarkers (introduction to the special biomarkers issue) [J]. J Proteome Res, 2005,4(4):1053-1059.

[76] Chen W, Zheng R, Baade P D, et al. Cancer statistics in China, 2015 [J]. CA Cancer J Clin, 2016,66(2):115-132.

[77] Hsu C H, Hsu C W, Hsueh C, et al. Identification and characterization of potential biomarkers by quantitative tissue proteomics of primary lung adenocarcinoma [J]. Mol Cell Proteomics, 2016,15(7):2396-2410.

[78] Jin Y, Wang J, Ye X, et al. Identification of GlcNAcylated alpha-1-antichymotrypsin as an early biomarker in human non-small-cell lung cancer by quantitative proteomic analysis with two lectins [J]. Br J Cancer, 2016,114(5):532-544.

[79] Anderson K S, Sibani S, Wallstrom G, et al. Protein microarray signature of autoantibody biomarkers for the early detection of breast cancer [J]. J Proteome Res, 2011,10(1):85-96.

[80] Wang J, Figueroa J D, Wallstrom G, et al. Plasma autoantibodies associated with basal-like breast cancers [J]. Cancer Epidemiol Biomarkers Prev, 2015,24(9):1332-1340.

[81] Golub T R, Slonim D K, Tamayo P, et al. Molecular classification of cancer: class discovery and class prediction by gene expression monitoring [J]. Science, 1999,286(5439):531-537.

[82] Tyanova S, Albrechtsen R, Kronqvist P, et al. Proteomic maps of breast cancer subtypes [J]. Nat Commun, 2016,7:10259.

[83] Humphrey E S, Su S P, Nagrial A M, et al. Resolution of novel pancreatic ductal adenocarcinoma subtypes by global phosphotyrosine profiling [J]. Mol Cell Proteomics, 2016,15(8):2671-2685.

[84] Cremona M, Espina V, Caccia D, et al. Stratification of clear cell renal cell carcinoma by signaling pathway analysis [J]. Expert Rev Proteomics, 2014,11(2):237-249.

[85] Dennison J B, Shahmoradgoli M, Liu W, et al. High intra-tumoral stromal content defines Reactive breast cancer as a low-risk breast cancer subtype [J]. Clin Cancer Res, 2016,22(20):5068-5078.

[86] Fung E T. A recipe for proteomics diagnostic test development: the OVA1 test, from biomarker discovery to FDA clearance [J]. Clin Chem, 2010,56(2):327-329.

[87] Velez G, Roybal C N, Colgan D, et al. Precision medicine: personalized proteomics for the diagnosis and treatment of idiopathic inflammatory disease [J]. JAMA Ophthalmol, 2016,134(4):444-448.

[88] Dean P M, Zanders E D, Bailey D S. Industrial-scale, genomics-based drug design and discovery [J]. Trends Biotechnol, 2001,19(8):288-292.

[89] Chen W T, Chang S C, Ke T W, et al. Identification of biomarkers to improve diagnostic sensitivity of sporadic colorectal cancer in patients with low preoperative serum carcinoembryonic antigen by clinical proteomic analysis [J]. Clin Chim Acta, 2011,412(7-8):636-641.

[90] Jiang N, Wang D, Hu Z, et al. Combination of anti-HER3 antibody MM-121/SAR256212 and cetuximab inhibits tumor growth in preclinical models of head and neck squamous cell carcinoma [J]. Mol Cancer Ther, 2014,13(7):1826-1836.

[91] Curley M D, Sabnis G J, Wille L, et al. Seribantumab, an anti-ERBB3 antibody, delays the onset of resistance and restores sensitivity to letrozole in an estrogen receptor-positive breast

cancer model [J]. Mol Cancer Ther，2015，14(11):2642-2652.

[92] Williams E G，Wu Y，Jha P，et al. Systems proteomics of liver mitochondria function [J]. Science，2016，352(6291): aad0189.

[93] Sabbagh B，Mindt S，Neumaier M，et al. Clinical applications of MS-based protein quantification [J]. Proteomics Clin Appl，2016，10(4):323-345.

[94] Zhao Y，Ashcroft B，Zhang P，et al. Single-molecule spectroscopy of amino acids and peptides by recognition tunnelling [J]. Nat Nanotechnol，2014，9(6):466-473.

[95] Fuzery A K，Levin J，Chan M M，et al. Translation of proteomic biomarkers into FDA approved cancer diagnostics: issues and challenges [J]. Clin Proteomics，2013，10(1):13.

[96] Jett J R，Peek L J，Fredericks L，et al. Audit of the autoantibody test，EarlyCDT (R)-lung，in 1600 patients: an evaluation of its performance in routine clinical practice [J]. Lung Cancer，2014，83(1):51-55.

[97] Croxatto A，Prod'hom G，Greub G. Applications of MALDI-TOF mass spectrometry in clinical diagnostic microbiology [J]. FEMS Microbiol Rev，2012，36(2):380-407.

[98] Ebhardt H A，Root A，Sander C，et al. Applications of targeted proteomics in systems biology and translational medicine [J]. Proteomics，2015，15(18):3193-3208.

[99] Chick J M，Munger S C，Simecek P，et al. Defining the consequences of genetic variation on a proteome-wide scale [J]. Nature，2016，534(7608):500-505.

2 蛋白质组学在肝病研究中的应用

　　肝脏具有多种功能,在人类生命活动中占有重要地位。肝脏是人体的"发电厂"和"化工厂",是物质代谢(包括毒物和药物代谢)、能量转换及供应的"枢纽",是机体内多种重要信息调控分子的"集散地",是机体内再生能力最强的器官,是造血系统、免疫系统的"摇篮",也是血液的"源泉"。肝脏如此重要,而肝脏疾病的高发病率、高致死率严重影响了人类健康,可以说触目惊心。肝脏蛋白质组的研究有助于系统揭示重大肝病发生发展的分子机制,筛选到一批有助于肝病早期诊断的标志物和用于预防治疗肝病的重要药物。

2.1　重大肝病概述

　　"肝病"被认为是中国的"国病",是指发生在肝脏的病变,包括甲型病毒性肝炎、乙型病毒性肝炎、丙型病毒性肝炎、肝硬化、脂肪肝、肝癌、酒精肝等。肝病一般经历肝炎、肝纤维化、肝硬化和肝癌等多个阶段,其发生、发展、癌变也是一个多因素、多步骤、多基因参加的复杂过程(见图 2-1)。

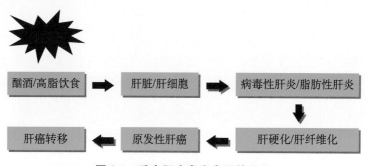

图 2-1　重大肝病发生发展的进程

肝病严重危害人类健康。环境(包括毒物、药物等)、病毒感染、遗传因素可造成肝病的发生,迁延不愈。近 10 年来,中国慢性肝病的病因谱发生了显著变化。从中国最新统计的慢性肝病分布图(见图 2-2)可见,脂肪肝已取代病毒性肝炎成为中国第一大慢性肝病,脂肪肝已成为中国居民健康体检中肝脏酶学指标异常最为常见的病因,高达 75% 的血清转氨酶异常与脂肪肝有关。中国成人脂肪肝患病率为 12.5% ~

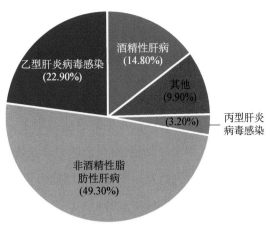

图 2-2　中国肝病分布图

图中数值为每种肝病患者人数占中国肝病患者总数的百分比(图中数据来自参考文献[1])

35.4%,其中绝大多数为非酒精性脂肪肝,而且越来越多的脂肪肝发生在慢性乙型病毒性肝炎等其他类型肝病患者中。非酒精性脂肪肝除了与酒精性肝病和慢性病毒性肝炎一样可导致肝病残疾和死亡外,还与 2 型糖尿病,动脉粥样硬化性心、脑、肾血管疾病,以及肝外恶性肿瘤的高发密切相关。

乙型肝炎病毒(hepatitis B virus,HBV)感染可引起急性和慢性肝炎,是肝细胞癌(hepatocellular carcinoma,HCC)发生的高危因素。据世界卫生组织 1998 年报告,全球有 75% 的人口生活在乙型肝炎病毒高流行区,20 亿人曾经或现症感染乙型肝炎病毒,其中重型肝炎发生率为 1%;近 3.5 亿人长期携带乙型肝炎病毒,占世界人口的 5%;在中国和东南亚有 8% ~ 15% 的人口携带乙型肝炎病毒,乙型肝炎病毒携带者中 50% ~ 70% 病毒复制活跃,形成慢性肝炎,至少 30% 的慢性乙型病毒性肝炎患者将发展为肝硬化(年发病率为 2%),在此基础上发生肝细胞癌的终身危险性将增加 200 倍;在中国,80% 以上的肝癌与乙型病毒性肝炎有关,几乎均合并肝硬化。全世界每年有 200 万人死于乙型肝炎病毒感染相关的疾病,乙型肝炎病毒感染已被列为全球第九大死因。乙型肝炎病毒的主要传播途径是母-婴传播,由体内携带此种病毒的母亲在分娩时传染给新生儿。在中国每年 2 000 万新生儿中,母亲为乙型肝炎病毒感染阳性、乙肝疫苗未接种者多数将被感染,这种感染又易于形成终身带毒状态并在成年后发病。慢性丙型病毒性肝炎是肝硬化和肝癌的重要原因,至今尚无有效的疫苗。全世界丙型肝炎病毒携带者超过 5 亿,中国丙型肝炎病毒携带者在 3 000 万以上,70% 以上的丙型肝炎病毒感染者将成为慢性患者。中国每年死于病毒性肝炎及与病毒性肝炎相关的肝纤维化、肝硬化和肝癌的人数占世界同类疾病死亡总数的一半以上,每年的医疗费用支出超过千亿元(占国民生产总值的1%以上)。控制肝病的发生发展和提高肝病患者的生活质量事关中国的国计民生,对现代医学提出了巨大的挑战。

肝细胞癌是全球最常见的癌症类型之一,病死率排名第二,仅次于肺癌,发病率排名第五。近年来,肝细胞癌在全球尤其是发展中国家的发病率呈现上升趋势。全世界每年有100万例新发原发性肝细胞癌患者,其中近一半发生在中国,特别是近20年来,中国肝细胞癌的发病率上升近40%。由于肝细胞癌诱因复杂,起病隐匿,发展迅速,而且极易复发和转移,这也是影响其术后治疗效果和预后的最大障碍。通常肝细胞癌的发生伴随很多潜在的疾病,疾病的来源也是多样化的,从乙型肝炎病毒感染、食欲缺乏、抑郁到真菌感染等。尽管肝细胞癌的发生愈发普遍,在临床上仍十分缺乏治愈措施。除了传统的物理方法,如放化疗、器官移植和外科手术切除,只有一种获批的临床可用的靶向治疗药物,但其疗效并不显著。手术切除手段也因肝细胞癌的高转移能力实施起来困难重重,即使可以手术,术后5年生存率仅为45%~50%。因此,深入研究肝细胞癌发生、转移的具体分子机制,积极探索新的可行性治愈手段对于提高患者的长期生存率仍具有重要意义。肝细胞癌的转移和复发一直是治疗的瓶颈,也是治疗癌症的关键难题之一。

2.2 人类肝脏蛋白质组研究计划

随着人类基因组计划(Human Genome Project,HGP)的完成,人类基因的注释与确认已成为生命科学面临的最重要任务之一。人类基因组中绝大部分基因及其功能有待于在蛋白质水平上的确认与阐述。2001年,国际人类蛋白质组组织(Human Proteome Organization,HUPO)成立,随之提出了"人类蛋白质组计划"(Human Proteome Project,HPP)。HPP是继HGP之后最大规模的国际性科技工程,也是21世纪第一个重大国际合作计划,其首批行动计划包括由美国牵头的"人类血浆蛋白质组计划"和由中国牵头的"人类肝脏蛋白质组计划"(Human Liver Proteome Project,HLPP)。HLPP是第一个人类组织/器官蛋白质组计划,也是中国第一次领导的重大国际协作计划。其战略目标是:主导人类第一个组织、器官、细胞的蛋白质组计划,为人类所有组织、器官、细胞的蛋白质组计划提供模式与示范;实现肝脏转录组、肝脏蛋白质组、血浆蛋白质组的对接与整合;确认或发现 60% 以上的人类蛋白质,在蛋白质水平上全面注解与验证人类基因组计划所预测的编码基因;借助肝脏蛋白质组与转录组数据,揭示人类转录、翻译水平的整体、群集调控规律;系统建立肝脏"生理组"(physiome)、"病理组"(pathome);探索并建立一批新的预防、诊断和治疗方法。具体目标是完成人肝脏标本库,蛋白质组表达谱、修饰谱、连锁图、细胞定位图,抗体库及数据库,即"二谱、二图、三库"的研究和开发任务,具体包括:建立符合国际标准、以中国人群为主的肝脏标本库;构建蛋白质表达全谱和蛋白质修饰谱;绘制蛋白质相互作用连锁图和细胞定位图;发展规模化抗体制备技术并建设肝脏蛋白质抗体库;建立完整的肝脏蛋白质组数据库;寻找药物作用靶点和探索肝脏疾病防诊治的新思路和新方案[2]。

2.3 肝脏重要生理功能相关的蛋白质组学研究

肝脏内大量复杂的蛋白质组分以其在空间和时间上的表达影响生命活动的每一个环节,影响人体与病原体的相互作用;蛋白质之间的相互作用构成了生命活动的瀑布式反应和信号网络,是复杂生理病理行为的基础。然而,人们对执行这些反应主体的极其复杂的肝脏蛋白质系统缺乏系统、整体的认识,HLPP 对肝脏蛋白的全面认识将充分揭示其对机体生理、病理过程的重要意义。

2.3.1 健康成人肝脏蛋白质组参比图谱

就疾病蛋白质组研究而言,对"正常状态"的界定十分重要,正所谓"没有正常"就"没有异常"。因此,"健康肝脏蛋白质组参比图谱"的构建成为 HLPP 的首要任务。"健康肝脏蛋白质组参比图谱"的构建,首先需要回答的基本生物学问题是,健康人肝脏蛋白质组是否相对稳定,个体差异究竟有多少?由此研究者首先建立了规范标准的样本采集、存储及制备操作流程,并证实成人健康肝脏蛋白质组的表达水平相对稳定(平均变异系数为 19%),混合样本能大大减少个体之间的差异[3]。优化并建立了肝脏 4 种细胞类型(肝实质细胞、肝窦内皮细胞、库普弗细胞及星形细胞)及 6 种细胞组成成分(细胞膜、线粒体、粗面内质网、滑面内质网、细胞核和胞质)的样本制备方法,作为 HLPP 细胞/亚细胞蛋白质组研究的样本制备方案[4]。在以上研究基础上,人们构建了健康成人肝脏蛋白质表达谱及转录组参比图谱以及国际共享的数据资源；鉴定到高质量人肝脏蛋白质组数据 6 788 个，其中 3 721 个蛋白质在肝脏中首次鉴定到；并对人肝脏表达蛋白质的丰度、功能及疾病相关性提供完整注释，通过 Liverbase 网站（http：//liverbase. hupo. org. cn）向全球公开[5,6]。

2.3.2　胎肝造血及肝脏再生蛋白质组分子特征的揭示

肝脏执行机体多种重要的生理功能。肝脏显著区别于其他脏器的最主要的两个生理特点就是胚胎时期的髓外造血和出生后的终身可再生能力。16～24 周孕龄的人胎肝是造血、免疫系统干/祖细胞的主要来源，也是肝脏髓外造血的唯一时期。研究者首先系统测定了 16～24 周孕龄人胎肝的转录组与蛋白质组，分析了胎肝在此发育阶段的代谢、造血和发育的蛋白质组特征。结果发现，此阶段人胎肝蛋白质组所涉代谢通路高比例覆盖，表明此阶段的人胎肝虽无进食，但已出人意料地具备强大的自主性代谢能力。含有 KRAB 结构域的蛋白质在人胎肝中也高比例表达，强烈提示它们与胎肝旺盛的发育和造血有关[7]。同时还发现了系列与肝脏发育和造血相关的新转录因子（24％为具有 KRAB 结构域的功能未知蛋白）[8]。成人体内，肝脏是目前已知唯一的在损伤后具有明显再生能力的重要器官。而肝脏损伤后，再生反应的启动是其关键，利用差异蛋白质组技术，人们系统鉴定了肝脏再生引发期的差异蛋白质群及蛋白质复合体，揭示 p97/VCP 等参与肝细胞的代谢、物质运输和信号转导差异蛋白质的协同作用，可能抑制细胞凋亡。进一步的实验表明，肝脏再生起始过程中细胞凋亡途径确实被抑制[9]。

2.3.3　人类肝脏蛋白质相互作用连锁图

生命有机体是由蛋白质组成的"分子社会"，就像人类社会一样，每个蛋白质需要和许多不同的蛋白质发生相互作用，构成复杂关系网络协调指挥几乎所有的生命活动，因此，全景式研究蛋白质相互作用而得出的蛋白质相互作用连锁图谱是解读蛋白质"天书"的重要"密匙"之一。据估算，人类蛋白质大约有 13 万对相互作用，当前所有的已知数据仅鉴定了不到 8％。研究者筛选了 5 026 种人类肝脏蛋白质相互作用，共获得 2 582 种肝脏蛋白质之间的 3 484 种高可信度相互作用，其中 92％的相互作用为人类首次发现[10]。该研究还揭示了肝脏特异表达蛋白质、代谢酶、肝脏疾病蛋白质及重要信号通路分子的相互作用特点，提供了 63 个未注释蛋白质功能线索，135 个信号转导通路间潜在的相互交联分子,并预测了 21 个肝细胞癌相关蛋白质。此项研究成果采用"纲举目张"的研究策略,构建了第一个人类器官蛋白质相互作用网络框架,为类似研究提供了可借鉴的研究思路,在国际上首次采用蛋白质相互作用网络阐释人类器官的功能调控特点;为认识肝脏疾病发生的分子机制和预防、诊断标记物以及发现治疗靶点奠定了基础。

2.3.4 肝脏乙酰化蛋白质组研究

众所周知,构成人体最基本的结构与功能单位是细胞,而细胞主要通过蛋白质执行复杂的调控和信息传递功能。然而,蛋白质并不是简单地直接执行有关的"命令"信息。在执行前,它往往首先需要在蛋白质分子链上接上某种分子或分子团,这被称为蛋白质的修饰。"乙酰化修饰",即在蛋白质分子链上嫁接上一个乙酰基分子,是蛋白质最主要的修饰方式之一。修饰后的蛋白质可以对细胞内的各类通路进行精确的调节与控制,完成对基因发出"指令"的执行过程,从而实现对人体各项信息的传递和各项功能的调控。可以说,揭开蛋白质"乙酰化修饰"的机制之谜,就将为破解蛋白质修饰规律的生命之谜打下重要的基础。然而,科学界对"乙酰化修饰"的认识经历了漫长和艰苦的过程。科学界早期一般认为,乙酰化修饰功能主要集中在对细胞染色体结构的影响及对核内转录调控因子的激活方面。但是,科研人员通过通量化的蛋白质组研究和不同物种的代谢通路研究发现,在生理状况下,人的肝脏细胞中有超过 1 000 个蛋白质是被乙酰化修饰的,其中超过 900 个是新发现的[11]。同时发现,乙酰化修饰普遍存在于人体的代谢酶之中,并且调节代谢通路及代谢酶的活性。由于蛋白质修饰后的调控功能与各类药物在人体中的效用发挥息息相关,这一新发现将为现实生活中各类药物或维生素的使用提供重要的依据。

2.4 蛋白质组学在病毒性肝炎研究中的探索

2.4.1 病毒性肝炎概述

2.4.1.1 病原学及临床分型

病毒性肝炎是由多种肝炎病毒引起、以肝脏损害为主的一组全身性传染病。按照病原学分类,目前已经确定的病毒性肝炎包括:甲型病毒性肝炎、乙型病毒性肝炎、丙型病毒性肝炎、丁型病毒性肝炎、戊型病毒性肝炎,以及通过实验诊断排除上述肝炎类型的其他型肝炎。除了病原学分型,临床上根据发病情况将病毒性肝炎分为:急性肝炎、慢性肝炎、重型肝炎、淤胆型肝炎及肝炎肝硬化。上述多种类型肝炎的病原体中,除乙型肝炎病毒为 DNA 病毒外,其余均为 RNA 病毒。

2.4.1.2　流行病学

各型病毒性肝炎有其特定的传播途径。甲型病毒性肝炎为急性发病,主要通过粪-口途径传播,在中国,甲型病毒性肝炎的人群流行率[抗甲型肝炎病毒(HAV)抗体阳性者]约为 80%。乙型病毒性肝炎主要经血液、体液和母婴传播,流行具有一定的地区差异,无明显季节性。全世界 60 亿人口中,约 20 亿人曾感染过乙型肝炎病毒(HBV),其中 3.5 亿人为慢性 HBV 感染者。中国 HBV 总感染流行率达 57.63%,即感染过 HBV 的人口约为 6 亿,随着乙肝疫苗的广泛接种,发病率有所降低。丙型病毒性肝炎主要经输血、针刺、吸毒等途径传播,呈全球性流行,目前尚缺乏特异性免疫预防措施。但是,近两年出现了治疗丙型病毒性肝炎的非干扰素新药,丙型病毒性肝炎已可治愈。丁型病毒性肝炎不能单独存在,与乙型病毒性肝炎以同时感染或重叠感染的方式存在,以重叠感染为主,其传播方式与乙型病毒性肝炎相似,目前尚缺乏特异性免疫预防措施。戊型病毒性肝炎的传播途径和甲型病毒性肝炎类似,常为自限性,预后较好。

2.4.1.3　病因学

各型肝炎病毒有其特定的致病机制。HAV 属小核糖核酸病毒科,为嗜肝单股 RNA 病毒,主要在肝细胞胞质中复制,经胆汁从粪便中排出。感染后产生的 IgG 抗体可存在多年,有保护力。HBV 属嗜肝 DNA 病毒科,分包膜和核心两部分,包膜即表面抗原(HBsAg),核心部分有核心抗原(HBeAg)、e 抗原(HBeAg)、HBV-DNA 以及 DNA 多聚酶。HBV 基因为双股环状 DNA,有 4 个开放阅读框(ORF),能编码全部已知的 HBV 蛋白质,包括 HBsAg、HBeAg、HBcAg、HBxAg 和 DNA 多聚酶。HBV 有 A、B、C、D、E、F、G、H 共 8 个基因型,中国主要是 B、C 型。HCV 属黄病毒科、丙型肝炎病毒属,为单股正链 RNA,有 6 个基因型及多种亚型。中国南方以 1b 型多见,北方以 2a 型多见。HDV 为缺陷型病毒,为单股负链 RNA,病毒定位于肝细胞核中。HEV 属萼状病毒科,无包膜,基因组为单股正链 RNA,有两个亚型。病毒主要在肝细胞内复制,经胆汁随粪便排出。慢性肝病在世界范围内都是一个主要的健康负担,尤其是 HBV

和 HCV 病毒感染及由此导致的系列肝病：肝纤维化、肝硬化甚至肝癌。目前认为，HBV 激发机体免疫应答并启动自身免疫反应，是肝细胞病变的原因，乙型病毒性肝炎患者的肝脏受损，并不是 HBV 在肝细胞内繁殖的直接结果，而是机体的免疫反应造成的。而丙型病毒性肝炎致肝损伤除了 HCV 直接杀伤作用外，免疫应答也发挥了重要的作用。

2.4.1.4 治疗

由于近两年非干扰素新药的出现，丙型病毒性肝炎在美国的治愈率已达 95% 以上。随着丙型病毒性肝炎的治愈，乙型病毒性肝炎治疗何去何从成为人们关注的重点。病毒性肝炎的药物开发进展肯定会使许多患者获益。然而，对于患有肝纤维化、肝硬化或肝细胞癌的患者来说，目前只有极少数的干扰素和核苷类似物药物可用。因此，明确不同阶段慢性肝病的分子病因，仍然是主要的临床需求。肝炎病毒在慢性感染或外界环境压力下可能累积突变，导致出现药物耐药或疫苗逃逸突变体，这已成为治疗个体患者病毒性肝炎的一个主要问题，也是一个广泛存在的问题。因此，生物信息学算法和数据库都聚焦在病毒基因突变或重组，对确定这些遗传改变及导致的肝病成功进行靶向药物治疗有很大帮助。随着蛋白质组学技术的不断发展完善，利用蛋白质组学的方法在蛋白水平理解病毒性肝炎的发病机制成为可能。

2.4.2 蛋白质组学在病毒性肝炎研究中的探索

蛋白质组学是研究致病机制、建立预后和判断疾病治疗效果的实用有效工具，能够提供关于病毒机制和病理过程的关键信息。目前，利用蛋白质组学技术研究病毒性肝炎的发病机制及疾病进程的报道较少，研究者们主要从以下几个方面进行了探索。

2.4.2.1 通过蛋白质组学技术比较 HBV 和 HCV 致癌发病机制的不同

虽然 HBV 和 HCV 感染都在早期即可激活病毒复制，并发展为慢性肝损伤、肝纤维化及肝硬化。但是，两者的遗传背景却不同，HBV 为双链 DNA 病毒，通过反转录进行复制，并且部分 DNA 病毒能够整合入宿主的基因组，导致染色体的缺失、不稳定甚至癌变。而 HCV 为 RNA 病毒，在宿主的肝细胞胞质中进行复制，通过病毒蛋白发挥关键作用引发肝癌。研究者采用双向电泳-基质辅助激光解吸离子化飞行时间质谱法（2-dimensional gel electrophoresis and matrix-assisted laser desorption/ionization time of flight mass spectrometry，2DE-MALDI-TOF MS）对 21 例（7 例 HBV 阳性、7 例 HCV 阳性、7 例 HBV/HCV 双阴性）临床肝细胞癌及癌旁组织进行了差异比较分析，筛选出 46 个病毒特异性的差异表达蛋白,根据参与的 HBV 型或 HCV 型肝细胞癌的病毒因子不同进行了分类,并指出肝细胞癌的蛋白质组表达模式同其病原学因素密切相关。HBV 型和 HCV 型肝细胞癌由于感染的肝炎病毒及病毒因子不同而有不一样的致癌机制[12]。

2.4.2.2　HBV 相关细胞系的蛋白质组分析

由于肝炎病毒的组织培养尚未成功,目前对肝炎病毒的研究主要是将肝炎病毒基因组转染至肝细胞系中进行体外研究。研究人员通过蛋白质组学技术分析了乙型肝炎病毒感染细胞系中的差异表达蛋白来探究病毒性肝炎的发病机制。HepG2.2.15 细胞是由肝癌细胞 HepG2 衍生而来的稳定支持 HBV 复制、组装和分泌的细胞系,尽管缺少起始感染环节,但却是研究 HBV 细胞内活动过程(复制、组装和分泌等)和 HBV 对宿主细胞作用的良好细胞模型。病毒的复制依赖宿主,其机制依赖于它与宿主蛋白形成的复合体。检测蛋白质复合体的变化一直是蛋白质组研究的技术瓶颈。利用蓝色温和胶(blue native gel, BN Gel)电泳技术,研究者检测到两个特异存在于 HepG2.2.15 细胞中的差异蛋白复合体,首次揭示热休克蛋白家族(HSP60、HSP70 和 HSP90)以多伴侣分子复合体形式参与 HBV 的复制与分泌。用 siRNA 干涉 HepG2.2.15 细胞中 HSP70 或 HSP90 的表达,结果显示下调 HSP70 和 HSP90 的表达显著抑制了病毒的产生和乙肝病毒表面抗原(HBsAg)及 e 抗原(HBeAg)的表达。用 HSP90 抑制剂(17-AAG)也能显著抑制病毒的产生。该实验首次证实,HSP60、HSP70 和 HSP90 以多伴侣分子复合体形式参与调节和辅助 HBV 的生命活动。伴侣分子可能成为 HBV 感染相关疾病的治疗靶点[13]。而 Xie 等对 HBV 感染后的宿主细胞进行蛋白质组分析后发现脂筏在 HBV 感染过程中起关键作用[14]。

2.4.2.3　HBV 动物模型的蛋白质组学分析

HBV 感染是世界上肝脏疾病的最常见原因。HBV 感染者中有 10％变为慢性,并对肝脏功能造成炎症、纤维化和硬化等严重后果,并最终导致肝细胞癌。在 HBV 诱发肝细胞癌的研究中已发现 HBx 蛋白是与肝细胞癌发生密切相关的。因此,利用 HBx 转基因小鼠模型揭示 HBV 感染至诱发肝癌的全过程,了解潜在致癌机制,开发新的生物标志物用于预后和早期诊断至关重要。Kim 等对 HBx 转基因致肝癌小鼠前期阶段(不典型增生和肝细胞腺瘤)的肝脏进行了双向电泳-质谱分析,发现一些参与葡萄糖和脂肪酸代谢的蛋白质有明显差异表达,表明在肝癌形成的前期阶段发生了明显的代谢异常,为 HBx 介导的肝癌形成提供了新的观点[15]。

2.4.2.4　血清蛋白质组学方法筛选 HBV 感染不同病变阶段的标志物

在感染 HBV 后,机体血清中会出现相应的标志物。如:HBsAg 是感染 HBV 的标志,也是首先出现的病毒标志物;HBsAb 是一种中和抗体,出现在急性感染的恢复期;HBeAg 是乙型病毒性肝炎核心抗原的可溶性成分,为 HBV 复制和具有传染性的标志。为了确定在乙型病毒性肝炎发展的不同阶段血清蛋白水平的差异,具体地筛选出一个或多个蛋白质作为生物标志物用于预测致病条件和预后,Peng 等利用同位素标记相对和绝对定量技术(isobaric tags for relative and absolute quantitation,iTRAQ)的蛋白质组学方法,进行了 5 例正常对照组、5 例慢性乙型病毒性肝炎组(chronic hepatitis B,CHB)和 5 例 HBV 诱导的慢加急性(亚急性)肝衰竭(hepatitis B virus-induced acute-on-chronic liver failure,ACLF)组患者的血清蛋白质组学分析[16],共筛选出 16 个差异蛋白。这些蛋白质根据功能分为 6 类,大部分都没有 HBV 感染及致病的相关报道。如 CRP,其前体水平在慢性乙型病毒性肝炎患者中明显下降,而在急慢性肝衰竭患者血清中显著增加;载脂蛋白 J 前体,在乙型病毒性肝炎的进展中从乙型病毒性肝炎到急慢性肝衰竭逐渐降低;血小板因子 4 前体,在乙型病毒性肝炎到肝功能衰竭的进程中减少。研究表明,不同蛋白质的表达水平与 HBV 感染引起的不同病理阶段可能存在相关性。Xu 等通过双向电泳检测了 20 例轻度纤维化和 20 例重度纤维化患者的血清差异表达蛋白,然后用另一组 86 例处于不同肝纤维化阶段的慢性乙型病毒性肝炎患者的血清进行质谱多重反应监测,用于定量肽段离子。从双向电泳中共找到 7 个差异蛋白点。对这 7 个蛋白点的共 74 个肽段离子进行质谱-多重反应监测定量。最终通过蛋白质组学多重反应监测检测,确定转铁蛋白的血清肽段离子有希望成为新的乙型病毒性肝炎患者肝纤维化分期的生物标志物[17]。

2.5　蛋白质组学在脂肪肝研究中的探索

2.5.1　脂肪肝概述

脂肪肝是由遗传、环境、代谢应激等多种内外因素的综合效应引起的肝细胞脂肪变性的临床病理综合征,根据病因主要分为酒精性脂肪肝和非酒精性脂肪肝(nonalcoholic fatty liver disease，NAFLD），前者与摄入过量乙醇有关，后者与胰岛素抵抗（insulin resistance，IR）密切相关。随着肥胖、糖尿病及其相关代谢综合征的发病率逐年增高，NAFLD 已成为西方发达国家和中国慢性肝病的首要病因，并呈现全球化、低龄化的发病趋势。全球范围内 NAFLD 的患病率高达 $20\%\sim30\%$，在中国也成为仅次于慢性病毒性肝炎的第二大肝病，患病率约为 15%。更严重的是，持续性 NAFLD 产生的肝损伤会导致非酒精性脂肪性肝炎（NASH）、慢性肝纤维化、肝硬化甚至肝癌。目前，NAFLD 的发病机制尚未明确，也缺乏完善的诊治手段，其主流治疗方法仍以保护肝细胞、改善代谢紊乱、纠正潜在危险因素为主，因而 NAFLD 的早预防、早发现和早治疗尤为重要，对该病的研究也迫在眉睫。作为一种典型的代谢综合征，NAFLD 是由遗传、环境和饮食等多种内外因素共同作用产生的疾病，其发生发展很可能是多分子参与及多条信号通路共同作用的结果，但现在没有一个完整的定论，众多研究也是各执一词，犹如"盲人摸象"。NAFLD 好比一头大象，从目前的研究来看，这头"大象"是被众多发病机制模型拼凑而成的，有许多解释，像"胰岛素抵抗"、线粒体缺陷、脂肪因子失衡、内脏脂肪堆积、促炎性细胞因子和氧化应激等堆砌而成，但完整"大象"的真实面目还有待揭开[18]。对于这样一种复杂的疾病来说，对其整体水平的探究是非常必要的。运用蛋白质组学手段系统分析 NAFLD 发展过程中肝脏所有蛋白质表达的变化，将有助于我们提高对 NAFLD 发生发展的分子机制的认识，有望发现潜在的诊断标志物或药物靶点，为提高 NAFLD 的诊断和治疗准确率提供基础。时至今日，科学家们将蛋白质组学应用于 NAFLD 的研究已越来越成熟，也逐步由科学研究向临床靠近。将蛋白质组学应用于 NAFLD 的研究为解读脂肪肝注入了新的活力。目前，众多研究运用蛋白质组学技术探索 NAFLD 的发病原因和发生发展机制，寻找潜在的分子标志物或药物治疗靶标，说明蛋白质组学关于脂肪肝的研究受到人们越来越多的关注，同时也期待有助于 NAFLD 的预防和诊疗。

2.5.2　组学分析在非酒精性脂肪肝标志物研究中的探索

NAFLD 的差异蛋白质组学研究，尤其是以血清为样本的差异蛋白质组学，有助于发现新的候选标志物，有助于该病的诊断和分期。应用于 NAFLD 标志物的蛋白质组学技术主要有蛋白质芯片、反向蛋白质芯片、双向电泳和 MALDI-TOF MS 及多种新型质谱技术，实验技术的革新极大推进了 NAFLD 标志物研究的进程（见表 2-1），具体研究实例如下。

表 2-1 蛋白质组学发现 NAFLD 标志物

研究目的	技术手段	候选标志物	参考文献
NAFLD 分期标志物	2D-DIGE 结合 MALDI-TOF MS 技术	CD5 抗原类物质	[19]
NAFLD 肝损伤程度标志物	SELDI-TOF MS 蛋白质芯片技术	血红蛋白 α 和 β 亚基	[20]
NAFLD 病程区分的标志物	HPLC-LTQ MS 非标定量技术	凝血素片段和对氧磷酶 1，补体复合物 C7、胰岛素类生长因子酸敏感亚基和转凝蛋白，纤维蛋白原 β 链、视黄酸结合蛋白 4、血清淀粉样 P 成分、光蛋白聚糖、转凝蛋白 2 和 CD5L	[21]
NAFLD 进展指示标志物	2D-DIGE 结合 MALDI-TOF/TOF 技术	CPS1 和 GRP78	[22]
NAFLD 向 NASH 发展概率的预测	反向蛋白质芯片技术	蛋白激酶 A 两种亚基与肝糖原合成激酶 3 的磷酸化水平	[23]

Gray 等[19]收集了单纯性 NAFLD，NAFLD 伴随肝硬化，以及 NAFLD 伴随肝硬化和肝细胞癌患者的血清蛋白质样本，运用双向电泳结合 MALDI-TOF MS 技术，重点筛选了其中的高差异蛋白质，发现 CD5 抗原类物质，并与其他载脂蛋白异构体比较，可作为 NAFLD 发展为肝硬化的潜在标志物。Trak 等[20]以病理确诊的无肝损伤、NAFLD、NASH 阶段的共 80 例肥胖患者，以及 24 例正常人作为对照的血清蛋白质为实验样本，运用表面增强激光解吸离子化飞行时间质谱(surface-enhanced laser desorption/ionization time-of-flight mass spectrometry，SELDI-TOF MS)蛋白质芯片技术，发现 3 个显著的特征峰与肥胖患者肝脏从正常向单纯性脂肪肝到 NASH 的发展过程有明显的正相关关系，而减肥手术后这 3 个峰回落到正常，进一步检测出这 3 个峰代表血红蛋白 α 和 β 两种亚基，这说明血红蛋白 α 和 β 亚基可能成为 NAFLD 患者肝损伤程度的血清标志物。Bell 等[21]采集了 16 例无肝损伤的肥胖者和总共 69 例 NAFLD、NASH、NASH 3 期和 4 期患者的血清蛋白质样本，基于高效液相色谱(high performance liquid chromatography，HPLC)-线性离子阱四级杆(linear trap quadropole-mass spectrometry，LTQ-MS)非标定量技术，共检测到 605 个差异显著的蛋白质，其中 2 个蛋白质组合(凝血素片段和对氧磷酶 1)能完全区分 NAFLD 与正常的肥胖，另外 3 个蛋白质组合[补体复合物 C7、胰岛素类生长因子酸敏感亚基和转凝蛋白(transgelin)]可以区分 NASH 3 期和 4 期以及

其他阶段的 NAFLD 病程,准确率达到 90％,还有 6 个蛋白质组合[纤维蛋白原 β 链、视黄酸结合蛋白 4、血清淀粉样 P 成分、光蛋白聚糖(lumican)、转凝蛋白 2 和 CD5L]可用于区别正常人群和 NAFLD 3 个阶段的病程,准确率 76％,这说明单一标志物诊断的特异性和敏感性都不理想,而多标志物的综合指标有助于提高检测结果的准确性。Rodriguez[22]采集了 6 例 NAFLD 患者、6 例早期 NASH 患者和 6 例肝正常但具有胆囊疾病患者的肝脏蛋白质,采用双向差异凝胶电泳(two dimension difference gel electrophoresis,2D-DIGE)结合 MALDI-TOF/TOF 技术方案,筛选到 NAFLD 和早期 NASH 阶段相对于正常组的差异表达蛋白质分别为 22 个和 21 个,其中 CPS1 和 GRP78 的表达下调在样本中的验证成功,也检测到这两个蛋白在血清中随着 NAFLD 病程的加剧而下调,有望成为 NAFLD 进展指示的血清标志物。Younossi 等[23]运用反向蛋白质芯片技术,研究 167 例不同病程的 NAFLD 患者内脏脂肪组织的 27 个磷酸化蛋白质,采用模型测试的结果证实,基于胰岛素通路中的蛋白激酶 B 与胰岛素受体底物水平的模型可以预测 NASH 的发生概率,而基于蛋白激酶 A 两种亚基与肝糖原合成激酶 3 的磷酸化水平的模型可以预测 NASH 相关的肝纤维化。

虽然血清学检测是最常用的手段,但血清中的一些蛋白质在不同阶段的丰度变化不稳定,而且其他疾病也会影响血清蛋白质的组成变化,因此,仅以血清标志物为基础进行 NAFLD 进程诊断的准确率需进一步结合影像学、肝酶谱等进行综合分析。目前,关于此类研究发现的潜在标志物较多,这显示人们在由实验室研究发现向临床应用的道路上又前进了一步。

2.5.3　蛋白质组学在非酒精性脂肪肝发病机制研究中的探索

NAFLD 的发病机制一直是困扰科学家的重要问题之一,整体上认为与代谢障碍、胰岛素抵抗、炎症、氧化应激、免疫紊乱等有关。传统的对单个分子的功能研究无法全面认识和解析 NAFLD 的发病机制,而大规模高通量的定量蛋白质组学技术可以对 NAFLD 发展的过程和潜在的致病分子差异有一个整体的认识和细致的分析,还可以从亚细胞蛋白质组学、修饰蛋白质组学等多角度对 NAFLD 的发病机制进行研究,探究 NAFLD 的分子机制,筛选药物治疗靶点。

人体肝脏组织和细胞是研究 NAFLD 发病机制最理想的对象,能真实地反映疾病状态。但由于人体样本取材困难而蛋白质组样本需求量较大,目前只有较少基于人体肝脏组织的 NAFLD 蛋白质组学研究。例如，Ulukaya 等[24]采集了 80 例确诊的 NAFLD 和 NASH 阶段的患者和 19 例正常人的血清蛋白质，运用 MALDI-TOF MS 技术，虽然无法区分临床上 NAFLD 和 NASH 的诊断标准，但其中发现的 15 个标志物峰，可能提示正常向 NAFLD 和 NASH 转变的机制；Charlton 等[25]选择无肝损伤、NAFLD、轻度 NASH 和重度 NASH 样本各 10 例，提取肝脏蛋白质，运用 iTRAQ 结合液质联用技术，发现了 9 个在各个阶段都具有表达差异的蛋白质，其中 7 个与脂质堆积和炎症密切相关，RT-PCR 和免疫组化的验证结果表明，光蛋白聚糖和脂肪酸结合蛋白 1（FABP1）促进 NAFLD 向 NASH 的发展。

动物和细胞模型虽然无法完全模拟疾病状态，但其性状的均一性和可控性使得我们能够对疾病机制的研究更加深入。特异性调控 NAFLD 病因或一些重要分子的表达来诱导 NAFLD，构建动物或细胞模型，结合蛋白质组学技术，研究这些病因或重要分子如何通过改变蛋白质表达参与 NAFLD 发病，从差异表达蛋白质中拓展新的 NAFLD 相关分子及分子治疗靶点。Zhang 等[26]利用高脂饮食诱导了 NAFLD 向 NASH 转变的各个阶段的大鼠模型，运用 2D-DIGE 结合 MALDI-TOF/TOF 技术，发现高脂饮食诱导的大鼠 NAFLD 模型与正常肝脏差异表达的蛋白质中有一半是脂质、氨基酸、碳水化合物等的代谢酶和转运体，说明代谢过程的转变至关重要，成功筛选到并验证了烯酰辅酶 A 水合酶（ECSH1）下调可以促进肝脂肪病变。为研究高脂血症在 NAFLD 发病机制中的作用，Van Greevenbroek 等[27]运用双向电泳结合 MALDI-TOF MS 技术，在天然缺乏 TXNIP 的高甘油三酯血症伴脂肪肝的 HcB19 小鼠模型肝脏中检测到丙酰辅酶 A 羧化酶 α 链（PCCA）和羟化邻氨基苯甲酸 3,4 双加氧酶（3-HAAO）这两个差异蛋白质参与 NAFLD 的发生发展。Wang 等[28]运用双向电泳结合 MALDI-TOF/TOF 技术，研究 NAFLD 发病机制中游离脂肪酸的作用，结果证实蛋白二硫键异构酶 A3（ERp57/PDIA3）下调可以减轻肝脂肪变，而 ERp57 在游离脂肪酸诱导的肝细胞株 L-02 中表达上调，特异性干扰 ERp57 的表达后细胞脂肪含量明显减少，提示 ERp57 在 NAFLD 发病机制中的重要作用。这些新发现的 NAFLD 相关分子可能作为潜在的治疗靶点。

越来越多的参与 NAFLD 发病机制的相关分子被发现，但是通过蛋白质组学深入研究的却为数不多。为探究 S-腺苷甲硫氨酸（AdoMet）在 NASH 发病机制中的作用，Santamaria 等[29]运用双向电泳结合 MALDI-TOF MS 技术，针对 MAT-1A-/-小鼠和正常小鼠的肝脏蛋白质组筛选出 117 个差异蛋白质,提示 S-腺苷甲硫氨酸缺陷的 NASH 模型中肝细胞线粒体功能受损,肝细胞氧化应激,同时还发现聚-β-羟丁酸(PHB)、细胞色素 C 氧化酶(COX)表达下调与 NASH 密切相关。同样是单分子功能的机制研究,Fiorentino 等[30]运用基于超高效液相色谱的液质联用技术,在高脂饮食诱导 NAFLD 的 Timp3-/-小鼠肝脏蛋白质组中富集到了与脂肪酸摄入、甘油三酯合成和甲硫氨酸代谢相关的蛋白质,初步解释了肿瘤坏死因子 α 转换酶(TACE)如何通过高脂饮食诱导调节肝脏代谢,促进肝脂肪变性,形成 NAFLD。DiBello 等[31]对饮食和基因诱导的高同型半胱氨酸血症小鼠模型的肝脏蛋白质进行分析,指出过量的同型半胱氨酸可引起肝脏差异蛋白质表达,并参与同型半胱氨酸/甲硫氨酸代谢、尿素循环和抗氧化防御,导致肝脏脂肪变性。Singh 等[32]运用同位素标记结合液相色谱分离和 MALDI-TOF/TOF 质谱技术比较了瘦素处理的 ob/ob 小鼠和 ob/ob 对照小鼠的肝脏线粒体蛋白质,发现电子转运酶、硬脂酰辅酶 A 去饱和酶 1 和长链脂肪酸延长酶表达下调,证实了瘦素会影响肝脏线粒体的功能,对瘦素介导的体重下降和肝脏脂肪变性逆转的分子机制进行了初步探索。对这些重要分子的蛋白质组学研究,一方面从整体上阐明这些分子在 NAFLD 发病中的可能机制,更重要的是为 NAFLD 发病机制提供新线索。

NAFLD 发生发展过程中还涉及多组织、多脏器的病理性改变。Calvert 等[33]选取了无肝损伤、NAFLD 和 NASH 共 99 例样本的内脏脂肪组织蛋白质,通过反相蛋白质芯片技术鉴定到 54 个激酶底物,涉及多条信号通路,发现 NAFLD 患者的胰岛素信号通路紊乱,而且阶段性明显,NAFLD 病变越严重,其紊乱程度越重。

另外,蛋白质组学与转录组学相得益彰,从整体角度在不同层面上研究 NAFLD 发生发展机制。通过 cDNA 芯片和 2D-DIGE 结合 MALDI-TOF/TOF MS 技术对高脂饮食诱导的 NAFLD 小鼠模型进行研究[34]筛选差异表达基因和蛋白质,其中 SBP2、GSTM1 和 GSTP1 在转录水平和蛋白质水平变化一致,均下调,同时食物代谢、脂质代谢、炎症反应和细胞周期调控等关键通路在 NAFLD 病变过程中存在协同作用。

2.5.4 蛋白质组学在非酒精性脂肪肝研究中的其他应用

蛋白质组学不仅用于诊断标志物和分子机制的研究,而且在 NAFLD 研究中的应用也越来越广泛。Meneses-Lorente 等[35]将差异蛋白质组学应用于药物致肝脏脂肪变性预警分子的筛选研究。研究人员分别收集了醋酸脱氧皮质酮(QCA)药物处理 6 小时、2 天和 5 天的大鼠肝脏,采用 2D-DIGE 结合 MALDI-TOF MS 和液质联用质谱技术,鉴定肝脂肪变性各阶段的差异蛋白,筛选到众多分泌蛋白、抗氧化蛋白、脂肪酸合成酶和分子伴侣等,部分蛋白质的改变发生在肝脏临床指标变化之前,这些蛋白质可以作为预测药物诱导肝脂肪变性的候选指标,增加药物使用的安全性。Bell 等[36]运用蛋白质组学方法评价了动脉粥样硬化饮食诱导的 Ossabaw 猪的 NAFLD 模型,基于 HPLC-LTQ-MS 液质联用的非标定量方法,找出了血清中共 162 个差异蛋白质,包括免疫调节、炎症、脂质代谢与凝血因子等蛋白质,这是在蛋白质水平验证的第一例饮食诱导的 NAFLD 和代谢综合征的大动物模型。

2.6 蛋白质组学在肝纤维化研究中的探索

相对于体内其他的实体器官,肝脏具有更显著的损伤适应能力,而这一能力主要是通过组织修复过程实现的。肝纤维化过程就是肝损伤修复过程中的一个先天性免疫反应。肝脏在遭受到慢性、非缓解性炎症反应后,出现细胞外基质(extracellular matrix, ECM)的过度沉积,这一过程触发了旨在减轻组织免疫性损伤的愈伤反应,然而这一过程形成了一大副产物——瘢痕组织,故而造成纤维化。肝纤维化主要由慢性乙型病毒性肝炎、丙型病毒性肝炎、自发性肝病、胆管疾病、酒精性脂肪肝等引起。近年来,非酒精性脂肪肝引起的肝纤维化病例也呈现出上升的趋势。肝纤维化的发生发展对人类的健康具有极大的危害,由于肝纤维化在临床上大多无症状,因此其进程极易向肝硬化的方向发展,瘢痕组织替代了损伤的肝实质层,造成了严重的肝组织以及血管扭曲,是造成肝脏相关发病率和病死率的主要原因。因此,基于预防肝硬化并逆转中晚期肝纤维化的抗纤维化治疗研究就显得格外急迫。

肝纤维化的发生与发展涉及基因组、转录组、表观组、蛋白质组及代谢组等多个不同层次的分子变化过程,多组学数据的整合分析是医学数据挖掘的趋势,也是个体化诊疗的必要前提。本节将以蛋白质组为例介绍组学数据在肝纤维化分期、预后、药效预测、治疗靶点筛选等方面的应用。

2.6.1 蛋白质组学在肝纤维化研究中的应用

基于蛋白质组学的筛选方法常用于疾病过程中异常表达的基因簇识别与鉴定,这些基因簇为研究者们提供了有可能参与调控该类疾病的潜在信号通路,进而为揭示疾病机制及治疗靶点提供基础。除此之外,蛋白质组学筛选方法还可以找到此前未有报道的与该类疾病相关的新通路,为疾病研究领域开辟新的道路。

在诸如肝纤维化之类的疾病研究中,人们尤其迫切需要引进蛋白质组学技术。在肝纤维化进程中,无论其病因何在,总会有部分患者的病情迅速发展至肝硬化,而另一些患者的病理过程则较为缓慢,不会向肝硬化发展,这一现象很难用环境影响来解释。因此,采用蛋白质组学方法对后一类患者的临床样本进行分析研究,可阻止对许多患者进行的过度治疗。蛋白质组学的另一作用是揭示肝纤维化疾病的表达谱及多种蛋白质的表达方式,这些蛋白质可能是累积形成纤维化的病因,也可能是对治疗发生反应而产生的差异。对这些差异蛋白簇进行分析,有助于研究者们精准预测个体患者对抗纤维化治疗的反应,也有助于鉴定出肝纤维化的易感人群,进而极大地提高治疗的精准度[37]。

2.6.2　蛋白质组学在肝纤维化中的研究进展

2.6.2.1　肝纤维化组织蛋白质组学分析

截至目前,已有多篇研究报道了大鼠肝纤维化模型中肝组织蛋白质组的变化过程。Low 等人采用硫代乙酰胺(thioacetamide,TAA)构建了大鼠肝纤维化模型,分别在第 3 周、第 6 周和第 10 周采样,利用双向电泳结合 MOLDI-TOF MS 检验,发现 TAA 引起的慢性肝损伤通过下调脂肪酸 β-氧化相关的酶类、支链氨基酸诱导肝纤维化的发生,而甲硫氨酸则通过琥珀酰辅酶 A 的缺失而分解,最终导致血红素和铁代谢异常[38]。Liu 等人则比较了 TAA 撤走后肝纤维化逆转第 2 周、第 4 周、第 6 周的肝组织蛋白质组的差异表达,通过 2D-DIGE 结合 MOLDI-TOF MS 检验,发现 GST-P2 及其亚型 GST-α 和 GST-M 在逆转过程中存在差异表达,其中 GST-P 在逆转 2 周表达达到峰值,而 GST-α 和 GST-M 则在逆转 6 周后仍有极强表达[39]。

2.6.2.2　肝星形细胞蛋白质组学分析

肝星形细胞(hepatic stellate cell,HSC)活化是肝纤维化进程的关键事件,该过程可通过在培养皿或胶原中持续培养而在体外复制。活化期间 HSC 在蛋白表达上的差异将为抗纤维化治疗提供新的药物靶点,而 HSC 的体外活化与体内活化的差异也需要得到关注。Kristensen 等人从大鼠体内分离出原代 HSC,并对比了静止期 HSC、体内活化的 HSC 以及体外培养活化的 HSC 的细胞蛋白质组,采用双向电泳结合 ESI-MS/MS 质谱检验的方法共检测到 16 种蛋白质在不同的活化模型中表达有差异[40]。Deng 等人则采用了人肝星形细胞系 LX-2,利用牛磺酸诱导 LX-2 去活化,并通过双向电泳结合 UPLC-ESI-MS/MS 的方法比较了正常活化的 LX-2 与牛磺酸处理后的 LX-2 细胞蛋白质组,发现牛磺酸对于抑制 HSC 的活性以及肝纤维化进程具有重要的作用[41]。而 Ji 等人则采用 iTRAQ 标记结合 2D-LC-MS/MS 质谱检验的方法,分析了静止期 HSC 与体内活化的 HSC 的蛋白质组,发现 200 种蛋白质在 HSC 活化时表达下调,多数蛋白质参与了免疫调控的过程,表明 HSC 在活化过程中自身免疫反应受到抑制[42]。

2.6.2.3　肝纤维化患者血清及尿液蛋白质组学分析

肝纤维化动物模型可为研究者们提供大量的与肝纤维化相关的血清标志物,并可以在设定的时间点上对肝组织进行采样以对其表达加以验证。Shimada 等人采用 SPE-MALDI-TOF MS 技术对 CCl_4 小鼠肝纤维化模型中的血清样本进行检测,发现其中的血清牛磺胆酸在纤维化进程中显著升高,现如今血清牛磺胆酸仍被认为是早期肝损伤检测的有效标志物[43]。而尿蛋白质组研究在肝纤维化中的应用并不多,但看起来依然是一个具有发展潜力的方向。Smyth 等人通过双向电泳结合质谱分析的方法比较了 CCl_4 诱导的 Wistar 大鼠肝纤维化与正常 Wistar 大鼠的尿蛋白质组,发现超氧化物歧化酶 SOD1、多巴色素异构酶 DDT、微球蛋白 B2M 及载脂蛋白 NGAL 等与炎症相关的蛋白质在纤维化模型大鼠尿液中的表达显著升高,表明肝纤维化过程中存在着急剧的炎症反应[44]。

2.6.2.4　慢性丙型病毒性肝炎病毒感染引发的肝纤维化蛋白质组学分析

慢性丙型病毒性肝炎患者的肝组织蛋白质组分析为研究者们提供了丙型病毒性肝炎特异的及纤维化普遍的信号通路,这些信号通路为开发新的治疗靶点,预测个人疾病走向,判断个人治疗不良反应提供了重要的信息。截至目前的研究指出,脂肪酸氧化、氧化磷酸化相关蛋白质及结构蛋白质的表达在中后期肝纤维化中差异显著。Diamond 等人从 1 641 例丙型病毒性肝炎患者肝组织中找到 210 个差异蛋白质可用于肝纤维化分级,这些蛋白质可以将纤维化 3、4 级的患者与纤维化 1、2 级的患者区分开,对这些蛋白质进行功能分析得知,参与脂肪酸氧化、氧化磷酸化的蛋白质在肝纤维化进程中的表达受到抑制[45]。Molleken 等人则采用双向电泳结合 LC-ESI-MS/MS 质谱分析,鉴定了 7 例 METAVIR 分期为 F4 期的丙型病毒性肝炎患者体内纤维切割的硬化结节样本和肝实质细胞的蛋白质组,以寻找肝纤维化新的血清标志物,研究者们发现MFAP-4可高精确度地预测由丙型病毒性肝炎和酒精引起的肝纤维化过程,然而遗憾的是,MFAP-4在区分纤维化2期和4期时,其精确度却显著下降[46]。Qin等人采用了选择反应监测质谱技术确定了38个肝脏特异的蛋白质,其中蛋白质C与视黄酸结合蛋白RBP4联合构成的蛋白模式可高精确度地区分不同分期的肝纤维化进程[47]。

2.6.2.5 慢性乙型病毒性肝炎病毒感染引发的肝纤维化蛋白质组学分析

在全世界范围内,大约有4 000万人受到乙型肝炎病毒的感染,其中有10%的患者可引起慢性的肝炎,而乙型病毒性肝炎患者患肝细胞癌的风险较未受乙型肝炎病毒感染的人群要高近百倍。如今,高通量的蛋白质组学技术为人们提供了纤维化分期相关的蛋白模式。Lu等人采用2D-DIGE蛋白质组学技术分析了7例正常人及27例不同纤维化分期的乙型病毒性肝炎患者的肝组织样本,其中蛋白质Prx Ⅱ在区分轻度纤维化过程中其ELISA拟合曲线AUC面积为最高,这表明在肝纤维化早期表达显著上调的Prx Ⅱ可作为轻度肝纤维化诊断的标志物[48]。Poon等人则采用SELDI蛋白芯片技术结合微阵列显著性分析算法构建了一个数学模型,以预测Ishak评分(Ishak score)≥3分的肝纤维化和Ishak评分≥5分的肝硬化,发现其中有30种蛋白质与肝纤维化程度有关,这些蛋白预测肝纤维化的特异性和灵敏度都达到了89%,对Ishak评分≥4分肝纤维化的预测灵敏度更是达到了100%[49]。

2.6.2.6 非酒精性脂肪肝引发的肝纤维化的蛋白质组学分析

NAFLD和NASH目前的流行率有升高的趋势。在多数经济发达的西方国家,高脂高碳水化合物饮食使得NASH成为这些地区肝纤维化发生发展的最大诱因。和酒精性脂肪肝一样,NAFLD和NASH研究也缺少对肝纤维化蛋白质组的分析,多数组学文献只关注如何从NAFLD中区分NASH,甚少有关注NASH引起的肝纤维化以及肝硬化进程的。一般认为NASH是肝纤维化发生的前奏,因此对NASH发生发展过程蛋白质组的研究也就为探索NASH诱发的肝纤维化过程分子机制提供了依据。Bell等人对纤维化F3期和F4期的NASH患者与单纯脂肪变性患者的血清蛋白质组进行了比较,发现55个蛋白质表达有显著差异,对纤维化F3期和F4期的NASH患者与早期NASH患者的血清蛋白质组进行了比较,发现15个蛋白质表达有显著性差异,这些蛋白质部分参与了免疫反应、凝血、细胞与细胞外基质合成等功能,揭示了NASH的病理学过程,并将有可能开发为肝纤维化早期的候选标志物[21]。

近年来,利用蛋白质组学技术与手段解决科学问题已成为普遍现象。肝纤维化是一类慢性炎症反应,其发展通常需要多年时间,而且并非所有的患者都能观察到临床症状。因此,对肝纤维化轻重程度进行分级困难,导致不少轻度纤维化患者接受过度治疗,从而影响了抗肝纤维化的治疗效果。所以,开发出一种科学的方法以区分开各级纤维化患者,用于个性化精准化医疗的开展,将成为目前肝纤维化研究亟须解决的重要命题。生物标志物的研发将是该领域的热点。目前,肝组织活检是判断肝纤维化分级的"金标准",但由于样本的偏差及各个观察者主观判断上的不同,这类方法在执行过程中将变得烦琐和低效,这就促使研究者们开发出无创性的生物标志物以替代肝活检。

在肝病中开展前瞻性和预见性的蛋白质组学研究较为困难,因为随访周期较长,并且蛋白质样品会随着时间的延续而降解。因此,虽然许多基于血清标志物的实验均能有效地区分晚期纤维化(METAVIR F3~F4 期)和正常或轻度纤维化(F0~F2 期),但却不能区分开 F1~F2 期的纤维化,由于 F1~F2 分期有助于对早期纤维化进行诊断并指导肝病专家对病情做出正确的治疗决定,因此,对早期纤维化诊断标志物的研发将成为未来肝纤维化蛋白质组学研究关注的热点之一。另外,目前对肝纤维化蛋白质组的研究大多局限于病毒性肝炎领域,对其他疾病,如酒精性肝病、NASH 等与日常饮食相关的疾病却少有提及,因此,对这些疾病诱发的肝纤维化进行蛋白质组学研究将有助于阐明其中的分子机制。未来,蛋白质组学将会更多地关注日常生活引起的肝纤维化过程的研究,而样品处理技术则将进一步规范化,以提高候选标志物的可重复性,方便候选蛋白质的筛选及药物靶点的研发。

2.7　蛋白质组学在肝细胞癌研究中的应用

肝细胞癌分为原发性肝癌和转移性肝癌。原发性肝癌是全球恶性程度极高、预后极差的恶性肿瘤之一,在全球癌症病死率中居第 3 位,占中国全部恶性肿瘤死亡人数的 18.8%。肝细胞癌起病隐匿,绝大部分患者就诊时已经处于中、晚期,预后很差。目前对肝细胞癌发生、发展和转移复发的精确分子机制尚不完全清楚。因此,探讨其发生发展和转移复发的精确分子机制,寻找早期诊断肝细胞癌、预测转移的生物标志物和干预治疗的靶分子具有重要的研究意义。运用蛋白质组学方法,比较正常和病理状态下的肝细胞癌细胞系、组织、血清或尿液中蛋白质在表达数量、位置和修饰状态上的差异,发现与肝细胞癌发生发展相关的蛋白质,可以为肝细胞癌早期诊断、预后判定及靶向治疗提供候选标志物。

2.7.1 基于蛋白质组技术的肝细胞癌早期诊断标志物发现

肝细胞癌具有难治疗、易复发和病死率高的特点。利用早期诊断和高危人群筛查,对肝细胞癌患者进行早发现、早治疗,可以有效降低肝细胞癌的病死率。无创、经济、有效的诊断方法有助于对肝细胞癌高危人群的监测。肿瘤标志物的特点在于它不存在于正常成人组织而多见于胚胎组织,或在肿瘤组织/体液中的含量大大超过了正常组织的含量。其蛋白质含量的变化往往可以提示肿瘤的发生,进而辅助肿瘤诊断、分型、预后及指导治疗。随着分子生物学技术的发展,继甲胎蛋白(AFP)之后,多种新的标志物陆续被发现。例如,甲胎蛋白异质体 3(AFP-L3)、脱-υ-羧基凝血酶原(des-gamma-carboxyprothrombin,DCP)、高尔基体蛋白 73(GP73)是目前临床认可度较高的肝癌标志物,在某些国家的临床部门已应用于肝细胞癌的辅助诊断,但迄今尚未获得美国肝病协会(AASLD)和欧洲肝病研究协会(EASL)的支持。蛋白质组学作为规模化筛选差异蛋白质的方法,近些年来提供了一系列可用于肝细胞癌早期诊断的候选标志物,其中关注较多的有磷脂酰肌醇蛋白聚糖 3(GPC3)、热休克蛋白 70(HSP70)、鳞状细胞癌抗原(SCCA)、骨桥蛋白(OPN1)等。目前报道的肿瘤标志物多以联合 AFP 或联合多种肿瘤标志物的形式出现,其临床应用价值有待深入验证。

AFP 是目前临床中用于诊断原发性肝癌的重要标志物,广泛用于肝细胞癌的普查、诊断及复发检测。在使用血清样本筛选肝癌标志物时,AFP 常常能被检测到表达明显上调。这也从侧面佐证用血清差异蛋白质组学方法筛选肝癌标志物的可行性。AFP 在肝炎、肝硬化患者的血清中也升高,导致了诊断假阳性结果。所以 AFP 在早期肝细胞癌诊断中的作用仍存在争议。在中国高危人群中进行的一个随机对照研究表明,采用 AFP 早期诊断肝细胞癌并未显著降低肝细胞癌的病死率[50],但是在美国人群进行的实验结果表明,采用 AFP 进行每半年一次的筛查对肝细胞癌的早期诊断非常有效,并能明显延长肝细胞癌患者的生存率[51]。鉴于此,目前筛选到的新标志物可以考虑和 AFP 联合使用,往往可以提高其对肝细胞癌的检出效率。例如,GPC3 是硫酸乙酰肝素(HS)

蛋白聚糖家族的一员,在肝细胞癌组织中常常可以检测到表达上调。其在肝细胞癌患者血清中显著升高,对小肝癌的检出率为 56.3%,和 AFP 联合应用可将小肝癌的检出率提高到 75%[52]。由于在肝细胞癌中表达的特异性较高,GPC3 常作为肝细胞癌病理诊断的辅助指标。并且,由于 GPC3 在肝细胞癌表达的特异性,它也常常作为配对蛋白形成组合标志物用于肝细胞癌早期诊断。例如,ACY1 和 SQSTM1 是通过增生结节(一种癌前病变)和不同分化程度肝细胞癌的差异蛋白质组学筛选出的两个差异蛋白质[53],与 GPC3 配成一组组合标志物用于肝细胞癌早期诊断,其分辨高分化结节和中分化肝细胞癌的接受者操作特征曲线(receiver operating characteristic curve,ROC 曲线)下的面积(AUC)能达到 0.94。

热休克蛋白(HSP)是在肝癌标志物筛查中经常鉴定到的一组蛋白。HSP 是在生物体中广泛存在,进化上高度保守的一类热应激蛋白质,按其相对分子质量大小可以分为 6 类,分别为 HSP100、HSP90、HSP70、HSP60、HSP40 以及小 HSP。其中 HSP70 由于在恶性肿瘤中常有高水平表达较受关注。目前认为它能与癌基因、抑癌基因产物结合,具有抗肿瘤细胞凋亡作用。利用差异荧光凝胶电泳技术,对 12 对 HBV 相关肝细胞癌和癌旁组织的研究,得到 66 个差异表达蛋白质,发现 4 种甲基化循环代谢酶在肝细胞癌组织中下调,提示在肝细胞癌中存在 S-腺苷甲硫氨酸的缺失;HOP 和 hnRNP C1/C2 在肿瘤组织中高表达,在 70 例肝细胞癌中得到免疫组化证明,这两种蛋白质在肿瘤组织中的阳性率均达到 100%,非肿瘤组织中只有 6% 和 7%,提示它们可作为肝癌组织的候选标志物[54]。通过肝组织切片对包括 HSP70 的 3 个蛋白质(GPC3、HSP70 和 GS)进行免疫组织化学检测,结果表明 HSP70 用于诊断肝癌的灵敏度和特异性分别为 57.5% 和 85%[55]。由于热休克蛋白在很多应激条件下(如高温、炎症、外界刺激等)均可表达上调,因此它在很多类型肿瘤标志物筛查中都被鉴定到,但均属于灵敏度高,特异性差的类型,不适合作为独立的诊断标志物存在,和其他候选蛋白质形成组合标志物可有效提高诊断的特异性和灵敏度。一项直接针对早期的临床 1 期肝细胞癌患者和晚期的临床 4 期肝细胞癌患者的差异蛋白质组学研究,筛选出 12 个蛋白质在两群肿瘤患者中存在明显差异。经独立样本群的验证,确定其中 3 个蛋白质(HSP70、ASS1 和 UGP2)的组合可用于评估肝细胞癌预后[56]。

对于早期诊断标志物的筛查,考虑到其临床应用,要兼顾无创、经济和有效。如果候选蛋白质可以在血液、尿液中很容易被检测到,可以大大提升其在高危人群筛查中的普及。人血液中的蛋白质来源几乎与所有细胞、组织、器官有关,可以直接反映机体的生理病理状态,即机体中的每个细胞都有可能将记录其生理病理状态的信号以组织渗漏蛋白或异常分泌蛋白的形式释放到血液中。为此,直接基于血液样本进行差异蛋白质组检测,筛选出的标志物最直接,临床直接应用的可能性也最大。鉴于血液(包括血清、血浆)在早期诊断标志物发现的蛋白质组学研究中地位独特,是发现各种疾病相关生物标志物最有价值的标本之一。国际人类蛋白质组组织于 2002 年率先启动了国际人血浆蛋白质组计划,对血浆用于蛋白质组学研究的基本问题进行探讨。但是,血液直接用于蛋白质组学研究有其先天局限性:血浆大致含有 10 000 种左右的蛋白质,所含蛋白质总量为 60~80 mg/ml,但其总蛋白量的 99% 是 22 种高丰度蛋白质,这直接导致其他低丰度蛋白质在鉴定时直接被高丰度蛋白质掩盖。去血浆高丰度蛋白质试剂盒的发明是解决这个问题的有效手段,国际人血浆蛋白质组计划推荐使用的 Agilent 公司可以去除血液中 6 种高丰度蛋白质的多重亲和去除系统(Multiple Affinity Removal System,MARS)和 GenWay 公司的多克隆鸡 IgY 抗体柱,均有特异性高、重现性好的特点,可以使低丰度蛋白质得到很好的分离、富集和鉴定。Liu 等[57]分析了健康人、HBV 感染者、肝硬化和肝硬化伴肝细胞癌患者的 4 种血清样本蛋白质组差异,共鉴定出 21 种差异表达的蛋白质。通过肝细胞癌活检样本的组织化学检测与肝细胞癌血浆样本的 ELISA 检测,均显示血管性血友病因子(von Willebrand factor,vWF)在肝细胞癌细胞中过度表达与肝细胞癌的临床病理分期呈正相关。敲低 vWF 可以通过干扰素信号通路明显抑制 HBV 的增殖,并可以在体外抑制肝细胞癌细胞的侵袭和转移。这表明 vWF 有望成为 HBV 相关肝细胞癌靶向治疗的候选靶标。Hsieh 等[58]通过差异蛋白质组技术,从肝细胞癌肿瘤间隙液(tumor interstitial fluid,TIF)中发现分泌型人表皮生长因子受体 3 异构体(secreted ERBB3 isoforms,sERBB3),其在肝细胞癌患者组织中明显升高。研究者进一步检测发现 sERBB3 在血清中的表达水平也远远高于慢性肝炎和肝硬化患者。在癌症早期,sERBB3 的敏感性大于 AFP,同时检测血清中 sERBB3 和 AFP 的含量会明显提升肝细胞癌早期诊断的准确性。此外,sERBB3 的高表达与门静脉侵袭及肝外转移均呈明显正相关,提示 sERBB3 可作为从肝炎或肝硬化患者中筛检肝细胞癌的早期标志物,与患者预后呈正相关。

尿液是另外一种适合从中寻找疾病生物标志物的样本,它的优越性表现在:①可以完全无创、连续收集;②作为血液经肾脏过滤后的排泄物,能够在一定程度上反映血液和整个机体的状态；③复杂度相对较低，更容易观察其中的低丰度蛋白质变化。由于尿液能直接反映泌尿系统的功能状态，目前研究较多的仍是泌尿系统疾病，如膀胱癌、前列腺癌及糖尿病肾病等。也有一些基于尿液研究肝细胞癌的报道，如一项关于 HCV 相关肝细胞癌患者与健康人尿液蛋白质表达差异的研究筛选出 3 个差异蛋白质：CAF-1、DJ-1 和 HSP60。诊断性能评估结果表明：CAF-1 诊断肝细胞癌的特异性为 90%，灵敏度为 66%，综合诊断准确性为 78%；DJ-1 诊断肝细胞癌的特异性为 82%，灵敏度为 58%，诊断准确性为 71%；HSP60 虽然诊断特异性（42%）和综合诊断准确性（62%）都是最低的，但是由于其诊断灵敏度可达到 83%，提示其更适合和其他特异性高的候选蛋白质形成组合标志物[59]。从尿液中寻找肝细胞癌诊断标志物理论上可行，但有待于后续研究者的持续努力。

糖蛋白质组学是寻找疾病标志物的重要方法。糖基化是分布最为广泛的蛋白质翻译后修饰类型，真核生物中有 50% 以上的蛋白质发生糖基化修饰，影响着从受精、胚胎形成到个体发育的所有阶段。糖链结构的非正常改变不仅可以直接影响糖蛋白的生物学功能，还可以反映或导致多种疾病，如肿瘤、风湿及糖尿病等，使得糖蛋白被广泛用作疾病发生与发展的标志物。在美国 FDA 批准的肿瘤标志物中，有 25% 为糖基化蛋白质。基于规模化糖蛋白质组学研究，发现肿瘤相关生物标志物，探索肿瘤诊断与治疗的可行性，作为一种新的研究策略越来越被科学家们认同。构成人体血浆的蛋白质大部分是糖蛋白，在血浆内的前 100 种高丰度蛋白质中，有 82 种蛋白质含糖基化修饰。而血浆蛋白质主要由以肝脏为主的各种组织和细胞分泌产生。正因为如此，血浆中蛋白质糖基化的改变与肝脏生理和病理状态的改变直接关联。AFP 糖链异质体测定是迄今临床应用"糖链标志"诊断肿瘤的成功典范。利用特异性凝集素检测，核心岩藻糖基化修饰的甲胎蛋白 L3（AFP-L3）的比例可以用于区分同样是甲胎蛋白高表达的良性肝病和肝细胞癌，而单独依赖甲胎蛋白表达丰度则无法达到此效果。甲胎蛋白 L3 作为肝细胞癌诊断的生物标志物已经于 2005 年被美国 FDA 批准。除此之外，高尔基蛋白 73（GP73）的核心岩藻糖基化修饰也可用来作为类似的肝细胞癌诊断标志物。在过去的很多研究中都发现了肝细胞癌患者血清中蛋白质发生了高度岩藻糖基化。Comunale 等[60] 通过酶解糖蛋白上的 N-聚糖，研究其在血清中的变化，发现肝癌患者血清中发生岩藻糖基化的 N-聚糖含量明显增高，进而通过特定的凝集素富集糖基化蛋白进行质谱分析，鉴定出几个发生高度岩藻糖基化的蛋白质。使用非配对人血清（27 例肝细胞癌/

20 例对照)样本,采用糖蛋白富集后进行差异蛋白质组鉴定的方法,得到了包括 AFP 在内的 38 个糖蛋白质。其中 AFP 在肝细胞癌患者血清中平均上调 153 倍。对于另外 3 个在肝细胞癌患者血清中丰度发生明显变化的蛋白 IGFBP-3、S90K 和 TSP-1,研究者也对其进行了 88 例样本的 ELISA 验证,提示这 3 个蛋白可作为肝细胞癌诊断的潜在血清标志物。上述结果也显示了糖蛋白质组学用于早期诊断标志物发掘的良好潜力[61]。

2.7.2　基于蛋白质组技术的肝细胞癌预后判断标志物发现

目前,临床缺少可用于肝细胞癌预后评估的标志物,因此利用差异蛋白质组技术发现肝细胞癌预后判断标志物也是肝细胞癌研究的重要方向。预后标志物与早期诊断标志物的筛选原则不同,早期诊断标志物侧重于小肝细胞癌与癌前病变间微小差异的区分,侧重高危人群普筛的灵敏度,兼顾诊断的特异性。预后标志物筛选则侧重对预后不同的肝细胞癌亚群本质差别的解析。目前,筛选预后诊断标志物的样本主要分为以下 3 类:不同转移潜能的肝细胞癌细胞系、不同浸润程度的肿瘤组织及不同生存期肝细胞癌患者的样本。有研究[62]将肝细胞癌临床样本根据血管浸润程度分为 3 类:NVI(无浸润)、MVI(中度)及 GVI(重度),首先取 3 类患者(各 15 例)血清,用 iTRAQ-2D-LC-MS/MS 的方法共鉴定到 73 个差异表达的蛋白质。对于表达丰度变化与肿瘤浸润程度明显相关的两个蛋白质进行不同样本群的验证,发现对氧磷酶 1(PON1)蛋白用于分辨血管浸润的 AUC 达到 $0.85 \sim 0.89$,有希望成为早期诊断肝细胞癌血管侵犯的血清蛋白质标志物。Huang 等[63]收集了转移复发时间不同的 3 组患者的样本:6 个月内复发、6~12 个月复发及 12~24 个月复发的样本,然后通过 iTRAQ-2D-LC-MS/MS 技术,筛选到 α-甲酰辅酶 A 消旋酶(AMACR)可作为预测肝细胞癌复发和转移的诊断标志物。进一步使用包括 158 名患者样本的肝细胞癌组织芯片[64],通过免疫组化确定 AMACR 的表达量,发现 AMACR 低表达与 AFP 升高、肿瘤数目增加、淋巴结转移和门静脉癌栓形成密切相关。同时发现,AMACR 高表达的肝细胞癌患者平均存活时间为 45 个月,较 AMACR 低表达患者的生存期(17 个月)明显延长,认为 AMACR 可作为评估肝细胞癌预后的独立影响因素。

2.7.3　基于蛋白质组技术的肝细胞癌分子机制及靶向治疗研发策略

机体及肿瘤细胞内的各种酶系统在肿瘤的发生、发展、转移、侵袭中均发挥重要作用。通过选择性地作用于机体及肿瘤细胞内的各种酶是许多抗肿瘤药的靶点作用机制，其中最令人关注的是磷酸化激酶。蛋白质磷酸化是生物体内最常见、最重要的一种蛋白质翻译后修饰方式，不同肿瘤发生过程中，均有其特异性的磷酸化蛋白质存在。在FDA已经批准的 80 多个肿瘤蛋白药物靶标中，很多都存在蛋白质的磷酸化，如 PSA、HER2、EGFR、ALK、BRAF 等。有些磷酸化的蛋白质本身就是催化磷酸化作用发生的激酶，在肿瘤发生信号的驱动和传导中发挥关键作用，往往成为肿瘤基因治疗或抗肿瘤药物筛选的靶标。例如，针对 HER2 阳性乳腺癌的靶向药物曲妥珠单抗（赫赛汀），针对非小细胞肺腺癌 EGFR 的靶向药物易瑞沙、特罗凯，应用于肝细胞癌的多靶点、多激酶抑制剂索拉非尼等，都是基于蛋白激酶和磷酸化的靶向药物。在 2013 年最畅销抗肿瘤药物名单中，前 20 位都是针对特定肿瘤标志物的靶向药物，其中绝大部分靶标都是蛋白激酶或磷酸化蛋白，而且还有更多相关的靶向药物已经处于临床试验阶段。以肝细胞癌为例，唯一被中国 CFDA 批准用于临床的靶向药物只有索拉非尼（sorafenib），它是一种口服的多靶点、多激酶抑制剂，主要通过抑制血管内皮生长因子受体（VEGFR）和血小板源性生长因子受体（PDGFR）阻断肿瘤血管生成，也可通过阻断 Raf/MEK/ERK信号传导通路中 CRAF、BRAF、BRAF 突变及其他 KIT、FLT3 蛋白分子抑制肿瘤细胞增殖，从而发挥双重抑制肿瘤增殖与血管形成、多靶点阻断的抗肝细胞癌作用。但索拉非尼对于肝细胞癌的客观有效率（完全缓解 CR＋部分缓解 PR）较低，改善患者生存的程度也局限于 2.8 个月，仅部分患者呈现治疗疗效，所以急需更多的靶向药物和新的适用人群筛选标志物的出现。通过规模化的磷酸化蛋白质组学检测，有助于直接筛选肝细胞癌的候选药物靶点。目前的研究表明，肝细胞癌的转移过程与许多信号通路的磷酸化修饰变化密切相关。因此，研究肝细胞癌样本中蛋白质磷酸化水平的改变对于研究肝细胞癌发生转移机制和寻找新的肝细胞癌治疗靶标都十分重要。Lee 等[65]通过定量比较正常细胞和肝细胞癌细胞磷酸化蛋白质组的差异，筛选并确定了潜在的肝细胞癌生物标志物。Dazert 等[66]通过对同一患者进行索拉非尼治疗不同阶段组织活检样本的差异磷酸化蛋白质组研究，一方面确认了索拉非尼可以明确下调Raf-Erk-Rsk 信号通路的磷酸化水平发挥治疗效用，但是作为其远端下游 Rsk-2 的调控底物 eIF4B、Filamin-A、S6-S240 和 CAD 的磷酸化水平并没有降低，反而上升，这可能是索拉非尼抑制 Raf-Erk-Rsk 后的旁路补偿效应；另一方面增加 Rsk-2 信号通路的靶向抑制剂可能增强索拉非尼的治疗肿瘤效应。Hu 等[67]比较了 9 组 HBV 感染患者的肝细胞癌组织和相邻非肝细胞癌组织中的蛋白质,鉴定出 222 种差异表达蛋白。通过系列的验证实验发现,干扰葡萄糖-6-磷酸脱氢酶(G6PD)的表达可降低肝细胞癌细胞系的侵袭和转移,提示 G6PD 可能是一个独立的用于肝细胞癌治疗的药靶。G6PD 是戊糖磷酸途径(pentose phosphate pathway,PPP)第一步反应的关键酶,也是肿瘤细胞内主要的抗氧化酶,它可以清除一种对肿瘤细胞有抑制作用的氧化物 ROS,从而满足肿瘤细胞无限、旺盛生长的需要。抑制 G6PD 可以使 ROS 水平失控,从而促进细胞死亡。目前,G6PD 的抑制剂主要是类固醇,包括内源性脱氢表雄酮(DHEA)和儿茶素没食子酸盐(catechin gallates)。6-氨基烟酰胺(6-aminonicotinamide)和海藻天然产物溴苯酚(bromophenols)也是选择性和可逆性的 G6PD 抑制剂。随着 G6PD 在抗肿瘤治疗中的重要性日益显现,很多研究工作的重点已经转移到新的小分子抑制剂设计上。

肿瘤异质性是恶性肿瘤的重要特征,是指患同一种恶性肿瘤的不同患者之间或者同一患者体内不同部位的肿瘤细胞从基因型到表型存在的差异。这种差异表现为遗传背景、病理类型、肿瘤分化、表观表型、基因谱、转录组、蛋白质表达谱等多个方面,体现了恶性肿瘤在发生、演进中的高度复杂性和多样性。肿瘤异质性给肿瘤的治疗带来极大困难,成为肿瘤研究领域最重要的科学问题之一。目前,由于分子生物学技术的快速发展(特别是第二代测序技术、蛋白质组技术),肿瘤异质性在多种肿瘤包括肝细胞癌中得到进一步证实,目前关于肿瘤异质性的起源尚存在争论,蛋白质组学技术的发展,将极大地推动对肿瘤异质性驱动基因的探索。越来越多学者认为,肿瘤的精准医疗(即个体化治疗)终将改善肿瘤患者预后,而对肿瘤异质性驱动基因的鉴别和研究将为精准医疗提供新的治疗靶标。

2.8　小结与展望

中国是肝病高发地区,控制肝病的发生发展和提高患者生活质量事关国计民生,这对现代医学提出了巨大的挑战。肝癌的发生和发展是一个受多因素影响和多基因控制的复杂过程,经历着从肝炎、肝硬化、肝癌到癌转移等多个发展阶段,其中任何一个阶段的发生和转变都与肝脏中蛋白质表达量的变化和蛋白质的功能转换密切相关,并受蛋白质翻译后修饰控制。由于蛋白质组学的研究对象是生命活动的直接执行者——蛋白质,因此更接近生理或病理的本质。蛋白质组技术的发展给这个领域带来了新的数据和新的思路。与前几年的蛋白质组相比较,当今的蛋白质组研究凸现了许多新的技术,拓展了许多新的方向。蛋白质组的关键技术是利用质谱仪鉴定肽段和蛋白质。在过去的几年内,质谱仪的分析精度和分辨率得到了极大的提升。目前,市场上的高精度质谱仪精度可达到 0.001 Da 以上,分辨率达到 30 000 以上,扫描速度达到 30 次/秒以上。高精度质谱仪的出现显著地提高了蛋白质鉴定的准确率和速度,为深入解析肽段的质谱信号建立了可靠的数据集。蛋白质组在具体生物学问题的应用主要集中于比较蛋白质组分析上。近几年的发展表明,蛋白质组的研究已从原来的表达谱鉴定过渡到精确的定量比较蛋白质组学。标记蛋白质组技术如 SILAC、iTRAQ,为体外和体内的差异蛋白质组分析提供了有效手段,而非标记蛋白质组技术如 MRM,则为若干已知候选蛋白质的精确定量创造了可能。简言之,把握当前先进的蛋白质组技术是进行重大肝病蛋白质组研究的前提。

2004 年底,美国国立卫生研究院(NIH)就通过了一项计划,通过蛋白质组学方法推动多种疾病诊断标志物的筛选和确定(http://www.nci.nih.gov/newscenter/pressreleases/ProteomicBiomarkerAwards/)。目前,国外关于这方面的研究也是如火如荼。规模化蛋白质组学研究技术的发展,为整体性探索肝病发生、发展与转归的分子机制,发掘可用于早期诊断与预后判断的相关蛋白质标志物提供了全新的思路与方法。已有研究利用蛋白质组研究技术,系统开展了肝细胞脂肪变性、乙型肝炎病毒感染、肝细胞癌变及转移相关的比较蛋白质组研究,发现了肝病发生发展相关的关键蛋白质,并得到了可能应用于临床诊断和预警的标志物,特别是发现了与目前肝癌诊断临床标志物 AFP 互补的标志物。上述研究对从蛋白质层面深入认识肝病发生发展、转移机制及其早期诊断具有重要指导意义。综上,蛋白质组技术为全面认识肝脏及其疾病提供了新的历史性机遇,通过深入的肝脏蛋白质组研究,发现一批肝脏疾病的新型精准诊断、精准分型、精准治疗的生物标志物、药物作用靶标和创新药物具有极其重要的医学价值与社会经济效益。

参考文献

[1] Wang F S, Fan J G, Zhang Z, et al. The global burden of liver disease: the major impact of China [J]. Hepatology, 2014, 60(6): 2099-2108.

［2］He F. Human liver proteome project: plan, progress, and perspectives ［J］. Mol Cell Proteomics，2005,4(12):1841-1848.

［3］Zhang X, Guo Y, Song Y, et al. Proteomic analysis of individual variation of normal liver in human being using difference gel electrophoresis ［J］. Proteomics，2006,6(19):5260-5268.

［4］Song Y, Hao Y, Sun A, et al. Sample preparation project for the subcellular proteome of mouse liver ［J］. Proteomics，2006,6(19):5269-5277.

［5］Chinese Human Liver Proteome Profiling Consortium. First insight into the human liver proteome from PROTEOME (SKY)-LIVER (Hu) 1.0, a publicly available database ［J］. J Proteome Res，2010,9(1):79-94.

［6］Sun A, Jiang Y, Wang X, et al. Liverbase: a comprehensive view of human liver biology ［J］. J Proteome Res，2010,9(1):50-58.

［7］Ying W, Jiang Y, Guo L, et al. A Dataset of human fetal liver proteome identified by subcellular fractionation and multiple protein separation and identification technology ［J］. Mol Cell Proteomics，2006,5(9):1703-1707.

［8］Guo Y, Zhang X, Huang J, et al. Relationships between hematopoiesis and hepatogenesis in the midtrimester fetal liver characterized by dynamic transcriptomic and proteomic profiles ［J］. PLoS One，2009,4(10): e7641.

［9］Deng X, Li W, Chen N, et al. Exploring the priming mechanism of liver regeneration: proteins and protein complexes ［J］. Proteomics，2009,9(8):2202-2216.

［10］Wang J, Huo K, Ma L, et al. Toward an understanding of the protein interaction network of the human liver ［J］. Mol Syst Biol，2011,7:536.

［11］Zhao S, Xu W, Jiang W, et al. Regulation of cellular metabolism by protein lysine acetylation ［J］. Science，2010,327(5968):1000-1004.

［12］Kim W, Oe Lim S, Kim J S, et al. Comparison of proteome between hepatitis B virus- and hepatitis C virus-associated hepatocellular carcinoma ［J］. Clin Cancer Res，2003,9(15): 5493-5500.

［13］Liu K, Qian L, Li W, et al. Two-dimensional blue native/SDS PAGE analysis reveals HSPs chaperone machinery involved in HBV production in HepG2.2.15 cells ［J］. Mol Cell Proteomics，2009,8(3):495-505.

［14］Xie N, Huang K, Zhang T, et al. Comprehensive proteomic analysis of host cell lipid rafts modified by HBV infection ［J］. J Proteomics，2011,75(3):725-739.

［15］Kim S Y, Lee P Y, Shin H J, et al. Proteomic analysis of liver tissue from HBx-transgenic mice at early stages of hepatocarcinogenesis ［J］. Proteomics，2009,9(22):5056-5066.

［16］Peng L, Liu J, Li Y M. Serum proteomics analysis and comparisons using iTRAQ in the progression of hepatitis B ［J］. Exp Ther Med，2013,6(5):1169-1176.

［17］Xu M Y, Qu Y, Jia X F. Serum proteomic MRM identify peptide ions of transferrin as new fibrosis markers in chronic hepatitis B ［J］. Biomed Pharmacother，2013,67(7):561-567

［18］Sanal M G. The blind men 'see' the elephant-the many faces of fatty liver disease ［J］. World J Gastroenterol，2008,14(6):831-844.

［19］Gray J, Chattopadhyay D, Beale G S, et al. A proteomic strategy to identify novel serum biomarkers for liver cirrhosis and hepatocellular cancer in individuals with fatty liver disease ［J］. BMC cancer，2009,9:271.

［20］Trak-Smayra V, Dargere D, Noun R, et al. Serum proteomic profiling of obese patients:

correlation with liver pathology and evolution after bariatric surgery [J]. Gut, 2009,58(6): 825-832.

[21] Bell L N, Theodorakis J L, Vuppalanchi R, et al. Serum proteomics and biomarker discovery across the spectrum of nonalcoholic fatty liver disease [J]. Hepatology, 2010,51(1):111-120.

[22] Rodríguez-Suárez E, Duce A M, Caballería J, et al. Non-alcoholic fatty liver disease proteomics [J]. Proteomics Clin Appl, 2010,4(4):362-371.

[23] Younossi Z M, Baranova A, Stepanova M, et al. Phosphoproteomic biomarkers predicting histologic nonalcoholic steatohepatitis and fibrosis [J]. J Proteome Res, 2010,9(6):3218-3224.

[24] Ulukaya E, Yilmaz Y, Moshkovskii S, et al. Proteomic analysis of serum in patients with non-alcoholic steatohepatitis using matrix-assisted laser desorption ionization time-of-flight mass spectrometry [J]. Scand J Gastroenterol, 2009,44(12):1471-1476.

[25] Charlton M, Viker K, Krishnan A, et al. Differential expression of lumican and fatty acid binding protein-1: New insights into the histologic spectrum of nonalcoholic fatty liver disease [J]. Hepatology, 2009,49(4):1375-1384.

[26] Zhang X, Yang J, Guo Y, et al. Functional proteomic analysis of nonalcoholic fatty liver disease in rat models: Enoyl-coenzyme a hydratase down-regulation exacerbates hepatic steatosis [J]. Hepatology, 2010,51(4):1190-1199.

[27] Van Greevenbroek M M, Vermeulen V M, De Bruin T W. Identification of novel molecular candidates for fatty liver in the hyperlipidemic mouse model, HcB19 [J]. J Lipid Res, 2004,45 (6):1148-1154.

[28] Wang H, Chan P K, Pan S Y, et al. ERp57 is up-regulated in free fatty acids-induced steatotic L02 cells and human nonalcoholic fatty livers [J]. J Cell Biochem, 2010,110(6):1447-1456.

[29] Santamaria E, Avila M A, Latasa M U, et al. Functional proteomics of nonalcoholic steatohepatitis: mitochondrial proteins as targets of S-adenosylmethionine [J]. Proc Natl Acad Sci U S A, 2003,100(6):3065-3070.

[30] Fiorentino L, Vivanti A, Cavalera M, et al. Increased tumor necrosis factor α-converting enzyme activity induces insulin resistance and hepatosteatosis in mice [J]. Hepatology, 2010,51(1):103-110.

[31] DiBello P M, Dayal S, Kaveti S, et al. The Nutrigenetics of hyperhomocysteinemia quantitative proteomics reveals differences in the methionine cycle enzymes of gene-induced versus diet-induced hyperhomocysteinemia [J]. Mol Cell Proteomics, 2010,9(3):471-485.

[32] Singh A, Wirtz M, Parker N, et al. Leptin-mediated changes in hepatic mitochondrial metabolism, structure, and protein levels [J]. Proc Natl Acad Sci U S A, 2009,106(31):13100-13105.

[33] Calvert V S, Collantes R, Elariny H, et al. A systems biology approach to the pathogenesis of obesity-related nonalcoholic fatty liver disease using reverse phase protein microarrays for multiplexed cell signaling analysis [J]. Hepatology, 2007,46(1):166-172.

[34] Kirpich I A, Gobejishvili L N, Bon Homme M, et al. Integrated hepatic transcriptome and proteome analysis of mice with high-fat diet-induced nonalcoholic fatty liver disease [J]. J Nutr Biochem, 2011,22(1):38-45.

[35] Meneses-Lorente G, Watt A, Salim K, et al. Identification of early proteomic markers for hepatic steatosis [J]. Chem Res Toxicol, 2006,19(8):986-998.

[36] Bell L N, Lee L, Saxena R, et al. Serum proteomic analysis of diet-induced steatohepatitis and

metabolic syndrome in the Ossabaw miniature swine [J]. Am J Physiol Gastrointest Liver Physiol, 2010,298(5): G746-G754.

[37] Hannivoort R A, Hernandez-Gea V, Friedman S L. Genomics and proteomics in liver fibrosis and cirrhosis [J]. Fibrogenesis Tissue Repair, 2012,5(1):1.

[38] Low T Y, Leow C K, Salto-Tellez M, et al. A proteomic analysis of thioacetamide-induced hepatotoxicity and cirrhosis in rat livers [J]. Proteomics, 2004,4(12):3960-3974.

[39] Liu E H, Chen M F, Yeh T S, et al. A useful model to audit liver resolution from cirrhosis in rats using functional proteomics [J]. J Surg Res, 2007,138(2):214-223.

[40] Kristensen D B, Kawada N, Imamura K, et al. Proteome analysis of rat hepatic stellate cells [J]. Hepatology, 2000,32(2):268-277.

[41] Deng X, Liang J, Lin Z X, et al. Natural taurine promotes apoptosis of human hepatic stellate cells in proteomics analysis [J]. World J Gastroenterol, 2010,16(15):1916-1923.

[42] Ji J, Yu F, Ji Q, et al. Comparative proteomic analysis of rat hepatic stellate cell activation: a comprehensive view and suppressed immune response [J]. Hepatology, 2012,56(1):332-349.

[43] Shimada T, Nakanishi T, Toyama A, et al. Potential implications for monitoring serum bile acid profiles in circulation with serum proteome for carbon tetrachloride induced liver injury/ regeneration model in mice [J]. J Proteome Res, 2010,9(9):4490-4500.

[44] Smyth R, Lane C S, Ashiq R, et al. Proteomic investigation of urinary markers of carbon-tetrachloride-induced hepatic fibrosis in the Hanover Wistar rat [J]. Cell Biol Toxicol 2009,25(5):499-512.

[45] Diamond D L, Jacobs J M, Paeper B, et al. Proteomic profiling of human liver biopsies: Hepatitis c virus-induced fibrosis and mitochondrial dysfunction [J]. Hepatology, 2007,46(3):649-657.

[46] Molleken C, Sitek B, Henkel C, et al. Detection of novel biomarkers of liver cirrhosis by proteomic analysis [J]. Hepatology, 2009,49(4):1257-1266.

[47] Qin S, Zhou Y, Lok A S, et al. SRM targeted proteomics in search for biomarkers of HCV-induced progression of fibrosis to cirrhosis in HALT-C patients [J]. Proteomics, 2012,22(8):1244-1252.

[48] Lu Y, Liu J, Lin C, et al. Peroxiredoxin 2: a potential biomarker for early diagnosis of hepatitis B virus related liver fibrosis identified by proteomic analysis of the plasma [J]. BMC Gastroenterol, 2010,10:115.

[49] Poon T C, Hui A Y, Chan H L, et al. Prediction of liver fibrosis and cirrhosis in chronic hepatitis B infection by serum proteomic fingerprinting: a pilot study [J]. Clin Chem, 2005,51(2):328-335.

[50] Chen J G, Parkin D M, Chen Q G, et al. Screening for liver cancer: results of a randomised controlled trial in Qidong, China [J]. J Med Screen, 2003,10(4):204-209.

[51] McMahon B J, Bulkow L, Harpster A, et al. Screening for hepatocellular carcinoma in Alaska natives infected with chronic hepatitis B: a 16-year population-based study [J]. Hepatology, 2000,32(4 Pt 1):842-846.

[52] Tangkijvanich P, Chanmee T, Komtong S, et al. Diagnostic role of serum glypican-3 in differentiating hepatocellular carcinoma from non-malignant chronic liver disease and other liver cancers [J]. J Gastroenterol Hepatol, 2010,25(1):129-137.

[53] Jin G Z, Dong H, Yu W L, et al. A novel panel of biomarkers in distinction of small well-

differentiated HCC from dysplastic nodules and outcome values [J]. BMC Cancer, 2013,13:161.

[54] Sun W, Xing B, Sun Y, et al. Proteome analysis of hepatocellular carcinoma by two-dimensional difference gel electrophoresis: novel protein markers in hepatocellular carcinoma tissues [J]. Mol Cell Proteomics, 2007,6(10):1798-1808.

[55] Zittermann S I, Capurro M I, Shi W, et al. Soluble glypican 3 inhibits the growth of hepatocellular carcinoma in vitro and in vivo [J]. Int J Cancer, 2010,126(6):1291-1301.

[56] Tan G S, Lim K H, Tan H T, et al. Novel proteomic biomarker panel for prediction of aggressive metastatic hepatocellular carcinoma relapse in surgically resectable patients [J]. J Proteome Res, 2014,13(11):4833-4846.

[57] Liu Y, Wang X, Li S, et al. The role of von Willebrand factor as a biomarker of tumor development in hepatitis B virus-associated human hepatocellular carcinoma: a quantitative proteomic based study [J]. J Proteomics, 2014,106:99-112.

[58] Hsieh S Y, He J R, Yu M C, et al. Secreted ERBB3 isoforms are serum markers for early hepatoma in patients with chronic hepatitis and cirrhosis [J]. J Proteome Res, 2011,10(10): 4715-4724.

[59] Abdalla M A, Haj-Ahmad Y. Promising urinary protein biomarkers for the early detection of hepatocellular carcinoma among high-risk hepatitis C virus Egyptian patients [J]. J Cancer, 2012,3:390-403.

[60] Comunale M A, Lowman M, Long R E, et al. Proteomic analysis of serum associated fucosylated glycoproteins in the development of primary hepatocellular carcinoma [J]. J Proteome Res, 2006,5(2):308-315.

[61] Chen R, Tan Y, Wang M, et al. Development of glycoprotein capture-based label-free method for the high-throughput screening of differential glycoproteins in hepatocellular carcinoma [J]. Mol Cell Proteomics, 2011,10(7): M110.006445.

[62] Huang C, Wang Y, Liu S, et al. Quantitative proteomic analysis identified paraoxonase 1 as a novel serum biomarker for microvascular invasion in hepatocellular carcinoma [J]. J Proteome Res, 2013,12(4):1838-1846.

[63] Huang X, Zeng Y, Xing X, et al. Quantitative proteomics analysis of early recurrence/ metastasis of huge hepatocellular carcinoma following radical resection [J]. Proteome Sci, 2014, 12:22.

[64] Xu B, Cai Z, Zeng Y, et al. alpha-Methylacyl-CoA racemase (AMACR) serves as a prognostic biomarker for the early recurrence/metastasis of HCC [J]. J Clin Pathol, 2014,67(11):974-979.

[65] Lee H J, Na K, Kwon M S, et al. Quantitative analysis of phosphopeptides in search of the disease biomarker from the hepatocellular carcinoma specimen [J]. Proteomics, 2009,9(12): 3395-3408.

[66] Dazert E, Colombi M, Boldanova T, et al. Quantitative proteomics and phosphoproteomics on serial tumor biopsies from a sorafenib-treated HCC patient [J]. Proc Natl Acad Sci U S A, 2016, 113(5):1381-1386.

[67] Hu H, Ding X, Yang Y, et al. Changes in glucose-6-phosphate dehydrogenase expression results in altered behavior of HBV-associated liver cancer cells [J]. Am J Physiol Gastrointest Liver Physiol, 2014,307(6): G611-G622.

3 蛋白质组学在胃癌研究中的应用

　　胃癌是全球第 5 大常见的恶性肿瘤,同时也是癌症引起死亡的第 2 大原因。每年约有 140 万胃癌新发病例和 110 万患者死亡。由于胃癌缺乏特异性的临床症状,早期甚至没有任何症状,多数患者在就诊时已处于进展期或晚期,因此胃癌的五年生存率不高。胃癌分型一般根据组织学和临床特征。经典的 Lauren 分型将胃癌分为肠型、弥漫型和混合型。在分子层面,得益于基因组测序的应用,人们对胃癌基因组的认识有了显著提高。然而,由于生命活动的直接执行者是蛋白质,胃癌基因组学的研究并未实质性推动胃癌临床防、诊、治的发展,针对胃癌进行蛋白组学研究成为大势所趋。本章将梳理和探讨蛋白质组学技术在胃癌早期诊断、分子分型、机制研究、治疗方案选择等方面的主要研究结果,并对其在胃癌精准医疗中的应用进行展望。

3.1　胃癌概述

　　胃癌是全球第五大常见恶性肿瘤,同时也是癌症引起死亡的第二大原因,预计每年全球有 140 万新发胃癌病例,110 万胃癌患者死亡[1]。胃癌诊断时常常已是局部进展期或晚期,无论围手术期或姑息治疗时均要求全身化疗,预后均较差,Ⅲ期和Ⅳ期胃癌患者 5 年生存率分别为 9.2%~19.8%和 4.0%。

3.1.1　胃癌的病因学

　　胃癌的分型一般根据组织学和临床特征。根据 Lauren 分型将胃癌分为肠型、弥漫型和混合型。弥漫型胃癌通常分化程度较低,易发生腹腔转移,预后差,并且年轻患者多见。肠型胃癌通常发生在胃远端,与幽门螺杆菌感染等环境因素有关,常伴有肠上皮化生等癌前病变。近端胃癌较易发生 HER2 扩增,通常由胃酸反流及肥胖和吸烟等因素造成的炎症引起,预后较相同分期的远端肠型胃癌差。约有 5% 的胃癌通常有特征性的淋巴细胞浸润,可能与 EB 病毒感染相关,多数发生在胃近端,但预后较相同分期的远端胃癌好。

3.1.2 胃癌的基因分型

癌症基因组图谱(The Cancer Genome Atlas,TCGA)研究网络的研究人员通过分析 295 例胃癌患者的突变、基因拷贝数变化、基因的表达、DNA 甲基化等 6 项指标将胃癌分成 4 个亚型[2]。其中,约 9% 与 EB 病毒相关,22% 是微卫星不稳定型,20% 是基因稳定型,50% 是染色体不稳定型。EB 病毒感染相关型胃癌 DNA 甲基化明显,且 80% 存在 PIK3CA 突变基因,存在 JAK2、PD-L1 与 PD-L2 扩增和高表达,提示 PD-1 和 PD-L1 抗体及 JAK2 抑制剂可能对此型胃癌有效。微卫星不稳定型胃癌 DNA 甲基化明显,尤其是 MLH1 启动子导致 MLH1 基因沉默,并有较高的体细胞突变率,如

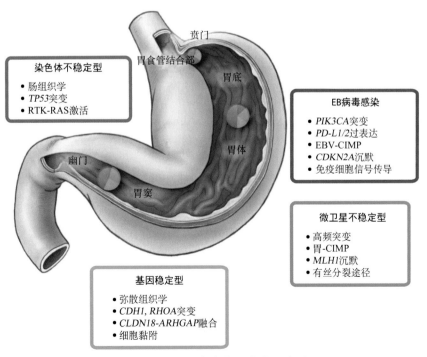

图 3-1 TCGA 发表的胃癌分子分型

(图片修改自参考文献[2])

PIK3CA（42%）和 *ERBB3*（26%）。基因稳定型主要代表为弥漫型胃癌，37%携带 *CDH1* 突变，30%有与 Rho 信号通路相关的新变化，特别是 RhoA 的体细胞突变和与 Rho GTP 酶激活蛋白质相关的融合基因。染色体不稳定型胃癌表现为 *TP53* 突变，以及酪氨酸激酶受体（如 *EGFR*、*HER2*、*FGFR2*、*MET* 等）、细胞周期调控因子（如 *CCNE1*、*CCND1*、*CDK4*、*CDK6* 等）、*KRAS* 和 *VEGFA* 的局灶性扩增。

3.1.3　胃癌的化学治疗、靶向治疗及免疫治疗

化学治疗（化疗）是治疗晚期胃癌的标准一线治疗措施，具有相对良好的治疗效果。从随机临床试验获得的数据清楚地表明，在晚期胃癌患者症状和生存期的改善缓解方面，姑息性化疗较最佳支持治疗有统计学上的显著优势。5-氟尿嘧啶（5-FU）的使用已经超过 50 年，其仍然是大多数晚期胃癌联合化疗方案的骨干。然而近年来，两类口服氟尿嘧啶类药物卡培他滨和 S-1 已被证明疗效至少与 5-氟尿嘧啶相当。顺铂的使用需要水化并且有肾、耳毒性的风险，而奥沙利铂的出现极大地避免了这些困境，其风险在于增加神经毒性。临床试验表明，奥沙利铂在治疗晚期胃癌时疗效至少与顺铂相当。

胃癌中许多潜在的分子靶点为受体酪氨酸激酶（RTK），其在胃癌基因拷贝数的变化中占据了 1/3。在临床实践中，HER2 是第一个也是唯一一个成功用于胃癌患者治疗的膜结合受体酪氨酸激酶。在 TCGA 研究中发现，22%的患者 HER2 检测阳性，近端胃癌比远端胃癌 HER2 阳性率高，肠型胃癌比弥漫型胃癌 HER2 阳性率高。TCGA 显示 HER2 阳性晚期胃癌患者在接受曲妥珠单抗后与顺铂、氟尿嘧啶类药物化疗有显著的生存获益[3]。目前尼妥珠单抗（nimotuzumab）作为二线治疗药物正在进行Ⅲ期临床试验（临床试验编号：NCT01813253）。根据 REGARD 和 RAINBOW 研究，人源化 IgG1 单克隆抗体 ramucirumab（VEGFR2 拮抗剂）已被确立为治疗转移性胃癌的二线标准方案[4]。然而在亚组分析中，ramucirumab 并未在亚洲患者中体现出总生存期改善的优势。另外，针对 FGFR2、mTOR、MET 的抑制剂也在研究中。

胃癌的发生发展不仅取决于肿瘤细胞本身，也与周围环境相关。肿瘤细胞免疫逃逸相关标志物是公认的肿瘤标志物之一。对于体细胞突变程度高的肿瘤，由于突变可能导致新抗原（neo-antigen）的出现，肿瘤可能更容易被免疫系统识别，响应包括 PD-1/PD-L1通路、CTLA4 等免疫检查点（checkpoint）在内的多个免疫治疗方案。在 Keynote 012 1b 期研究中，应用抗 PD-1 抗体 pembrolizumab 治疗晚期实体肿瘤（包括

胃癌)患者,发现其对免疫组化染色呈 PD-L1 阳性的患者治疗有效。应用另一抗 PD-1 抗体 nivolumab 针对 2 期及 2 期以上胃癌患者治疗的Ⅲ期临床试验(NCT02267343)正在进行中。此外,双重阻断 PD-1 和 CTLA-4 的 nivolumab 联合伊匹单抗(ipilimumab)治疗方案正针对转移性胃癌患者进行 1b/2 期临床试验(NCT01928394)。

胃癌曾经因其有限的治疗选择,被看作一种预后不良的疾病。然而在过去几年中,人们对胃癌基因组学的认识已有显著提高,这导致了新靶向疗法的出现,从而给了人们在改善患者生存和预后等方面新的希望。然而,由于胃癌基因组学研究的局限性,针对胃癌蛋白组学的研究势在必行。

3.2　高通量蛋白质组学技术的应用概述

蛋白质组学的主要目标之一就是对于一个固定时间的细胞、组织或者体液的全部蛋白质进行鉴定,也可以在不同的时间或者空间变化的条件下,对个体的整套蛋白质组进行检测,如描绘生命体生理和病理情况下的蛋白质变化,从而有利于阐释生命活动的本质。对于一个生物问题,蛋白质组分析可能包括以下单个或多个部分:蛋白质的定性分析,又分为蛋白质的序列分析、蛋白质的翻译后修饰分析(如糖基化、磷酸化、泛素化等)、蛋白质与蛋白质的相互作用网络分析;蛋白质的定量分析,分为相对定量(包括非标记和标记定量)和绝对定量等。

对于绝大部分蛋白质组学分析,液相色谱串联质谱法(LC-MS/MS)是一个不可或缺的技术手段。根据蛋白质分析方法的不同,可以分为两大类:自上而下的方法(top-down)和自下而上(bottom-up)的方法。前者是对一个完整的蛋白质进行质谱分析,然后通过质谱破碎完整蛋白质后分析相应的碎片离子;后者是需要先用特定的蛋白酶将蛋白质消化成肽段(最常用的是胰蛋白酶),然后通过质谱检测相应的肽段离子确认相应的蛋白质的序列和丰度。对于质谱来说,相对分子质量太大往往限制蛋白质的测定,因而,鸟枪法的自下而上测定方法越来越广泛应用于蛋白质组学的相关研究中。过去几年,随着质谱技术的飞速发展,仪器的扫描速度越来越快,相应的灵敏度和精确度也越来越高,同时样品制备技术不断提高,数据处理不断完善,相对于十几年前一分钟只能测一个蛋白,现在质谱每分钟能够测定几十个甚至上百个蛋白,蛋白质组学已经进入了一个黄金时代：新一代的蛋白质组学时代。

蛋白质是影响生物细胞病理发生与发展的关键分子。蛋白质组学研究技术的不断发展使得针对高通量临床样本的研究得以实现，常用于科学研究的临床组织样本包括新鲜或速冻组织及甲醛固定组织，在以生物质谱技术为基础的临床疾病蛋白质组学研究中，又以新鲜或速冻组织最为广泛。蛋白质组学不仅能够提供特定细胞或组织整体蛋白表达谱，也能为研究者提供特异蛋白质的表达量、蛋白翻译后修饰模式及蛋白质与蛋白质的相互作用等重要信息，为临床治疗方法的有效实施提供了有利证据。

随着临床疾病研究需求的不断深入，蛋白质组学已由原来广义上的针对某一特定生物种属的细胞或组织包含的所有基因组表达的全套蛋白质，发展得日益丰富并出现了可从物理和化学水平上进行分层的亚蛋白质组学。亚蛋白质组学是对亚细胞成分的进一步解析，按亚细胞定位区域来区分，该研究包括分泌蛋白质组学、细胞质膜蛋白质组学、亚细胞器蛋白质组学等亚学科；按生化性质不同，又可细分为磷酸化蛋白质组学、糖蛋白质组学、泛素化蛋白质组学等领域。诸多类型亚蛋白质组学研究的不断涌现为研究细胞疾病诱导信号应答、靶向药物的研发及靶点的研究提供了重要的技术支持。

3.3 蛋白质组学在胃癌早期诊断中的应用

由于胃癌缺乏特异性的临床症状，早期甚至没有任何症状，多数患者在就诊时已处于进展期或晚期，其五年生存率仍然不高，而早期胃癌（ⅠA 和 ⅠB 期）的五年生存率则在 80% 以上。因此，胃癌的早期诊断是改善其预后的最重要方式之一。内镜检查是胃癌诊断的最常用手段之一，但因受成本高、检查有创性等限制，患者常不能接受其作为常规的筛查方法。血清肿瘤标志物如 CEA、CA19-9、CA72-4 和 AFP 等因灵敏度和特异性不高，在临床上只能作为辅助的检查手段。所以，胃癌早期诊断的生物标志物研究一直是胃癌研究领域的热点之一。蛋白质组学研究的对象十分广泛，可以是组织、血清、胃液、尿液等体液，也可以是循环肿瘤细胞、外泌体等结构。因此，随着蛋白质组学技术的进步和生物信息学等技术的发展，蛋白质组学在胃癌早期诊断中的应用研究迎来了大发展的机遇期。

3.3.1　胃癌血清蛋白质组学

血清携带有全身各个系统和器官的生理和病理信息,临床上获取方便,对人体创伤很小,是理想的筛选肿瘤生物标志物的体液之一。血清蛋白质组学在胃癌早期诊断中应用的尝试性研究有很多,主要采取以下两种研究策略:①利用质谱技术建立胃癌诊断的特定血清肽谱模型;②发现并证实用于胃癌诊断的血清生物标志物[5]。利用生物质谱技术,通过确定的蛋白质或肽段峰所组成的生物分子模型可应用于胃癌的诊断,在小样本的验证试验中,其灵敏度和特异性都很高。成瘤裸鼠血清及临床胃癌患者血清实验的结果提示,ITIH3 也可能是胃癌早期诊断的血清蛋白分子[6]。除了蛋白质生物质谱技术之外,蛋白质芯片技术在血清蛋白质组学研究中也发挥着关键作用。如 Yang 等人利用蛋白质芯片技术确定了由 COPS2、CTSF、NT5E 和 TERF1 等 5 个分子组成的诊断模型,在胃癌、正常人及胃癌相关疾病的鉴别诊断中灵敏度和特异性都在90%以上[7]。

与组织蛋白质和细胞蛋白质相比,血清蛋白种类繁多、蛋白质丰度差异很大。例如,含量最多的白蛋白约占血清蛋白质的55%,而与疾病密切相关的蛋白质多为低丰度蛋白质。因此,在血清蛋白质组学研究中,高丰度蛋白质的去除是筛选高特异性和灵敏度生物标志物的关键。也有研究认为,用于胃癌诊断的生物标志物多为糖蛋白,如MUC1、MUC5AC、IGHM、LRG1、触珠蛋白、铜蓝蛋白、A1BG、ITIH2 等[8,9]。另外,血清中还含有循环肿瘤细胞和外泌体等结构,也是胃癌早期诊断研究的重点之一。

外泌体是细胞经过"内吞—融合—外排"等一系列调控过程而形成的细胞外纳米级小囊泡。外泌体可以携带蛋白质,运送 RNA,在细胞间物质和信息转导中起重要作用。外泌体可能通过调控免疫功能,促进肿瘤血管新生和肿瘤转移以及直接作用于肿瘤细胞等途径,影响肿瘤的进展。因此,外泌体可应用于肿瘤的诊断。有研究认为 CD97 通过外泌体介导的 MAPK 信号通路促进胃癌生长与转移[10]。通过蛋白质组学技术发现肿瘤特异性相关的外泌体类生物标志物,如血清中 GPC1 标记的外泌体在早期胰腺癌中的诊断价值已经得到了初步的证实[11]。

3.3.2　胃癌胃液蛋白质组学

胃液的产生与更新速度比较快,正常人每天产生大约 2.5 L 胃液,其成分的动态变化可能与疾病的状态或治疗有关。在胃镜检查中可以同时收集胃液,从而使其成为筛选胃癌等疾病生物标志物的体液之一。虽然内镜结合病理检查是胃癌诊断的重要方式,但是原位癌或病灶较小的胃癌常会出现因未取到癌组织而漏检的情况。胃液的分泌反映了胃的整体功能及疾病状态,包括酶原的分泌与激活、早期致癌及疾病进展的变化。因此,对胃液成分的研究能够发现其中与胃的生理功能及疾病状态相关的标志物。随着蛋白质组学技术的进步,近些年胃液蛋白质组学的研究逐渐增多。

CA19-9 和 CEA 是两个重要的消化道肿瘤标志物,但因其特异性和灵敏度有限,在临床上只能作为辅助的检查方式。研究发现胃液中 CA19-9 和 CEA 的表达水平并没有在胃癌的诊断与预后评价中表现出明显差异,而胃液中酪氨酸、苯丙氨酸及色氨酸表达水平的升高则有助于早期胃癌的诊断[12,13]。胶原蛋白Ⅳ和透明质酸表达水平的升高与胃癌关系密切,并随着胃癌的进展与淋巴结转移而逐渐升高。另外,胃液中发现的 α_1-抗胰蛋白酶及其前体、胃蛋白酶原、亮氨酸拉链、前列腺素 E_2 等分子与胃癌的关系都比较密切[14]。

3.3.3　胃癌尿液蛋白质组学

尿液是血浆的超滤液,尿蛋白中不仅携带有泌尿生殖系统的信息,也能够在一定程度上反映血液和整个机体的状态。同时尿液的收集完全无创,患者容易接受,是最理想的筛选肿瘤生物标志物的体液之一。尿液蛋白质组学的研究分析发现,大约 90% 的尿蛋白是与泌尿生殖系统相关的,但是仍有 300 多个蛋白质是其他器官或系统所特有的,包括神经系统、心血管系统、呼吸系统、血液系统及消化系统等。尿蛋白来源于细胞的各级结构,如细胞质、内质网、高尔基体、细胞膜及细胞核等。有些生物标志物在尿液中甚至比血浆中的浓度还要高,同时相对于血浆,尿液中高丰度蛋白质相对较低,通过蛋白质组学分析更容易发现其中与疾病相关的低丰度蛋白质的变化。

现在已经有越来越多的研究证实尿蛋白在疾病诊断或筛查中的潜在应用价值。除了泌尿生殖系统之外,尿蛋白在系统性红斑狼疮、川崎病、卵巢癌、阑尾炎、结直肠癌、胰腺癌等其他系统的疾病中的诊断意义均有研究证实[15-17]。如 Radon 等人利用蛋白质组学技术,鉴定到差异蛋白 LYVE-1、REG1A 和 TFF1,在胰腺癌的诊断中有着很高的特异性和灵敏度[18]。同样,在胆管癌的尿蛋白分析中,确定的肽段标志物模型也有较高的特异性和灵敏度[19]。相信不久的将来,尿液蛋白质组学在胃癌早期诊断中的应用也将成为可能。此外,尿液中也含有外泌体等结构,是胃癌生物标志物筛选的研究热点之一。

总之,蛋白质组学研究的对象十分广泛,容易获得的各种体液(血清、胃液、尿液和唾液等)均可以作为胃癌早期诊断标志物筛选的研究对象。对体液中全蛋白进行测定,对比正常人与胃癌患者及胃癌相关的其他疾病患者的差异表达蛋白,使蛋白质组学技术在胃癌早期诊断中的应用逐渐成为可能。

3.4 蛋白质组学在胃癌治疗及疗效预测中的探索

肿瘤的发生、发展、转移十分复杂,经常涉及大规模的蛋白质网络,因此蛋白质组学在肿瘤研究中的地位越来越重要。越来越多的团队利用质谱为基础的蛋白质组学技术把焦点从肿瘤机制的探索转移到发现新的靶向治疗靶点。

如今蛋白质组学技术迅猛发展,使得可以对不同的样本如液体或者临床标本组织进行筛查,包括新鲜/冷冻组织或者甲醛固定的石蜡包埋(FFPE)组织。新鲜/冷冻组织更适合蛋白质组学分析,然而 FFPE 临床标本资源却是蛋白质组学研究的丰富来源,同时这些标本往往有长期随访的患者病例报告,包括疾病预后等临床信息。蛋白质组学方法可以进行大样本的筛选和与疾病治疗相关的蛋白质鉴定。蛋白质是影响病理情况的主要效应分子,侵袭性癌症通常会伴随着相应代谢产生的变化。蛋白质表达谱出现的变化反映细胞代谢和细胞由于外在条件变化而产生的反应。在早期评估患者的具体治疗策略时可以通过跟踪特定的代谢示踪剂和分子代谢显像来观察这些变化。评估时需要采用基因组学、转录组学、蛋白质组学、临床资料和其他信息对个体患者在疾病风险评估、预防、治疗或姑息治疗方面进行最优化的考量。已经有一些研究评估出临床或组织病理学标志物,并以此预测新辅助治疗对胃癌的疗效和预后,但是这些标志物并没有在前瞻性研究中进行验证。

拉帕替尼是一种针对 EGFR 和 HER2 受体的酪氨酸激酶抑制剂。与曲妥珠单抗在晚期胃癌治疗取得的成功相比,针对 EGFR 受体的拉帕替尼并没有在未经生物标志物筛选的胃癌患者中改善预后。虽然拉帕替尼在广泛人群中的应用效果并不成功,但如果对肿瘤组织继续分析挖掘,可能会发现有一小部分具有共同特征的胃癌患者可以从抗 EGFR 靶向治疗中获益,比如 EGFR 基因扩增的患者。而西妥昔单抗(EXPAND 研究)和帕尼单抗(REAL3 研究)临床研究的失败,也强调在广泛人群中应用靶向药物前应先寻找疗效相关的分子标志物。功能蛋白质组学可以探讨和阐述通路的成分和它们相互的作用。比如，什么时候反应，什么时候失调，什么时候导致疾病的状态。这些信息会对人们设计针对多条通路的靶向治疗提供帮助，并与药物耐药相关。

Morisaki 团队通过蛋白质组学技术分析出胃癌干细胞的新标志物，并希望将其应用在临床诊断中，结果发现 RBBP6、DCTPP1、HSPA4 和 ALDOA 的表达与胃癌患者预后差相关。其中 RBBP6 被认为是一个独立的预后因子，敲除 RBBP6 后细胞的迁移和转移显著受到影响，这提示 RBBP6 可能是胃癌潜在的治疗靶点[20]。而 Subbannayya 团队通过基于 iTRAQ 的定量蛋白质组学分析发现，钙/钙调蛋白依赖的蛋白激酶 2（CAMKK2）在胃癌组织中高表达（比正常组织高 7 倍）。其中 94%（98 例中的 92 例）的胃癌患者石蜡切片免疫组化显示 CAMKK2 过表达。敲除掉 CAMKK2 的胃癌细胞，增殖、克隆形成和侵袭都明显受到了抑制，提示 CAMKK2 可能成为胃癌治疗的新靶点[21]。

既往研究发现 MET 过表达的肿瘤细胞对 MET 抑制剂更敏感，但是相应的分子机制却不清楚。Guo 团队应用基于 iTRAQ 的定量蛋白质组学技术，通过分析应用 MET 抑制剂的高表达 MET 胃癌细胞 SNU5 发现，受药物影响的 38% 的蛋白质是线粒体相关蛋白。应用药物后，线粒体膜电压上升，渗透性转变，孔功能受到了抑制。根据实验数据，该研究团队提出线粒体可能是 MET 抑制剂作用的直接靶点[22]。

Lee 团队利用蛋白质组学为基础的协同酶增强免疫反应（CEER），在胃癌患者中探索酪氨酸磷酸化的情况。通过这一新兴的综合诊断技术，研究团队发现在 77% 的 HER2 阳性患者中有 p95HER2 表达并且其激活了胃癌患者的一些通路。研究团队也发现 54% 的胃癌患者表达活化的 HER1、HER2、HER3、cMET 或者 IGF1R，同时有这些蛋白质表达的胃癌患者预后较差。同时有 HER1 和 cMET 活化的胃癌患者与只有 cMET 活化的患者相比无病生存期更短。这些发现可以加深对进展期胃癌激活信号通路的理解，同时也可以为临床诊断和对靶向治疗患者的选择提供帮助[23]。

综上，新的靶向治疗和综合治疗可能有效改善胃肠道肿瘤患者的预后，但是如何选择正确有效的治疗方案对于医生是有挑战的。蛋白质组学技术会对人们通过探究生物标志物提高药物治疗的有效性和改善患者预后产生十分重要的影响。

3.5 蛋白质组学在胃癌细胞系及动物模型研究中的应用

胃癌细胞系由于每个细胞系的特殊结构及不同的生物学特性，因而具有特殊的意义,对研究胃癌的病因、发病机制及诊断治疗大有裨益,为在体外研究胃癌的生物学特性与指导临床诊疗实践提供了有形的载体。人胃癌小鼠移植模型是研究人类肿瘤的常用实验动物模型,为研究胃癌生长、分子调控、抗肿瘤药物筛选提供了基础载体,提供了癌细胞生物学特性和基因表达调控等研究方向的基础资料。蛋白质组学技术的发展为胃癌的研究开拓了一条新途径,胃癌细胞系及移植瘤等动物模型在胃癌研究中的潜在应用价值将进一步提高。

3.5.1 基于胃癌细胞系的体外蛋白质组学研究

细胞系可以说是生命科学研究领域最流行的生物系统。在胃癌蛋白质组的研究中,不同细胞系的特点可以随着培养条件、试剂和药物的处理及样品制备程序的改变而发生变化,利用多种胃癌细胞系的特点建立一个全面的蛋白质图谱,对于寻找一些潜在的胃癌标志物候选蛋白质是一种行之有效的策略。这样,不仅可以用来监测胃癌进展,还能够发现胃癌治疗策略改变后的蛋白质与蛋白质之间的相互作用。

近年来,越来越多的研究开始在蛋白质水平上关注胃癌发生发展及治疗。Yang 等人[24]通过比较胃癌细胞 SGC7901 与耐长春新碱胃癌细胞 SGC7901/VCR 蛋白质组间的差异,发现了多种胃癌耐药的相关蛋白质;Xin 等[25]通过应用蛋白质组学技术检测甲硫氨酸对人胃癌细胞 SGC7901 的影响,最终发现,在缺乏甲硫氨酸的情况下,胃癌细胞调节凋亡的一些蛋白质会被抑制;Franco 等[26]利用 2D-DIGE 结合 LC-MS 发现胃癌的发生与幽门螺杆菌的菌株类型相关。

3.5.1.1 胃癌相关蛋白靶点

对于胃癌发生发展及治疗的蛋白靶点的寻找一直是研究的热点。以胃癌细胞系作为材料来源已经发现了多种蛋白靶点:Chen[27] 等人利用 2-D 电泳、LC-MS/MS 和 cICAT 等方法在胃癌细胞系 SC-M1 和 TMC-1 中发现差异表达蛋白波形蛋白(vimentin)和 galectin-1,之后用蛋白质印迹法(Western blotting)进行验证并证实其可能是胃癌诊断的蛋白靶点;Kuramitsu 等[28]对人胃癌细胞系 SGC 和正常胃黏膜组织 NGM 进行双向电泳和 LC-MS/MS,双向电泳发现了 28 个差异蛋白点,其中有 19 个上调,9 个下调,经过蛋白质印迹法验证 14-3-3 sigma 表达上调,揭示其可能在胃癌的发生发展中起关键作用,并且可能作为胃癌诊断的标志物。Deng 等人[29]利用 iTRAQ 的方法分析正常胃上皮细胞系 GES-1 和 GC SGC7901 细胞之间的差异表达蛋白质,发现了 12 个差异表达的蛋白质,其中 7 个发生明显上调,5 个发生下调,抗药蛋白(sorcin)上调达 5.4 倍,并利用蛋白质印迹法和免疫组化的方法对抗药蛋白进行验证,发现抗药蛋白可能是胃癌诊断、治疗及预后的一个新的标志物。另一项研究证实[30]gastrokine 1 (GKN1)在胃癌组织中显著低表达,而且 GKN1 能抑制细胞生长,诱导胃癌细胞的细胞周期停滞,随后利用双向电泳结合 MALDI-TOF MS 发现 GKN1 能够调节包括 ENO1 在内的 74 种蛋白质,并且 ENO1 是 74 种蛋白质相互作用网络中的一个重要枢纽。ENO1 的沉默导致生长抑制和细胞周期停滞,而 ENO1 过表达能够阻断 GKN1 诱导的生长抑制和细胞周期停滞,表明 ENO1 下调在胃癌细胞 GKN1 诱导的生长抑制中起重要作用。

3.5.1.2 亚细胞器蛋白质组

当前,一些细胞器的蛋白质组研究同样具有很大的价值,这种亚细胞蛋白质组是蛋白质组学研究的新领域,是目前研究一些疾病发病机制的有效手段。Kim 等[31]在鼠正常胃黏膜上皮细胞株 RGM-1 和胃癌细胞株 AGS 中提取高纯度线粒体蛋白质,通过双向电泳发现了 37 个差异蛋白点,其中有 20 个下调,17 个上调。结果显示这些蛋白质可能是潜在的特异性肿瘤标志物的候选蛋白质;同样,Guo 等人[32]在 MET 过表达的胃癌细胞系 SUN5 中,通过加入 MET 抑制剂处理,再利用 iTRAQ-MS/MS 检测及蛋白质印迹验证,发现差异表达的线粒体 MET 蛋白并证实线粒体是 MET 激酶抑制的直接目标。由于胃癌细胞系对 MET 抑制物敏感,因此进行 MET 靶向治疗可能成为胃癌治疗中的新途径。细胞中蛋白质种类繁多,性质多样,丰度差异大,常规蛋白质组学方法不能做到分离和检测细胞中的全部蛋白质,而亚细胞蛋白质组学研究的着眼点在蛋白质组的特定成分,而非整个蛋白质组,能够有效弥补目前蛋白质组研究的不足。

3.5.1.3 磷酸化蛋白质组学

蛋白质的磷酸化是生命活动中最重要的一项翻译后修饰,它与信号转导、细胞周期、生长发育和癌变机制等许多生物问题密切相关。通过富集得到的这些结构易变的磷酸化蛋白质是生物标志物的重要来源。Guo 等人[33]对多种细胞系(SNU5、SNU1、AGS、YCC1 和 KatoⅢ)进行 LC-MS/MS 分析,首次实现了胃癌磷酸化蛋白质组学的研究,在 1 200 多种蛋白质中发现了超过 3 000 个非冗余的磷酸化位点,在胃癌组织中发现了 190 种上调 2 倍以上的磷酸化蛋白质,通路分析证实了 DNA 损伤应答途径的过度活化,并强调了 p53 磷酸化在胃癌中的关键作用,这种磷酸化蛋白质组学和转录组学结合的研究方法为胃癌研究的分子信号途径提供了一个非常有价值的观点。

3.5.1.4　分泌蛋白质组学

分泌蛋白质组学以分泌蛋白为研究对象,分析细胞分泌蛋白动态变化的组成成分、表达水平及修饰状态,研究分泌蛋白组成和调控规律。"分泌蛋白"是指由活细胞分泌的一系列分子,也包括活细胞表面流出分子。分泌蛋白在细胞信号转导、通信和迁移中扮演重要的角色。随着肿瘤生物标志物研究的进展,肿瘤细胞分泌蛋白的研究逐渐成为热点,也可能成为肿瘤诊断和预后评估的工具,也可能成为药物治疗的靶点。Marimuthu 等[34]利用 SILAC 对胃癌细胞系和非癌细胞系的分泌蛋白进行研究,发现有263 种蛋白质在胃癌细胞系中过表达,并从中找出了 3 个候选蛋白质:PCSK9、MBL2和 PDAP1。利用临床样本进行免疫组化验证,证实这些标志物是最佳候选蛋白质,需要进一步测试其能否作为早期诊断胃癌的标志物。

尽管发现了很多预测胃癌发生发展的蛋白靶点,但是这些靶点必须要进行严格的体内评估后才能在临床上得以应用。Tseng[35]等利用双向电泳结合 MALDI-TOF MS在胃癌细胞 SC-M1 中发现表达量上调的 14-3-3β 蛋白,之后发现在胃癌组织和胃癌患者血清中 14-3-3β 蛋白的表达量均显著上调,后续研究发现 14-3-3β 蛋白在肿瘤细胞系中过表达能够增强细胞增殖、迁移和浸润的能力,揭示了 14-3-3β 蛋白能作为胃癌诊断和预后的标志;Torti[36]等人利用蛋白质芯片的方法对人胃癌细胞 GTL16 进行了分析及 ELISA 验证,发现差异表达蛋白 IL-8、GROα、μPAR 和 IL-6,并在细胞培养过程中和小鼠体内进行了进一步验证。

3.5.1.5　细胞表面膜蛋白质组学

细胞表面蛋白在跨膜信号传递,离子运输,细胞与细胞、细胞与基质间的相互作用等生物功能上有重要作用。在肿瘤发生发展过程中,许多膜蛋白会出现表达量差异、表达下调、突变或翻译后修饰等分子变化,是胃癌亚蛋白质组学研究中重要的研究方向。

在膜蛋白提取时利用高 pH 值的溶液洗掉与膜相关的蛋白质,酶解后利用 LC-MS进行检测,发现 MET、EPHA2、FGFR2 和 CD104/ITGB4 这 4 种蛋白质与多数胃癌相关[37]。对质膜蛋白进行高效的制备及提取,是研究人员一直在不断探索的问题。其中一种双相分离方法的出现使质膜蛋白的制备有显著提升[38,39]。研究人员利用先前研究中提到的标准质膜蛋白提取操作、iTRAQ 标记配合质谱检测,发现 SLC3A2 是一个与胃癌相关的质膜蛋白,它在胃癌细胞中呈现过表达状态,可能是胃癌细胞的重要分子标志物[40]。另一种方法是将链霉抗生物素蛋白与质膜蛋白连接之后,再将生物素与之结合,相对于其他提取方式能够将质膜蛋白的提取浓度再度提高。一项肺癌研究利用该方法配合 Nano LC-MS 检测,仅 30 μg 的纯化蛋白质,最后鉴定到 898 个特异性蛋白质,其中包括 526 个质膜蛋白[41]。生物素结合的方法后来也被应用到结肠癌、肾癌和肝癌等肿瘤研究中。

3.5.2 基于移植瘤等动物模型的胃癌体内研究

在医学、药学及生物学研究过程中建立的具有人类疾病模拟表现的动物对象及其相关材料,就是动物模型。相对人类个体而言,动物模型具有疾病易于检测、环境及饮食可控、基因型混杂差异程度小和较好的重复性、实用性及经济性等多重优点。许多肿瘤药物及其靶点的发现、临床药物的试用和预后效果观察都是通过动物模型进行的。

针对胃癌研究,从动物模型的充足性和安全性考虑,鼠类是比较合适的。按照疾病产生的原因,动物模型主要有自发性和诱发性两种,而胃癌多是诱发的,主要分为化学类物质诱发胃癌和幽门螺杆菌诱发胃癌[42];随着生物科学的发展,又有了转基因和基因敲除动物模型[43]。从 1940 年开始,Rusch 等[42]就开始利用苯并芘、3-甲基胆蒽(3-MC)等化学物质诱导大鼠产生胃癌,但是当时胃癌产生率比较低;直到 1967 年 Sugimura 和 Fujimura 利用甲基硝基亚硝基胍(MNNG)灌胃处理[42],提高了胃癌的诱发率,促进了胃癌动物模型的发展。

随着蛋白质组学的研究发展,利用蛋白质组学技术对胃癌动物模型进行的研究也越来越多。为了寻找胃癌早期检测的生物标志物,Chong 等把低分化腺癌细胞 MKN45 的悬浮液,以皮下注射的方式注射到裸鼠体内,诱导裸鼠产生癌变并收集携带胃癌肿瘤细胞的裸鼠血浆,对收集到的裸鼠血浆利用蛋白质组学技术进行 iTRAQ 和质谱分析,结果发现和正常裸鼠相比,α 胰蛋白酶抑制剂重链 3 (inter-alpha-trypsin inhibitor heavy chain 3, ITIH3)蛋白在携带肿瘤的裸鼠血浆中明显高表达(见图 3-2)[6]。由此结论扩展到临床,通过对 84 例胃癌临床患者和 83 例正常对照人群的血浆进行对比研究,发现胃癌患者的血浆中 ITIH3 蛋白也高表达[6]。同样,Juan 等利用胃癌细胞系 SC-M1 诱导小鼠产生癌变,并且收集患胃癌 1 个月的小鼠和正常小鼠的血浆。利用双向电泳和基质辅助激光解吸/离子化质谱进行分析发现,和正常小鼠相比,在胃癌小鼠的血浆中小鼠急性时相蛋白中的触珠蛋白和血清淀粉样蛋白 A (serum amyloid A, SAA)过量表达[44]。临床样本验证检测结果显示,胃癌患者的血清中 SAA 表达量最高,胃溃疡患

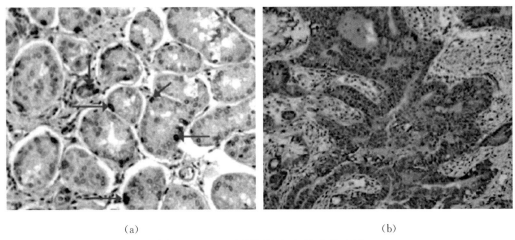

(a)   (b)

图 3-2　ITIH3 在不同组织细胞中的表达

(a) 正常组织细胞；(b) 胃癌组织细胞(图片修改自参考文献[6])

者次之,健康人群最低[45]。

　　如前所述,不同的胃癌细胞可以诱导不同的鼠类产生胃癌,但是肿瘤的基因、蛋白质表达水平不同。Chen 等[46]利用 MNNG 诱导 Wistar 大鼠产生胃癌,并且通过蛋白质组学的方法对正常胃组织、胃癌和转移性肿瘤进行分析。对相对分子质量在$(15\sim75)\times10^3$、等电点在 3~7 之间的蛋白,利用 MALDI-TOF MS 进行鉴定和肽指纹图谱分析,发现鉴定到的蛋白质包括细胞骨架蛋白、应激相关蛋白、细胞增殖分化相关蛋白、信号转导相关蛋白和代谢相关蛋白。然后从鉴定到的 27 种蛋白质中选择 25 种蛋白质在正常胃组织、胃癌组织和相关代谢物中进行对比分析,发现与正常胃组织相比,在胃癌组织中11 种蛋白质表达上调,2 种蛋白质表达下调;和原发性胃癌组织相比,在转移性肿瘤组织中 12 种蛋白质表达上调,8 种蛋白质表达下调。上述研究从分子水平上加深了人们对原发性胃癌和转移性胃癌的认识。

　　虽然大部分动物模型通过诱导才可以产生胃癌,但现在也有一些特殊的基因修饰的小鼠模型被应用到癌症研究中,如纯合子的 gp130$^{\text{F/F}}$,可以自发性地产生胃癌。Penno 等[47]就利用此类小鼠诱导产生自发性胃癌,通过双向电泳和质谱联用技术,结合免疫印迹法进行分析,共找到 25 种差异表达蛋白。结合蛋白质组学技术与动物模型,研究人员不但发现了许多重要的胃癌生物标志物,如 SAA、HSP27,而且深入了解了许多临床药物的治疗效果。

3.6 小结与展望

在 2015 年 1 月 20 日的国情咨文演讲中,美国总统奥巴马提出"精准医学计划",并划拨 2.15 亿美元投入精准医疗项目,包括 NIH 在内的多个单位将共同参与该项目。这也在世界上掀起了精准医学的热潮。早在这之前,从个体化医疗到精准医疗,都有相当多的研究。个体化医疗是根据患者本身的差异进行治疗的理想化概念,而精准医疗侧重于具有相似性的人群,更加具有可行性。精准医疗是在相同的临床表现中,根据患者的遗传学、生理体征、生物标志物等特征区分出特定的人群,给予其所需的定向治疗,减少不良反应。

精准医学计划短期内将致力于治愈癌症和糖尿病等疾病,而长远来看是建立一个以个体基因为内因、以生活环境和生活方式等为外因的全新疾病预防与诊治方法的医学时代。癌症作为异质性疾病的代表,患者对同一抗癌药物的反应往往不同,这可能是由于不同的基因突变和蛋白表达造成的。而癌症是人类致死率极高的疾病,因此癌症作为精准医疗的目的之一也就不难理解了。目前在癌症治疗中,减少不必要的治疗措施是十分必要的,因为多数的治疗方法本身是有害的。如前所述,基于蛋白质组学的胃癌研究集中于早期诊断和治疗这两个主要方向,一方面需要更准确、更灵敏的诊断和分型标志物,另一方面需要更加有效的治疗药物。

生物技术的迅速发展和组学大数据时代的来临进一步加速推进精准医疗的发展。蛋白质是生物功能的直接执行者,也是反映患者病理状况的直接分子。基因组学的应用使精准医疗成为可能,但是蛋白质的研究相比基因更加复杂。比如,蛋白质需要完整的三维结构才能发挥本身的功能;低丰度蛋白质难以检测;蛋白质的功能不一定和蛋白质数量有关,可以和蛋白质的修饰有关;RNA 选择性剪接使得相似蛋白质具有不同的功能。而这些问题可以利用蛋白质组学的方法进行研究,因此蛋白质组学在精准化医疗发展过程中具有重要地位。

蛋白质组学可以提供高通量的测定方法,鉴定复杂的生物样本,从而提供了多种蛋白质的相关信息,包括蛋白表达模式、特定蛋白表达量、蛋白翻译后修饰、蛋白间相互作用和信号通路等。通过这些信息,人们可以从大量生物样本中发现生物标志物;寻找通路中的关键蛋白,如磷酸化蛋白;通过比较表达谱,定量不同条件下蛋白表达量,寻找差异蛋白等。近十年来，人们对多种与胃癌相关的生物样本进行了蛋白质组学研究，包括胃癌组织样本、胃液[14]、胃癌患者的血清[48]等。这些研究不仅发现了多种生物标志物，如 IPO-38[49]，同时也从分子层面对胃癌的发生、发展提供了新的认识[50]。

与此同时，未来精准医疗的发展还面临很多困难，如蛋白质组学研究中关键的仪器设备和技术要依赖进口，这不仅使中国自身设备缺失，也造成了成本的增加。基因测序成本下降使其大范围临床应用成为可能，这极大地推动了精准医疗的发展。因此，蛋白质组学亟待技术的进一步发展，并且中国需要发挥自主创新能力推动技术改革，进一步降低成本。

现在组学研究更加集中于实验室，对于疾病的监测、诊断、治疗等方面的基础医学研究成果从实验室研究向临床应用转化很困难，转化医学发展还有很大提升空间。从实验室到临床的应用，既需要专业的研究人员，也需要交叉学科的基金支持。国家需要将多个机构进行整合和联系，并发挥引导、管理和监督的职责。将组学研究应用于精准医疗中，需要从样本采集开始就有专业的标准化流程和相应要求，这样才能提供有效的数据，进行有序的管理，为临床应用提供有益的指导。因此，需要权威部门制定相应的规范，比如中国国家卫生和计划生育委员会发布的《肿瘤个体化治疗检测技术指南（试行）》。不同的机构之间应建立资源共享网络，不管是医疗数据还是生物样本资源，比如统一编码的电子病例数据共享系统。大量的生物样本会产生海量的数据资源，这就需要生物信息学和专业的信息数据库的跟进，计算能力需要进一步提高，对数据的挖掘、评估、整合和应用还亟待加强。在监管政策方面，国家层面还需要制定关于诊断、患者数据安全、临床新技术新产品监管等相关的政策法规。

中国胃癌患者与欧美国家患者存在较大差异。通过多种组学研究，特别是蛋白质组学研究，推进精准医疗的发展十分必要。针对前文提到的几个胃癌亟待解决的问题，如有效的早期诊断标志物缺失、合理的分子层面分型缺乏、治疗相关及疗效预测相关分子标志物缺失等，进行胃癌蛋白组学研究势在必行。基于质谱技术的蛋白质组学技术的进步和大数据时代的来临为精准医疗时代下胃癌的诊治提供了新的思路，有助于对手术、化疗、放疗及靶向治疗等不同治疗方式进行适宜人群划分，减少不必要的治疗措施，从而提高疗效，改善患者预后。

参考文献

[1] Ferlay J，Soerjomataram I，Dikshit R，et al. Cancer incidence and mortality worldwide：sources，

methods and major patterns in GLOBOCAN 2012 [J]. Int J Cancer, 2015,136(5): E359-E386.

[2] Cancer Genome Atlas Research Network. Comprehensive molecular characterization of gastric adenocarcinoma [J]. Nature, 2014,513(7517):202-209.

[3] Bang Y J, Van Cutsem E, Feyereislova A, et al. Trastuzumab in combination with chemotherapy versus chemotherapy alone for treatment of HER2-positive advanced gastric or gastro-oesophageal junction cancer (ToGA): a phase 3, open-label, randomised controlled trial [J]. Lancet, 2010,376(9742):687-697.

[4] Fuchs C S, Tomasek J, Yong C J, et al. Ramucirumab monotherapy for previously treated advanced gastric or gastro-oesophageal junction adenocarcinoma (REGARD): an international, randomised, multicentre, placebo-controlled, phase 3 trial [J]. Lancet, 2014,383(9911):31-39.

[5] Liu W, Yang Q, Liu B, et al. Serum proteomics for gastric cancer [J]. Clin Chim Acta, 2014, 431:179-184.

[6] Chong P K, Lee H, Zhou J, et al. ITIH3 is a potential biomarker for early detection of gastric cancer [J]. J Proteome Res, 2010,9(7):3671-3679.

[7] Yang L, Wang J, Li J, et al. Identification of serum biomarkers for gastric cancer diagnosis using a human proteome microarray [J]. Mol Cell Proteomics, 2016,15(2):614-623.

[8] Bones J, Mittermayr S, O'Donoghue N, et al. Ultra performance liquid chromatographic profiling of serum N-glycans for fast and efficient identification of cancer associated alterations in glycosylation [J]. Anal Chem, 2010,82(24):10208-10215.

[9] Beeharry M K, Liu W T, Yan M, et al. New blood markers detection technology: A leap in the diagnosis of gastric cancer [J]. World J Gastroenterol, 2016,22(3):1202-1212.

[10] Li C, Liu D R, Li G G, et al. CD97 promotes gastric cancer cell proliferation and invasion through exosome-mediated MAPK signaling pathway [J]. World J Gastroenterol, 2015,21(20): 6215-6228.

[11] Melo S A, Luecke L B, Kahlert C, et al. Glypican-1 identifies cancer exosomes and detects early pancreatic cancer [J]. Nature, 2015,523(7559):177-182.

[12] Deng K, Lin S, Zhou L, et al. Three aromatic amino acids in gastric juice as potential biomarkers for gastric malignancies [J]. Anal Chim Acta, 2011,694(1-2):100-107.

[13] Deng K, Lin S, Zhou L, et al. High levels of aromatic amino acids in gastric juice during the early stages of gastric cancer progression [J]. PLoS One, 2012,7(11): e49434.

[14] Wu W, Chung M C. The gastric fluid proteome as a potential source of gastric cancer biomarkers [J]. J Proteomics, 2013,90:3-13.

[15] Rodríguez-Suárez E, Siwy J, Zürbig P, et al. Urine as a source for clinical proteome analysis: from discovery to clinical application [J]. Biochim Biophys Acta, 2014,1844(5):884-898.

[16] Kentsis A, Shulman A, Ahmed S, et al. Urine proteomics for discovery of improved diagnostic markers of Kawasaki disease [J]. EMBO Mol Med, 2013,5(2):210-220.

[17] Ward D G, Nyangoma S, Joy H, et al. Proteomic profiling of urine for the detection of colon cancer [J]. Proteome Sci, 2008,6:19.

[18] Radon T P, Massat N J, Jones R, et al. Identification of a three-biomarker panel in urine for early detection of pancreatic adenocarcinoma [J]. Clin Cancer Res, 2015,21(15):3512-3521.

[19] Metzger J, Negm A A, Plentz R R, et al. Urine proteomic analysis differentiates cholangiocarcinoma from primary sclerosing cholangitis and other benign biliary disorders [J]. Gut, 2013,62(1):122-130.

[20] Morisaki T, Yashiro M, Kakehashi A, et al. Comparative proteomics analysis of gastric cancer stem cells [J]. PLoS One, 2014, 9(11): e110736.

[21] Subbannayya Y, Syed N, Barbhuiya M A, et al. Calcium calmodulin dependent kinase kinase 2-a novel therapeutic target for gastric adenocarcinoma [J]. Cancer Biol Ther, 2015, 16(2): 336-345.

[22] Guo T, Zhu Y, Gan C S, et al. Quantitative proteomics discloses MET expression in mitochondria as a direct target of MET kinase inhibitor in cancer cells [J]. Mol Cell Proteomics, 2010, 9(12): 2629-2641.

[23] Lee J, Kim S, Kim P, et al. A novel proteomics-based clinical diagnostics technology identifies heterogeneity in activated signaling pathways in gastric cancers [J]. PLoS One, 2013, 8(1): e54644.

[24] Yang Y X, Xiao Z Q, Chen Z C, et al. Proteome analysis of multidrug resistance in vincristine-resistant human gastric cancer cell line SGC7901/VCR [J]. Proteomics, 2006, 6(6): 2009-2021.

[25] Xin L, Cao W X, Fei X F, et al. Applying proteomic methodologies to analyze the effect of methionine restriction on proliferation of human gastric cancer SGC7901 cells [J]. Clin Chim Acta, 2007, 377(1-2): 206-212.

[26] Franco A T, Friedman D B, Nagy T A, et al. Delineation of a carcinogenic Helicobacter pylori proteome [J]. Mol Cell Proteomics, 2009, 8(8): 1947-1958.

[27] Chen Y R, Juan H F, Huang H C, et al. Quantitative proteomic and genomic profiling reveals metastasis-related protein expression patterns in gastric cancer cells [J]. J Proteome Res, 2006, 5(10): 2727-2742.

[28] Kuramitsu Y, Baron B, Yoshino S, et al. Proteomic differential display analysis shows up-regulation of 14-3-3 sigma protein in human scirrhous-type gastric carcinoma cells [J]. Anticancer Res, 2010, 30(11): 4459-4465.

[29] Deng L, Su T, Leng A, et al. Upregulation of soluble resistance-related calcium-binding protein (sorcin) in gastric cancer [J]. Med Oncol, 2010, 27(4): 1102-1108.

[30] Yan G R, Xu S H, Tan Z L, et al. Proteomics characterization of gastrokine 1-induced growth inhibition of gastric cancer cells [J]. Proteomics, 2011, 11(18): 3657-3664.

[31] Kim H K, Park W S, Kang S H, et al. Mitochondrial alterations in human gastric carcinoma cell line [J]. Am J Physiol Cell Physiol, 2007, 293(2): C761-C771.

[32] Guo T, Zhu Y, Gan C S, et al. Quantitative proteomics discloses MET expression in mitochondria as a direct target of MET kinase inhibitor in cancer cells [J]. Mol Cell Proteomics, 2010, 9(12): 2629-2641.

[33] Guo T, Lee S S, Ng W H, et al. Global molecular dysfunctions in gastric cancer revealed by an integrated analysis of the phosphoproteome and transcriptome [J]. Cell Mol Life Sci, 2011, 68(11): 1983-2002.

[34] Marimuthu A, Subbannayya Y, Sahasrabuddhe N A, et al. SILAC-based quantitative proteomic analysis of gastric cancer secretome [J]. Proteomics Clin Appl, 2013, 7(5-6): 355-366.

[35] Tseng C W, Yang J C, Chen C N, et al. Identification of 14-3-3β in human gastric cancer cells and its potency as a diagnostic and prognostic biomarker [J]. Proteomics, 2011, 11(12): 2423-2439.

[36] Torti D, Sassi F, Galimi F, et al. A preclinical algorithm of soluble surrogate biomarkers that correlate with therapeutic inhibition of the MET oncogene in gastric tumors [J]. Int J Cancer, 2012, 130(6): 1357-1366.

[37] Guo T, Fan L, Ng W H, et al. Multidimensional identification of tissue biomarkers of gastric cancer [J]. J Proteome Res, 2012,11(6):3405-3413.

[38] Schindler J, Nothwang H G. Aqueous polymer two-phase systems: effective tools for plasma membrane proteomics [J]. Proteomics, 2006,6(20):5409-5417.

[39] Morré D M, Morre D J. Aqueous two-phase partition applied to the isolation of plasma membranes and Golgi apparatus from cultured mammalian cells [J]. J Chromatogr B Biomed Sci Appl, 2000,743(1-2):377-387.

[40] Yang Y, Toy W, Choong L Y, et al. Discovery of SLC3A2 cell membrane protein as a potential gastric cancer biomarker: implications in molecular imaging [J]. J Proteome Res, 2012,11(12): 5736-5747.

[41] Zhao Y, Zhang W, Kho Y, et al. Proteomic analysis of integral plasma membrane proteins [J]. Anal Chem, 2004,76(7):1817-1823.

[42] Armutak E I I. Animal Use In The Experimental Cancer Research[M]. Hyderabad: OMICS International, 2014.

[43] Yu S, Yang M, Nam K T. Mouse models of gastric carcinogenesis [J]. J Gastric Cancer, 2014, 14(2):67-86.

[44] Juan H F, Chen J H, Hsu W T, et al. Identification of tumor-associated plasma biomarkers using proteomic techniques: from mouse to human [J]. Proteomics, 2004,4(9):2766-2775.

[45] Chan D C, Chen C J, Chu H C, et al. Evaluation of serum amyloid A as a biomarker for gastric cancer [J]. Ann Surg Oncol, 2007,14(1):84-93.

[46] Chen J, Kähne T, Röcken C, et al. Proteome analysis of gastric cancer metastasis by two-dimensional gel electrophoresis and matrix assisted laser desorption/ionization-mass spectrometry for identification of metastasis-related proteins [J]. J Proteome Res, 2004,3(5):1009-1016.

[47] Penno M A, Klingler-Hoffmann M, Brazzatti J A, et al. 2D-DIGE analysis of sera from transgenic mouse models reveals novel candidate protein biomarkers for human gastric cancer [J]. J Proteomics, 2012,77:40-58.

[48] Ebert M P, Meuer J, Wiemer J C, et al. Identification of gastric cancer patients by serum protein profiling [J]. J Proteome Res, 2004,3(6):1261-1266.

[49] Hao Y, Yu Y, Wang L, et al. IPO-38 is identified as a novel serum biomarker of gastric cancer based on clinical proteomics technology [J]. J Proteome Res, 2008,7(9):3668-3677.

[50] Leal M F, Wisnieski F, de Oliveira Gigek C, et al. What gastric cancer proteomic studies show about gastric carcinogenesis? [J]. Tumour Biol, 2016,37(8):9991-10010.

4

蛋白质组学在食管癌研究中的应用

　　食管是咽和胃之间的消化管,是人类消化系统的重要组成部分。食管的主要生理功能是产生压力,完成复杂的吞咽反射活动,并防止食物反流入咽误入气管,防止胃内容物反流入食管,从而保证整个消化系统功能正常。食管疾病主要包括食管肿瘤、炎症、运动失调和畸形等。食管癌是我国常见的恶性肿瘤,其中食管鳞状细胞癌是我国食管癌的主要病理类型。正常食管上皮需要经历多个阶段才会发生癌变,由于食管癌早期症状不明显,缺乏有效的早期诊断方法和特异标志,患者就诊时多为中晚期,治疗效果不佳,预后较差。随着基因组学和蛋白质组学技术的发展,建立了食管表达基因与蛋白的数据集,发现了一批与食管癌变相关的基因变异和候选标志蛋白质,为食管癌等食管疾病的精准诊断和精准治疗奠定了基础,展现了良好的应用前景。

4.1　食管癌概述

4.1.1　食管癌的流行病学

　　据世界卫生组织(World Health Organization, WHO)统计,恶性肿瘤是仅次于心血管疾病的人类杀手,2012 年约有 1 400 万人罹患肿瘤,死亡人数超过 820 万。而随着世界人口老龄化的发展,20 年后恶性肿瘤的年发病人数将超过 2 200 万。在中国,恶性肿瘤占我国人口死亡总数的 22.32%,其中消化系统肿瘤约占癌症死亡人口的 57%。食管癌是中国常见恶性肿瘤,病死率位居恶性肿瘤第 4 位,年病死率为 31.3/100 000(男性为 43.7/100 000,女性为 19.1/100 000)。食管癌主要包括食管鳞状细胞癌(esophageal squamous cell carcinoma，ESCC)和食管腺癌(esophageal adenocarcinoma，EAC)两种组织学类型,中国以食管鳞状细胞癌为主[1, 2]。一般情况下,食管鳞状细胞癌多发于食管中上段,食管腺癌多发于食管下段或胃食管连接处。食管鳞状细胞癌多发于亚洲东部、非洲东南部和欧洲南部;食管腺癌多发于北美和欧洲其他地区,在过去30年间其发病率逐渐增高。

4.1.2　食管癌的病因学

食管癌的确切病因目前尚不清楚,食管鳞状细胞癌和食管腺癌具有不同的危险因素。食管鳞状细胞癌主要与不良生活方式和饮食习惯有关,食管腺癌与长期的胃食管反流密切相关。环境和遗传因素均在食管癌发生发展中扮演重要角色。

食管鳞状细胞癌的两大主要危险因素是吸烟和饮酒,而且烟草和酒精具有强烈的协同致癌作用。基于人群队列的大样本研究提示,吸烟者比不吸烟者具有更高的发病风险,而且与吸烟呈剂量依赖关系。亚洲人群还与醛类代谢酶——乙醛脱氢酶2(ALDH2)的突变相关,突变引起乙醛代谢降低,造成饮酒后乙醛浓度增高。另外,饮食中高水平的亚硝胺类也是其危险因素,如长期食用腌制蔬菜、烧烤肉类及新鲜蔬菜摄入缺乏。食管长期的物理损伤如饮食过热也会增加肿瘤的风险。其他相关的危险因素还包括微量元素如锰、钼、铁、锌、钠、硒、磷、碘含量偏低,营养不良,经济落后,口腔卫生较差,等等。咀嚼槟榔也是中国台湾地区食管癌发病的一种重要危险因素。

食管腺癌的主要危险因素是胃食管反流(gastroesophageal reflux)引起胃酸对食管的长期腐蚀效应,该效应诱导食管下段的鳞状上皮化生为耐酸的柱状上皮,又称为巴雷特食管(Barrett esophagus，BE)。目前认为巴雷特食管是食管腺癌的癌前病变,大的队列研究提示巴雷特食管无食管上皮不典型增生者的肿瘤发病风险是0.12%～0.4%,巴雷特食管伴有食管轻度不典型增生者的肿瘤发病风险为1%,巴雷特食管伴有食管重度不典型增生者的肿瘤发病风险为5%。同时,肥胖和超重都能增加食管腺癌的发病风险。肥胖可以使食管腺癌的发病风险增加2.4～2.8倍,尤其是腹部肥胖,可能是由于胃内压的增高使食管下端括约肌变得松弛并导致食管裂孔疝。此外,吸烟可以增加食管腺癌的发病风险[3-5]。

遗传因素也是食管癌非常重要的危险因素。胼胝症食管癌,也称为Howel-Evans综合征,是一种罕见的家族性肿瘤综合征,该病通过常染色体显性遗传方式遗传,以手掌和足底的过度角化为特征。患有该病的人具有较高的食管癌发病风险,通常超过 90% 的年龄大于 65 岁以上的患者会发生食管癌。目前认为，rhomboid 家族蛋白成员基因 2（*RHBDF2*）的错义突变导致 EGFR 信号通路过度活化可能是其主要原因之一[6]。

4.1.3 食管癌的病理分期

食管癌的发生发展经历了多个阶段，从正常鳞状上皮发展为食管轻、中、重度不典型增生（dysplasia）、原位癌（carcinoma *in situ*，CIS）（不典型增生与原位癌在 WHO 分类中称为上皮内肿瘤，含低级别上皮内肿瘤和高级别上皮内肿瘤）到最终形成的具有侵袭性的浸润癌（鳞状细胞癌）（见图 4-1）。目前临床使用的食管癌分期依据的是 2010 年 AJCC 肿瘤分期系统，对食管癌的分期可以帮助临床选择合适的治疗方案并对疗效进行评估（见表 4-1、表 4-2 和表 4-3）[7-11]。

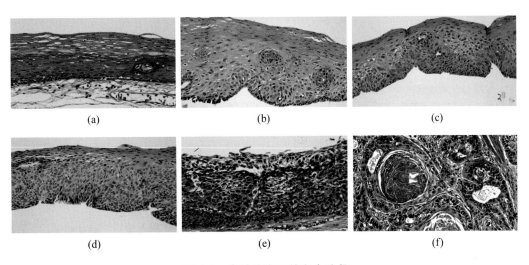

图 4-1 食管癌发展的多个阶段

(a) 正常食管黏膜；(b) 轻度不典型增生；(c) 中度不典型增生；(d) 重度不典型增生；(e) 原位癌；(f) 鳞状细胞癌

表 4-1 AJCC 食管癌 TNM 分期标准（2010 年第七版）

分期标准	说 明
原发肿瘤（T）	
TX	原发肿瘤无法评价
T0	无原发肿瘤证据
Tis	高级别上皮内肿瘤
T1	肿瘤浸润固有层、黏膜肌层或黏膜下层

（续表）

分期标准	说明
T1a	肿瘤浸润固有层或黏膜肌层
T1b	肿瘤浸润黏膜下层
T2	肿瘤浸润固有肌层
T3	肿瘤浸润纤维膜
T4	肿瘤浸润邻近结构
T4a	肿瘤浸润胸膜、心包或膈肌(可切除)
T4b	肿瘤浸润邻近结构,如主动脉、椎体、气管等(不可切除)
区域淋巴结(N)	
NX	区域淋巴结不能评价
N0	无区域淋巴结转移
N1	1～2 个区域淋巴结转移
N2	3～6 个区域淋巴结转移
N3	≥7 个区域淋巴结转移
远处转移(M)	
M0	无远处转移
M1	有远处转移
肿瘤分化程度(G)	
GX	分级无法评估,按 G1 分期
G1	高分化癌
G2	中分化癌
G3	低分化癌
G4	未分化癌,按 G3 分期

表 4-2　AJCC 食管鳞状细胞癌 TNM 分期(2010 年第七版)*

分期	T	N	M	分级	肿瘤部位**
0 期	Tis(重度不典型增生)	N0	M0	1, X	任何部位
ⅠA 期	T1	N0	M0	1, X	任何部位
ⅠB 期	T1	N0	M0	2～3	任何部位
	T2～3	N0	M0	1, X	下段,X
ⅡA 期	T2～3	N0	M0	1, X	上段,中段
	T2～3	N0	M0	2～3	下段,X
ⅡB 期	T2～3	N0	M0	2～3	上段,中段
	T1～2	N1	M0	任何分化程度	任何部位

（续表）

分期	T	N	M	分级	肿瘤部位**
ⅢA 期	T1～2	N2	M0	任何分化程度	任何部位
	T3	N1	M0	任何分化程度	任何部位
	T4a	N0	M0	任何分化程度	任何部位
ⅢB 期	T3	N2	M0	任何分化程度	任何部位
ⅢC 期	T4a	N1～2	M0	任何分化程度	任何部位
	T4b	任何分化程度	M0	任何分化程度	任何部位
	任何分化程度	N3	M0	任何分化程度	任何部位
Ⅳ 期	任何分化程度	任何分化程度	M1	任何分化程度	任何部位

* 含其他非腺癌类型；** 按照肿瘤上缘所处食管的部位予以界定，X 指未记载肿瘤部位

表 4-3　AJCC 食管腺癌 TNM 分期（2010 年第七版）

分期	T	N	M	分级
0 期	Tis（重度不典型增生）	N0	M0	1，X
ⅠA 期	T1	N0	M0	1～2，X
ⅡB 期	T1	N0	M0	3
	T2	N0	M0	1～2，X
ⅡA 期	T2	N0	M0	3
	T3	N0	M0	2～3
ⅡB 期	T1～2	N1	M0	任何分化程度
	T1～2	N2	M0	任何分化程度
ⅢA 期	T3	N1	M0	任何分化程度
	T4a	N0	M0	任何分化程度
	T3	N2	M0	任何分化程度
ⅢB 期	T4a	N1～2	M0	任何分化程度
ⅢC 期	T4b	任何分化程度	M0	任何分化程度
	任何分化程度	N3	M0	任何分化程度
Ⅳ 期	任何分化程度	任何分化程度	M1	任何分化程度

4.1.4　食管癌的症状与体征

食管癌早期症状不明显，中晚期典型症状为进行性吞咽困难和体重下降，其他还包括吞咽疼痛、声音嘶哑、锁骨周围淋巴结肿大并可能发生咯血或呕血。晚期患者会因为

食欲降低和营养不良逐渐消瘦。持续性胸骨后或背痛为外侵征象，提示肿瘤已侵犯食管外组织。侵犯神经可出现声音嘶哑、粗糙，沙哑状咳嗽和 Horner 综合征。食管气管瘘可出现呛咳等。肿瘤表面可能发生破裂或者坏死而出血，导致呕血。晚期肿瘤可能发生局部的紧缩，导致上气道阻塞和上腔静脉综合征。如果肿瘤已经转移，还会产生转移症状。食管癌常见的转移部位包括附近淋巴结，以及肝、肺、骨。肝转移可以导致黄疸和腹部肿胀（腹水）；肺转移可以导致由于肺部液体浸润而引起呼吸功能受损（胸腔积液）和呼吸困难。

4.1.5　食管癌的诊断

4.1.5.1　影像学检查

食管癌缺乏早期诊断的方法，出现可疑食管癌临床症状和体征的患者可进行食管吞钡检查。食管吞钡 X 线检查，早期可见食管黏膜皱襞紊乱、粗糙或中断，小龛影，小充盈缺损，食管局限性管壁僵硬、蠕动中断，对食管早期病变的诊断优于 X 射线断层扫描（X-ray computerized tomography，X-CT）和核磁共振成像（nuclear magnetic resonance imaging，NMRI）；中晚期食管癌有明显的不规则狭窄和充盈缺损，管壁僵硬，有时狭窄上方食管可见不同程度的扩张。X-CT 检查可评价肿瘤局部生长情况，显示肿瘤外侵范围以及与邻近纵隔器官的关系，但不能分辨食管壁层次，因而不能判断 T 分期，也难以发现局限于黏膜层的早期病变。正电子发射计算机断层成像（positron emission computerized tomography，PECT，即惯称的 PET）可用于评估肿瘤的浸润程度，鉴定隐藏的远处转移，尤其是锁骨上和腹膜后淋巴结，在评价食管癌原发肿瘤及远处转移方面均优于 CT，但与 CT 一样不能分辨食管壁层次。PET/CT 联合扫描可以改善淋巴结分期和Ⅳ期食管癌的检测。

4.1.5.2　食管内镜和食管超声内镜检查

食管内镜检查可以进行食管癌的确诊，在人群筛查中已取得了显著效果。食管内镜下观察食管壁以明确是否存在食管肿瘤、判断其位置并对可疑病灶进行活检，已成为食管癌诊断、分期、治疗及随访的重要工具（见图 4-2）。在中国食管癌高发区用食管内镜筛查和介入干预治疗显著降低了食管癌的病死率，对癌前病变的干预和治疗也降低了食管癌的发病率[12]。近年食管内镜超声检查（endoscopic ultrasonography，EUS），可获得反映肿瘤侵袭深度的分期信息和发现淋巴结转移，可判断肿瘤浸润深度及腔外

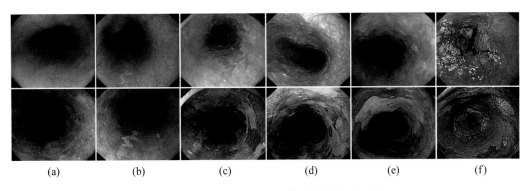

(a)　　　　(b)　　　　(c)　　　　(d)　　　　(e)　　　　(f)

图 4-2　食管内镜下观察到的食管癌癌变过程

(a) 正常食管黏膜；(b) 轻度不典型增生；(c) 中度不典型增生；(d) 重度不典型增生；(e) 原位癌；(f) 晚期食管癌。上图为普通白光内镜图像，下图为碘染色图像

病变，较为准确地进行 T 分期，用于评估外科手术的可切除性。

4.1.5.3　临床实验室检查

血液生化检查：目前临床尚无针对食管癌的特异性血液生化检查。食管癌患者若出现血液碱性磷酸酶、天冬氨酸转氨酶、乳酸脱氢酶或胆红素升高需考虑肝转移；出现血液碱性磷酸酶或血钙升高需要考虑骨转移。

血清肿瘤标志物检查：血清癌胚抗原（carcinoembryonic antigen，CEA）、鳞状细胞癌抗原（squamous cell carcinoma antigen，SCCA）、细胞角蛋白 19 片段（cytokeratin 19 fragment，Cyfra21-1）和组织多肽抗原（tissue polypeptide antigen，TPA）等可用于食管癌的辅助诊断和疗效监测，但不能用于食管癌的早期诊断。其中，Cyfra21-1 作为细胞骨架成分广泛分布于正常组织中，当细胞发生癌变时，激活的蛋白酶会加速降解角蛋白，产生大量细胞角蛋白片段并释放入血液系统。而 SCCA 是鳞状上皮细胞膜产生的一种肿瘤相关蛋白，参与细胞凋亡及肿瘤的浸润和转移。

4.1.6　食管癌的治疗

食管癌的治疗原则是多学科综合治疗，即包括内镜治疗、手术、放疗和化疗。治疗方案的选择应考虑肿瘤的分期和肿瘤细胞的类型及患者的一般情况与其他疾病。治疗前需要对患者进行 TNM 分期。一般情况下，当没有远处转移时，治疗的目的是使疾病局限化，可以考虑使用包括手术在内的联合方法。当肿瘤发生播散、远处转移或复发时,治疗的目的是为了减轻肿瘤的负荷,在这种情况下可以使用化疗和放疗来延长患者的生存期,减轻临床症状。

4.1.6.1　内镜下切除和消融

内镜下黏膜切除术(endoscopic mucosal resection,EMR)、内镜黏膜下剥离术(endoscopic submucosal dissection,ESD)和内镜下的射频消融可用于早期食管癌的治疗,且并发症远远低于手术切除。研究提示内镜治疗的治愈率与手术是等价的,但是可以显著改善患者的生活质量。在内镜治疗之前应该对侵袭的深度、水平播散范围、是否存在多病灶位点以及是否伴有淋巴结转移进行详细的检查。

4.1.6.2　手术治疗

手术治疗是食管癌的首选方法。Ⅰ期、Ⅱ期和部分Ⅲ期食管癌或放疗后复发,无远处转移的患者均是其手术适应证。Ⅳ期和部分Ⅲ期食管癌,心肺功能差或合并其他重要器官系统严重疾病、不能耐受手术者为手术禁忌证。食管切除术去除癌变食管的一部分,这会使食管的长度缩短,需要将其他部位的消化道提到胸腔中代替缺损的食管。例如,食管胃吻合术和结肠移植代食管手术等。

4.1.6.3　化疗

除手术治疗外,化疗是有效的治疗手段之一。化疗是用药物阻断癌细胞的不断增殖以达到治疗的目的。化疗药物的选择需要根据肿瘤细胞的类型,倾向于选择铂类药物(顺铂、卡铂或者奥沙利铂)为基础加 5-氟尿嘧啶的联合疗法。化疗可在术前(新辅助疗法)和术后(辅助治疗,减轻复发风险),以及对晚期或复发肿瘤患者采取减负荷化疗等。化疗必须强调治疗方案的规范化和个体化。采用化疗与手术治疗结合或与放疗结合的综合治疗,有时可提高疗效,或延长患者生存期。

4.1.6.4　放疗

放疗是晚期食管癌采取姑息性手术切除后、不能手术治疗的晚期食管癌患者或不适合手术治疗的患者的一种重要治疗手段。术前放疗可增加手术切除率,提高远期生存率,常选择在术前 2～3 周进行放疗。术后放疗在术后 3～6 周进行,可以消除手术中切除不完全的残留癌组织。单纯放疗多用于颈段、胸上段的食管癌,也可用于有手术禁忌证且患者尚可耐受放疗者。

4.1.7 食管癌的预防

4.1.7.1 一级预防

一级预防即病因学预防,包括戒烟戒酒、改良饮水(减少水中亚硝胺及其他有害物质)、防霉去毒、改变不良生活习惯等,在中国台湾地区克服咀嚼槟榔也是预防食管癌的措施之一。根据美国国立卫生研究院的报道,多食十字花科[青花菜(俗称"西兰花")、花菜、甘蓝]以及绿色、黄色的蔬菜和水果,增加膳食纤维的摄入可以降低食管癌的风险。

4.1.7.2 二级预防

二级预防即食管癌的早期发现、早期诊断和早期治疗。由于食管癌缺乏典型的早期临床症状及有效的早期诊断方法,大多数患者在就诊时已经处于晚期状态,是造成食管癌预后较差的主要原因。当肿瘤仅局限在食管黏膜层时,患者 5 年生存率可达 80%;当肿瘤侵犯黏膜下层时,患者 5 年生存率不足 50%;当肿瘤继续侵犯到食管固有层(食管肌层)时,患者 5 年生存率为 20%;肿瘤侵犯邻近组织时,患者 5 年生存率只有 7%;当患者肿瘤发生远处转移时,其 5 年生存率不到 3%。从 20 世纪 70 年代开始,在中国食管癌高发区发展了一些早期食管癌筛查方法,包括食管拉网涂片、食管拉网液基薄层法、潜血检测、Lugol 碘染色内镜筛查和活检等。其中,内镜下碘染色并活检在食管鳞状上皮细胞异型增生、癌前病变和食管癌的诊断中具有较好的灵敏度和特异性。Wei 等通过十余年的随访证明食管内镜筛查显著降低了食管癌的病死率,并且对癌前病变的检出和治疗也降低了食管癌的发病率。

4.1.7.3 三级预防

三级预防即提高食管癌患者的生存率、生活质量和促进患者康复。但是尽管世界各国已经在食管癌的治疗中投入了大量的人力和物力,食管癌的病死率并没有明显降低。对于晚期食管癌患者,除了进行积极的综合治疗外,还应提供以提高患者尊严和生活质量为目的的姑息治疗。

4.1.8 食管癌的治疗困境

4.1.8.1 早期诊断难

食管癌早期症状不明显,患者就诊时多为晚期,治疗效果不佳,预后差。临床检查缺乏早期诊断标志物,已报道的血清肿瘤标志物灵敏度低、特异性差。多种标志物的联合检测似乎具有较好的诊断特异性和灵敏度,可能是未来食管癌诊断标志物的发展方向。食管癌的演进过程具有明确的癌前阶段,Wang 等[13]在河南林县高发区的前瞻性研究表明,轻、中、重度不典型增生及原位癌大约经过 13.5 年后发展为食管癌的比例分别为 23.7%、50%、73.9%和 75%,表明食管上皮细胞的癌变是一个漫长而且部分可逆的过程,在此过程中及时早期预防、干预并识别可能发展为癌的个体对其进行防治具有重要意义。

4.1.8.2　复发和耐药

食管癌的复发转移和化疗耐药是治疗过程中常见的问题。肿瘤细胞对化疗药物耐药是化疗失败的主要原因。造成肿瘤细胞化疗耐药的原因非常复杂,如肿瘤细胞可能隐藏在化疗药物不能进入的部位,如中枢神经系统和睾丸,因此这些部位的肿瘤并未受到化疗药物的影响,成为肿瘤复发常见的部位;肿瘤细胞产生抗药性变异,如对抗癌药物的摄取减少,排除增加,药物活化酶的量或活性降低,导致肿瘤细胞对化疗药物耐药;有些肿瘤细胞(如处于非增殖期的肿瘤细胞)本身对化疗药物不敏感,化疗药物往往对处于增殖期的肿瘤细胞有效。同时,目前临床上尚无明显提高食管癌疗效的靶向治疗药物,部分以晚期或转移性食管癌的 EGFR 和 VEGF 信号转导途径为靶点的药物研究结果令人期待。

4.1.8.3　缺少精准分型

食管癌的病理分型不能有效指导治疗。当前的肿瘤分型主要是基于 TNM 分期系统的,但是 TNM 分期仍是一个较粗略的分期标准,不能反映肿瘤的真实情况,如多项研究已经证实,在尚未发现肿瘤远处转移的患者血清中可以检测到循环肿瘤细胞,而循环肿瘤细胞阳性的患者往往预后较差。

4.2　食管癌的基因组学研究

4.2.1　基因关联分析

人类基因组计划(Human Genome Project,HGP)和国际人类基因组单体型图计划(International HapMap Project,HapMap)的相继完成,大大推进了肿瘤的基因组学研究。其中,全基因组关联分析(genome-wide association analysis,GWAS)用人类基因组中数以百万计的单核苷酸多态性(single nucleotide polymorphism,SNP)为标记进行病例-对照关联分析,发现影响复杂性疾病发生的遗传特征;结合全外显子组测序(whole exome sequencing,WES)和全基因组测序(whole genome sequencing,WGS)等大规模基因组测序分析,找到所有致癌基因和抑癌基因的微小变异,绘制人类癌症基因组图谱(The Cancer Genome Atlas,TCGA)并系统分析解读,认识肿瘤发生发展的机制,在此基础上探索新的诊断和治疗方法,进行精确的分子分型以指导临床肿瘤个体化治疗。

食管鳞状细胞癌候选基因关联分析和分子生物学研究显示,多个参与细胞凋亡、细胞周期调控、DNA损伤修复和致癌物代谢等的基因的异常表达,可能在食管鳞状细胞癌的癌变过程中发挥重要作用,如 *p53*、*Rb*、*p16*、*p21*、*p15*、*BRCA1*、*myc*、*Cyclin D1*、*APC*、*bcl-2*、*COX-2* 等。基于日本和中国人群的多篇大样本全基因组关联分析进一步探讨了食管癌的遗传因素,结果显示11个独立染色体区段的多个常见变异与食管鳞状细胞癌易感性相关,包括 4q23、12q24、10q23、20p13、5q11、6p21、2q22、21q22、13q33、5q31.2 和 17p13.1 上的 *ADH1B*、*ADH4*、*ALDH2*、*ACAD10*、*RPL6*、*PTPN11*、*C12orf51*、*PLCE1*、*C20orf54*、*PDE4D*、*RUNX1*、*UNC5CL*、*HLA*Ⅱ类、*IGFB2*、*SLC10A2*、*TMEM173*、*ATP1B2* 和 *TP53*。食管腺癌的 GWAS 研究也发现多个常见变异与食管腺癌易感性相关,如 rs10419226(19p13,*CRTC1*)、rs11789015(9q22.32,*BARX1*)、rs2687201(3p14,*FOXP1*)和 rs9936833(16q24,*FOXF1*)等,进一步在独立人群中进行验证,以期发现复杂疾病或性状的新的低频突变和罕见变异。由于食管癌的复杂遗传特性,这些常见多态性位点(人群频率>5%)只能解释大约2%~15%的家族聚集性原因,而且无法解释散发性病例的分子基础。近年来,人们开始关注"遗传度缺失"现象,它主要由大量的中微效常见多态性位点、低频(人群频率为2%~5%)多态性位点,染色体结构变异和罕见变异(人群频率<1%)等组成。因此,需要基于不同人群、更多样本量的 GWAS 分析,全基因组拷贝数变异(copy number variation,CNV)关联分析和深度测序分析来全面理解食管癌的遗传基础。

4.2.2 外显子组序列分析

外显子组测序分析即捕捉和富集全基因组外显子区域DNA并进行高通量测序,通过生物信息学分析发现编码基因突变位点以寻找食管癌相关致病基因和易感基因。对食管鳞状细胞癌组织和细胞系的全外显子组测序分析,发现了一系列食管癌相关编码基因的突变,主要有 *TP53*、*CCND1*、*CDKN2A*、*FBXW7*、*NFE2L2*、*PIK3CA*、*RB1*、*NOTCH1*、*FAT1*、*FAT2*、*ZNF750*、*XPO1*、*KMT2D*、*CCND1*、*CDKN2A*、*NFE2L2*、*KMT2D*、*KMT2C*、*KDM6A*、*EP300*、*CREBBP*、*AJUBA*、*TET2*、*YAP1*、*EGFR* 和 *ERBB2* 等。这些突变基因与细胞周期调控、表观遗传调控、组蛋白修饰等功能相关,涉及 Notch、Wnt、RTK-PI3K 和 Hippo 等信号通路的改变。全外显子组分析结果发现,食管鳞状细胞癌的基因突变谱与其他组织起源的鳞状细胞癌十分相似,而与食管腺癌不同,提示不同部位的肿瘤可能具有相似的分子起源[14]。因此,基于分子分型的个体化治疗是未来癌症治疗的发展方向。

食管腺癌的全外显子组测序发现 *TP53* 是食管腺癌中最常见的突变基因。此外,一些小样本量的测序分析还发现 *ARID1A*、*SMARCA4*、*SMAD4* 和 *SYNE1* 等基因的突变,同时伴有基因组拷贝数变异等结构变异,而且发现巴雷特食管和食管腺癌的突变图谱很少重叠。尽管如此,突变分析提示巴雷特食管和食管腺癌的发生可能具有共同的原因[15]。

4.2.3　全基因组序列分析

随着高通量测序技术的不断发展,特别是随着测序费用的逐年降低及数据分析流程的日趋成熟,利用全基因组测序获得肿瘤样本的全基因组 DNA 编码信息已经成为肿瘤研究的重要手段[16]。技术流程通常包括提取基因组 DNA,将其随机打断,电泳回收所需长度的 DNA 片段(0.2～5 kb),加接头,进行基因簇(cluster)制备或电子扩增(E-PCR),最后用聚合酶合成法(Solexa)或连接酶合成法(SOLiD)等方法对插入片段测序。将所测序列组装成重叠群,通过计算双末端的距离进一步组装染色体。全基因组测序可以全面发现特定个体或群体 DNA 水平的遗传突变,挖掘关键变异区段,发现染色质结构变异特征,为筛选致病基因突变,研究疾病发生机制和分子靶向治疗提供依据。

Song 等对食管鳞状细胞癌样本的全基因组测序分析,获得了食管癌较全面的遗传突变图谱,发现多个与食管癌发生相关的重要基因突变,包括 *TP53*、*RB1*、*CDKN2A*、*PIK3CA*、*NOTCH1*、*NFE2L2*、*ADAM29*、*FAM135B*、*JAK3*、*BRCA2*、*FGF2*、*FBXW7*、*MSH3*、*PTCH*、*NF1*、*ERBB2*、*CHEK2*、*KISS1R*、*AMH*、*MNX1*、

WNK2、*PRKRIR*、*MLL2*、*ASH1L*、*MLL3*、*SETD1B*、*CREBBP* 和 *EP300* 等[17]。另有研究表明,在染色体重组替换中,*MACROD2*、*FHIT* 和 *PARK2* 等基因出现基因部分缺失。还发现食管鳞状细胞癌拷贝数变异的重要数据,位于染色体 11q13.3-13.4 扩增区域的 *MIR548K* 参与食管鳞状细胞癌的恶性表型形成,是食管鳞状细胞癌发生发展的重要因素,也与预后相关。突变基因影响 Wnt、Notch、细胞周期、RTK-Ras 和 AKT 等信号通路。研究发现 *PI3K* 是食管鳞状细胞癌突变频率最高的潜在药物靶标,*PSMD2*、*RARRES1*、*SRC*、*GSK3β* 和 *SGK3* 等可能是新的潜在药物靶标。Cheng 等对不同时期食管鳞状细胞癌样本做了全基因组和全外显子组分析,发现 8q 的扩增和 4p-q,5q 的缺失可能与早期食管鳞状细胞癌有关;位于 8q24.13-q24.21 的 *FAM84B* 是一个食管鳞状细胞癌相关基因,可能与肿瘤发生有关,是潜在的早期食管鳞状细胞癌敏感性标志。肿瘤相关基因 *TP53*、*PIK3CA* 和 *CDKN2A* 及其通路在 Ⅰ 期和 Ⅲ 期的食管鳞状细胞癌样本中无明显差异,*Notch1* 通路的改变可能与早期食管鳞状细胞癌相关[18](见表 4-4)。

表 4-4　食管鳞状细胞癌相关的高频突变基因

基因	TP53	Notch1	PIK3CA	CDKN2A	CCND1	FAT1
染色体定位	17p13.1	9q34.3	3q26.3	9p21.3	11q13	4q35.2
突变频率(%)						
Agrawal 等	92 (M)	33 (M)	0 (M)	8 (M)	NA	8 (M)
Song 等	83 (M)	9 (M)	5 (M)	5 (M)	46 (G)	5 (M)
	1 (L)		41 (G)	44 (L)		
Lin 等	60 (M)	8 (M)	7 (M)	3 (M)	46 (G)	12 (M)
			10 (G)	33 (L)		
Gao 等	93 (M)	14 (M)	9 (M)	8 (M)	33 (G)	11 (M)
			2 (G)	12 (L)		
Zhang 等	88 (M)	21 (M)	17 (M)	8 (M)	46 (G)	15 (M)
				64 (L)		

注:M,非同义突变;L,拷贝数丢失;G,拷贝数增加;NA,不适用

对食管腺癌的全基因组和全外显子组测序分析,发现多个与食管腺癌相关的突变基因,如 *TP53*、*CDKN2A*、*SMAD4*、*ARID1A*、*PIK3CA*、*EGFR*、*APC*、*CTNNB1*、

BRAF、*KRAS*、*CDH1*、*PTEN*、*RAC1* 以及染色体修饰因子 *SPG20*、*TLR4*、*ELMO1* 和 *DOCK2* 等(见表 4-5)。

表 4-5　食管腺癌相关变异基因与通路

通　　路	变　异　基　因
Wnt/β-联蛋白信号通路	
RTK-RAS-PI3K 信号通路	*EGFR*，*ERBB2*，*ERBB3*，*EBBR4*，*MET*
TGFβ-SMAD4 信号通路	*TGFbetaR1*，*TGFbetaR2*，*ACVR1*，*ACVR2*，*BMPR1A* *AFYVE9*，*SMAD1*，*SMAD2*，*SMAD3*，*SMAD7*
染色体重塑信号通路	*ARID1A*，*ARID2*，*SMARCA4*，*PBRM1*，*JARID2*
细胞周期信号通路	*CCND1*，*CCNE1*，*CDK4*，*CDK6*
p53 信号通路	*MDM2*，*TP53*

　　TP53 是人类肿瘤研究最广泛的功能基因,超过一半以上的人类癌症都发现了 *TP53* 的基因变异,*TP53* 也是食管癌中最常见的变异基因,食管癌中 *TP53* 突变频率可高达 93%。DNA 损伤、癌基因激活、纺锤体损伤和缺氧等多种细胞损伤会激活 *TP53*,进而启动有关 DNA 修复、细胞周期调控和细胞凋亡等多种靶基因的转录。

　　肿瘤基因组包含成千上万个突变基因,目前认为只有一小部分称为肿瘤驱动基因(driver gene)的突变可以启动肿瘤发生并促进肿瘤生长。而且,驱动基因中只有一小部分在肿瘤中突变频率很高,许多在肿瘤中突变频率较低。肿瘤基因组计划的研究目标之一就是鉴定启动肿瘤发生发展过程的驱动基因,由于多数驱动基因的突变频率低及肿瘤具有异质性,需要对大量样本进行测序和生物信息学分析才能发现低突变频率的驱动基因。对包括肺、结肠、脑、肾、卵巢、胸腺、前列腺、白血病细胞和黑色素瘤等 60 种肿瘤细胞的全外显子测序分析发现,肿瘤细胞的基因变异主要包括两种类型,即在普通人群中也存在的基因变异(Ⅰ型变异)和肿瘤特异性的基因变异(Ⅱ型变异)。此外,作者还发现了与抗癌药物相关的突变基因如 *TP53*、*BRAF*、*ERBBs* 和 *ATAD5* 等[19]。一项涉及 3 205 个肿瘤样本的 12 种不同肿瘤类型的测序分析鉴定了 291 个高可信度的肿瘤驱动基因[20]。在蛋白质结构数据库中,基于蛋白质的三维结构特征,分析引起正常蛋白-蛋白相互作用关系改变的突变基因,发现了超过 100 个新的癌症驱动基因[21]。目前发现的突变的 *EGFR*、*ALK* 融合基因、突变的 *KRAS*、突变的 *HER2* 等都是肿瘤驱动基因。

目前,还没有明确的食管癌特异性驱动基因,通过对大量的食管癌样本进行高通量测序和生物信息学分析,在大数据分析的基础上相信可以鉴定食管癌的驱动基因,从而帮助人们更好地认识食管癌的发病机制并进一步指导临床治疗。

4.2.4　基因组学在食管癌治疗中的应用

由于目前对食管癌的发病机制仍不十分清楚,尚无明确的分子分型,而且基础研究从实验室研究阶段向临床转化需要较长时间,并受到多种因素的限制。在食管癌的治疗中,以基因组学为基础的靶向治疗仍没有广泛地应用。目前,食管癌的铂类药物化疗结合添加抗-HER2抗体曲妥珠单抗和氟尿嘧啶双重方案可用于治疗食管胃结合处的HER2阳性肿瘤。针对表皮生长因子受体和血管内皮生长因子的靶向治疗尚在研究中,目前还没有临床确切证据证明其对食管癌患者有效。针对包括西罗莫司(雷帕霉素)靶蛋白、c-MET、胰岛素样生长因子、细胞毒性 T 淋巴抗原 4 等多靶点分子的食管癌治疗尚在实验阶段,其临床应用还需进一步的临床试验验证。

4.2.5　基因组学在食管癌治疗中遇到的问题

首先是肿瘤的异质性。不同患者相同类型的肿瘤具有遗传学和表观遗传学差异,即使不同个体的正常组织也具有个体差异,尽管这种差异比癌症组织的差异小。此外,从同一个患者体内取得的肿瘤组织含有的肿瘤细胞和间质细胞的比例和分化等级也有差异,细胞类型和恶性程度差别较大。这些特征意味着肿瘤基因组测序会鉴定出一些非肿瘤相关基因,如何排除这些干扰因素是个难题。

其次是基因突变的复杂性。目前,科学家估计一个正常细胞的癌变大约需要 3 个驱动基因突变,如果这个假设被认为是正确的,那么它对癌症的联合治疗也是一个挑战。因为针对 3 种以上的靶向治疗难度很大。如果突变基因大于 10 个,靶向治疗目前几乎不可能实现。目前处于探索阶段的食管癌靶向治疗主要是针对食管腺癌,多处于Ⅱ/Ⅲ期临床研究,靶点药物的疗效还不明确。而食管鳞状细胞癌的发生发展机制还不明确,缺乏特征分子分型、特异性的分子靶点和有效的治疗药物。

最后,癌症基因组学研究只能初步阐明基因突变可能造成的癌症发生的遗传学基础,而细胞癌变的生化机制等功能研究还很复杂。特别是中国高发的食管鳞状细胞癌,相对于发达国家高发的癌症类型,如乳腺癌和前列腺癌等的研究队伍、时间和经费投入等差距较大,还有很长的路要走。

4.3 食管癌的蛋白质组学研究

4.3.1 人类食管组织蛋白质组

2003 年启动的由瑞典皇家理工学院的 Mathias Uhlén 教授领导的人类蛋白质图集(Human Protein Atlas,HPA)计划旨在定位人体组织和细胞中基因组的编码蛋白,构建人类"蛋白质组"的详细图集,从而深入研究蛋白质的功能,解析基因突变对细胞和组织生理功能的影响。2014 年,两个国际研究组在 *Nature* 杂志上公布了人类蛋白质组第一张草图,对认识疾病状态下机体组织细胞的改变具有重要参考价值。美国约翰·霍普金斯大学的研究人员分析了人体 30 种不同组织/细胞类型(含 7 种胎儿组织和 6 种血细胞)的蛋白质组表达谱,涵盖人类基因组 84% 编码基因的表达蛋白,并分析验证了组织和细胞特异性表达蛋白。在食管组织的蛋白质组表达谱中,发现女性食管组织中富含上皮发育、氯离子通道和蛋白酶等相关的表达蛋白[22]。此外,德国慕尼黑工业大学的研究组汇集、分析了已有质谱数据并构建了新的蛋白质组数据集,涉及 60 种人类器官组织蛋白、13 种体液和 147 个癌细胞系的蛋白质组表达谱,构建了 ProteomicsDB 公共数据库。该数据库涵盖 18 097 个基因的编码蛋白,约占目前预计人类蛋白质总数(19 629 种)的 92%[23]。两项研究覆盖了超过 80% 的人类基因编码蛋白,揭示了人类基因组的更多复杂性,并从以前认为属于非编码区域的基因组中发现了新蛋白质,提示部分"非编码的 DNA 区域"具有转录翻译活性。

2015 年发布了基于组织的人类蛋白质互作图谱,展示了在特定器官组织的表达蛋白,其中 2 355 种蛋白质只在脑、肝或心脏等特定器官中表达。在组织和器官水平定量分析了转录组,结合基于组织芯片的免疫组织化学分析,实现了单细胞水平的蛋白质空间定位。在 32 种人体组织中都表达的 20 331 种蛋白质中,有 43 种蛋白质在食管组织中富集(见表 4-6)[24]。人体不同组织和器官的蛋白质组差异表达谱对认识基因组在生理和病理条件下的功能至关重要。通过人类基因组编码蛋白直接互作图谱,预测出了与癌症相关的几十个新基因。一个新的人类蛋白质互作组(interactome)图谱描述了蛋白质之间的

1.4 万个直接相互作用,是由蛋白质和"连接在一起"的其他细胞元件所形成的网络。

表 4-6 食管组织富集蛋白

Ensemble ID 号	蛋白质	蛋白缩写	富集组织得分	富集组织 (fpkm)	其他组织 (fpkm)
ENSG00000261272	黏蛋白 22	MUC22	94.32	14.50	0.15
ENSG00000188293	类胰岛素样生长因子家族 1	IGFL1	23.73	71.34	3.01
ENSG00000204544	黏蛋白 21,细胞表面相关	MUC21	19.90	597.18	30.01
ENSG00000178690	动力蛋白激活蛋白相关蛋白	DYNAP	18.88	27.22	1.44
ENSG00000212900	角蛋白相关蛋白 3-2	KRTAP3-2	17.32	6.00	0.35
ENSG00000214711	钙蛋白酶 14	CAPN14	14.67	126.61	8.63
ENSG00000170465	角蛋白 6C	KRT6C	13.47	499.20	37.07
ENSG00000108759	角蛋白 32	KRT32	13.36	5.47	0.41
ENSG00000182585	上皮细胞有丝分裂原	EPGN	12.92	50.88	3.94
ENSG00000143536	热休克蛋白 58	CRNN	12.27	2 295.73	187.16
ENSG00000244122	UDP-葡萄糖醛酸转移酶 1 家族,多肽 A7	UGT1A7	11.04	58.98	5.34
ENSG00000196805	富含脯氨酸的小蛋白 2B	SPRR2B	10.44	730.02	69.94
ENSG00000214871	未知蛋白	AC005082.1	10.34	2.34	0.23
ENSG00000197641	丝氨酸蛋白酶抑制剂,分支 B (卵清蛋白),成员 13	SERPINB13	10.05	190.72	18.98
ENSG00000186442	角蛋白 3	KRT3	9.06	2.38	0.26
ENSG00000087128	跨膜丝氨酸蛋白酶,丝氨酸 11E	TMPRSS11E	8.61	224.62	26.00
ENSG00000171401	角蛋白 13	KRT13	8.42	10 484.94	1 244.89
ENSG00000125780	转谷氨酰胺酶 3	TGM3	8.29	1 034.83	124.80
ENSG00000156282	紧密连接蛋白 17	CLDN17	8.21	6.35	0.77
ENSG00000057149	丝氨酸蛋白酶抑制剂,分支 B (卵清蛋白),成员 3	SERPINB3	8.17	685.92	83.94
ENSG00000170477	角蛋白 4	KRT4	8.06	6 514.64	808.30
ENSG00000110484	分泌球蛋白 2A 家族成员 2	SCGB2A2	7.36	78.89	10.73
ENSG00000224689	锌指蛋白 812	ZNF812	7.34	33.62	4.58
ENSG00000147689	序列相似性家族 83,成员 A	FAM83A	7.33	74.13	10.11
ENSG00000185479	角蛋白 6B	KRT6B	6.94	495.79	71.39

（续表）

Ensemble ID 号	蛋白质	蛋白缩写	富集组织得分	富集组织（fpkm）	其他组织（fpkm）
ENSG00000155918	视黄酸早期转录本 1L	RAET1L	6.87	43.22	6.29
ENSG00000268781	未知蛋白	AL590235.1	6.76	11.28	1.67
ENSG00000165474	间隙连接蛋白，β2，相对分子质量 26 000	GJB2	6.46	563.51	87.23
ENSG00000182952	高迁移率族核小体结合的结构域 4	HMGN4	6.35	669.10	105.34
ENSG00000167759	激素释放酶相关肽酶 13	KLK13	6.30	517.60	82.20
ENSG00000137440	成纤维细胞生长因子结合蛋白 1	FGFBP1	6.30	295.14	46.88
ENSG00000166535	类 α2 巨球蛋白 1	A2ML1	5.96	378.97	63.60
ENSG00000142623	精氨酸肽基脱亚胺酶类型 I	PADI1	5.90	77.24	13.09
ENSG00000172005	mal，T 细胞分化蛋白	MAL	5.78	1 453.90	251.70
ENSG00000183347	鸟苷酸结合蛋白家族成员 6	GBP6	5.77	376.72	65.24
ENSG00000092295	转谷氨酰胺酶 1	TGM1	5.68	433.65	76.33
ENSG00000143369	细胞外基质蛋白 1	ECM1	5.63	719.67	127.83
ENSG00000196344	醇脱氢酶 7（IV 类），μ 或 σ 多肽	ADH7	5.56	183.93	33.11
ENSG00000185873	跨膜丝氨酸蛋白酶，丝氨酸 11B	TMPRSS11B	5.51	437.57	79.44
ENSG00000143320	细胞视黄酸结合蛋白 2	CRABP2	5.34	665.25	124.61
ENSG00000197930	类内质网氧化物蛋白 1（酿酒酵母）	ERO1L	5.22	243.21	46.61
ENSG00000170423	角蛋白 78	KRT78	5.21	536.76	102.98
ENSG00000205420	角蛋白 6A	KRT6A	5.17	2 103.66	406.57

4.3.2　食管癌细胞蛋白质组

用蛋白质组学技术比较正常和病理情况下细胞或组织中蛋白质的表达量、表达位置和修饰状态的差异，可以发现与疾病相关的蛋白质，为疾病的诊断提供了良好的分子标记，可用于开发新型治疗靶标。运用双向电泳和 MALDI-TOF/TOF MS 等蛋白质组学分析技术，分析食管鳞状细胞癌或食管腺癌及其正常上皮细胞的多种体外培养细胞系的差异蛋白质组表达谱，鉴定了多种差异表达蛋白质，其中部分蛋白质可能发展为肿瘤相关候选标志分子。鉴定的差异表达蛋白质主要包括大脑和生殖器官表达的蛋白（BRE）、组织蛋白酶 D（cathepsin D）、醛酮还原酶家族（aldo-ketoreductases）1C2 和 1B10、S100-A8 蛋白（S100-A8 protein）、膜联蛋白 A1（annexin A1）、膜联蛋白 A2、钙蛋白酶的调节亚基（regulatory subunit of calpain）、蛋白酶体 α-3（subunit alpha type-3 of proteasome）和谷氨酸脱氢酶 1（glutamate dehydrogenase 1）、过氧化物氧化还原酶 5（peroxiredoxin 5，PRX5）、非肌源性肌球蛋白轻链 6（non-muscle myosin light polypeptide 6）、角蛋白 1（keratin 1）、膜联蛋白 A4、角蛋白 8、原肌球蛋白 3（tropomyosin 3）和压力诱导的磷蛋白 1（stress-induced-phosphoprotein 1）等[25]，涉及多种细胞信号通路异常及细胞凋亡和转化、胆汁酸运输、视黄酸代谢、分化缺失、肿瘤生长、凋亡、肿瘤浸润和细胞代谢等生物学功能异常。对 4 种食管癌细胞与非肿瘤 Het-1A 细胞磷酸化修饰谱进行研究，分析酪氨酸激酶信号通路，鉴定了 278 个磷酸化肽段，包括磷酸化的酪氨酸激酶及其底物，发现肝配蛋白受体 A2（EPHA2）在食管癌细胞中过表达并被磷酸化，在一些肿瘤中认为 EPHA2 具有癌基因作用，可以促进肿瘤转移。

4.3.3　食管癌组织蛋白质组表达谱和修饰谱

通过肽质量指纹图谱分析食管鳞状细胞癌组织的蛋白质组表达谱，与癌旁上皮相比，食管鳞状细胞癌组织中烯醇化酶（enolase）、延伸因子 Tu（elongation factor Tu）、异柠檬酸脱氢酶（isocitrate dehydrogenase）、微管蛋白 α_1 链（tubulin alpha-1 chain）、微管蛋白 β_5 链（tubulin beta-5 chain）、肌动蛋白［actin（cytoplasmic 1）］、甘油醛-3-磷酸脱氢酶（glyceraldehyde-3-phosphate dehydrogenase）、原肌球蛋白-4（tropomyosin-4，TPM4）、抗增殖蛋白（prohibitin）、过氧化物氧化还原酶 1、锰超氧化物歧化酶（manganese-containing superoxide dismutase，MnSOD）、神经元蛋白（neuronal protein）、转凝蛋白等 15 个蛋白质表达上调；TPM1、鳞状细胞癌抗原 1（SCCA1）、人分层蛋白（stratifin）、过氧化物氧化还原酶 2 同种型 a 和 αB 结晶（peroxiredoxin 2 isoform a and alpha B crystalline）等蛋白质表达下调[26]。此外，SCCA1、PRX1、MnSOD、TPM4 和抗增殖蛋白在食管癌癌前病变中也具有表达差异，提示这些蛋白质参与食管癌发生发展的多阶进程。

对 41 例食管鳞状细胞癌组织及其癌旁食管上皮组织的差异蛋白质组学进行分析，发现了 22 个差异表达蛋白质，涉及细胞信号转导、细胞增殖、细胞活性、糖酵解、转录调控、氧化应激过程和蛋白质折叠。其中钙网蛋白和相对分子质量 78 000 的葡萄糖调节蛋白(78 000 glucose-regulated protein,GRP78)的上调与不良预后相关。在食管癌组织中发现锌指蛋白 410 (zinc finger protein 410)、膜联蛋白 A5、泛素结合酶 E2 变体 1 型 C 类似物(similar to the ubiquitin-conjugating enzyme E2 variant 1 isoform c)、突变血红蛋白 β 链(mutant hemoglobin beta chain)、TPM4-ALK 融合癌蛋白 2 (TPM4-ALK fusion oncoprotein type 2)、相对分子质量 71 000 的热休克蛋白类似物(similar to heat shock congnate 71 000 protein)、GRP78 和丙酮酸激酶 M2 (pyruvate kinase M2,M2-PK)等的异常表达。

用反向蛋白质芯片分析 87 例食管腺癌石蜡切片组织蛋白质组表达谱,得到 17 个癌症相关的标签蛋白表达谱。发现了特征为 HSP70 家族低表达、人类表皮生长因子家族受体(HER2)高表达的食管腺癌分子亚型,该亚型食管腺癌患者通常伴有淋巴结和远端转移,生存期较短。

用 iTRAQ 标记 LC-MS/MS 分离鉴定的定量蛋白质组学研究策略,分析食管癌组织及其癌旁食管上皮蛋白质组表达谱,鉴定了 72 个上调和 57 个下调蛋白质。此外,有 431 个差异表达蛋白质在至少两个样本中存在。

对食管癌血清蛋白表达谱的研究,发现了 652 个血清异常蛋白质。对食管腺癌、重度不典型增生、巴雷特食管和健康对照的血清蛋白糖基化修饰谱分析,发现三聚糖结构的相对强度与食管腺癌相关,为食管腺癌候选标志物。

在全基因组层面研究食管腺癌和巴雷特食管的 DNA 甲基化图谱,通过分析 8 例食管腺癌组织 DNA、8 例血清 DNA、10 例巴雷特食管患者血清 DNA 和 10 例健康对照 DNA 的全基因组甲基化图谱,并对不同的甲基化位点聚类,发现有 911 个位点可以将食管腺癌和对照样本完全分开,554 个位点可以将食管腺癌和巴雷特食管样本分开,46 个位点可以将巴雷特食管与对照样本分开,提示血清循环游离 DNA (cell-free DNA,cfDNA)与肿瘤组织的 DNA 甲基化高度相关。循环肿瘤 DNA 中 MSH2 启动子的高甲基化可能是预测食管鳞状细胞癌患者无病生存期的重要指标[27]。Ling 等发现,循环肿瘤 DNA 中 MSH2 启动子的高甲基化可能是预测食管鳞状细胞癌患者无病生存的重要指标[28]。

Hou 等应用 SWATH-SRM 高通量技术发现和确证食管癌相关标志蛋白。用所有的理论碎片离子顺序窗口采集(sequential windowed acquisition of all theoretical fragment ions，SWATH)的定量蛋白质组学方法分析了 10 对食管癌组织及其配对癌旁上皮差异蛋白质组,鉴定了 2 070 个差异蛋白质(含 260 个表达上调和 207 个表达下调蛋白质),并定量了 1 758 个蛋白质。建立一套基于选择反应监测的高通量筛选食管癌候选血清标志物的流程和检测方法,运用选择反应监测技术在食管癌组织及 10 对食管癌患者术前和术后血清样本中验证了 120 个表达上调蛋白质,在血清中检出 42 个蛋白质,其中 12 个差异蛋白质在肿瘤组织切除后表达水平显著降低,提示它们可能是潜在的食管癌标志物。进而对核仁蛋白(NCL)、热休克蛋白(HSP90)、酪氨酸/色氨酸 5 单加氧酶活化蛋白(YWHAq)候选分子进行了小样本的 ELISA 验证,肿瘤和对照组具有显著性差异。食管癌患者血清 NCL 平均浓度为0.28 ng/ml,健康成人平均值为 0.14 ng/ml,两者差异具有显著性($P=0.021\ 2$);食管癌患者血清 HSP90 平均浓度为 23.32 ng/ml,健康人为 16.39 ng/ml ($P=0.035$);食管癌患者血清 YWHAq 含量为 30.09 ng/ml,健康成人为 19.45 ng/ml,具有显著性差异($P=0.000\ 6$)[29]。

4.3.4　食管癌体液和分泌蛋白质组

肿瘤细胞可分泌蛋白质,参与肿瘤微环境、肿瘤免疫等方面的调控。肿瘤细胞分泌蛋白可从侧面反映肿瘤细胞的病理状态,可作为潜在的标志分子监测肿瘤动态。有研究者利用基于 SILAC 标记结合 LC-MS/MS 的定量蛋白质组学技术,鉴定食管鳞状细胞癌细胞系的分泌蛋白质组。以非肿瘤食管鳞状上皮细胞系作为对照,研究者鉴定出 120 种上调幅度达 2 倍以上的食管鳞状细胞癌分泌蛋白质表达谱。进一步用免疫组化方法在组织芯片中验证了 PDIA3、GDI2 和 LGALS3BP 等早期食管鳞状细胞癌标志分子。

应用基于磁珠的 MALDI-TOF MS 蛋白质组分析技术,高通量地分析了食管癌血清循环标志多肽。用弱阳离子交换磁珠与 MALDI-TOF MS 联用检测了 477 例肿瘤和健康对照血清样本。建立了一个由 3 个多肽差异峰(1 925.5、2 950.6 和 5 900.0)组成的食管癌诊断模型。该模型在训练集中的诊断灵敏度和特异性分别为 97.00% 和 95.92%;在验证集中的诊断灵敏度和特异性分别为 97.03% 和 100.00%;与临床实验室的 SCCA 和 Cyfra 21-1 联用,对早期食管癌的诊断灵敏度为 96.94%。3 个差异峰蛋白质分别经 LTQ Orbitrap XL 质谱鉴定为 AHSG、TSP1 和 FGA。TSP1 在食管癌组织和血清中表达升高,与食管癌进展相关。这提示 TSP1 是食管癌不良预后的独立危险因素,该模型及其鉴定蛋白质有可能辅助食管癌早期诊断[30]。

4.4　食管癌分子分型与精准医学研究

肿瘤的正确分类是现代肿瘤治疗的重要组成部分,准确的肿瘤诊断可以帮助医生为肿瘤患者选取最适合的治疗方案。1999 年,美国国家癌症研究所提出肿瘤的分子分型(molecular classification)概念,即采用生物大分子高通量分析技术,分析肿瘤基因组结构特征性改变与肿瘤发生发展过程中生物学行为和临床表型相关性的肿瘤分类系统。与主要依赖形态学改变为基础的分类系统不同,肿瘤分子分型是一种新的以分子特征为基础的肿瘤分类系统。因而,分子分型涉及分析肿瘤细胞和组织的 DNA、RNA和蛋白质等生物大分子的改变及其相应的高通量检测技术。分析食管癌特征性染色体结构改变、基因突变和基因表达水平改变及其表观遗传学改变(如甲基化、乙酰化)是食管癌分子分型的基础,旨在发现与细胞癌变相关的,与肿瘤演进与转归(转移复发和预后)相关的,以及与肿瘤药物治疗或放射治疗作用直接相关的靶基因(簇)及其产物。建立食管癌多组学的大数据,进一步研发食管癌早期发现、辅助诊断、预后判断和复发监测相关的组学特征谱和知识库。

4.4.1　食管癌的"精准诊断"

目前,临床食管癌的诊断主要通过食管内镜筛查,进而结合影像学和病理学检查确诊。由于受试者对食管镜检有一定精神负担,难以接受,同时因为操作具有一定的风险,以及费用和效益比低等原因,使用食管内镜检查对早期食管癌变患者进行筛查难以普及。若能使用食管镜检筛查高危人群,使食管癌患者在发病早期及时被发现并给予食管黏膜下切除术等治疗,食管癌患者可从中受益,延长生存时间,预后较好,治愈希望较高。然而,大部分食管癌患者由于缺乏合适的早期诊断而贻误治疗,导致疾病发展到中晚期才被确诊,治疗效果差,5 年生存率低,是食管癌患者预后较差的原因之一。因此,需要建立食管癌多组学特征谱,促进食管癌的早期精准诊断。

血液分析检测由于操作简便、费用低廉,结合食管内镜检查,可以辅助食管癌的早期诊断。通过蛋白质组学分析,鉴定食管癌患者与健康对照之间的血清差异蛋白质谱,发现具有高特异性和灵敏度的食管癌血清候选标志物。将食管癌细胞 TE-2 和 EC0156

的裂解物经双向电泳分离,分别与食管鳞状细胞癌患者、健康对照以及其他肿瘤患者的血清样本杂交,以捕捉自身抗体,进而通过 MALDI-TOF/TOF MS 鉴定。Fujita 等发现食管鳞状细胞癌患者血清存在高水平的抗 HSP70 自身抗体[31],Gao 等发现食管鳞状细胞癌患者血清中存在高水平的抗 HSP105 和磷酸丙糖异构酶(triosephosphate isomerase,TIM)的自身抗体,它们有可能成为食管鳞状细胞癌的候选标志分子,在食管癌患者血清中的水平显著高于健康对照、结肠癌患者和胃癌患者。Fan 等用基于质谱的 ClinProt 技术分析 119 名食管鳞状细胞癌患者与 80 名健康对照之间的差异蛋白,筛选到 β 链微管蛋白(tubulin beta chain)、微丝蛋白 A 异构体(filamin A alpha isoform 1)和细胞色素 b-c1 复合体亚基(cytochrome b-c1 complex subunit 1)等 3 个差异蛋白质[32]。在食管腺癌相关的研究中,Mechref 等研究了食管上皮重度不典型增生、巴雷特食管(Barrett esophagus,BE)和食管腺癌患者等不同人群的血清蛋白差异糖基化谱。他们鉴定出 98 个差异蛋白质,其中含 26 个已知的糖结构类型,可通过三类糖结构类型相对强度的变化预测食管腺癌,其灵敏度达 94%,准确度达 60%。Shah 等改进蛋白质组学技术,结合 LeMBA 与质谱联用技术,经 GlycoSelector 和 Shiny mixOmics 软件分析,寻找巴雷特食管和食管腺癌的血清糖蛋白标志物[33]。鉴定了 40 个可作为候选标志分子的糖类型。其中,NPL 活性载脂蛋白 B-100〔narcissus pseudonarcissus lectin(NPL)-reactive apolipoprotein B-100〕能有效区分健康个体与巴雷特食管;AAL 活性补体成分 C9〔aleuria aurantia lectin(AAL)-reactive complement component C9〕可区分巴雷特食管与食管腺癌患者以及 EPHA 活性凝胶溶素〔erythroagglutinin phaseolus vulgaris(EPHA)-reactive gelsolin〕能区分健康个体与食管腺癌[34]。

4.4.2 食管癌的"精准分子分型"

异质性是肿瘤的主要特征之一。即使相关的临床特征与分类完全相同,不同病例肿瘤的发生发展机制可能存在巨大差异。因此,深入了解食管癌发生与发展的分子机制,了解食管癌中存在的不同分子分型,进而发展相应的检测方法用于鉴定不同患者肿瘤发展的关键分子,有助于针对患者给予靶向治疗以提高治疗效率。目前认为食管癌的发生发展与吸烟、饮酒等生活习惯及胃食管反流等病理现象相关,但对于食管癌发生发展的分子机制仍然未明。利用基因组学等多种组学手段,可帮助研究者了解食管癌中出现的基因突变等异常,以及蛋白质水平的变化。目前研究发现,在分子水平上食管癌中的异常包括肿瘤发生、发展的常见异常，如癌症相关基因突变导致的功能增加或功能缺失、癌基因表达的异常上调及抑癌基因表达水平下降等。此外，还有可能具有食管癌特异性的基因异常，主要与酒精代谢、外源物质解毒过程及叶酸代谢等代谢通路相关。一份针对 1 070 例食管鳞状细胞癌与 2 836 例正常对照的大型 GWAS 研究发现，两个基因 *ADH1B* 和 *ALDH2* 的新功能异构体与酒精代谢密切相关[35]。由于食管癌基因组和食管癌发病机制的复杂特性，目前还没有食管癌的明确基因组分子分型。

4.4.2.1　食管癌的基因组学分子分型

用基因组学方法分析食管癌的基因变异，发现癌症相关基因及其突变位点可以用于食管癌的分子分型。基于中国北方人群的食管鳞状细胞癌样本和细胞系的研究发现，组蛋白乙酰基转移酶 *EP300* 突变与不良预后显著相关，另有针对日本食管鳞状细胞癌患者样本进行的研究中也发现 *EP300* 和 *TET2* 的突变与肿瘤患者的生存期短有关[36]。此外，当 *FAT1*、*FAT2*、*FAT3* 或 *FAT4* 或 *AJUBA* 发生突变时，Hippo 通路失调，Hippo 信号通路的异常改变是食管鳞状细胞癌的重要特征；而 *NOTCH1*、*NOTCH2*、*NOTCH3*（22％）或 *FBXW7*（5％）发生突变时，会导致 Notch 通路失调，与患者的发病或预后显著相关，具有潜在的诊断、分型和治疗应用价值。

针对不同时期食管鳞状细胞癌样本的研究发现，8q 的扩增和 4p-q、5q 的删除可能与早期食管癌有关；位于 8q24.13-q24.21 的 *FAM84B* 基因，可能与食管癌的发生有关，并且可能用于早期食管癌的敏感性诊断。肿瘤相关基因 *TP53*、*PIK3CA*、*CDKN2A* 及其通路在Ⅰ期和Ⅲ期食管癌样本中没有明显差异，但 Notch 通路的改变可能与早期食管癌相关。此外，*PLCE1* 基因的 rs2274223 位点多态性与食管癌风险强烈相关，尤其是低分化和Ⅲ/Ⅳ期的食管癌患者更是如此[37]。

染色体的稳定性是癌症基因分型的方法之一，有研究者发现 *TP53* 基因突变的食管癌基因组不稳定性显著高于没有 *TP53* 突变的食管癌基因组，*TP53* 突变与食管癌基因组不稳定性显著相关。此外，9p21.3、7p11.2 和 3p12.1 的突变与淋巴结转移相关，并且细胞周期中 G1 检查点的下调是食管癌的重要事件，在 *CCND1* 的扩增、*CDKN2A/2B* 的缺失以及 *TP53* 的体细胞突变中发挥重要作用，可能据此特征将食管癌分为不同的亚型[38]。

过去 10 多年中，大量的研究主要关注肿瘤中编码蛋白基因的 RNA 异常表达，发现了许多肿瘤诊断与治疗相关的潜在标志分子。近年来，随着高通量芯片和全基因组测序技术的发展，从基因组和转录组的研究发现，大量非编码 RNA 也可以作为一个新的生物标志分子用于肿瘤的检测和肿瘤分子靶向治疗。非编码 RNA 包括小的非编码 RNA（sncRNA）、长的非编码 RNA（lncRNA）和很长的非编码 RNA。更多的研究人员关注 lncRNA 与多种肿瘤的发展[39]。与蛋白质标志分子相比，lncRNA 是更适合用于肿瘤检测的生物标志物。有研究从 119 个食管癌患者的肿瘤组织和配对癌旁食管上皮中筛选差异表达 lncRNA 表达谱，发现了 3 个 lncRNA 可以作为区分不同阶段食管癌患者预后的新的分子标志物[40]。最近研究发现，一种 lncRNA 在食管癌组织中高表达。在 78 例食管癌组织及其配对癌旁食管上皮中，HOAIR 高表达增加肿瘤的侵袭性，促进肿瘤远处转移。HOTAIR 的高表达与食管癌的不良预后相关，HOTAIR 是非常重要的食管癌预后标志分子。体外实验也证明，降低 HOTAIR 的表达可以降低食管癌细胞的侵袭和转移，增加食管癌细胞的凋亡。因此，基于 HOTAIR 的治疗策略可以为肿瘤的治疗提供新的和潜在的治疗方法[41]。同时，也发现 lncRNA TUG1 在 62 例食管癌组织及其配对食管上皮组织中显著高表达，与肿瘤家族史和上段食管癌的发病及不良预后相关[42]。有研究通过生物信息学分析，鉴定了一对 lncRNA-mRNA 的相互作用。在食管癌组织中 FOXCUT 和 FOXC1 具有紧密的相互作用。FOXCUT 和 FOXC1 在肿瘤组织中显著高表达并与肿瘤转移和不良分化相关，提示 FOXCUT 和 FOXC1 高表达的食管癌患者预后较差。FOXCUT 和 FOXC1 高表达在食管癌的发生发展中具有重要作用，可能作为食管癌不良预后的潜在生物标志分子[43]。

4.4.2.2　食管癌候选药物靶标与分子分型

在以癌基因的异常表达为分子分型标志的研究中，Berg 等分析了 87 例食管腺癌肿瘤样本中 17 个肿瘤相关基因的表达情况。在食管腺癌中发现了一个具有"HER 家族蛋白高表达而 HSP27 家族蛋白低表达"特征的分子亚型，同时伴有淋巴结和远端转移、生存期较短和对常规化疗敏感性较差等临床特征。由于 HER 表达水平较高，针对这一亚型的食管腺癌具有潜在应用靶向 HER 药物进行精准治疗的前景。Abedi-Ardekani 等通过外显子组测序和免疫组化分析，研究了亚裔食管鳞状细胞癌患者中表皮生长因子受体（epidermal growth factor receptor，EGFR）的突变和表达情况，发现在食管鳞状细胞癌中 EGFR 的突变率较低（9.2%，14/152）但表达异常较为常见（65% 过表达，22/34），提示针对这一亚型，具有使用抗 EGFR 药物的潜在应用前景[44]。

在以抑癌基因的缺失或突变为分子分型标志的研究中，Wang 等用外显子组测序分析了 9 对食管鳞状细胞癌肿瘤组织及其配对食管上皮全基因组范围内基因的异常表达,并用全基因组 SNP 芯片分析了拷贝数变异和杂合性缺失等改变,发现了食管鳞状细胞癌中的一个分子亚型。该亚型食管鳞状细胞癌伴随 *TP53* 高度突变、*CCND1* 扩增和 *CDKN2A/2B* 缺失等基因异常的分子特征,提示食管鳞状细胞癌中基因组不稳定,存在一个细胞周期 G1 检查点相关基因异常的分子亚型,以及针对该类型食管鳞状细胞癌的潜在治疗靶点[43]。Zhang 等通过高通量 RNA-Seq 技术分别检测了 3 对食管鳞状细胞癌及其配对食管上皮组织的转录组,发现肿瘤抑制因子 PSCA 表达下调。进一步研究发现 PSCA 在 86.2%(188/218)的食管鳞状细胞癌组织中表达下调。PSCA 具有抑制细胞周期进程和促进细胞分化等生物学功能。同时发现 PSCA 可与 RB1CC1 蛋白相互作用,后者是细胞增殖与分化的关键调控因子。与食管鳞状细胞癌发生相关的 PSCA-RB1CC1 信号通路,为开发靶向这一通路而调控食管鳞状细胞癌增殖与分化的治疗方法积累了科学数据[45]。

原儿茶酸乙酯(ethyl-3,4-dihydroxybenzoate,EDHB)具有抗氧化作用,作为 α-酮戊二酸的底物类似物抑制胶原的合成,诱导细胞发生早期自噬和晚期凋亡而抑制食管癌和乳腺癌细胞的转移。食管癌细胞经 EDHB 处理后,诱导醛酮还原酶(AKR)的 AKR1C 亚家族蛋白表达升高,而且 EDHB 与 AKR1C 的表达具有协同效应。由于 AKR1C 亚家族高度保守,成员相似性很高,缺乏有效识别不同亚型 AKR1C 家族成员的抗体,选用抗体非依赖的多重反应监测(multiple reaction monitoring,MRM)蛋白质组分析技术和功能实验,鉴定了 EDHB 为 AKR1C1 的底物,引起食管癌细胞的增殖抑制,诱导食管癌细胞早期自噬和晚期凋亡使细胞发生死亡。上述研究结果提示,EDHB 可能作为 AKR1C1/C2 高表达食管癌患者潜在的辅助药物[46]。

4.4.2.3 病原体感染与食管癌分型

感染是肿瘤发生的重要原因之一,据推测由感染导致的肿瘤占所有肿瘤的 16.1%。与肿瘤相关的病原体主要包括病毒和细菌,如人乳头瘤病毒(human papillomavirus,HPV)、乙型肝炎病毒(hepatitis B virus,HBV)、丙型肝炎病毒(hepatitis C virus,HCV)、巴尔病毒(Epstein-Barr virus,EBV)和幽门螺杆菌(*Helicobacter pylori*)等。

其中,HPV 属于双链 DNA 病毒,主要感染鳞状上皮。根据不同亚型 HPV 的致癌能力,分为高危型 HPV (high-risk human papillomavirus,hr-HPV)和低危型 HPV,前者主要包括 HPV16、HPV18 等亚型,后者主要包括 HPV6、HPV11 等亚型。早在 1982 年已在食管鳞状细胞癌中检测到 HPV,但 HPV 与食管鳞状细胞癌之间的关系仍未有定论。在食管鳞状细胞癌组织中检测高致病性 HPV 的研究很多，但 HPV 阳性率的报道差异极大，阳性率的范围从 0 到 77% 不等。食管鳞状细胞癌中 HPV 感染阳性率具有地域差异，通常在食管鳞状细胞癌高发地区如中国、伊朗等报道的食管癌中 HPV 阳性率相对较高；而在食管鳞状细胞癌低发区如欧洲、美国等地报道的食管癌 HPV 阳性率极低或未在食管癌组织中检测到 HPV。另一种研究策略是通过血清学方法检测食管鳞状细胞癌患者体内的 HPV 抗体：一项 InterSCOPE 研究为食管鳞状细胞癌与 HPV 感染的关系提供了"有限的血清学证据"，发现 HPV16 E6 蛋白抗体与食管鳞状细胞癌具有显著相关性[47]；另一项针对中国食管癌高发区安阳的血清学研究也发现 HPV16 E7 蛋白抗体与食管鳞状细胞癌具有显著相关性[48]。

Wang 等研究了 hr-HPV 感染与食管鳞状细胞癌发生发展的相关性，发现食管鳞状细胞癌中 HPV 感染与较好的预后相关。用 PCR 方法扩增 HPV 的 L1 区段检测了 150 例食管鳞状细胞癌患者肿瘤中的 HPV 感染率，发现 HPV 阳性率为 18%（27/150），其中 81.5%（22/27）为 HPV16 感染[49]。进一步研究发现，在所有患者中，HPV 阳性患者与阴性患者的总预后没有显著差异；但详细区分患者的临床分期后发现，在早期食管鳞状细胞癌患者中 HPV 感染对患者生存期没有显著影响，但在中晚期患者，HPV 阳性患者总生存期显著优于 HPV 阴性患者。进一步探讨了治疗方法对患者预后的影响，发现在以放化疗为初始治疗手段的患者中，HPV16 阳性患者的总生存期显著高于 HPV16 阴性患者；而在接受食管切除术作为初始治疗手段的患者中，HPV16 感染与否并不影响患者的总生存期。Kumar 研究小组也得出相似的结论，以 p16^{INK4a} 作为 HPV 感染的替代标志，通过免疫组化检测食管鳞状细胞癌肿瘤组织中 p16^{INK4a} 的表达推测 HPV 的感染情况，发现 22%（22/101）的患者为 p16^{INK4a} 阳性。同时发现这些患者在接受新辅助化疗时，p16^{INK4a} 阳性患者对治疗有反应的患者比例显著高于 p16^{INK4a} 阴性患者，提示 HPV 阳性患者对新辅助治疗更为敏感。然而 HPV 感染与食管癌预后的关系目前仍存在不同意见[50]。Zhang 等研究认为 HPV 感染与染色体端粒长度及较差的预后相关。他们用 PCR 方法检测了 70 例中国汕头食管鳞状细胞癌高发区的食管鳞状细胞癌患者肿瘤组织中 HPV 的感染情况，发现 HPV 阳性率为 50%。他们也研究了阳性患者中 HPV 的拷贝数及端粒长度，进行 Spearman 分析发现患者端粒长度与 HPV E6 基因的拷贝数呈正相关，与 E2/E6 比值呈负相关。同时发现，hr-HPV 阳性的患者总生存期较短[51]。这些研究提示 HPV 感染在食管鳞状细胞癌的发生发展中可能发挥作用，而且作用机制可能并非单一。

除食管鳞状细胞癌外，Rajendra 等在食管腺癌组织中也检测到了具有转录活性的 HPV。研究人员分别采集临床对照、巴雷特食管（Barrett esophagus，BE）、巴雷特食管不典型增生（Barrett's dysplasia，BD）和食管腺癌患者（esophageal adenocarcinoma，EAC）等 4 组人群的样本，同时采用 PCR、RT-PCR 及免疫组化技术分别检测样本中 HPV DNA、E6/E7 mRNA 及 HPV 感染的替代标志 p16^{INK4a} 的存在情况。发现巴雷特食管不典型增生与食管腺癌患者中 HPV 感染的阳性率显著高于对照组，在巴雷特食管不典型增生患者组中，HPV DNA 的阳性率为 68.6%（24/34），p16^{INK4a} 阳性率为 44.1%（15/34）；在食管腺癌患者组中，HPV DNA 的阳性率为 66.7%（18/27），p16^{INK4a} 阳性率为 44.4%（12/27）；而巴雷特食管与临床对照组则无显著区别。在样本中，HPV 感染集中于鳞状上皮-柱状上皮交界区（squamocolumnar junction，SCJ）。Wang 等进一步研究了样本中的 HPV 拷贝数，发现拷贝数随着疾病的恶性程度增高而增高，通过检测 E2/E6 比例发现这些组织中同时存在游离型 HPV 和整合型 HPV。原位检测发现在巴雷特食管、巴雷特食管不典型增生和食管腺癌的肿瘤细胞中都检测到 hr-HPV RNA。研究发现，在疾病早期宿主细胞就有 hr-HPV 整合，呈现出病毒整合与疾病恶性程度同步上升的趋势。这些研究提示 hr-HPV 可能与食管腺癌癌变相关[52]。

EBV 为双链 DNA 病毒，属于 γ-疱疹病毒类，被认为与部分血液系统和上皮肿瘤相关，如霍奇金淋巴瘤、部分类型的 T 细胞淋巴瘤等。EBV 与食管癌的关系也存在争议，食管癌中 EBV 的阳性率从 1.8%～35.5% 不等。有研究认为食管癌中存在一个亚型与 EBV 感染相关，具有肿瘤分化程度较低的临床特征。

细菌也具有导致肿瘤的可能性。通过宏基因组学研究发现食管菌群失调与食管的炎癌转化相关。在正常食管组织中以厚壁菌门为主（69%），主要是链球菌；其次为拟杆菌门（20.2%），主要是普氏菌属。而巴雷特食管中菌群分布发生改变，由以厚壁菌门为代表的革兰阳性菌转变为以拟杆菌门为主的革兰阴性菌。有研究认为后者通过慢性炎症，伴随胃食管反流，使食管反流症状向食管腺癌转化。

4.4.3 食管癌疗效和预后的“精准预测”

4.4.3.1 疗效预测

部分食管癌患者在接受手术切除治疗前会接受新辅助化疗以缩小病变范围，便于手术切除。接受新辅助化疗的患者包括单独新辅助化疗或新辅助化疗结合放疗。然而接受新辅助化疗的患者中只有少部分人能从中受益,而$60\%\sim70\%$的患者没有获得很好的疗效或伴有很强的不良反应。另一个问题是若患者在接受化疗后病情无改善,此时可能已错失进行手术的最佳时机。因此在开展治疗前寻找标志物以预测治疗的有效性,可减少由于无效治疗而导致病情进展甚至死亡。Hayashida 等采用 SELDI-MS 分析了 27 例食管鳞状细胞癌患者(含 15 例对治疗有效和 12 例无效)治疗前血清差异蛋白表达谱,发现 4 个差异蛋白峰(7 420、9 112、17 123 和 12 867 m/z)的组合能够较好地区分对术前新辅助化疗治疗有效和无效的人群,在验证人群中这一组合的敏感性达到 93.3%(14/15)[53]。收集 31 例接受新辅助化疗的食管癌患者在接受治疗前、治疗后24 小时和 48 小时 3 个时间点的血清样本,采用 SELDI-TOF MS 技术分析血清差异蛋白表达谱。通过比较对新辅助化疗反应良好和无反应两组患者的差异血清蛋白,发现对新辅助化疗反应较差的患者,其治疗前血清中补体 C3a 和 C4a 水平显著高于获得较好疗效患者的血清补体水平,提示血清补体 C3a 和 C4a 水平可作为新辅助化疗疗效的预测标志。在食管腺癌化疗敏感性预测的研究中,Aichler 等采集食管腺癌患者治疗前的组织切片,用 MALDI-MS 技术分析组织中的差异表达蛋白,并采用 LC-MS/MS 技术进一步验证,探讨这些差异蛋白与化疗敏感性之间的关系。发现患者对顺铂治疗的反应敏感性与治疗前肿瘤细胞线粒体呼吸链复合物中细胞色素 c 氧化酶(COX)亚基的缺失有关[54]。治疗前肿瘤细胞中 COX 表达较低的患者在接受治疗后容易获得较好的疗效,提示线粒体呼吸链功能与肿瘤的化疗敏感性相关。

肿瘤患者在化疗过程中,肿瘤的代谢产物会随着肿瘤状态的变化而改变。因此,结合蛋白质组学与代谢组学分析,检测血浆中代谢产物的水平与变化,筛选标志分子,实时监测肿瘤进展,有助于临床选择和调整治疗方案。Xu 等分析了含未接受放化疗、完成一个疗程顺铂治疗和完成全部疗程顺铂治疗 3 组食管鳞状细胞癌患者的血浆代谢物,采用LC-MS 监测血浆中代谢组的成分与含量变化趋势。研究者鉴定出 11 个代谢产物可作为潜在的治疗标志分子,其中辛酰肉碱(octanoylcarnitine)、溶血软磷脂[lysoPC（16：1）]和癸酰肉碱(decanoylcarnitine) 3 个代谢产物与临床治疗效果密切相关[55]。

4.4.3.2　预后预测

预后分析在临床治疗中对治疗方案的选择具有提示作用,如患者是否需要结合辅助治疗及长期的跟踪监测。通过对食管癌患者进行精确的风险因素分析对于临床医师选择后续治疗方案,避免由于选择无效或非必要的临床干预措施而导致病情恶化具有重要意义。用基因组和蛋白质组等组学技术,通过分析差异表达基因和蛋白质等分子特征,结合患者的临床表型和生存期等信息,筛选与食管癌预后具有相关性的标志分子。

Tong 等通过高通量转录组测序技术分析了食管鳞状细胞癌的差异表达谱,发现一个与整合素信号通路基因显著相关的亚群。*Rab25* 基因表达下调,*Rab25* 的表达下调与其启动子区域的超甲基化相关,进一步的生存分析提示 *Rab25* 表达下调与患者总生存率下降相关。生物学功能分析显示 *Rab25* 是肿瘤抑制因子,可通过下调 FAK-Raf-MEK1/2-ERK 通路抑制肿瘤侵袭和血管生成。Uemura 等用 2D-DIGE 结合质谱鉴定技术分析了两组不同预后状况,即术后 5 年无复发的与术后生存期少于 2 年并伴有 2 个以上淋巴结转移的食管鳞状细胞癌患者的肿瘤组织差异蛋白表达谱,并从中鉴定了 18 个差异表达蛋白质[56]。进一步用免疫组化技术在 76 例食管鳞状细胞癌组织切片中分析了差异表达蛋白 TGM3 在肿瘤组织中的表达水平与患者生存期的关系,发现肿瘤组织的 TGM3 表达水平与患者较长的生存期相关,TGM3 是一个独立的预后相关因子。另一种策略是通过分析肿瘤组织与相应的癌旁食管上皮的差异表达蛋白质进而寻找可能的蛋白标志物。通过结合使用双向电泳和 MALDI-TOF MS 或 LC-ESI MS 技术,Du 等在 41 例食管鳞状细胞癌患者的肿瘤组织及其癌旁食管上皮中分离并鉴定了 22 个差异表达蛋白质,这些差异表达蛋白质参与细胞信号转导和细胞增殖等生物进程。同时发现钙网蛋白和一个相对分子质量为 78 000 的葡萄糖相关蛋白(GRP78)的高表达与较差的预后相关。Kelly 等用 SELDI-TOF MS 技术分析了 24 例治疗前食管肿瘤患者(含 20 例食管腺癌、1 例食管鳞状细胞癌、2 例食管低分化瘤和 1 例食管重度不典型增生)和 40 例健康对照的血清差异蛋白质表达谱。分析结果发现载脂蛋白 A-I(apolipoprotein A-I)、血清类淀粉蛋白 A(serum amyloid A)和甲状腺素视黄质运载蛋白(transthyretin)与患者的无病生存期以及总生存期相关[57]。

在以表观遗传修饰异常为分子分型标志的研究中,Krause 等结合甲基化组和转录组等技术,分析了包括 125 例食管腺癌、19 例巴雷特食管、85 例正常食管鳞状上皮和 21 例正常胃黏膜组织等 250 份样本的全基因组甲基化图谱,并分析了其中 70 例(含 48 例食管腺癌、4 例巴雷特食管和 18 例正常食管鳞状上皮)样本的转录组,分析和验证甲基化与基因表达改变的相关性,共发现 18 575 个 CpG 位点与 5 538 个基因表达相关。

其中，与肿瘤发生相关的信号通路，包括细胞黏附、TGF 和 Wnt 信号通路基因的甲基化尤为突出。发现了食管腺癌一个称为 CIMP 样的独特亚型，其分子特征为 CpG 岛超强甲基化和 CIMP 标志基因的超甲基化。这一亚型中超甲基化程度强的病例与程度弱的病例相比，患者的生存期显著降低，而这个亚型在食管鳞状细胞癌中不存在[58]。

4.5 蛋白质组学在食管癌精准医疗中的应用

4.5.1 靶向蛋白质组学在食管癌精准医疗中的应用

食管癌的发生发展是遗传与环境因素共同作用的结果。具有相似临床表型的不同病例，其肿瘤的触发与发展机制可能迥然不同。基于基因组学的研究，食管癌的恶性转化被认为是多种基因突变累积的结果，然而对这一过程中蛋白质表达谱的变化仍未十分明确。蛋白质组学技术提供了研究触发肿瘤发生、促进肿瘤发展相关信号通路与关键蛋白所必需的工具。已有研究发现了在食管癌发生发展过程中发挥作用的关键蛋白分子，以及与食管癌组织分化程度相关的关键蛋白。后续研究包括筛选出对食管癌发生发展起关键作用的信号通路和分子标志物，阐述其作用机制；评估差异表达蛋白质作为潜在治疗靶点的可能性；针对这些候选治疗靶点研发相应药物并开发已有药物新的临床适应证等。目前，食管癌蛋白质组研究的一个重要问题是仅对少部分候选蛋白质进行了功能研究，缺乏对大部分潜在治疗靶点生物学功能的深入研究。另一个问题是，目前在食管癌中应用蛋白质组学技术主要集中于研究不同蛋白质表达水平的变化，而对蛋白质的其他重要生理特征，如蛋白质的可变剪接及其相互作用、转录后修饰、蛋白质与其他分子之间的相互作用、蛋白质活性及蛋白质定位等相关研究仍处于盲区。这些蛋白质组学在食管癌研究中应用的盲区有望随着蛋白质组学技术的发展而逐步得到改善。近年来，用稳定同位素 SILAC 标记结合质谱鉴定技术分析了不同食管鳞状细胞癌中核心组蛋白 H3、H4 的转录后修饰谱[59]。未来，希望采用靶向蛋白质组学研究策略分析并鉴定更多的差异表达蛋白质，结合患者的临床特征和预后分析，从食管癌病例中区分出不同的分子亚型，研究特定亚型中的关键蛋白质及其信号通路，并针对关键蛋白质设计靶向药物，开展临床前应用研究。目前的研究主要集中在前期，后续研究还较薄弱。增强后续研究力度，完成针对特定亚型的靶向药物开发流程，有助于在临床避免无效或过度医疗,进而提高治疗效果,减少患者痛苦,降低经济负担,是肿瘤蛋白质组学在精准医疗中的发展方向。

4.5.2 临床蛋白质组学在食管癌精准医疗中的应用

临床肿瘤蛋白质组学技术为食管癌等常见肿瘤的早期诊断、临床用药、疗效监测及预后判断等提供了有力的帮助。已有研究发现和验证了许多具有潜在临床应用前景的食管癌辅助诊断、治疗和预后判断的相关候选蛋白标志物。但是目前某些候选标志物的敏感度和特异性仍无法满足临床应用的要求,需要与影像学和病理等其他检查手段结合,以降低假阳性或假阴性结果。可能原因之一为用于筛选标志物的人群样本较小,没有足够的代表性。此外,肿瘤发生发展的机制复杂,参与因素众多,候选标志物可能仅对某一特定亚型的病例具有代表性;以及肿瘤的异质性,可能导致取材分析的样本代表性差等。因此,后续需要将候选标志物在较大样本中验证;同时需要在不同的人群中验证,以消除人群之间的差异。同时可结合多个候选标志物同时检测,并优化不同组合方案以期在最低费用的条件下,降低假阳性和假阴性结果,得到最为可靠的结论。在预测治疗敏感性时,由于不同机构在治疗过程中使用的具体治疗方法、药物组合、药物剂量不尽相同,因此在筛选候选标志物时,需对参与筛选的病例仔细选择;更重要的是,需要将得到的候选标志物在不同机构、接受不同治疗方法的患者中同时进行大范围验证才能得到较可信的结论。此外,目前这一领域的研究均为回顾性研究,将来需要在大范围、大样本、多人群中开展前瞻性研究,以得到更为准确的结论。将来的工作还包括研究候选标志物参与的信号通路、生物学功能及分子机制,这些研究有助于深入了解食管癌的发生过程,提高标志物的敏感度和特异性,并为后期的药物开发和精准治疗打下基础。

4.5.3 蛋白质组学与基因组学、代谢组学等多组学整合分析在食管癌精准医疗中的应用

蛋白质组学、基因组学等多种组学手段为食管癌的基础与临床前研究,在分子机制探索和寻找临床诊断与预后分析相关的分子标志物等方面提供了有力帮助。任何一种组学手段都可提供大量信息,但每种组学侧重的方向有所不同。蛋白质组学侧重于研究蛋白质水平的变化,提供了蛋白质表达变化的信息。蛋白质是生命活动的承担者,其

表达水平变化直接影响了机体的生理活动；基因组学侧重于研究基因水平及染色体水平的变化，获得不同基因的结构变异及其功能变化(增加/缺失)信息。此外，染色体重排也可导致新融合蛋白质的产生及原有基因表达水平的改变；转录组学侧重于研究基因的表达水平，并提供特定情况下相同基因通过可变剪接产生的不同转录本的信息；代谢组学则从整体角度了解机体在肿瘤发生发展过程中代谢过程的变化。由于基因功能的实现依赖于多层次紧密关联的精细调控，而癌症是由不同层次多种异变引起的复杂疾病，因此新靶标的鉴定确证需要多维度整合性分析。通过某一种组学手段得到的信息有限，需要通过其他组学手段获得的信息进行相互验证才能得到更为可信的结果。此外，结合多种组学手段进行研究也能得到更多的信息。近期有研究在食管鳞状细胞癌中使用系统化、整合性组学研究手段以重建转录水平调控及蛋白-蛋白调控网络以寻找转录调控机制及潜在的生物标志物与治疗靶点[60]。这种多组学结合的研究思路是今后在食管癌精准医疗基础研究的一个新的研究方向。

4.6 小结与展望

食管癌是中国常见恶性肿瘤，也是全世界范围内高发病率与高致死性的肿瘤之一。目前临床尚缺乏操作简便、检测经济和受试者接受程度高等多种因素平衡的有效的早期筛查方法。患者多在出现临床症状时就诊，多为中晚期，治疗效果不理想，生存期短，预后较差。目前，食管癌的临床治疗方法主要包括食管内镜消融、手术治疗及放化疗。要依据患者的 TNM 分期等临床信息选择治疗方法，缺乏基于癌症基因组突变特征谱、根据基因或通路的突变模式而建立的精准分子分型，以及有针对性的精准靶向治疗。需要利用基因组学、蛋白质组学等高通量组学技术，不断积累对食管癌发生发展过程中遗传变异和表观遗传改变的认识，鉴定对食管癌发生发展起关键作用的"驱动基因"和信号通路，以及关键蛋白质及其调控网络，发现疾病早期诊断、疗效监测和预后判断等相关分子标志物。进一步对分子标志物和新药物靶点进行多维度功能确证及机制研究，找出有临床应用价值的新靶点，针对候选治疗靶点研发相应药物并开发已有药物新的临床适应证等，为食管癌的精准诊断和精准治疗提供基础。目前虽然已有大量相关研究，但尚未形成系统，多仍处于基础探索阶段。后续将整合不同组学之间的研究成果，结合临床实践，逐步完成食管癌精准医学由基础研究向实际应用的转化。

参考文献

［1］ Torre L A, Bray F, Siegel R L, et al. Global cancer statistics, 2012 ［J］. CA Cancer J Clin, 2015,65(2):87-108.

［2］ Chen W, Zheng R, Baade P D, et al. Cancer statistics in China, 2015 ［J］. CA Cancer J Clin, 2016,66(2):115-132.

［3］ Rustgi A K, El-Serag H B. Esophageal carcinoma ［J］. N Engl J Med, 2014,371(26): 2499-2509.

［4］ Conteduca V, Sansonno D, Ingravallo G, et al. Barrett's esophagus and esophageal cancer: an overview ［J］. Int J Oncol, 2012,41(2):414-424.

［5］ de Jonge P J, van Blankenstein M, Grady W M, et al. Barrett's oesophagus: epidemiology, cancer risk and implications for management ［J］. Gut, 2014,63(1):191-202.

［6］ Blaydon D C, Etheridge S L, Risk J M, et al. RHBDF2 mutations are associated with tylosis, a familial esophageal cancer syndrome ［J］. Am J Hum Genet, 2012,90(2):340-346.

［7］ 曾益新. 肿瘤学［M］. 3 版. 北京:人民卫生出版社,2013:641-643.

［8］ 李玉林. 病理学［M］. 8 版. 北京:人民卫生出版社,2013:207-209.

［9］ 陈孝平,汪建平. 外科学［M］. 8 版. 北京:人民卫生出版社,2013:290-293.

［10］ 赫捷. 胸部肿瘤学［M］. 北京:人民卫生出版社,2013:113-118.

［11］ Ohashi S, Miyamoto S, Kikuchi O, et al. Recent advances from basic and clinical studies of esophageal squamous cell carcinoma ［J］. Gastroenterology, 2015,149(7):1700-1715.

［12］ Wei W Q, Chen Z F, He Y T, et al. Long-term follow-up of a community assignment, one-time endoscopic screening study of esophageal cancer in China ［J］. J Clin Oncol, 2015,33(17): 1951-1957.

［13］ Wang G Q, Abnet C C, Shen Q, et al. Histological precursors of oesophageal squamous cell carcinoma: results from a 13 year prospective follow up study in a high risk population ［J］. Gut, 2005,54(2):187-192.

［14］ Gao Y B, Chen Z L, Li J G, et al. Genetic landscape of esophageal squamous cell carcinoma ［J］. Nat Genet, 2014,46(10):1097-1102.

［15］ Ross-Innes C S, Becq J, Warren A, et al. Whole-genome sequencing provides new insights into the clonal architecture of Barrett's esophagus and esophageal adenocarcinoma ［J］. Nat Genet, 2015,47(9):1038-1046.

［16］ Dewey F E, Grove M E, Pan C, et al. Clinical interpretation and implications of whole-genome sequencing ［J］. JAMA, 2014,311(10):1035-1045.

［17］ Song Y, Li L, Ou Y, et al. Identification of genomic alterations in oesophageal squamous cell cancer ［J］. Nature, 2014,509(7498):91-95.

［18］ Cheng C, Cui H, Zhang L, et al. Genomic analyses reveal FAM84B and the NOTCH pathway are associated with the progression of esophageal squamous cell carcinoma ［J］. Gigascience, 2016,5:1.

［19］ Abaan O D, Polley E C, Davis S R, et al. The exomes of the NCI-60 panel: a genomic resource for cancer biology and systems pharmacology ［J］. Cancer Res, 2013,73(14):4372-4382.

［20］ Tamborero D, Gonzalez-Perez A, Perez-Llamas C, et al. Comprehensive identification of mutational cancer driver genes across 12 tumor types ［J］. Sci Rep, 2013,3:2650.

［21］ Porta-Pardo E, Garcia-Alonso L, Hrabe T, et al. A pan-cancer catalogue of cancer driver protein interaction interfaces [J]. PLoS Comput Biol，2015，11(10)：e1004518.

[22] Wilhelm M，Schlegl J，Hahne H，et al. Mass-spectrometry-based draft of the human proteome [J]. Nature，2014，509(7502)：582-587.

[23] Kim M S，Pinto S M，Getnet D，et al. A draft map of the human proteome [J]. Nature，2014，509(7502)：575-581.

[24] Uhlén M，Fagerberg L，Hallström B M，et al. Proteomics. Tissue-based map of the human proteome [J]. Science，2015，347(6220)：1260419.

[25] Moghanibashi M，Jazii F R，Soheili Z S，et al. Proteomics of a new esophageal cancer cell line established from Persian patient [J]. Gene，2012，500(1)：124-133.

[26] Qi Y，Chiu J F，Wang L，et al. Comparative proteomic analysis of esophageal squamous cell carcinoma [J]. Proteomics，2005，5(11)：2960-2971.

[27] Zhai R，Zhao Y，Su L，et al. Genome-wide DNA methylation profiling of cell-free serum DNA in esophageal adenocarcinoma and Barrett esophagus [J]. Neoplasia，2012，14(1)：29-33.

[28] Zhang K，Li L，Zhu M，et al. Comparative analysis of histone H3 and H4 post-translational modifications of esophageal squamous cell carcinoma with different invasive capabilities [J]. J Proteomics，2015，112：180-189.

[29] Hou G，Lou X，Sun Y，et al. Biomarker discovery and verification of esophageal squamous cell carcinoma using integration of SWATH/MRM [J]. J Proteome Res，2015，14(9)：3793-3803.

[30] Jia K，Li W，Wang F，et al. Novel circulating peptide biomarkers for esophageal squamous cell carcinoma revealed by a magnetic bead-based MALDI-TOF-MS assay [J]. Oncotarget，2016，7(17)：23569-23580.

[31] Fujita Y，Nakanishi T，Hiramatsu M，et al. Proteomics-based approach identifying autoantibody against peroxiredoxin VI as a novel serum marker in esophageal squamous cell carcinoma [J]. Clin Cancer Res，2006，12(21)：6415-6420.

[32] Fan N J，Gao C F，Wang X L. Tubulin beta chain，filamin A alpha isoform 1，and cytochrome b-c1 complex subunit 1 as serological diagnostic biomarkers of esophageal squamous cell carcinoma：a proteomics study [J]. OMICS，2013，17(4)：215-223.

[33] Mechref Y，Hussein A，Bekesova S，et al. Quantitative serum glycomics of esophageal adenocarcinoma and other esophageal disease onsets [J]. J Proteome Res，2009，8(6)：2656-2666.

[34] Shah A K，Cao K A，Choi E，et al. Serum glycoprotein biomarker discovery and qualification pipeline reveals novel diagnostic biomarker candidates for esophageal adenocarcinoma [J]. Mol Cell Proteomics，2015，14(11)：3023-3039.

[35] Cui R，Kamatani Y，Takahashi A，et al. Functional variants in ADH1B and ALDH2 coupled with alcohol and smoking synergistically enhance esophageal cancer risk [J]. Gastroenterology，2009，137(5)：1768-1775.

[36] Sawada G，Niida A，Uchi R，et al. Genomic landscape of esophageal squamous cell carcinoma in a Japanese population [J]. Gastroenterology，2016，150(5)：1171-1182.

[37] 陈云昭，崔晓宾，庞雪莲，等. PLCE1 基因 rs2274223 和 rs3765524 位点多态性与新疆哈萨克族人群食管癌的易感性[J]. 中华病理学杂志，2013，42(12)：795－800.

[38] Wang Q，Bai J，Abliz A，et al. An old story retold：Loss of G1 control defines a distinct genomic subtype of esophageal squamous cell carcinoma [J]. Genomics Proteomics Bioinformatics，2015，13(4)：258-270.

[39] Esteller M. Non-coding RNAs in human disease [J]. Nat Rev Genet, 2011,12(12):861-874.

[40] Li J, Chen Z, He J, et al. LncRNA profile study reveals a three-lncRNA signature associated with the survival of patients with oesophageal squamous cell carcinoma [J]. Gut, 2014,63(11): 1700-1710.

[41] Chen F J, Sun M, Li S Q, et al. Upregulation of the long non-coding RNA HOTAIR promotes esophageal squamous cell carcinoma metastasis and poor prognosis [J]. Mol Carcinog, 2013,52 (11):908-915.

[42] Xu Y, Wang J, Qiu M, et al. Upregulation of the long noncoding RNA TUG1 promotes proliferation and migration of esophageal squamous cell carcinoma [J]. Tumor Biol, 2014,36(3): 1643-1651.

[43] Pan F, Yao J, Chen Y, et al. A novel long non-coding RNA FOXCUT and mRNA pair promote progression and predict poor prognosis esophageal squamous cell carcinoma [J]. Int J Clin Exp Pathol, 2014,7(6):2838-2849.

[44] Abedi-Ardekani B, Dar N A, Mir M M, et al. Epidermal growth factor receptor (EGFR) mutations and expression in squamous cell carcinoma of the esophagus in central Asia [J]. BMC Cancer, 2012,12:602.

[45] Zhang L Y, Wu J L, Qiu H B, et al. PSCA acts as a tumor suppressor by facilitating the nuclear translocation of RB1CC1 in esophageal squamous cell carcinoma [J]. Carcinogenesis, 2016,37 (3):320-332.

[46] Li W, Hou G, Zhou D, et al. The roles of AKR1C1 and AKR1C2 in ethyl-3, 4-dihydroxybenzoateinduced esophageal squamous cell carcinoma cell death [J]. Oncotarget, 2016, 7(16):21542-21555.

[47] Sitas F, Egger S, Urban M I, et al. InterSCOPE study: Associations between esophageal squamous cell carcinoma and human papillomavirus serological markers [J]. J Natl Cancer Inst, 2012,104(2):147-158.

[48] He Z, Xu Z, Hang D, et al. Anti-HPV-E7 seropositivity and risk of esophageal squamous cell carcinoma in a high-risk population in China [J]. Carcinogenesis, 2014,35(4):816-821.

[49] Wang W L, Wang Y C, Lee C T, et al. The impact of human papillomavirus infection on the survival and treatment response of patients with esophageal cancers [J]. J Dig Dis, 2015,16(5): 256-263.

[50] Kumar R, Ghosh S K, Verma A K, et al. p16 expression as a surrogate marker for HPV infection in esophageal squamous cell carcinoma can predict response to neo-adjuvant chemotherapy [J]. Asian Pac J Cancer Prev, 2015,16(16):7161-7165.

[51] Zhang D H, Chen J Y, Hong C Q, et al. High-risk human papillomavirus infection associated with telomere elongation in patients with esophageal squamous cell carcinoma with poor prognosis [J]. Cancer, 2014,120(17):2673-2683.

[52] Rajendra S, Wang B, Snow E T, et al. Transcriptionally active human papillomavirus is strongly associated with Barrett's dysplasia and esophageal adenocarcinoma [J]. Am J Gastroenterol, 2013,108(7):1082-1093.

[53] Hayashida Y, Honda K, Osaka Y, et al. Possible prediction of chemoradiosensitivity of esophageal cancer by serum protein profiling [J]. Clin Cancer Res, 2005,11(22):8042-8047.

[54] Aichler M, Elsner M, Ludyga N, et al. Clinical response to chemotherapy in oesophageal adenocarcinoma patients is linked to defects in mitochondria [J]. J Pathol, 2013, 230 (4):

410-419.

[55] Xu J, Chen Y, Zhang R, et al. Global and targeted metabolomics of esophageal squamous cell carcinoma discovers potential diagnostic and therapeutic biomarkers [J]. Mol Cell Proteomics, 2013,12(5):1306-1318.

[56] Uemura N, Nakanishi Y, Kato H, et al. Transglutaminase 3 as a prognostic biomarker in esophageal cancer revealed by proteomics [J]. Int J Cancer, 2009,124(9):2106-2115.

[57] Kelly P, Paulin F, Lamont D, et al. Pre-treatment plasma proteomic markers associated with survival in oesophageal cancer [J]. Br J Cancer, 2012,106(5):955-961.

[58] Krause L, Nones K, Loffler K A, et al. Identification of the CIMP-like subtype and aberrant methylation of members of the chromosomal segregation and spindle assembly pathways in esophageal adenocarcinoma [J]. Carcinogenesis, 2016,37(4):356 - 365.

[59] Ling Z Q, Zhao Q, Zhou S L, et al. MSH2 promoter hypermethylation in circulating tumor DNA is a valuable predictor of disease-free survival for patients with esophageal squamous cell carcinoma [J]. Eur J Surg Oncol, 2012,38(4):326-332.

[60] Karagoz K, Lehman H L, Stairs D B, et al. Proteomic and metabolic signatures of esophageal squamous cell carcinoma [J]. Curr Cancer Drug Targets, 2016. [Epub ahead of print]

5

蛋白质组学在结直肠癌
研究中的应用

结直肠癌是世界范围内最常见的消化道恶性肿瘤之一。本章中概要介绍了结直肠癌的流行病学特征、组织病理学分型、分子机制和近年来结直肠癌相关的基因组学研究，重点讨论了蛋白质组学在结直肠癌研究中的应用。基因组学和蛋白质组学技术的发展、多组学整合研究概念的提出和高性能计算能力的提升，为开展基于分子特征指导结直肠癌临床治疗决策的研究提供了坚实的科学基础，也将使结直肠癌的精准医疗成为可能。

5.1 结直肠癌概述

5.1.1 结直肠癌的流行病学

5.1.1.1 结直肠癌的发病率和病死率

结直肠癌是常见的消化道肿瘤之一。据世界卫生组织国际癌症研究中心(International Agency for Research on Cancer，IARC)的资料显示，2012 年全世界约有136 万结直肠癌新发病例，居恶性肿瘤第 3 位，位于肺癌、乳腺癌之后；死亡约 69 万例，位于肺癌、肝癌和胃癌之后，居恶性肿瘤第 4 位[1]。与 2008 年全世界约 120 万结直肠癌新发病例[2]相比，2012 年结直肠癌新发病例数增加 13%，由此可见结直肠癌发病率有增长趋势。GLOBOCAN 的资料显示，2000 年世界结直肠癌死亡 492 400 例，占世界常见恶性肿瘤病死率的 7.9%[3]；2002 年结直肠癌死亡 528 978 例，占世界常见恶性肿瘤病死率的 7.9%[4]；2008 年结直肠癌死亡约 608 000 例，约占世界常见恶性肿瘤病死率的 8.0%[2]；2012 结直肠癌死亡 693 881 例，占世界常见恶性肿瘤病死率的 8.5%[1]（见表 5-1）。结直肠癌死亡占世界恶性肿瘤死亡的比例仍在缓慢上升。

表 5-1　GLOBOCAN 2000—2012 世界结直肠癌发病与死亡数据

年份	男性			女性			总数	
	n	%	ASR (1/10⁵)	n	%	ASR (1/10⁵)	n	%
2000								
发病	498 800	9.4	—	446 000	9.4	—	944 700	9.4
死亡	254 800	7.2	—	237 600	8.8	—	492 400	7.9
2002								
发病	550 465	9.5	20.1	472 687	9.3	14.6	1 023 152	9.4
死亡	278 446	7.3	10.2	250 532	8.6	7.6	528 978	7.9
2008								
发病	663 000	10.0	20.4	570 000	9.4	14.6	1 233 000	9.7
死亡	320 000	7.6	9.7	288 000	8.6	7.0	608 000	8.0
2012								
发病	746 298	10.0	20.6	614 304	9.2	14.3	1 360 602	9.7
死亡	373 631	8.0	10.0	320 250	9.0	6.9	693 881	8.5

GLOBOCAN 2012[1] 显示 2012 年中国结直肠癌发病 253 427 例，位于肺癌、胃癌、肝癌和乳腺癌之后，居第 5 位；死亡 139 416 例，同样居第 5 位，位于肺癌、肝癌、胃癌和食管癌之后。中国结直肠癌发病率和病死率分别是世界的 0.83 和 0.88，是亚洲国家的 1.03 倍和 1.02 倍。

5.1.1.2　结直肠癌发病及死亡的地区分布特征

结直肠癌在全球范围内具有明显的地域分布差异。总体而言，发达地区结直肠癌发病率高于欠发达地区，男女发病地域分布趋势一致。GLOBOCAN 2012[1] 显示，发达地区结直肠癌新发病例为 736 867 例，世界标化发病率为 29.2/10 万，占世界同期恶性肿瘤发病总数的 12.1%；欠发达地区新发病例为 623 735 例，世界标化发病率为 11.7/10 万，占世界同期恶性肿瘤发病总数的 7.8%。澳大利亚/新西兰、欧洲和北美的结直肠癌发病率最高，而西非、中非和中南亚发病率最低，发病率高发地区是低发地区发病率的 10 倍。研究发现，原来的一些低风险国家，如西班牙、东欧及东亚的几个国家,其国内飞速增长的发病率与所谓的西方式生活有密切联系[5]。而包括美国在内的一些发达国家,则随着结直肠镜筛查及结直肠息肉切除术的广泛使用,其结直肠癌发病率正呈现稳中有降的态势[6]。

发达地区结直肠癌病死率同样高于欠发达地区。发达地区结直肠癌死亡333 113例,世界标化病死率为11.6/10万,占世界同期恶性肿瘤死亡总数的11.6%;欠发达地区死亡360 768例,世界标化病死率为6.6/10万,占世界同期恶性肿瘤死亡总数的6.8%。男女性结直肠癌病死率最高的地区在中、东欧,最低的地区在非洲西部[1]。

中国结直肠癌发病率、病死率也存在地区差异,高收入地区高于低收入地区,城市高于农村。2010年,中国城市结直肠癌的发病率为26.70/10万,农村结直肠癌的发病率为15.01/10万,城市发病率比农村高1.78倍。城市结直肠癌的病死率为12.57/10万,农村结直肠癌的病死率为7.48/10万,城市结直肠癌病死率比农村高1.68倍[7]。结直肠癌高发地区与低发地区差异较大,这与不同地区的生活方式、环境和饮食的不同有着密切的联系。这一观点已被许多流行病学研究资料证实。

5.1.1.3 结直肠癌发病及死亡的年龄和性别特征

随着年龄的增长,结直肠癌发病的危险性增加。在发达国家,90%以上患者年龄在50岁以上,美国发病高峰年龄为75岁,英国发病高峰年龄为70岁;但在发展中国家,患者发病年龄较小,泰国、菲律宾、埃及已有报道的结直肠癌患者平均年龄为61.2岁、55.3岁和40岁。结直肠癌发病率的年龄特征是发达国家结直肠癌发病比发展中国家晚。2010年,中国结直肠癌发病率在50岁以下年龄组较低,50岁以上开始迅速升高,70岁以上年龄组达到最大值,80岁后有所下降[8]。

世界范围内男性结直肠癌的发病率与病死率普遍高于女性。GLOBOCAN 2012资料[1]显示,世界男女发病数和死亡数比分别为1.21和1.17,发达地区分别为1.18和1.11,欠发达地区为1.26和1.22,亚洲为1.34和1.26。2010年,中国男女结直肠癌的发病数与死亡数比分别为1.34和1.38[8]。

5.1.1.4 结直肠癌的预后

在过去几十年中,很多国家的结直肠癌生存率都有所提高。特别是在一些高收入国家,如美国、澳大利亚、加拿大及一些欧洲国家,结直肠癌的5年生存率已经达到了65%以上。但在一些低收入国家,结直肠癌的5年生存率还不到50%。结直肠癌的预后生存期会随着发病年龄的增高而减少。而对于年轻人来说,女性的生存率高于男性[5]。

结直肠癌的病理类型和病理分期是最重要的预后因素。高分化的腺癌、乳头状腺癌的预后最好;中分化腺癌、黏液腺癌的预后次之;低分化腺癌的预后最差,5年生存率分别为70.3%、49.6%和26.6%。鳞状细胞癌和腺鳞状细胞癌的5年生存率均在55%左右。结直肠癌的发生部位与其预后有关。Diron报道,右结肠癌患者的5年生存率为72%,降结肠癌为68%,乙状结肠癌为44%,直肠癌为47.4%。Gifehrist报道,腹膜反折以下无淋巴结转移的直肠癌患者5年生存率为49%,腹膜反折以上伴淋巴结转移者则为40%。此外,结直肠癌肿瘤的大小与预后也有关系。据统计,肿瘤直径<2 cm时,患者5年生存率为73.2%,肿瘤直径>2 cm时,患者5年生存率为50%左右。

5.1.1.5 结直肠癌的风险因素

与肺癌不同,大部分的结直肠癌不只有一个风险因素。除了年龄和性别,还有很多的危险因素值得注意,如结直肠癌家族史、炎性肠病、吸烟、过量饮酒、食用大量红色的加工肉类、肥胖和糖尿病及幽门螺杆菌、梭杆菌属细菌等传染病原体的感染等。在这些风险因素中,以结直肠癌家族史和炎性肠病与结直肠癌的关系最为密切。

结直肠癌的发病还与遗传密切相关。根据一项大型的双生子研究发现,34.35%的结直肠癌风险可归因于遗传因素。这里的遗传因素除了传统意义上的结直肠癌家族史以外,还包括家族性腺瘤性息肉病和遗传性非息肉病性结直肠癌(Lynch综合征)。全基因组关联研究却发现,越来越多的单核苷酸多态性(SNP)与结直肠癌的关联并不大。

5.1.2 结直肠癌的分型与发病机制

5.1.2.1 结直肠癌的组织病理学分类

结直肠癌的组织病理学分期方式主要有两种,分别是Dukes分期和TNM分期。

Dukes分期包括A、B、C、D 4期。A期为癌肿浸润深度限于直肠壁内,未穿出深肌层,并且无淋巴结转移;B期为癌肿侵犯浆膜层,也可侵入浆膜外或肠外周围组织,但尚能整块切除,无淋巴结转移;C期是癌肿侵犯肠壁全层或未侵犯全层,但伴有淋巴结转移,其中C1期癌肿伴有癌灶附近肠旁及系膜淋巴结转移,C2期癌肿伴有系膜根部淋巴结转移,尚能根治切除;D期为癌肿伴有远处器官转移、局部广泛浸润或淋巴结广泛转移,不能行根治性切除。

TNM分期是根据局部浸润深度(T分期)、淋巴转移情况(N分期)和是否有远端转移(M 分期)来进行分期。T 可分为：Tx，不能估计原发肿瘤；T0，未发现原发肿瘤；Tis，原位癌；T1，肿瘤侵犯黏膜层；T2，肿瘤侵犯肌层；T3，肿瘤侵犯肌层穿入浆膜下，或穿入腹腔动脉或直肠旁组织，但未穿破腹膜；T4，肿瘤穿破脏腹膜，或直接侵犯其他器官或组织。N 包括 Nx（不能估计局部淋巴结）、N0（无局部淋巴结转移）、N1（转移到 1～3 个结肠旁或直肠旁淋巴结）、N2（有 4 个以上结肠旁或直肠旁淋巴结转移）、N3（转移到任何主要血管旁的淋巴结）。M 分为 M0（无远处转移）和 M1（有远处转移）。

5.1.2.2　结直肠癌的分子机制

1) 腺瘤与癌序列

不典型增生性腺瘤是最常见的结直肠癌癌前病变，但它发展成结直肠癌往往需要 10 年以上。70% 以上的腺瘤形成都伴有 *APC* 基因突变，这似乎预示着 *APC* 基因突变与结直肠癌的癌前病变关系密切[10]。此外，腺瘤-癌的进展通常还伴随着 *KRAS* 基因的激活及 *p53* 抑癌基因的表达抑制[11]。这些特性的基因突变往往伴随着染色体数目和结构的变化（如 *APC* 基因突变源于 5 号染色体上的 5q21 遗传缺失，*p53* 基因表达受到抑制则被认为是 17 号染色体 17p13.1 的遗传缺失）。然而，散发性结直肠癌中 15% 以上是通过完全不同的分子发病机制发生的。比如说锯齿状病变，这种典型癌前病变往往表现为 CpG 位点的甲基化和 *BRAF* 基因的突变[12]，在结肠镜筛查时往往难以识别。

2) 遗传方式

有 3%～5% 的结直肠癌来自遗传。遗传性结直肠癌是一种非常值得进一步研究分子机制的肿瘤[13]。从遗传角度看，肿瘤主要是由重要的抑癌基因和 DNA 修复基因表达失活及野生型等位基因的突变所引起。遗传性结直肠癌的最常见形式有两种，分别为遗传性非息肉病性结直肠癌（林奇综合征，估计等位基因频率为 1：350～1：1 700）和家族性腺瘤性结肠息肉病（估计等位基因频率为 1：10 000）。这两种结直肠癌都是常染色体遗传疾病。

3) 错配修复缺陷和高度的微卫星不稳定性

错配修复基因缺陷型结直肠癌的特点是累积许多通过染色体微卫星分布的基因缺失和插入错误[14]。高度的微卫星不稳定性（high-level microsatellite instability, MSI-H）肿瘤呈现以下特点：定位在近端结肠；患者年龄 < 50 岁（遗传型）或老年人（散发型）；同步发生其他肿瘤；局部病灶较大，并且很少发生器官转移。MSI-H 肿瘤的组织病理学特点为较差或混合性分化（高分化）和肿瘤浸润淋巴细胞的密集浸润[15]。90% 的 MSI-H 型

肿瘤至少有一种 DNA 错配修复蛋白的失表达。虽然 DNA 错配修复基因的失活看起来更像是加速而非启动结直肠癌,但在肿瘤发展中 DNA 错配修复启动的时间点仍难以判断。

5.1.3 结直肠癌的诊断

许多筛查手段,如肠镜、便隐血检测(fecal occult blood test,FOBT)、粪便 DNA (stool DNA,sDNA)检测和血清癌胚抗原(CEA)水平等都被用于结直肠癌的诊断。结肠镜检查是结直肠息肉、腺瘤和癌判断的"金标准"。2%~4%的患者在确诊结直肠癌后会听从医生建议接受完整的结肠镜或 CT 结肠成像检测以排除其他同步发生的肿瘤。结肠镜检查的缺点是价格昂贵,并且可能给患者造成创伤。FOBT 不仅价格经济而且创伤小,是最广泛使用的筛查方法,但特异性差,易造成假阴性和假阳性结果。基于这个原因,所有 FOBT 阳性的患者都需要进行结肠镜的检查。sDNA 的检测是无创的检查方式,但是它和 FOBT 一样,都不适用于结直肠癌的早期检测。血清中 CEA 的丰度是评价术后复发的有效方法,但对结直肠癌的早期检测并不敏感。

对于直肠癌,诊断时进行精确的局部分期是必需的,这也是新辅助治疗的重要依据。除了到肛门口的准确距离,肿瘤侵袭的范围也是很重要的。超声内镜检查作为一种非侵入性的检查手段,可以区别肿瘤是否浸润,从而判断直肠癌的 T 分期。所以,超声内镜是局部肿瘤分期的可选方法之一。

对于结直肠癌的诊断,远处转移也是很重要的一项指标。约 20%的患者在诊断出结直肠癌时就已经发生了远处转移。远处转移最常见的部位是肝脏。因此,所有的结直肠癌患者均应做一个肝脏影像学检查以排除转移。使用肺部 CT 的小范围研究表明,9%~18%的直肠癌患者伴随有肺转移。虽然对检测结直肠癌患者肺部转移情况的临床效果还不清楚,但进行结直肠癌分期时一般推荐患者做一个 X 线片检查。考虑到肺部转移的发生率,对那些直肠癌局部晚期的患者进行肺部 CT 检测也很有道理。虽然结直肠癌还会转移到其他部位如骨骼、脑等,但目前尚未有证据支持需常规检查这些部位。此外,数据并不支持在未怀疑有远端转移时进行 PET-CT 筛查。调查显示,虽然使用 PET-CT(相比于使用 CT 筛查)更有可能发现肝脏转移从而获得手术机会(或减少为所谓的腹腔镜手术),但这些都对生存期无任何影响。

5.1.4　结直肠癌的治疗

5.1.4.1　手术

标准的外科治疗直肠癌的手术是全直肠系膜切除术,即切除直肠及直肠周围系膜。完整地切除直肠系膜很重要,因为这可以达到完全清扫直肠周围淋巴结的目的。在结肠癌手术中,病灶与相应的淋巴结也会被切除清扫。手术的程度是由肿瘤的位置及供给的血管所决定的。这个手术与直肠癌直肠系膜切除术类似。一些专家提出在结肠癌手术中行完整的结肠系膜切除术,这样会导致更多的结肠系膜和淋巴结被清扫。

开放性手术曾经是结直肠癌患者唯一的选择。然而,腹腔镜切除术已经迎头赶上并发展成为一个可供选择的方案。几项分析表明[16, 17],腹腔镜下行直肠癌根治术达到的长期效果与开放性手术一致,并且需要输血的患者更少(3.4％：12.2％);肠道功能恢复更快(首次排便天数为 3.3 天：4.6 天);住院时间更短(9.1 天：11.7 天)。当然,腹腔镜切除术所需要的时间更长(208 min：167 min),操作成本也更高。一些证据还推荐使用机器人进行直肠癌切除术[18],但仍需进一步数据支持。

5.1.4.2　辅助化疗

对术后或晚期患者,应用化学药物缩小原发肿瘤,消除微小转移病灶,从而减少肿瘤复发和转移的治疗方案统称为辅助化疗。Ⅲ期结肠癌患者有 15％～50％的复发风险。所以,Ⅲ期结肠癌患者进行根治性手术后,若无明显禁忌,都被推荐使用辅助化疗。含氟尿嘧啶的化疗方案可以降低 17％的复发率,增加 13％～15％的总生存率[19]。此外,卡培他滨作为氟尿嘧啶的口服药物,与静脉药物效果相当。

为了提高无病生存期和总生存期,几项大型的前瞻性研究正在尝试采用奥沙利铂配合氟尿嘧啶或卡培他滨进行治疗。奥沙利铂可以增加Ⅲ期结肠癌患者 6.2％～7.5％的 5 年无病生存期和 2.7％～4.2％的总生存期,但其仅对年龄小于 65 或 70 岁的患者有利[20, 21]。另有研究表明,在含有奥沙利铂的方案中加入贝伐珠单抗或西妥昔单抗对无病生存期毫无作用[22]。此外,使用伊立替康联合氟尿嘧啶非但没有获益而且还会增加药物毒性[23]。

Ⅱ期结肠癌的无病生存期和总生存期都优于Ⅲ期结肠癌,辅助化疗对生存期的收益似乎并没有那么大。因此,通常Ⅱ期患者同时伴有复发的高风险因素(如 T4 期、有穿孔、手术期间发生过肠梗阻、清扫的淋巴结少于 12 个等)时才会被建议使用辅助化疗。在 Quasar 试验中[24]，Ⅱ期患者根治性切除术后行含氟尿嘧啶的方案化疗会降低全因病死率(相对危险性为 0.82)。

5.1.4.3 新辅助治疗

所谓新辅助治疗，特指在手术或放疗治疗前所实施的局部治疗方法，它能促使肿块缩小或杀死转移细胞，有利于后续的手术或放疗等治疗。Ⅰ期患者除了手术外不需要接受任何额外的治疗，因为他们的肿瘤局部复发率很低(约 3%)，进行新辅助治疗的收益非常小。Ⅲ期患者可以从新辅助治疗中获益，而Ⅱ期患者是否获益尚不清楚[25]。目前被普遍接受的观点是，T4 期和晚期 T3 期(肿瘤浸润直肠系膜筋膜)患者可以从新辅助治疗中获益。但业界仍对于那些 T3 期肿瘤距离直肠系膜筋膜 1 mm 以上(无论 N 分期情况如何)的患者使用新辅助化疗的收益有所怀疑[26]。

新辅助放疗能降低局部复发率和不良反应。但是，问题的关键在于短程放疗(5×5Gy)和长程放疗(50.4Gy)联合化疗哪个效果更好。在美国和一些欧洲国家，长程放疗是首选;而另一些欧洲国家(如瑞典、挪威、荷兰等)则主要使用短程放疗。短程放疗一般都是配合手术，很少出现延迟。因此，短程放疗并不能明显减小肿瘤。对于要减小肿瘤的 T4 或 T3 期肿瘤浸润直肠系膜筋膜的患者，长程放疗联合化疗是首选方案。在一项随机试验中[27]，长程放疗对于环周切缘的实现率明显低于短程放疗(4%:13%)。T3 期肿瘤患者的理想治疗方案目前尚不清楚。第 1 个随机试验比较短程放疗和长程放疗联合化疗治疗 T3 期直肠癌的结果表明，长程放疗联合化疗的局部复发率低于短程放疗，尤其是对于病灶在远端直肠的患者，但差异没有统计学意义。其他数据也同样表明，对于病灶在远端直肠的 T3 期患者，长程放疗联合化疗似乎是首选。但对于病灶在近端直肠的 T3 期患者，如果肿瘤并没有浸润直肠系膜筋膜，短程放疗效果更优。大多数的此类研究都使用氟尿嘧啶联合放、化疗，其实卡培他滨也是一个不错的选择。

新辅助治疗在晚期结肠癌治疗中作用的数据仍不充足。一项包含 150 名局部晚期接受放射治疗患者的研究显示[28]，术前化疗是可行的。术前化疗的不良反应和围手术期并发症都是可接受的，而患者的 R0 切除率却有显著的提高($P=0.002$)。但是，得出这个结论还需要更多的随机试验数据。

5.2 结直肠癌的基因组学研究

5.2.1 结直肠癌的基因组学研究技术

癌症是一种基因组疾病,它是正常细胞中基因突变的不断积累而导致的细胞恶性增殖。癌症的基因组变异图谱研究,可以有效揭示癌症的基因印记、肿瘤标记及不同变异类型,对于癌症的检测与治疗具有重要意义。在过去的十余年中,肿瘤基因组学研究发展迅速,这主要归功于基因组学研究技术的不断进步。在诸多的新型基因组学研究技术中,全基因组关联分析(GWAS)与基因组测序(genome sequencing)技术对于揭示肿瘤发生发展的分子机制、推动肿瘤临床检测与治疗具有里程碑意义。

5.2.1.1 结直肠癌全基因组关联分析

GWAS 是利用高通量的基因芯片技术,主要是对个体中数以百万计的 SNP 进行检测研究,在全基因组水平上、大样本人群中进行病例对照关联分析,发现与疾病相关的阳性位点,然后将此阳性位点在独立的样本中进行验证,从而发现影响复杂性疾病发生的遗传易感变异[29]。自 2007 年以来,多项结直肠癌的 GWAS 研究已见报道,这些研究发现了一些与结直肠癌相关的位点或区域(见表 5-2),推动了结直肠癌遗传学研究进展。结直肠癌遗传性(colorectal cancer genetics,COGENT)小组基于英格兰、苏格兰和加拿大人群的样本经过重复验证,先后发现了 11 个结直肠癌的易感位点:rs6983267、rs10505477、rs719725、rs4939827、rs4779584、rs16892766、rs10795668、rs3802842、rs7014346、rs1957636 和 rs4813802。2010 年,Lascorz[30]对德国 371 例家族性结直肠癌病例和 1 263 例对照进行 GWAS 研究,成功验证了 COGENT 发现的大部分位点,同时发现 rs12701937 在显性模型中与结直肠癌的发病风险存在显著关联,且此关联在家族性结直肠癌病例中效应更强。2011 年,Cui 及其同事首次报道了亚洲人群的结直肠癌 GWAS 研究结果。他们发现 SLC22A3 基因上的 rs7758229 与远端结肠癌的发病风险存在显著关联[31]。同时,他们还发现亚洲人的易感位点与欧洲人的重合度很低,提示欧洲人群和亚洲人群之间结直肠癌的发病机制存在一定的种族差异。目前,尚未见到非洲人群的结直肠癌 GWAS 研究,但 He 等人在一个多种族人群中对 11 个

GWAS 发现的结直肠癌易感位点进行重复验证，发现在美国黑种人中 rs6983267 和 rs961253 与结直肠癌存在显著关联[32]。

表 5-2 基于 GWAS 技术筛选出的结直肠癌易感 SNP

SNP	区域 （基因）	研究者 （发表时间）	样本量（病例/对照）		OR	P 值 （整体）
			GWAS	整体		
rs6983267	8q24	Tomlinson（2007）[33]	940/965	8 264/6 206	1.21	1.27×10^{-14}
rs10505477	8q24	Zanke（2007）[34]	1 226/1 239	7 480/7 779	1.18	1.41×10^{-8}
rs719725	9q24				1.14	1.32×10^{-5}
rs4939827	18q21(SMAD7)	Broderick（2007）[35]	940/965	8 413/6 949	1.18	1.00×10^{-12}
rs4779584	15q31(GREM1)	Jaeger（2008）[36]	940/965	7 922/6 741	1.26	4.44×10^{-14}
rs16892766	8q23.3(EIF3H)	Tomlinson（2008）[37]	940/965	18 831/18 540	1.25	3.3×10^{-18}
rs10795668	10p14				1.12	2.5×10^{-13}
rs4939827	18q21(SMAD7)	Tenesa（2008）[38]	981/1 002	17 457/16 353	1.20	7.77×10^{-28}
Rs3802842	11q23				1.11	5.82×10^{-10}
rs7014346	8q24				1.19	8.60×10^{-26}
rs4444235	14q22.2(BMP4)	Houlston（2008）[39]	1 952/1 977	20 288/20 971	1.11	8.1×10^{-10}
rs9929218	16q22.1(CDH1)				1.10	1.2×10^{-8}
rs10411210	19q13.1(RHPN2)				1.15	4.6×10^{-9}
rs961253	20p12.3(BMP2)				1.12	2.0×10^{-10}
rs12701937	GLI3(INHBA)	Lascorz（2010）[40]	371/1 263	5 286/6 870	1.14	1.1×10^{-3}
rs6691170	1q41	Houlston（2010）[41]	1 432/2 697	18 185/20 197	1.06	9.55×10^{-10}
rs10936599	3q26.2				0.93	3.39×10^{-8}
rs11169552	12q13.13				0.92	1.89×10^{-10}
rs4925386	20q13.33				0.93	1.89×10^{-10}
rs7758229	6q26(SLC22A3)	Cui（2011）[31]	1 583/1 898	6 167/4 494	1.28	7.92×10^{-9}
rs1957636	14q22.2(BMP4)	Tomlinson（2011）[42]	18 185/20 197	24 910/26 275	1.08	3.93×10^{-10}
rs4813802	20p12.3(BMP2)				1.09	4.65×10^{-11}

尽管 GWAS 发现的 SNP 只能轻度增加结直肠癌的风险[43]，但是结直肠癌 GWAS 研究确实促进了基因组学中一些基础研究的进行，为进一步了解结直肠癌的发病机制提供了重要的参考数据。随着相关技术的不断进步与后续功能研究的不断完善，GWAS 无疑会发现更多的基因、位点与通路。凭借较高的通量/成本比，GWAS 将联合其他基因组学研究技术在精准医疗方面发挥重要作用。

5.2.1.2　结直肠癌基因组测序研究

2006 年第二代基因组测序技术的诞生,第一次在真正意义上实现了疾病相关的全基因组范围的高通量研究。基因组测序技术是目前最全面、最系统、分辨率最高的基因组学研究技术,通过基因组测序技术,数十种肿瘤的基因组变异图谱,包括位点变异图谱和结构变异图谱,都已经被揭示。基因组测序技术对于肿瘤基因组研究无疑具有划时代的意义。多项基于基因组测序的结直肠癌的基因组学研究已见报道。2007 年,Wood[44]等人通过对 11 例结直肠肿瘤进行测序,第一次刻画了人体结直肠癌基因组图谱,提出了著名的"Mountain-Hill"概念。*APC*、*TP53*、*KRAS*、*PIK3CA* 和 *FBXW7* 基因在结直肠癌患者中存在广泛变异,并定义为结直肠癌的"Mountain"。同时,通过对结直肠癌中变异信号通路进行分析,揭示了 PI3K 信号通路对于结直肠癌发生发展具有重要意义。2012 年,Seshagiri[45]等人对 72 对结直肠癌病变与对照样本进行了基因组测序,对于结直肠癌基因组的分子特征进行了更加详细的阐述。他们鉴定了 23 个显著突变基因(significantly mutated genes,SMG),进一步揭示了结直肠癌的基因图谱。值得注意的是,这 23 个基因中包括了 Wood 等人鉴定到的 5 个"Mountain"基因,进一步验证了 Wood 等人的发现。除此之外,Seshagiri 等人通过检测基因拷贝数和 RNA 测序还鉴定到了一些过表达基因(如 *IGF2*)和融合转录本(fusion transcripts),其中 *R-spondin* 融合基因通过 Wnt 通路对结直肠癌的发生发展发挥重要作用。同年,癌症基因组图谱项目完成了对 276 份结直肠癌样本及其癌旁样本的基因组测序,提供了空前详尽的结直肠癌基因图谱。在变异频率方面,他们发现超变异的样本(hypermutated samples)占到 16％,其中 3/4 的样本存在微卫星不稳定性,1/4 的样本存在错配修复基因与聚合酶 ε 的变异。在显著变异基因图谱方面,他们在超变异样本和非超变异样本中分别鉴定到 15 和 17 个显著变异基因,进一步验证了已发现的"Mountain"基因,并发现了新的候选基因,如 *ARID1*、*SOX9* 和 *FAM123B*。在信号通路分析中,他们详述了 Wnt、MAPK、PI3K、TGF-β 和 p53 五条核心通路的变异情况,将人们对于结直肠癌发生发展分子机制的了解推到了新的高度。

过去十余年里,基因组测序技术在揭示结直肠癌基因组变异图谱方面发挥了关键作用,随着测序成本的不断降低,越来越多结直肠癌样本的基因组被测序。一方面,这使得结直肠癌基因组变异图谱日益详尽;另一方面,新的挑战也日益显现。比如,肿瘤异质性问题。肿瘤异质性广泛存在于肿瘤之间及肿瘤内部的不同亚克隆之间,异质性的存在对揭示肿瘤变异基因图谱、寻找肿瘤驱动基因提出了新的挑战。更大的样本量、更精细的样本分类是解决这一问题的最有效手段。目前，在其他肿瘤类型中，同一肿瘤不同部位的测序研究已经展开[46,47]，这不仅有助于人们了解肿瘤内部不同亚克隆之间的异质情况，还可以为该肿瘤的发生发展过程，即肿瘤进化研究，提供重要信息[48]。除此之外，异质性的解决也有赖于新型测序技术的发展，如单细胞测序技术[49,50]。未来，随着测序技术的发展和成本的降低，人们有理由相信，基因组测序技术将把结直肠癌基因组研究推向新的高度。

5.2.2 基因组学在结直肠癌相关研究中的应用与问题

5.2.2.1 基因组学在结直肠癌相关研究中的应用

经过十余年的迅猛发展，基因组学目前已经渗透到结直肠癌基础研究的多个方面。首先，基因组学已经广泛应用于结直肠癌基因组变异图谱的研究。如上文所述，多项基于大样本、高通量的基因组学研究已经发表，对于结直肠癌基因组的分子特征，它们既各有贡献又相互印证。目前人们已经得到了比较详尽的结直肠癌变异图谱，包括变异位点图谱、显著变异基因图谱、富集信号通路图谱、甲基化图谱及基于 RNA 测序的基因表达图谱。这些进展空前深化了科学家们对结直肠癌发病机制的认知，为后续的功能基因组学研究提供了新的思路。其次，基因组学技术在结直肠癌进化方面的应用，为结直肠癌的早期检测提供了重要参考。肿瘤的早期检测对于肿瘤的临床防治具有重要意义，结直肠癌的发生发展遵循着"正常组织—异形腺窝—腺癌—癌"的顺序，因此成为研究肿瘤不同时期分子特征的最佳素材之一。目前，基于基因组学的研究也已经阐明结直肠癌发生发展过程中关键基因的突变顺序[51]，更多基于不同发展时期的肿瘤样本或同一肿瘤不同方位的样本的基因组研究正在进行中，这无疑会为刻画结直肠癌肿瘤发生发展提供更为详尽的数据。再次，基因组学已经广泛应用于结直肠癌的临床分型。随着越来越多的结直肠癌基因图谱被鉴定，人们对于结直肠癌的种类也愈发清楚。基于结直肠癌的两种状态——CpG 岛甲基化表型（CpG island methylation phenotype, CIMP）和微卫星不稳定性（microsatellite instability，MSI），结直肠癌被分为 4 种：CIMP-H/MSI-H、CIMP-H/MSI-L、CIMP-L/MSI-H 和 CIMP-L/MSI-L。结直肠癌的分子分型细化了结直肠癌的亚类，使得结直肠癌基因组分子特征的归纳更具代表性。同时，分型技术也为后期开发新型个体化疗法提供了帮助。除此之外，结直肠癌基因组学的研究成果还催生了一些新型研究系统,比如 APC$^{min/+}$ 小鼠模型,通过这些系统间接推动结直肠癌发生发展机制及临床检测与治疗的发展。

5.2.2.2 基因组学在结直肠癌相关研究中面临的问题

尽管基因组学在结直肠癌相关研究中发挥了重要作用,同其他研究方法一样,基因组学研究也面临着一些问题。第一,结直肠癌基因组学研究样本的种类还很有限。过去的十余年中,随着测序成本的不断下降,结直肠癌基因组学研究样本在数量上取得了巨大的飞跃。尽管数量上的增加为人们提供了更为详尽的结直肠癌变异图谱,但基于肿瘤-癌旁配对样本的比较基因组学研究因为样本的相对单一而无法进一步挖掘结直肠癌基因组有价值的信息。未来,随着肿瘤分型技术的不断完善,基因组学研究样本在种类上的丰富将是大势所趋,也必将进一步拓展人们对结直肠癌分子机制的认识,尤其是对结直肠癌在基因组进化方面分子特征的认识。第二,结构基因组学与功能基因组学的整合分析还很缺乏。结构基因组学通过分析基因组的结构与序列信息,揭示基因组的变异图谱,可以为肿瘤的分子分型提供数据支持。而功能基因组学则借助于 RNA 测序、质谱定量等技术批量揭示基因的功能。而这两者被认为是肿瘤精准医疗的两驾马车。遗憾的是,结直肠癌的个性化医疗条件目前还很不成熟。尽管已经建立了结直肠癌的分子分型体系,但是目前人们对于结直肠癌潜在驱动基因的分子机制还不十分清楚,临床上更是缺乏相应的靶向治疗药物。加强结构基因组学数据与功能基因组学数据的整合分析,将是打破这一局面,推动结直肠癌精准医疗的最有效手段之一。

5.3 蛋白质组学在结直肠癌研究中的应用

肿瘤的发生发展是多基因参与的复杂过程,而基因功能的发挥是通过蛋白质实现的。由于基因表达的状态受到可变剪接、RNA 编辑、翻译后修饰和蛋白质降解等过程的调节,蛋白质的存在形式或丰度都远比基因组要复杂。蛋白质的变异位点、丰度变化、构象改变或者翻译后修饰等打破了细胞正常的增殖与凋亡之间的平衡,参与了肿瘤的发生发展和浸润转移。此外,肿瘤细胞对放疗和众多化疗药物产生的耐药性也与蛋白质性质变化密切相关。因此,蛋白质组研究是揭示肿瘤发生发展分子机制征程中不可或缺的一环。

5.3.1 蛋白质组学在结直肠癌标志物发现中的应用

5.3.1.1 基于结直肠癌动物模型的标志物研究

由于动物模型的个体间具有相同的遗传背景和相近的病理学变化,基于动物模型样本寻找疾病标志物的蛋白质组学研究已广泛开展。结直肠癌的小鼠模型主要有两类,分别是化学诱变剂诱导结直肠癌的小鼠模型和基因突变诱发结直肠癌的小鼠模型。

2003 年,Tanaka 等在 *Cancer Science* 上发表的一篇论文,创造了由氧化偶氮甲烷(azoxymethane,AOM)和葡聚糖硫酸钠(dextran sodium sulfate,DSS)两种化学诱变剂构建的模拟结肠炎诱导结肠癌的 AOM/DSS 小鼠模型[52]。Leung 等人利用小型成像系统观察了几种蛋白质分子在 AOM/DSS 小鼠模型中的变化,发现转铁蛋白受体(transferrin receptor,TfR)和转化生长因子-β1(transforming growth factor beta 1,TGF-β1)的丰度与结直肠腺瘤的发展呈正相关[53]。Barderas 等发现 p53、GTF2B、STK4/MST1、EDIL3 和 NYESO-1 等蛋白质的自身免疫性抗体随结直肠肿瘤的发展而增加[54]。Wang 等利用 iTRAQ 技术分析了 AOM/DSS 小鼠模型结肠肿瘤发生发展过程中不同时期的结肠组织间隙液,发现 144 种蛋白质在结肠组织间隙液中的丰度随肿瘤的进展而发生变化,其中 LRG1 和 TUBB5 被 MRM 方法证明可以作为结直肠癌的血清标志物[55]。

已有充分证据表明,一部分结直肠癌是由于 *APC* 基因突变造成的。*APC* 属抑癌基因,定位于染色体 5q21 上,编码含有 2 843 个氨基酸的蛋白质,该蛋白质在细胞黏附和信号转导中发挥作用。一旦 *APC* 基因突变导致终止密码提前出现,就会产生无功能的截短蛋白(truncated protein)。APC^{min/+} 小鼠模型是利用 *APC* 单等位基因的第850 位氨基酸发生无意义突变所制备的结直肠癌模型[56]。该模型可以真实地模拟家族性腺瘤性息肉病(FAP)的病程进展,展示正常黏膜上皮自发肠道息肉、由息肉转变为腺瘤并最终形成腺瘤的病理过程[57]。Kitahara 等发现随 APC^{min/+} 小鼠结直肠肿瘤的发展,*VASH2* 的 mRNA 和蛋白质丰度均增加,而且 VASH2 蛋白可以在腺瘤晚期的血管周围被检测到[58]。Xie 等比较不同周龄 APC^{min/+} 小鼠及正常小鼠的结肠组织间隙液蛋白质组,发现 46 种蛋白质随 APC^{min/+} 小鼠结肠肿瘤的发展发生持续地改变;其中 6 种丝氨酸蛋白酶在小鼠血清中的丰度增加与结肠肿瘤的进展密切相关;特别重要的是,4 种丝氨酸蛋白酶——CELA1、CELA2A、CTRL 和 TRY2 在人结直肠癌患者血清中的丰度也显著升高,其中 CELA1 和 CTRL 联合评估结直肠癌的敏感度和特异性分别为 90% 和 80%[59]。

5.3.1.2 基于结肠癌/癌旁组织的标志物研究

比较不同患者来源的处于不同疾病状态的组织样本,或者比较同一患者来源的组织学水平上不同的组织(癌组织与癌旁组织),可能发现多种类型的结直肠癌的候选标志物,包括早期检测标志物和结直肠癌进展相关的标志物等。为了寻找结直肠癌早期诊断的候选标志物,Xie 等研究者利用二甲基同位素标记和 LC-MS/MS 的方法,从Ⅰ期和Ⅱ期结直肠癌组织中鉴定到 501 个差异表达蛋白质;随后,利用组织芯片和血清样本进行的验证实验表明,α1-antitrypsin 和 cathepsin D 可能是结直肠癌早期诊断的候选标志物[60]。Han 等人利用非标记定量的蛋白质组学研究策略,分析了来自 28 个 Dukes 病理分期不同的结直肠癌患者的癌组织和相邻癌旁组织的膜蛋白质组,发现人类红细胞膜整合蛋白样蛋白 2 (stomatin-like 2)可以作为结直肠癌早期检测的候选标志物,其敏感度为 71%。如果人类红细胞膜整合蛋白样蛋白 2 和 CEA 进行联合检测,其敏感度提升为 87%[61]。Peng 等利用 2D-DIGE 和 MALDI-TOF MS 技术比较正常结直肠组织和不同病理分期的结直肠癌组织,发现 199 种差异表达蛋白质。其中 GRP78、ALDOA、CA1 和 PPIA 是新的预后标志物,可以为 TNM 分期Ⅰ~Ⅳ级的结直肠癌患者提供良好的生存预测[62]。

为了探索结直肠癌转移相关的生物标志物,许多研究开展了有无淋巴结转移 (lymph node metastasis,LNM)的结直肠癌样本的比较蛋白质组研究。Pei 等人利用双向电泳和 MALDI-TOF MS 的方法,分析了 5 例有淋巴结转移和 5 例无淋巴结转移的结直肠癌组织及其配对的正常黏膜组织蛋白质表达谱的差异,并用组织芯片证明 HSP27、GST 和膜联蛋白 A2 的丰度增加和 L-FABP 的丰度下调与结直肠癌的淋巴结转移密切相关[63]。Meding 等研究者采用两种基于组织样本的蛋白质组学分析策略——MALDI 质谱分子成像和非标记定量蛋白质组学策略,分别从 21 例无淋巴结转移和 33 例有淋巴结转移的结直肠癌组织样本中鉴定相对分子质量小于 25 000 的小蛋白质和较大的蛋白质差异。在他们鉴定到的差异蛋白质中,FXYD3、S100A11 和 GATM3 被组织芯片进一步证明与结直肠癌的淋巴结转移密切相关[64]。除了淋巴结转移,结直肠癌肝转移是结直肠癌患者预后差的主要原因,与结直肠癌肝转移相关的标志物研究亦受到许多研究者的关注。Chang 等人利用基于双向电泳的蛋白质组学方法,比较同一患者来源的正常结肠黏膜组织、原发结肠癌组织及其相应的肝转移肿瘤组织蛋白质表达谱的差异,发现并验证 ATP 合酶的 α-亚基和 δ-亚基与结直肠癌的肝转移相关[65]。Kang 等利用双向电泳和 MALDI-TOF/TOF MS 的方法,分析了 7 例无肝转移和 7 例伴随肝转移的原发结直肠癌组织的蛋白质表达谱,发现 34 种差异蛋白质。其中 IκBα、TNFα 和 MFAP3L 三种蛋白质组合进一步被免疫组织化学实验证明,可以用来评判结直肠癌的肝转移,其敏感度和特异性分别为(92.85±4.87)% 和(94.94±2.5)%[66]。

表 5-3 总结了利用临床组织样本筛选结直肠癌候选标志物的蛋白质组学研究。组织是由多种类型细胞组成的复杂结构,并且临床组织样本中细胞组成具有异质性,这些都提示进行组织的蛋白质组学研究时需要充分考虑实验样本细胞组成的异质性。为了克服肿瘤组织异质性的问题,许多研究者利用激光捕获显微切割(laser capture microdissection,LCM)技术,特异性地捕获肿瘤组织中的肿瘤细胞及癌旁组织中的上皮细胞进行比较蛋白质组学研究。Wisniewski 等人利用 LCM 技术从 3 个结直肠癌患者的结直肠组织样本中分离肿瘤细胞和正常的黏膜上皮细胞,进而通过非标记定量蛋白质组学策略分析了它们的蛋白质表达谱,从中发现和确认了多种已知的结直肠癌标志物[67]。Xu 等人用 LCM 技术从 12 个结直肠癌患者切除的原发性结直肠癌组织中分别收集癌组织、癌旁正常黏膜组织和腺瘤样息肉组织样本,利用 SELDI-TOF MS 和 CM10 蛋白质芯片寻找结直肠癌早期检测的蛋白质指纹模型。他们发现了蛋白质峰 m/z 3 570 的下调和 m/z 5 224 的上调与结直肠癌密切相关[68]。

表 5-3　2010 年以来利用临床组织样本筛选结直肠癌候选标志物的蛋白质组学研究

样本	蛋白质组学分析策略	验证实验	验证的候选标志物	参考文献
3 例结直肠癌及其配对的癌旁组织	非标记的蛋白质表达谱分析,2D LC-MS/MS	WB, IHC	TPM3, ERp29, CAMP, HSPA8	[69]
19 例结直肠癌及其配对的健康结直肠组织	^{18}O 的稳定同位素标记分析,LC-MS/MS		PLOD2, DPEP1, SE1L1, CD82, PAR1, PLOD3, S12A2, LAMP3, OLFM4	[70]
12 例结直肠癌的癌组织/癌旁正常黏膜组织和腺瘤性息肉组织的细胞外基质组分	SELDI-TOF MS, CM10 蛋白质芯片		核质比为 3 570 和 5 224 的蛋白峰	[68]

（续表）

样本	蛋白质组学分析策略	验证实验	验证的候选标志物	参考文献
19 例结直肠癌组织（其中 10 例淋巴结转移）	LC-MS/MS	IHC	MX1，IGF1-R，IRF2BP1	[71]
有、无淋巴结转移的结直肠息肉组织和癌组织的膜组分	iTRAQ，LC-MS/MS	MRM，组织芯片	ITGA5，GPRC5A，PDGFRB，TFRC，C8orf55	[72]
8 例结直肠癌及其配对的正常组织	双向电泳，ESI-Q-TOF-MS/MS	WB，RT-PCR，IHC	CA2	[73]
3 例 II 期、1 例 III 期结直肠癌及其配对的正常黏膜组织	非标记的质谱定量技术	IHC	RAI3	[74]
20 例结直肠癌（ I ～ IV 期各 5 例）和 5 例 I 期结直肠癌配对的正常黏膜组织	2D-DIGE-MS/MS	WB，IHC	GRP78，LDOA，CA1，PPIA	[62]
59 例结直肠癌及其配对的正常上皮组织	2D-DIGE-MS/MS	WB，IHC	EB1	[75]
21 例无淋巴结转移和 33 例淋巴结转移的结直肠癌组织	MALDI 成像技术，非标记的质谱定量技术	IHC	FXYD3，S100A11，GSTM3	[64]
4 例腺癌组织及其配对的非肿瘤组织	双向电泳，MALDI-TOF/MS	WB，IHC	膜突蛋白，KRT17	[76]
28 例 Dukes 分期 B 期的结直肠癌组织及其配对的正常黏膜组织	2DE-LC-MS/MS	IHC	14-3-3b，ALDH1	[77]
28 例 I ～ IV 期的结直肠癌组织	iTRAQ，MALDI-TOF/TOF MS	IHC	OLFM4	[78]
9 例结直肠癌及其配对的正常黏膜组织	双向电泳，纳米-ESI-Q-TOF MS/MS	WB	NDK A	[79]
16 例淋巴结转移和 16 例无淋巴结转移的结直肠癌组织	二甲基稳定同位素标记技术，2D-LC-MS/MS	IHC	S100A4	[80]
28 例结肠癌（4 例 Dukes 分期 A 期，7 例 Dukes 分期 B 期，11 例 Dukes 分期 C 期，6 例 Dukes 分期 D 期）及其配对的正常组织	LC-MS/MS	IHC，ELISA	STOML2	[61]

5.3.1.3　基于结直肠癌血清/血浆样本的生物标志物研究

血清/血浆是最容易获得的可用于生物标志物研究的临床样本。然而,血液中高丰度蛋白质的存在(22 种高丰度蛋白质几乎占血液中蛋白质组成的 99％),以及蛋白质浓度动态范围高达 12 个数量级,使得从血液中寻找特异性的生物标志物无异于"大海捞针"。因此,常规进行血清蛋白质表达谱分析的第一步是进行血清中高丰度蛋白质的去除或者低丰度蛋白质的富集。Ma 等研究者利用多重亲和去除柱分别去除 10 例结肠癌患者血清样本和 10 例健康对照血清样本中占蛋白质总量 85％～90％的白蛋白、免疫球蛋白、转铁蛋白、珠蛋白和抗胰蛋白酶后,将患者样本和对照样本分别混合,利用 2D-DIGE和 MALDI-TOF MS 进行蛋白质的分离和鉴定,发现 8 种差异蛋白质;随后,研究者进一步用 ELISA 方法在结直肠癌患者和健康对照者各 30 例的血清样本中检测了 TALDO1 和 TRIP11 的丰度,发现 TALDO1 和 TRIP11 是有前景的结直肠癌血清候选标志物[81]。Dowling 等研究者利用 ProteoMiner™低丰度蛋白质富集试剂盒处理血浆样本后,采用非标记定量的蛋白质组学方法比较了 10 例健康对照、8 例Ⅲ期和 8 例Ⅳ期结直肠癌患者的血浆蛋白质差异,发现了 29 种结直肠癌患者血浆中丰度显著升高的蛋白质。研究者利用 ELISA 方法进一步评估了其中的 4 种蛋白质——14-3-3、5-羟色胺(serotonin)、γ-烯醇化酶(gamma enolase)和丙酮酸激酶(pyruvate kinase)在结直肠癌患者和健康对照血浆中的丰度,发现这 4 种蛋白质均可以作为结直肠癌血浆标志物的候选蛋白,可以有效地区分健康对照、息肉或者腺瘤、Ⅰ/Ⅱ期和Ⅲ/Ⅳ期结直肠癌样本[82]。

血清/血浆生物标志物不仅可以用于疾病的早期检测和诊断,而且能被用来监控结直肠癌的预后、转移和进展等。Matsubara 等人采用基于中空纤维膜的低分子量蛋白质的富集方法,结合液相色谱和质谱的二维图像转换分析(2DICAL)方法,比较了 22 份结直肠癌患者和 21 份健康对照的血浆样本中低分子量蛋白质的差异,发现亲脂素(adipophilin)的丰度在结直肠癌患者血浆中显著升高。随后,进一步利用反相蛋白质芯片的方法在 300 多份血浆样本中证实亲脂素可以作为早期结直肠癌检测的血浆标志物[83]。为了寻找结直肠癌预后的生物标志物,Ji 等研究者对 5 组——健康对照、腺瘤、早期结直肠癌(Ⅰ和Ⅱ期)、进展期结直肠癌(Ⅲ期)和肝转移的结直肠癌(Ⅳ期)的各 10 例血清样本,分别去除 14 种高丰度蛋白质(白蛋白、IgG、抗胰蛋白酶、IgA、转铁蛋白、结合珠蛋白、纤维蛋白原、α2-巨球蛋白、α1 酸糖蛋白、IgM、载脂蛋白 A-Ⅰ、载脂蛋

A-Ⅱ、转甲状腺素蛋白和补体 C3)后,同组的样本等量混合,采用双向电泳和 LC-MS/MS 方法分离和鉴定血清蛋白质。他们对血清蛋白质组学分析发现的 4 种候选标志物在大规模的样本中进行了 ELISA、RT-PCR 和免疫组织化学的验证,证明 AZGP1 丰度增加、PEDF 和 PRDX2 丰度降低与结直肠癌的肝转移相关,并且与结直肠癌的预后差显著相关。这一结果提示,AZGP1、PEDF 和 PRDX2 可以作为结直肠癌预后评估的标志物[84]。为了鉴定结直肠癌进展相关的新的标志物,Choi 等研究者利用双向电泳和 MALDI-TOF MS 的方法比较了 30 例腺瘤患者和 30 例腺癌患者的血浆蛋白质差异,发现 11 个上调和 13 个下调的血浆蛋白质有预测结直肠癌从腺瘤到腺癌进展的潜力[85]。表 5-4 归纳了近年来从血清/血浆样本发现结直肠癌标志物的蛋白质组学研究。

表 5-4　利用血清/血浆样本筛选结直肠癌候选标志物的蛋白质组学研究

血清/血浆样本	蛋白质组学分析策略	验证实验	验证的候选标志物	参考文献
3 例健康对照,3 例结直肠癌	2D-LC-MS/MS	WB, ELISA	巨噬细胞甘露糖受体 1 (MRC1), S100A9	[86]
8 例健康对照,8 例早期和 8 例晚期结直肠癌	2D-DIGE, LC-MS/MS	ELISA, IHC	APOA1	[87]
10 例健康对照,8 例Ⅲ期和 8 例Ⅳ期结直肠癌	非标记的 LC-MS/MS	ELISA, IHC	14-3-3,5-羟色胺,γ-烯醇化酶,丙酮酸激酶	[82]
30 例腺瘤和 30 例结直肠癌	双向电泳,MALDI-TOF MS	ELISA	LRG, HBB, IgA2C, CFB, AACT,玻连蛋白,CXCL10, TNF-α, IL-8	[85]
10 例健康对照,10 例腺瘤,10 例早期、10 例进展期和 10 例肝转移的结直肠癌	双向电泳, LC-MS/MS	ELISA	AZGP1, PEDF, PRDX2	[84]
10 例结直肠癌和 10 例健康对照	iTRAQ, microQ-TOF MS	ELISA, WB	ORM2	[88]
3 例原发结直肠癌和 3 例转移的结直肠癌	Cy 染料标记与多维预分离和质谱相结合	WB, ELISA, IHC	凝溶胶蛋白	[89]
21 例健康对照和 22 例结直肠癌	中空纤维膜结合液相色谱和质谱的二维图像转换分析	WB, IHC, 反相蛋白质芯片	亲脂素	[83]

（续表）

血清/血浆样本	蛋白质组学分析策略	验证实验	验证的候选标志物	参考文献
59 例健康对照和 31 例结直肠癌	2DICAL，纳米-ESI-Q-TOF MS/MS	反相蛋白质芯片	C9	[90]
32 例无淋巴结转移和 40 例有淋巴结转移的结直肠癌	2DE, MALDI-TOF MS	ELISA	TTR	[91]
40 例健康对照和 42 例晚期结直肠癌	SELDI-TOF MS	SELDI	Apo AI	[92]
10 例健康对照和 10 例结直肠癌	2D-DIGE, MALDI-TOF MS	ELISA	TALDO1，TRIP11	[81]
10 例健康对照和 10 例结直肠癌	ConA-琼脂糖凝胶亲和层析，2DE-MS	狭线杂交法	簇集素	[93]

5.3.1.4　基于结直肠癌细胞系的标志物研究

由于操作简便且实验条件可控,体外培养的结直肠癌细胞系已经被广泛用作发现结直肠癌标志物的实验材料。然而,利用结直肠癌细胞系发现肿瘤标志物也存在一定的缺点。一般来讲,肿瘤细胞系是从恶性肿瘤组织中分离和培养到的,并没有现成的相对应的正常上皮细胞作为对照,因此导致无法进行肿瘤细胞和相应正常细胞的比较研究。此外,体外培养在培养皿中的肿瘤细胞系不能模拟体内肿瘤生物学所产生的复杂的肿瘤微环境。因此,从结直肠癌细胞系发现的标志物,在临床样本如结直肠癌组织、血清或血浆、粪便等中的验证具有举足轻重的意义。表 5-5 总结了利用人类结直肠癌细胞系发现的候选结直肠癌生物标志物的蛋白质组学研究。

表 5-5　利用人结直肠癌细胞系发现的候选结直肠癌生物标志物进行的蛋白质组学研究

细胞系	蛋白质组学分析策略	验证实验	验证的候选标志物	参考文献
HCT116 及其派生的高转移 E1 细胞	SWATH-MS	ELISA	LAMB1	[94]
HCT-8，HCT-116	LC-MS/MS	WB, ELISA	TRFM	[95]
小鼠模型的结肠癌相关成纤维细胞和正常成纤维细胞	iTRAQ, LC-MS/MS	IHC	STL1, CALU, CDH11	[96]
HCT-116 及其派生的高转移 E1 细胞	2D-DIGE, MALDI-TOF/TOF MS	IHC	微管解聚蛋白	[97]
HT-29，Caco-2，Colo205，HCT116 和 RKO	SDS-PAGE,纳米-LC-MS/MS	IHC	GLUT1,朊粒蛋白质	[98]

（续表）

细胞系	蛋白质组学分析策略	验证实验	验证的候选标志物	参考文献
SW480，SW620	iTRAQ，SCX-LC-MS/MS，MALDI-TOF/TOF	WB，IF	CacyBP	[99]
SW480，SW620	2DE，ESI-Q-TOF MS/MS	IHC	ITGB3	[100]
KM12C，KM12SM	SILAC，纳米-LC-ESI-LTQ	IHC	钙黏着蛋白-17，F11R，γ-联蛋白，闭合蛋白	[101]
SW480，SW620	非标记的质谱定量技术，LC-MS/MS	ELISA，IHC	TFF3，GDF15	[102]
HT-295M21，HT-29 STD	2DE，MALDI-TOF MS		TATI	[103]
Colo205，SW480	1D SDS-PAGE，MALDI-TOF-MS	IHC，ELISA	CRMP-2	[104]
SW480，SW620	2DE，MALDI-TOF MS	IHC	HSP27	[105]

注：IHC，免疫组织化学；WB，蛋白质印迹法；ELISA，酶联免疫吸附测定；IF，免疫荧光

　　Lei 等报道利用双向电泳和 MS 结合的方法比较同一结直肠癌 Dukes B 期患者来源的转移潜能不同的两种细胞系 SW480 和 SW620 蛋白质表达的差异，发现 63 种差异表达蛋白质。其中，ITBG3 是活性氧（reactive oxygen species，ROS）诱导结直肠癌侵袭和转移的关键调控因子，且在 46 例结直肠癌组织样本中证明其表达的改变与结直肠癌的转移潜能密切相关[100]。

　　结直肠癌细胞系非常适合进行亚蛋白质组的分析，如细胞膜组分、分泌蛋白质组或者外泌体（exosome）蛋白质组。Luque-Garcia 等利用 SILAC 技术比较了低转移的 KM12C 和高转移的 KM12SM 两种细胞系的细胞膜蛋白质组，鉴定到 60 种差异细胞表面蛋白质，其中钙黏着蛋白 17、F11R、γ-联蛋白和闭合蛋白这 4 种蛋白质被证明与结直肠癌的转移相关[106]。de Wit 等人利用凝胶电泳和纳升级液相色谱串联质谱的方法，分析了 5 种结直肠癌细胞系的膜蛋白质组，发现 44 种细胞膜蛋白质[如葡糖转运蛋白 1 型（glucose transporter type 1）、朊粒蛋白等]可以作为指证腺瘤到癌进展的候选生物标志物[107]。

　　分泌蛋白质组在细胞的生长、分化、侵袭和转移过程中发挥着重要的作用。肿瘤细胞分泌的蛋白质能够进入体液（如血液、唾液、尿液等），因此是研究肿瘤标志物的有前景的模型。Xue 等人利用非标记定量的蛋白质组学研究策略，从 SW480 和 SW620 两种细胞条件培养基中鉴定到 145 种差异分泌蛋白质。其中 TFF3 和 GDF15 被进一步在结直肠癌组织和血清样本中证明可以作为预测结直肠癌转移的候选标志物[102]。Barderas 等研究者采用 SILAC 技术标记了转移潜能不同的结直肠癌细胞系 KM12C 和 KM12SM，利用线性离子阱-Orbitrap Velos 质谱仪比较两种细胞条件培养基中分泌蛋白质的差异。他们发现，在 155 种差异蛋白质中，GDF15、S100A8/A9 和 SERPINI1 这 3 种蛋白质可以作为结直肠癌的血清候选标志物；SOSTDC1、CTSS、EFNA3、CD137L/TNFSF9、ZG16B 和 Midkine 这 6 种蛋白质组合与结直肠癌的预后差相关[108]。Lin 等人利用 SWATH-MS 技术比较了结肠腺癌细胞系 HCT-116 和由其派生的高转移 E1 细胞系分泌糖蛋白质的差异，发现 149 种差异分泌的糖蛋白质。其中 LAMB1 进一步被 ELISA 实验证明在结直肠癌患者血清中的浓度显著地高于健康对照，并且其评判结直肠癌的效果优于 CEA[94]。

　　外泌体是一种直径在 40～100 nm 的起源于晚期内涵体的细胞外囊泡结构。许多类型的细胞都可以向细胞外释放外泌体。外泌体有助于肿瘤细胞预转移位点的形成，进而加速肿瘤细胞在预转移位点的存活和生长，因此外泌体也被认为是发现血清生物标志物的研究材料。Simpson 等人分析了 SW480 和 SW620 细胞的外泌体蛋白质组，发现在转移性的 SW620 细胞外泌体中选择性地富集了一些转移因子（如 S100A8/A9、TNC 等）和信号传导分子（如 EFNB2、EGFR、JAG1、SRC、TNIK 等）[109]。Jeppesen 等人通过比较转移潜能不同的结肠癌细胞来源的外泌体膜蛋白，发现转移性强的结肠癌细胞 SLT4 和 FL3 来源的外泌体膜蛋白波形蛋白和肝癌衍生生长因子（hepatoma-derived growth factor）可能参与了结肠癌细胞的上皮间质转化（epithelial-to-mesenchymal transition，EMT）[110]。Hoshino 等人分析了 28 种具有器官特异性转移潜能的肿瘤细胞系分泌的外泌体全蛋白质组，发现外泌体膜上的整合素（integrin）复合体的组成与肿瘤转移的器官特异性密切相关，即外泌体膜上的整合素 α6β4 和 α6β1 与肺转移相关，αvβ5 与肝转移相关。此外，外泌体膜上的整合素可以激活特定受体细胞的 Src 蛋白，进而上调侵袭和炎症相关因子 S100，加速肿瘤的转移[111]。

　　结直肠癌细胞系的蛋白质组研究还可以直接对某个特定基因的效应或者特定药物

处理的影响进行分析。Volmer 等人比较了 *Smad4* 基因缺失(Smad-deficient)和 *Smad* 再表达(Smad-re-expressing)的结直肠癌细胞系 SW480 的分泌蛋白质组,发现了结肠癌中受 Smad 调控的分泌型候选标志物[112]。

5.3.2 蛋白质组学在结直肠癌发病机制研究中的应用

结直肠组织从正常到癌变,可出现一系列的蛋白质异常。Peng 等利用 2D-DIGE 和 MALDI-TOF MS 技术比较正常结直肠组织和不同病理分期的结直肠癌组织,发现在结直肠癌组织中与能量代谢有关的蛋白质酰基辅酶 A 脱氢酶、琥珀酸脱氢酶和过氧化物还原酶 6 表达丰度明显下调,与糖酵解相关的蛋白质果糖-1,6-二磷酸酶表达丰度明显上调[62]。染色体重构蛋白的异常表达在结肠肿瘤的形成中也有不容忽视的作用,作为染色体重构蛋白的一员,Rsf-1 的扩增产物可以诱导染色体不稳定,进而引发肿瘤形成[113]。在结肠癌发展过程中,可出现微管相关蛋白 EB1 (microtubule associated protein RP/EB family member 1)表达上调,同时伴随腺瘤性结肠息肉(adenomatous polyposis coli,APC)蛋白表达下调,通过 siRNA 技术,发现 EB1 和 APC 共同调节纺锤体有丝分裂、染色体校准和微管稳定性。当 APC 与 EB1 相互作用发生异常时,包括 APC 突变或 EB1 过度表达,会出现染色体异常分离,肿瘤细胞增多,加速结肠癌的发展[114]。隐窝蛋白-1(caveolin-1,CAV-1)是细胞质膜微囊(caveolae)的主要成分,在大部分结肠癌细胞中 CAV-1 蛋白质水平明显降低。裸鼠成瘤实验中发现,CAV-1 的过度表达可以减缓肿瘤的形成,说明它的表达可以负性调控肿瘤的发生发展[115]。

在结直肠癌发生发展过程中,多种蛋白质的表达丰度发生改变,这些改变的蛋白质可以相互作用、相互影响和不断发生变化。蛋白质组学就是要研究各种蛋白质变化的时序和在肿瘤发生发展过程起主导作用的蛋白质及蛋白质组的变化规律,从而寻求能够抑制或拮抗肿瘤细胞蛋白质的方法,达到治疗肿瘤的目的。

5.3.2.1 结肠癌侵袭转移相关的蛋白质组学研究

结直肠肿瘤的侵袭转移是肿瘤致死的主要原因,蛋白质组学技术是探讨肿瘤侵袭转移相关蛋白质的有效手段。Meding 等人通过 MALDI-图像技术和非标记定量的蛋白质组学技术分析了 21 个无淋巴结转移和 33 个有淋巴结转移的结肠组织样本,发现 38 种蛋白质在原发性结肠癌和结肠癌淋巴结局部转移的组织中差异表达。其中,FXYD3 和 S100A11 表达明显下调,GSTM3 表达明显上调,与淋巴结局部转移密切相关[64]。Kang 等人利用 2-DE-MALDI-TOF/TOF MS 的方法比较了 7 例结肠癌肝转移和 7 例无肝转移的结肠癌组织样本,发现 34 种蛋白质与结肠癌的肝转移密切相关。其中有 17 种蛋白质参与了 PI3K/Akt 通路的活化。PI3K/Akt 通路中的 3 种蛋白质——磷酸化的 IκBα、TNFα 和 MFAP3L 的组合可以有效地评估结直肠癌的肝转移[66]。Lin 等人利用 iTRAQ 结合 2D-LC 和 MALDI-TOF/TOF MS 的方法,比较了结肠癌细胞系 HCT-116 及其派生的转移性细胞系 E1 的蛋白质组,发现了 31 种差异表达蛋白质。其中 Drebrin (DBN1) 被验证在伴有淋巴结转移和肝转移的结肠癌组织中高表达。DBN1 可以参与肌动蛋白细胞骨架的重排、肌动蛋白丝的交联和捆绑,被认为可能通过调节肌动蛋白细胞骨架的重排参与结肠癌细胞的迁移、侵袭和转移[116]。

有研究者用血小板悬浮液培养结肠癌细胞,发现血小板可以刺激 P38 MAPK 磷酸化,上调基质金属蛋白酶 MMP9 的表达。当沉默含血小板培养的肿瘤细胞中的 P38,发现 MMP9 水平下调,认为 P38 MAPK 调控 MMP9 的表达。Radziwon-Balicka 等人利用 SILAC 方法分析了血小板处理前后的结肠腺癌细胞系 Caco-2 分泌蛋白质的变化,发现血小板释放的凝血酶敏感蛋白 1(thrombospondin 1,TSP1)和簇集素(clusterin)激活 P38 MAPK 信号通路,进而上调 MMP9,参与血小板诱导的结肠癌细胞的侵袭[117]。发鼻指综合征 1 基因(tricho-rhino-phalangeal syndrome 1 gene,TRPS1)是骨、毛囊和肾脏发育与分化的关键基因。有研究者发现 TRPS1 的下调与结肠癌的远端转移密切相关。TRPS1 的下调可以抑制 FOXA1 的转录,进而启动结肠癌细胞的上皮间质转化、侵袭和转移。IL-13 受体 α2 与 FAM120A 的相互作用触发 FAK、PI3K/AKT/mTOR 通路的活化,促使结肠癌细胞的侵袭和肝转移[118]。

5.3.2.2 结肠癌细胞增殖与凋亡相关的蛋白质组学研究

肿瘤细胞的增殖与凋亡贯穿肿瘤发生发展的始终,这是研究肿瘤的发病机制及浸润、转移的最重要线索,其相关蛋白质也是治疗肿瘤的靶点。当调控细胞增殖与凋亡的相关蛋白质发生改变,会促进或抑制肿瘤的形成。异源三聚体 G 蛋白是水解酶家族的一员,它包括 Gα 和 Gβγ 亚单位,其中 Gβ5 可以作为 NF-κB 转录的辅助因子,而 NF-κB 信号通路在调节细胞增殖方面有重要意义。另外,Gβ5 可以诱导抗凋亡蛋白 XIAP 产生,而 XIAP 可以激活 NF-κB 信号通路。由此推测,Gβ5 是通过诱导抗凋亡蛋白 XIAP 产生和激活 NF-κB 信号通路调控结肠癌细胞的增殖[119]。Y-框结合蛋白 1(YBX1)可以作为肿瘤的启动剂,通过活化 NF-κB 信号通路促进肿瘤细胞的增殖和致瘤能力;而且

S165 位点的磷酸化在这个过程中发挥重要作用[120]。

JMJD6 是一个含有 Jumonji C 区域的核内羟化酶,可以催化 P53 的赖氨酸 382 发生羟基化,对抗 P53 乙酰化,促进 P53 与它的负性调控因子 MDMX 结合,抑制 P53 的转录活性。进一步研究发现 JMJD6 的沉默可以增加 P53 的转录活性,使细胞阻滞在 G1 期,细胞凋亡数增加。所以,JMJD6 具有促进细胞增殖的功能[121]。通过双向电泳技术和质谱技术分析结直肠癌组织和正常组织的蛋白质表达谱,发现 36 种蛋白质差异表达,其中碳酸酐酶Ⅱ改变最明显,它在结直肠癌组织中表达明显下调。建立碳酸酐酶Ⅱ过度表达的结直肠癌细胞系 SW480,发现细胞周期停滞在 G0/G1 和 G2 期,进而抑制细胞增殖[122]。SERPINA3K,又称激肽释放酶相关蛋白(KBP),是一种丝氨酸蛋白酶抑制剂。它可以激活外源性死亡路径,在含 SERPINA3K 的培养基中,发现 Fas 配体蛋白水平上调。当 Fas 配体蛋白下调时,发现 SERPINA3K 诱导的细胞凋亡受到阻碍,可见 SERPINA3K 诱导肿瘤细胞凋亡依赖于 Fas 配体蛋白的表达。进一步通过免疫印迹实验发现,SERPINA3K 是通过上调 PPARγ 蛋白水平激活 Fas/FasL 路径,诱导细胞凋亡[73]。

5.3.2.3 结肠癌细胞耐药性相关的蛋白质组学研究

肿瘤细胞对化疗药物产生耐药性,严重影响了治疗效果。以往对耐药机制的研究多在基因水平,而蛋白质组学技术从另一角度揭示了耐药机制。研究发现牛磺酸转运子 SLC6A6(一种多通道膜蛋白)与肿瘤细胞对 5 氟尿嘧啶、多柔比星(doxorubicin,DOX)和喜树碱类(SN-38)多种化疗药物耐药密切相关。多药耐药的主要原因是 ATP 结合盒(ABC)蛋白如 MDR1 或 ABCG2 的过度表达。在 SLC6A6 沉默的细胞中,发现 ABC 蛋白的活性处于激活状态,但 ABC 转运蛋白 MDR1 和 ABCG2 的表达和功能均无变化,而且药物的活性也未减弱,说明这种细胞对由化疗药物介导的凋亡是敏感的。但 SLC6A6 高表达的细胞不但能够对抗由化疗药物引起的凋亡,还能直接抵抗细胞凋亡。所以,SLC6A6 的过度表达导致结肠癌细胞对化疗药物产生耐药性[123]。PEA-15 蛋白是一种多功能的小磷酸化蛋白,它的高表达可以对抗死亡配体 TRAIL 的表达和由化疗药物引起的细胞毒性,增加肿瘤细胞的耐药性[124]。肿瘤抑制蛋白 FOXO3A,通过上调促凋亡基因 *P21*、*PTEN*、*Bim* 和 *GADD45* 的转录活性,增加 Bax 依赖的细胞凋亡能力,降低肿瘤细胞的生存能力,进而提高肿瘤细胞对化疗药物的敏感性[125]。HIV-1 病毒蛋白 R (VPR)是含 96 种氨基酸的相对分子质量为14 000的蛋白质,它通过调控细胞周期停滞在 G2 期,促进 Bax 蛋白的表达,加强线粒体细胞色素 C 的释放,降低 Bcl-xL 蛋白的表达,抑制 NF-κB 的激活,加速细胞凋亡,导致肿瘤细胞耐药性降低[126]。质谱分析经姜黄素和伊立替康处理的结直肠癌细胞 LOVO,发现54 种差异蛋白质的表达。通过研究发现过氧化物还原酶 4 和蛋白二硫化物异构酶的差异表达意义重大。由于二硫化物对于维持蛋白质稳定性发挥重要作用,而姜黄素和伊立替康可以通过影响过氧化物还原酶 4 和蛋白二硫化物异构酶协同作用的发挥,破坏二硫化物形成,导致细胞 LOVO 凋亡,减少耐药性的产生,加强治疗效果[127]。

5.4 小结与展望

结直肠癌作为世界范围内最常见的消化道恶性肿瘤之一,也是严重危害中国人健康的疾病。基因组学技术的快速发展使得全面构建结直肠癌分子畸变图谱成为可能。肿瘤间/内的分子异质性是影响结直肠癌预后和治疗反应的关键因素。对其发生发展机制的深入研究将从源头上对结直肠癌进行亚型分类,将有利于预防和治疗方案的精准选择。精准医学依赖于对个体独特遗传信息的获取从而制定个体化诊疗方案。结直肠癌分子机制相对明晰,基因组、蛋白质组等研究数据充足。这为后续深入探讨基于分子特征指导临床治疗决策的研究提供了坚实的科学基础,还为评估精准医学模式成本和价值提供依据。随着个体肿瘤基因组精准分析、高速计算能力的提升和多组学数据的整合,结直肠癌可能成为实施精准医学模式最有希望的病种。

参考文献

[1] Ferlay J,Soerjomataram I,Ervik M,et al. GLOBOCAN 2012 v1.0,Cancer Incidence and Mortality Worldwide:IARC CancerBase No. 11. Lyon,France:International Agency for Research on Cancer,2013 [EB/OL]. [2016-3-10]. http://globocan.iarc.fr.

[2] Ferlay J,Shin H R,Bray F,et al. Estimates of worldwide burden of cancer in 2008: GLOBOCAN 2008 [J]. Int J Cancer,2010,127(12):2893-2917.

[3] Parkin D M,Bray F,Ferlay J,et al. Estimating the world cancer burden:Globocan 2000 [J]. Int J Cancer,2001,94(2):153-156.

[4] Parkin D M,Bray F,Ferlay J,et al. Global cancer statistics,2002 [J]. CA Cancer J Clin,2005,55(2):74-108.

[5] Center M M,Jemal A,Ward E. International trends in colorectal cancer incidence rates [J]. Cancer Epidemiol Biomarkers Prev,2009,18(6):1688-1694.

［6］ Stock C, Pulte D, Haug U, et al. Subsite-specific colorectal cancer risk in the colorectal endoscopy era ［J］. Gastrointest Endosc, 2012,75(3):621-630.

［7］ 陈万青,张思维,曾红梅,等. 中国 2010 年恶性肿瘤发病与死亡［J］. 中国肿瘤,2014,23(1):1-10.

［8］ Li D J, Li Q, He Y T. Epidemiological trends of colorectal cancer ［J］. Cancer Res Prev Treat, 2015,42(3):305-310.

［9］ Brenner H, Kloor M, Pox C P. Colorectal cancer ［J］. Lancet, 2014,383(9927):1490-1502.

［10］ Jass J R. Classification of colorectal cancer based on correlation of clinical, morphological and molecular features ［J］. Histopathology, 2007,50(1):113-130.

［11］ Kinzler K W, Vogelstein B. Lessons from hereditary colorectal cancer ［J］. Cell, 1996,87(2): 159-170.

［12］ Bettington M, Walker N, Clouston A, et al. The serrated pathway to colorectal carcinoma: currentconcepts and challenges ［J］. Histopathology, 2013,62(3):367-386.

［13］ Jasperson K W, Tuohy T M, Neklason D W, et al. Hereditary and familial colon cancer ［J］. Gastroenterology, 2010,138(6):2044-2058.

［14］ Jung S B, Lee H I, Oh H K, et al. Clinico-pathologic parameters for prediction of microsatellite instability in colorectal cancer ［J］. Cancer Res Treat, 2012,44(3):179-186.

［15］ Fearon E R. Molecular genetics of colorectal cancer ［J］. Annu Rev Pathol, 2011,6:479-507.

［16］ Liang Y, Li G, Chen P, et al. Laparoscopic versus open colorectal resection for cancer: a meta-analysis of results of randomized controlled trials on recurrence ［J］. Eur J Surg Oncol, 2008,34 (11):1217-1224.

［17］ Trastulli S, Cirocchi R, Listorti C, et al. Laparoscopic vs open resection for rectal cancer: a meta-analysis of randomized clinical trials ［J］. Colorectal Dis, 2012,14(6): e277-e296.

［18］ Trastulli S, Farinella E, Cirocchi R, et al. Robotic resection compared with laparoscopic rectal resection for cancer: systematic review and meta-analysis of short-term outcome ［J］. Colorectal Dis, 2012,14(4): e134-e156.

［19］ Gill S, Loprinzi C L, Sargent D J, et al. Pooled analysis of fluorouracilbased adjuvant therapy for stage II and III colon cancer: who benefits and by how much? ［J］. J Clin Oncol, 2004,22(10): 1797-1806.

［20］ Haller D G, Tabernero J, Maroun J, et al. Capecitabine plus oxaliplatin compared with fluorouracil and folinic acid as adjuvant therapy for stage III colon cancer ［J］. J Clin Oncol, 2011,29(11):1465-1471.

［21］ Yothers G, O'Connell M J, Allegra C J, et al. Oxaliplatin as adjuvant therapy for colon cancer: updated results of NSABP C-07 trial, including survival and subset analyses ［J］. J Clin Oncol, 2011,29(28):3768-3774.

［22］ Alberts S R, Sargent D J, Nair S, et al. Effect of oxaliplatin, fluorouracil, and leucovorin with or without cetuximab on survival among patients with resected stage III colon cancer: a randomized trial ［J］. JAMA, 2012,307(13):1383-1393.

［23］ Papadimitriou C A, Papakostas P, Karina M, et al. A randomized phase III trial of adjuvant chemotherapy with irinotecan, leucovorin and fl uorouracil versus leucovorin and fl uorouracil for stage II and III colon cancer: a Hellenic Cooperative Oncology Group study ［J］. BMC Med, 2011,9:10.

［24］ Quasar Collaborative Group, Gray R, Barnwell J, et al. Adjuvant chemotherapy versus observation in patients with colorectal cancer: a randomized study ［J］. Lancet, 2007,370(9604):

2020-2029.

[25] van Gijn W, Marijnen C A, Nagtegaal I D, et al. Preoperative radiotherapy combined with total mesorectal excision for resectable rectal cancer: 12-year follow-up of the multicentre, randomised controlled TME trial [J]. Lancet Oncol, 2011,12(6):575-582.

[26] Frasson M, Garcia-Granero E, Roda D, et al. Preoperative chemoradiation may not always be needed for patients with T3 and T2N+ rectal cancer [J]. Cancer, 2011,117(14):3118-3125.

[27] Sauer R, Liersch T, Merkel S, et al. Preoperative versus postoperative chemoradiotherapy for locally advanced rectal cancer: results of the German CAO/ARO/AIO-94 randomized phase Ⅲ trial after a median follow-up of 11 years [J]. J Clin Oncol, 2012,30(16):1926-1933.

[28] Foxtrot Collaborative Group. Feasibility of preoperative chemotherapy for locally advanced, operable colon cancer: the pilot phase of a randomised controlled trial [J]. Lancet Oncol, 2012, 13(11):1152-1160.

[29] Harold D, Abraham R, Hollingworth P, et al. Genome-wide association study identifies variants at CLU and PICALM associated with Alzheimer's disease [J]. Nat Genet, 2009, 41 (10): 1088-1093.

[30] Lascorz J, Försti A, Chen B, et al. Genome-wide association study for colorectal cancer identifies risk polymorphisms in German familial cases and implicates MAPK signalling pathways in disease susceptibility [J]. Carcinogenesis, 2010,31(9):1612-1619.

[31] Cui R, Okada Y, Jang S G, et al. Common variant in 6q26-q27 is associated with distal colon cancer in an Asian population [J]. Gut, 2011,60(6):799-805.

[32] He J, Wilkens L R, Stram D O, et al. Generalizability and epidemiologic characterization of eleven colorectal cancer GWAS hits in multiple populations [J]. Cancer Epidemiol Biomarkers Prev, 2011,20(1):70-81.

[33] Tomlinson I, Webb E, Carvajal-Carmona L, et al. A genome-wide association scan of tag SNPs identifies a susceptibility variant for colorectal cancer at 8q24. 21 [J]. Nat Genet, 2007,39(8): 984-988.

[34] Zanke B W, Greenwood C M, Rangrej J, et al. Genome-wide association scan identifies a colorectal cancer susceptibility locus on chromosome 8q24 [J]. Nat Genet, 2007,39(8):989-994.

[35] Broderick P, Carvajal-Carmona L, Pittman A M, et al. A genome-wide association study shows that common alleles of SMAD7 influence colorectal cancer risk [J]. Nat Genet, 2007,39(11): 1315-1317.

[36] Jaeger E, Webb E, Howarth K, et al. Common genetic variants at the CRAC1 (HMPS) locus on chromosome 15q13. 3 influence colorectal cancer risk [J]. Nat Genet, 2008,40(1):26-28.

[37] Tomlinson I P, Webb E, Carvajal-Carmona L, et al. A genome-wide association study identifies colorectal cancer susceptibility loci on chromosomes 10p14 and 8q23. 3 [J]. Nat Genet, 2008,40 (5):623-630.

[38] Tenesa A, Farrington S M, Prendergast J G, et al. Genome-wide association scan identifies a colorectal cancer susceptibility locus on 11q23 and replicates risk loci at 8q24 and 18q21 [J]. Nat Genet, 2008,40(5):631-637.

[39] Houlston R S, Webb E, Broderick P, et al. Meta-analysis of genome-wide association data identifies four new susceptibility loci for colorectal cancer [J]. Nat Genet, 2008, 40 (12): 1426-1435.

[40] Lascorz J, Försti A, Chen B, et al. Genome-wide association study for colorectal cancer identifies

risk polymorphisms in German familial cases and implicates MAPK signalling pathways in disease susceptibility [J]. Carcinogenesis, 2010,31(9):1612-1619.

[41] Houlston R S, Cheadle J, Dobbins S E, et al. Meta-analysis of three genome-wide association studies identifies susceptibility loci for colorectal cancer at 1q41,3q26.2,12q13.13 and 20q13.33 [J]. Nat Genet, 2010,42(11):973-977.

[42] Tomlinson I P, Carvajal-Carmona L G, Dobbins S E, et al. Multiple common susceptibility variants near BMP pathway loci GREM1, BMP4, and BMP2 explain part of the missing heritability of colorectal cancer [J]. PLoS Genet, 2011,7(6): e1002105.

[43] 涂欣,石立松,汪樊,等. 全基因组关联分析的进展与反思[J]. 生理科学进展,2010,41(2):87-94.

[44] Wood L D, Parsons D W, Jones S, et al. The genomic landscapes of human breast and colorectal cancers [J]. Science, 2007,318(5853):1108-1113.

[45] Seshagiri S, Stawiski E W, Durinck S, et al. Recurrent R-spondin fusions in colon cancer [J]. Nature, 2012,488(7413):660-664.

[46] Tao Y, Ruan J, Yeh S H, et al. Rapid growth of a hepatocellular carcinoma and the driving mutations revealed by cell-population genetic analysis of whole-genome data [J]. Proc Natl Acad Sci U S A, 2011,108(29):12042-12047.

[47] Nik-Zainal S, Alexandrov L B, Wedge D C, et al. Mutational processes molding the genomes of 21 breast cancers [J]. Cell, 2012,149(5):979-993.

[48] Rowley J D, Le Beau M M, Rabbitts T H. Chromosomal Translocations and Genome Rearrangements in Cancer [M]. Berlin: Springer International Publishing, 2015:53-72.

[49] Xu X, Hou Y, Yin X, et al. Single-cell exome sequencing reveals single-nucleotide mutation characteristics of a kidney tumor [J]. Cell, 2012,148(5):886-895.

[50] Hou Y, Song L, Zhu P, et al. Single-cell exome sequencing and monoclonal evolution of a JAK2-negative myeloproliferative neoplasm [J]. Cell, 2012,148(5):873-885.

[51] Vogelstein B, Papadopoulos N, Velculescu V E, et al. Cancer genome landscapes [J]. Science, 2013,339(6127):1546-1558.

[52] Tanaka T, Kohno H, Suzuki R, et al. A novel inflammation-related mouse colon carcinogenesis model induced by azoxymethane and dextran sodium sulfate [J]. Cancer Sci, 2003,94(11):965-973.

[53] Leung S J, Rice P S, Barton J K. In vivo molecular mapping of the tumor microenvironment in an azoxymethane-treated mouse model of colon carcinogenesis [J]. Lasers Surg Med, 2015,47(1):40-49.

[54] Barderas R, Villar-Vazquez R, Fernandez-Acenero M J, et al. Sporadic colon cancer murine models demonstrate the value of autoantibody detection for preclinical cancer diagnosis [J]. Sci Rep, 2013,3:2938.

[55] Wang Y, Shan Q, Hou G, et al. Discovery of potential colorectal cancer serum biomarkers through quantitative proteomics on the colonic tissue interstitial fluids from the AOM-DSS mouse model [J]. J Proteomics, 2016,132:31-40.

[56] Moser A R, Pitot H C, Dove W F. A dominant mutation that predisposes to multiple intestinal neoplasia in the mouse [J]. Science, 1990,247(4940):322-324.

[57] Powell S M, Zilz N, Beazer-Barclay Y, et al. APC mutations occur early during colorectal tumorigenesis [J]. Nature, 1992,359(6392):235-237.

[58] Kitahara S, Suzuki Y, Morishima M, et al. Vasohibin-2 modulates tumor onset in the

gastrointestinal tract by normalizing tumor angiogenesis [J]. Mol Cancer, 2014,13:99.

[59] Xie Y, Chen L, Lv X, et al. The levels of serine proteases in colon tissue interstitial fluid and serum serve as an indicator of colorectal cancer progression [J]. Oncotarget, 2016,7(22):32592-32606.

[60] Xie L Q, Zhao C, Cai S J, et al. Novel proteomic strategy reveal combined alpha1 antitrypsin and cathepsin D as biomarkers for colorectal cancer early screening [J]. J Proteome Res, 2010,9(9): 4701-4709.

[61] Han C L, Chen J S, Chan E C, et al. An informatics-assisted label-free approach for personalized tissue membrane proteomics: case study on colorectal cancer [J]. Mol Cell Proteomics, 2011,10 (4): M110.003087.

[62] Peng Y, Li X, Wu M, et al. New prognosis biomarkers identified by dynamic proteomic analysis of colorectal cancer [J]. Mol Biosyst, 2012,8(11):3077-3088.

[63] Pei H, Zhu H, Zeng S, et al. Proteome analysis and tissue microarray for profiling protein markers associated with lymph node metastasis in colorectal cancer [J]. J Proteome Res, 2007,6 (7):2495-2501.

[64] Meding S, Balluff B, Elsner M, et al. Tissue-based proteomics reveals FXYD3, S100A11 and GSTM3 as novel markers for regional lymph node metastasis in colon cancer [J]. J Pathol, 2012, 228(4):459-470.

[65] Chang H J, Lee M R, Hong S H, et al. Identification of mitochondrial FoF1-ATP synthase involved in liver metastasis of colorectal cancer [J]. Cancer Sci, 2007,98(8):1184-1191.

[66] Kang B, Hao C Y, Wang H Y, et al. Evaluation of hepatic-metastasis risk of colorectal cancer upon the protein signature of PI3K/AKT pathway [J]. J Proteome Res, 2008,7(8):3507-3515.

[67] Wisniewski J R, Ostasiewicz P, Mann M. High recovery FASP applied to the proteomic analysis of microdissected formalin fixed paraffin embedded cancer tissues retrieves known colon cancer markers [J]. J Proteome Res, 2011,10(7):3040-3049.

[68] Xu W, Chen Y, He W, et al. Protein fingerprint of colorectal cancer, adenomatous polyps, and normal mucosa using ProteinChip analysis on laser capture microdissected cells [J]. Discov Med, 2014,17(95):223-231.

[69] Fan N J, Gao J L, Liu Y, et al. Label-free quantitative mass spectrometry reveals a panel of differentially expressed proteins in colorectal cancer [J]. Biomed Res Int, 2015,2015:365068.

[70] Nicastri A, Gaspari M, Sacco R, et al. N-glycoprotein analysis discovers new up-regulated glycoproteins in colorectal cancer tissue [J]. J Proteome Res, 2014,13(11):4932-4941.

[71] Croner R S, Sturzl M, Rau T T, et al. Quantitative proteome profiling of lymph node-positive vs. -negative colorectal carcinomas pinpoints MX1 as a marker for lymph node metastasis [J]. Int J Cancer, 2014,135(12):2878-2886.

[72] Kume H, Muraoka S, Kuga T, et al. Discovery of colorectal cancer biomarker candidates by membrane proteomic analysis and subsequent verification using selected reaction monitoring (SRM) and tissue microarray (TMA) analysis [J]. Mol Cell Proteomics, 2014, 13(6): 1471-1484.

[73] Yao Y, Li L, Huang X, et al. SERPINA3K induces apoptosis in human colorectal cancer cells via activating the Fas/FasL/caspase-8 signaling pathway [J]. FEBS J, 2013, 280(14): 3244-3255.

[74] Zougman A, Hutchins G G, Cairns D A, et al. Retinoic acid-induced protein 3: identification and characterisation of a novel prognostic colon cancer biomarker [J]. Eur J Cancer, 2013,49(2):

531-539.

[75] Suqihara Y, Taniquchi H, Kushima R, et al. Proteomic-based identification of the APC-binding protein EB1 as a candidate of novel tissue biomarker and therapeutic target for colorectal cancer [J]. J Proteomics, 2012,75(17):5342-5355.

[76] Kim C Y, Jung W Y, Lee H J, et al. Proteomic analysis reveals overexpression of moesin and cytokeratin 17 proteins in colorectal carcinoma [J]. Oncol Rep, 2012,27(3):608-620.

[77] O'Dwyer D, Ralton L D, O'Shea A, et al. The proteomics of colorectal cancer: identification of a protein signature associated with prognosis [J]. PLoS One, 2011,6(11): e27718.

[78] Besson D, Pavageau A H, Valo I, et al. A quantitative proteomic approach of the different stages of colorectal cancer establishes OLFM4 as a new nonmetastatic tumor marker [J]. Mol Cell Proteomics, 2011,10(12): M111. 009712.

[79] Alvarez-Chaver P, Rodriguez-Pineiro A M, Rodriquez-Berrocal F J, et al. Selection of putative colorectal cancer markers by applying PCA on the soluble proteome of tumors: NDK A as a promising candidate [J]. J Proteomics, 2011,74(6):874-886.

[80] Huang L Y, Xu Y, Cai G X, et al. S100A4 over-expression underlies lymph node metastasis and poor prognosis in colorectal cancer [J]. World J Gastroenterol, 2011,17(1):69-78.

[81] Ma Y, Peng J, Huang L, et al. Searching for serum tumor markers for colorectal cancer using a 2-D DIGE approach [J]. Electrophoresis, 2009,30(15):2591-2599.

[82] Dowling P, Huqhes D J, Larkin A M, et al. Elevated levels of 14-3-3 proteins, serotonin, gamma enolase and pyruvate kinase identified in clinical samples from patients diagnosed with colorectal cancer [J]. Clin Chim Acta, 2015,441:133-141.

[83] Matsubara J, Honda K, Ono M, et al. Identification of adipophilin as a potential plasma biomarker for colorectal cancer using label-free quantitative mass spectrometry and protein microarray [J]. Cancer Epidemiol Biomarkers Prev, 2011,20(10):2195-2203.

[84] Ji D, Li M, Zhan T, et al. Prognostic role of serum AZGP1, PEDF and PRDX2 in colorectal cancer patients [J]. Carcinogenesis, 2013,34(6):1265-1272.

[85] Choi J W, Liu H, Shin D H, et al. Proteomic and cytokine plasma biomarkers for predicting progression from colorectal adenoma to carcinoma in human patients [J]. Proteomics, 2013,13 (15):2361-2374.

[86] Fan N J, Chen H M, Song W, et al. Macrophage mannose receptor 1 and S100A9 were identified as serum diagnostic biomarkers for colorectal cancer through a label-free quantitative proteomic analysis [J]. Cancer Biomark, 2016,16(2):235-243.

[87] Lim L C, Looi M L, Zakaria S Z, et al. Identification of differentially expressed proteins in the serum of colorectal cancer patients using 2D-DIGE proteomics analysis [J]. Pathol Oncol Res, 2016,22(1):169-177.

[88] Zhang X, Xiao Z, Liu X, et al. The potential role of ORM2 in the development of colorectal cancer [J]. PLoS One, 2012,7(2): e31868.

[89] Tsai M H, Wu C C, Peng P H, et al. Identification of secretory gelsolin as a plasma biomarker associated with distant organ metastasis of colorectal cancer [J]. J Mol Med (Berl), 2012,90 (2):187-200.

[90] Murakoshi Y, Honda K, Sasazuki S, et al. Plasma biomarker discovery and validation for colorectal cancer by quantitative shotgun mass spectrometry and protein microarray [J]. Cancer Sci, 2011,102(3):630-638.

［91］ Zhao L，Liu Y，Sun X，et al．Serum proteome analysis for profiling protein markers associated with lymph node metastasis in colorectal carcinoma［J］．J Comp Pathol，2011，144（2-3）：187-194．

［92］ Helgason H H，Engwegen J Y，Zapatka M，et al．Identification of serum proteins as prognostic and predictive markers of colorectal cancer using surface enhanced laser desorption ionization-time of flight mass spectrometry［J］．Oncol Rep，2010，24（1）：57-64．

［93］ Rodriguez-Pineiro A M，de la Cadeena M P，Lopez-Saco A，et al．Differential expression of serum clusterin isoforms in colorectal cancer［J］．Mol Cell Proteomics，2006，5（9）：1647-1657．

［94］ Lin Q，Lim H S，Lin H L，et al．Analysis of colorectal cancer glyco-secretome identifies laminin β-1 （LAMB1） as a potential serological biomarker for colorectal cancer［J］．Proteomics，2015，15（22）：3905-3920．

［95］ Shin J，Kim H S，Kim G，et al．Discovery of melanotransferrin as a serological marker of colorectal cancer by secretome analysis and quantitative proteomics［J］．J Proteome Res，2014，13（11）：4919-4931．

［96］ Torres S，Bartolome R A，Mendes M，et al．Proteome profiling of cancer-associated fibroblasts identifies novel proinflammatory signatures and prognostic markers for colorectal cancer［J］．Clin Cancer Res，2013，19（21）：6006-6019．

［97］ Tan H T，Wu W，Ng Y Z，et al．Proteomic analysis of colorectal cancer metastasis：stathmin-1 revealed as a player in cancer cell migration and prognostic marker［J］．J Proteome Res，2012，11（2）：1433-1445．

［98］ de Wit M，Jimenez C R，Carvalho B，et al．Cell surface proteomics identifies glucose transporter type 1 and prion protein as candidate biomarkers for colorectal adenoma-to-carcinoma progression［J］．Gut，2012，61（6）：855-864．

［99］ Ghosh D，Yu H，Tan X F，et al．Identification of key players for colorectal cancer metastasis by iTRAQ quantitative proteomics profiling of isogenic SW480 and SW620 cell lines［J］．J Proteome Res，2011，10（10）：4373-4387．

［100］ Lei Y，Huang K，Gao C，et al．Proteomics identification of ITGB3 as a key regulator in reactive oxygen species-induced migration and invasion of colorectal cancer cells［J］．Mol Cell Proteomics，2011，10（10）：M110.005397．

［101］ Lugue-Garcia J L，Martinez-Torrecuadrada J L，Epifano C，et al．Differential protein expression on the cell surface of colorectal cancer cells associated to tumor metastasis［J］．Proteomics，2010，10（5）：940-952．

［102］ Xue H，Lu B，Zhang J，et al．Identification of serum biomarkers for colorectal cancer metastasis using a differential secretome approach［J］．J Proteome Res，2010，9（1）：545-555．

［103］ Gouyer V，Fontaine D，Dumont P，et al．Autocrine induction of invasion and metastasis by tumor-associated trypsin inhibitor in human colon cancer cells［J］．Oncogene，2008，27（29）：4024-4033．

［104］ Wu C C，Chen H C，Chen S J，et al．Identification of collapsin response mediator protein-2 as a potential marker of colorectal carcinoma by comparative analysis of cancer cell secretomes［J］．Proteomics，2008，8（2）：316-332．

［105］ Zhao L，Liu L，Wang S，et al．Differential proteomic analysis of human colorectal carcinoma cell lines metastasis-associated proteins［J］．J Cancer Res Clin Oncol，2007，133（10）：771-782．

［106］ de Wit M，Jimenez C R，Carvalho B，et al．Cell surface proteomics identifies glucose transporter type 1 and prion protein as candidate biomarkers for colorectal adenoma-to-carcinoma progression [J]. Gut, 2012,61(6):855-864.

[107] Luque-Garcia J L, Martinez-Torrecuadrada J L, Epifano C, et al. Differential protein expression on the cell surface of colorectal cancer cells associated to tumor metastasis [J]. Proteomics, 2010,10(5):940-952.

[108] Barderas R, Mendes M, Torres S, et al. In-depth characterization of the secretome of colorectal cancer metastatic cells identifies key proteins in cell adhesion, migration, and invasion [J]. Mol Cell Proteomics, 2013,12(6):1602-1620.

[109] Simpson R J, Lim J W, Moritz R L, et al. Exosomes: proteomic insights and diagnostic potential [J]. Expert Rev Proteomics, 2009,6(3):267-283.

[110] Jeppesen D K, Nawrocki A, Jensen S G, et al. Quantitative proteomics of fractionated membrane and lumen exosome proteins from isogenic metastatic and nonmetastatic bladder cancer cells reveal differential expression of EMT factors [J]. Proteomics, 2014,14(6): 699-712.

[111] Hoshino A, Costa-Silva B, Shen T L, et al. Tumour exosome integrins determine organotropic metastasis [J]. Nature, 2015,527(7578):329-335.

[112] Volmer M W, Stuhler K, Zapatka M, et al. Differential proteome analysis of conditioned media to detect Smad4 regulated secreted biomarkers in colon cancer [J]. Proteomics, 2005,5(10): 2587-2601.

[113] Liu S, Dong Q, Wang E. Rsf-1 overexpression correlates with poor prognosis and cell proliferation in colon cancer [J]. Tumor Biol, 2012,33(5):1485-1491.

[114] Stypula-Cyrus Y, Mutyal N N, Dela Cruz M, et al. End-binding protein 1 (EB1) up-regulation is an early event in colorectal carcinogenesis [J]. FEBS Lett, 2014,588(5):829-835.

[115] Nimri L, Barak H, Graeve L, et al. Restoration of caveolin-1 expression suppresses growth, membrane-type-4 metalloproteinase expression and metastasis-associated activities in colon cancer cells [J]. Mol Carcinog, 2013,52(11):859-870.

[116] Lin Q, Tan H T, Lim T K, et al. iTRAQ analysis of colorectal cancer cell lines suggests Drebrin (DBN1) is overexpressed during liver metastasis [J]. Proteomics, 2014,14(11): 1434-1443.

[117] Radziwon-Balicka A, Santos-Martinez M J, Corbalan J J, et al. Mechanisms of platelet-stimulated colon cancer invasion: role of clusterin and thrombospondin 1 in regulation of the P38MAPK-MMP-9 pathway [J]. Carcinogenesis, 2014,35(2):324-332.

[118] Huang J Z, Chen M, Zeng M, et al. Down-regulation of TRPS1 stimulates epithelial-mesenchymal transition and metastasis through repression of FOXA1 [J]. J Pathol, 2016,239 (2):186-196.

[119] Fuchs D, Metzig M, Bickeboller M, et al. The Gb5 protein regulates sensitivity to TRAIL-induced cell death in colon carcinoma [J]. Oncogene, 2015,34(21):2753-2763.

[120] Prabhu L, Mundade R, Wang B L, et al. Critical role of phosphorylation of serine 165 of YBX1 on the activation of NF-κB in colon cancer [J]. Oncotarget, 2015,6(30):29396-29412.

[121] Wang F, He L, Huangyang P, et al. JMJD6 promotes colon carcinogenesis through negative regulation of p53 by hydroxylation [J]. PLoS Bio, 2014,12(3): e1001819.

[122] Zhou R, Huang W, Yao Y, et al. CA II, a potential biomarker by proteomic analysis, exerts significant inhibitory effect on the growth of colorectal cancer cells [J]. Int J Oncol, 2013,43

(2):611-621.

[123] Yasunaga M，Matsumura Y. Role of SLC6A6 in promoting the survival and multidrug resistance of colorectal cancer [J]. Sci Rep，2014，4：4852-4860.

[124] Funke V，Lehmann-Koch J，Bickeboller M，et al. The PEA-15/PED protein regulates cellular survival and invasiveness in colorectal carcinomas [J]. Cancer Lett，2013，335(2)：431-440.

[125] Germani A，Matrone A，Grossi V，et al. Targeted therapy against chemoresistant colorectal cancers：Inhibition of p38alpha modulates the effect of cisplatin in vitro and in vivo through the tumor suppressor FoxO3A [J]. Cancer Lett，2014，344(1)：110-118.

[126] Ma B，Zhang H，Wang J，et al. HIV-1 viral protein R (Vpr) induction of apoptosis and cell cycle arrest in multidrug-resistant colorectal cancer cells [J]. Oncol Rep，2012，28(1)：358-364.

[127] Zhu D J，Chen X W，Wang J Z，et al. Proteomic analysis identifies proteins associated with curcumin-enhancing efficacy of irinotecan-induced apoptosis of colorectal cancer LOVO cell [J]. Int J Clin Exp Pathol，2014，7(1)：1-15.

6

蛋白质组学在肺癌
研究中的应用

肺癌作为世界上致死率最高的癌症，发病率和病死率在全世界范围内仍呈上升趋势，尤其在我们国家，肺癌的发病率和病死率已经位居所有恶性肿瘤之首，给人们的生命健康和生活质量带来了巨大的威胁和挑战。然而由于肺癌早期症状不明显、临床诊断标志物较少等多种原因，目前针对肺癌的诊断、治疗、预后等还面临很大的困难。本章将对肺癌的流行病学进行概要介绍，并从肺癌的分子病理机制、诊断标志物筛选、药物靶标鉴定、癌症耐药机制等多方面着重讨论蛋白质组学技术在肺癌研究领域的应用、进展和突破，将为从蛋白质分子水平深入了解肺癌的疾病特征，为肺癌的精准医疗提供坚实的理论依据和广阔的研究思路。

6.1 肺癌概述

6.1.1 肺癌的流行病学

肺癌又称为原发性支气管肺癌，是起源于支气管黏膜上皮的恶性肿瘤[1]，属于最常见的恶性肿瘤之一，更是世界上致死率最高的癌症。近年来，由于人口老龄化、吸烟、环境污染等原因，全球肺癌的发病率和病死率均呈上升态势，尤其在中国等发展中国家更是如此。在中国，肺癌的发病率及病死率已居所有恶性肿瘤之首，其中在男性恶性肿瘤发病率和病死率中居第 1 位，在女性恶性肿瘤发病率中居第 2 位（低于乳腺癌），病死率中居第 1 位。

肺癌在早期难以被诊断，并且目前缺乏有效的针对肺癌治疗的药物，这使得癌症患者的 5 年存活率仅为 15%[2]。目前吸烟被公认为是最主要的致癌因素,其他导致肺癌的因素还包括:工作环境导致的职业病、空气污染、电离辐射、长期的饮食和营养不当及一定的遗传因素等。也有研究表明,肺癌的发病还与染色体数目和结构的异常有关。此外,纸烟中含有苯并芘等多种致癌物质。吸烟能够破坏肺部纤毛的功能,可使支气管上皮增生、鳞状上皮化生、核异型变等。据统计,吸烟对全球 80%男性肺癌患者及至少50%女性肺癌患者产生直接影响。值得关注的是,吸烟不仅对吸烟者本身,而且对被动吸烟者也会增加罹患肺癌的风险。调查表明,吸烟者患肺癌的风险比非吸烟者高6~10倍,而暴露于二手烟的非吸烟者比未暴露于二手烟的非吸烟者患肺癌的风险高30%~60%。在一些发达国家,由于烟草的有效控制和肺癌早期诊断、早期治疗方法的提高,肺癌的病死率已经开始呈现持续下降的趋势。通过避免烟草等方式,可以降低肺癌的发病率。中国是吸烟人口最多的国家,虽然从 2011 年 1 月起国家已经开始实行室内公共场所全面禁烟政策,但目前中国的肺癌发病率和病死率仍然偏高。希望进一步通过一级和二级预防,使中国的肺癌发病情况得到更好的控制。

虽然中国女性的吸烟率低于一些欧洲国家,但肺癌发病率却比这些国家高。除了二手烟的因素外,室内空气污染也可能是一个主要的诱发因素。这些室内空气污染物主要来源于通风不良的煤炉及厨房[3]。随着中国目前的工业化发展,工业废物包括一些有毒物质的排放增多,造成了空气质量下降,也增加了环境相关疾病的发病风险。砷、氡、石棉等化学物质造成的环境污染,也是促使肺癌发生的危险因素。生产和生活中煤燃烧产生的多环芳烃也可能诱导肺癌的发生。

对肺癌发病率和病死率的统计显示,男性高于女性,城市地区高于农村地区,这也提示肺癌的发病存在性别和地区差异。据统计,40 岁以下的肺癌患者比例相对较小,而40 岁后发病率急剧上升。对中国 72 个癌症登记点的统计资料分析表明,肺癌是男性 75岁以后最常诊断的癌症和最主要的癌症死因,是女性 45 岁以前第 2 位的癌症死因。随着中国工业化速度加快、环境污染加重、人口老龄化加剧,肺癌的疾病负担日益加重,深入研究肺癌的流行病学特征及其相关的危险因素对提高肺癌的三级预防水平具有重要意义。

6.1.2 肺癌的病理机制与临床分类

肺癌根据病理学类型主要分为非小细胞肺癌(non-small cell lung cancer,NSCLC)和小细胞肺癌(small cell lung cancer,SCLC)两类。其中非小细胞肺癌患者约占 85%,

而小细胞肺癌患者约占15%，临床上又称为小细胞未分化癌。

非小细胞肺癌根据病理分型可以分为鳞状细胞癌、腺癌、腺鳞癌、大细胞癌等，其中腺癌和鳞状细胞癌占据较高的比例，分别占非小细胞肺癌的约50%和40%。

肺腺癌主要起源于较小支气管黏膜上皮，也有少数起源于大支气管的黏液腺，约65%为周围型肺癌，在女性肺癌患者或不抽烟的肺癌患者中发病率较高。2011年国际肺癌研究学会、美国胸科学会、欧洲呼吸学会（IASLC/ATS/ERS）在 *J Thorac Oncol* 杂志上发表了肺腺癌的新分类标准[4]。在新分类标准中（尤其对于手术切除标本），不再使用细支气管肺泡癌（bronchioloalveolar carcinoma，BAC）的名称，改称为原位腺癌（adenocarcinoma *in situ*，AIS；肿瘤长径≤3 cm）和微浸润腺癌（minimally invasive adenocarcinoma，MIA；肿瘤长径≤3 cm，以鳞屑样生长为主，浸润≤5mm）。浸润性肺腺癌（invasive adenocarcinoma）要求有全面详尽的组织病理学诊断，分为鳞屑样（浸润＞5mm，非黏液型BAC）、腺泡样、乳头样、实性生长为主的亚型，并增加了预后较差的微乳头状生长方式的亚型。浸润性肺腺癌的变异型包括黏液型（黏液型BAC）、胶样型、胎儿型以及肠型。

肺鳞状细胞癌（squamous cell lung cancer，以下简称"肺鳞癌"）主要是起源于肺段及肺段以上支气管上皮的恶性肿瘤，多数为中央型肺癌。癌变过程分成多个阶段，是多阶段的基因组突变和表观遗传变异累积的结果（见图6-1）。持续暴露于环境中的致癌物质，支气管表皮细胞的转化过程主要包括：增生（hyperplasia）、鳞状化生（squamous metaplasia，SM）、不典型增生（atypical hyperplasia，AH）、原位癌（carcinoma *in situ*，CIS）、浸润癌（invasive cancer）。2004年，世界卫生组织（World Health Organization，WHO）的分类中，将肺鳞癌分为高分化乳头状、基底细胞样、透明细胞、小细胞及梭形细胞（肉瘤样）5种亚型。

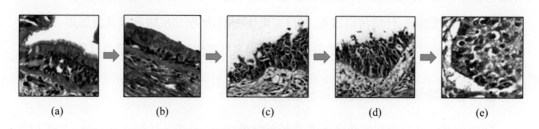

| (a) | (b) | (c) | (d) | (e) |

图6-1　肺鳞癌癌变过程的阶段性演示

(a) 正常支气管；(b) 鳞状化生；(c) 不典型增生；(d) 原位癌；(e) 浸润癌

小细胞肺癌又称小细胞神经内分泌癌,是肺癌中恶性程度最高的一种,最早由神经内分泌细胞分化而来,具有较强的转移能力和耐药倾向。小细胞肺癌占原发性肺癌的20%,在美国,每年大约有 31 000 名患者被诊断为小细胞肺癌,其中绝大多数患者有吸烟史。

6.1.3　肺癌的诊断

肺癌的诊断目前主要还是依靠 X 线检查、支气管镜检查、细胞学检查、发射型计算机断层扫描检测(emission computed tomography,ECT)等。尽管有多种检测方法,但在肺癌发生早期,往往症状不明显,容易被患者忽视,因此大多数肺癌患者在确诊时已经处于中晚期,不利于疾病的治疗和改善患者预后。因此肺癌的早期发现、诊断和治疗对患者的预后具有重要的意义。

生物标志物(biomarker)是指可以用来标记机体(包括系统、器官、组织、细胞及亚细胞等)结构或功能改变的标志性物质,如 DNA、RNA、蛋白质、代谢物等都可以作为生物标志物。生物标志物可应用于疾病的早期诊断和治疗效果的监测,或作为药物治疗的靶标,实现靶向治疗。筛选出明确的生物标志物对于疾病,尤其是癌症的诊断和治疗具有重要的意义。随着大规模蛋白质组学技术尤其是基于生物质谱的蛋白质组学技术的发展,其在发现癌症的生物标志物方面逐渐成为一种主流的技术手段。

在血液、组织或其他组织液中发现的用于辨别癌症的物质可以作为癌症生物标志物。由肿瘤和肿瘤相关器官分泌的物质及异常高浓度的物质也能被用作生物标志物。对这些物质的检测能够表明肿瘤的存在或肿瘤的严重性。癌症生物标志物有助于临床上个性化的癌症治疗[5-7]。目前,对每一个癌症患者提供最合理的治疗策略(精准医疗)是国际上提出的疾病治疗新方法,而寻找不同癌症发生发展途径中的生物标志物是解决这一问题的先决条件。

在肺癌研究中,肺腺癌通常具有较为显著的腺体组织学特征和特异性表达的蛋白标志物。早期发现的生物标志物是由研究人员利用免疫组化、聚合酶链反应(polymerase chain reaction,PCR)、蛋白质印迹法(Western blotting)等传统分子生物学手段发现的,包括甲状腺转录因子-1(thyroid transcription factor-1,TTF-1)、角蛋白7 (keratin-7,KRT7)等蛋白质。肺鳞癌则具有鳞状分化特征,临床上主要通过对角蛋白5、性别决定区 Y 框蛋白 2 (SRY-box 2,SOX2)和人肿瘤蛋白 p63 等蛋白质的免疫组化分析得以区分,这些蛋白质在肺腺癌样本中的表达均呈阴性。

6.1.4 肺癌的治疗

同其他癌症一样,肺癌的治疗手段目前主要包括 3 种:化学治疗(化疗)、放射治疗(放疗)和外科治疗。目前,外科治疗仍是肺癌首选的和最主要的治疗手段。外科手术切除患病组织需根据疾病的特征和病理分型进行,能够在一定程度上完全或大部分切除肿瘤原发病灶及转移的淋巴结,为后续其他手段的联合治疗提供了有利条件。

化学治疗也是肺癌的常用治疗方法,超过 90% 的肺癌患者都需要接受化学治疗。但由于肺癌具有诊断滞后的特点,通过化学治疗而治愈的肺癌患者目前仅占极少的比例。此外,化学治疗通常不能治愈非小细胞肺癌,只能延长患者的生存时间和改善患者的生活质量,目前对非小细胞肺癌的缓解率也仅为 40%～50%。

放射治疗对小细胞肺癌的疗效最佳,其次是肺鳞癌,而肺腺癌由于对射线的敏感性差,且容易造成血道转移,因此放射治疗效果最差。通常肺腺癌患者也较少采用单纯放射治疗。

目前,对于大多数晚期非小细胞肺癌患者,用靶向抗肿瘤药物治疗在整个治疗体系中起着越来越重要的作用(见表 6-1)。表皮生长因子受体(epidermal growth factor receptor,EGFR)信号通路异常激活是非小细胞肺癌的一个重要分子水平特征,因而表皮生长因子受体酪氨酸激酶抑制剂(epidermal growth factor receptor tyrosine kinase inhibitor,EGFR-TKI)已被广泛地应用于 EGFR 突变激活的肺癌患者的治疗[8]。随着 EGFR 酪氨酸激酶抑制剂的上市,越来越多用于治疗肺腺癌的靶向药物相继进入市场,明显改善了肺腺癌患者的生存期,成为传统手术和放、化疗外的重要治疗手段。然而和肺腺癌相比,肺鳞癌的研究相对滞后,用于治疗肺鳞癌的靶向药物依然非常有限,手术切除和化疗仍是肺鳞癌的主要治疗方式。

表 6-1　用于肺癌治疗的靶向药物

中文名	英文名	靶点	商品名	研发药厂
吉非替尼	gefitinib	EGFR	Iressa	阿斯利康(AstraZeneca)
厄洛替尼	erlotinib	EGFR	Tarceva	罗氏(Roche)

（续表）

中文名	英文名	靶点	商品名	研发药厂
埃克替尼	icotinib	EGFR	Conmana	贝达药业（Betta Pharmaceuticals）
拉帕替尼	lapatinib	EGFR	Tykerb	葛兰素史克（GlaxoSmithKline）
阿法替尼	afatinib	EGFR，HER2	Gilotrif	勃林格殷格翰（Boehringer-Ingelheim）
色瑞替尼	ceritinib alectinib	AKT AKT	Zykadia —	诺华（Novartis） 罗氏（Roche）
克唑替尼	crizotinib	AKT，ROS1	Xalkori	辉瑞（Pfizer）
阿帕替尼	apatinib	VEGFR	—	江苏恒瑞医药
尼达尼布	nintedanib	VEGFR，FGFR，PDGFR	—	勃林格殷格翰（Boehringer-Ingelheim）
帕唑帕尼	pazopanib	VEGFR，FGFR，PDGFR	Votrient	葛兰素史克（GlaxoSmithKline）
	lenvatinib	VEGFR，FGFR，PDGFR	Lenvima	卫材药业（Eisai）
易普利姆玛	ipilimumab	CTLA-4	Yervoy	Bristol-Myers Squibb（临床试验中）
	nivolumab	PD-1	Opdivo	百时美施贵宝（Bristol-Myers Squibb）
	pembrolizumab	PD-1	Keytruda	默沙东（Merck Sharp&Dohme）
	atezolizumab	PD-L1	Tecentriq	罗氏（Roche）（临床试验中）

肿瘤的免疫治疗目前也是癌症治疗中最为热门的手段。肿瘤细胞具有逃避免疫应答的能力，而肿瘤的免疫治疗正是基于免疫学的原理和方法，提高肿瘤细胞的免疫原性和对效应细胞杀伤的敏感性，从而激发和增强机体抗肿瘤免疫应答。肿瘤免疫治疗于2013年被 Science 杂志列为年度最重要的科学突破之一[9]。

在免疫治疗领域，研究最多的是程序性死亡受体-1（programmed death-1，PD-1）分子。这是一种重要的免疫抑制分子，具有抑制免疫应答的功能。研究人员为此开发了针对 PD-1 的抑制剂，临床研究表明在程序性死亡配体（programmed death-ligand 1，PD-L1）表达呈阳性的肿瘤患者中应答率高达 36%，其中非小细胞肺癌是利用 PD-1 抑制剂进行免疫治疗最为成功的肿瘤类型，持久性肿瘤应答率达到 10%～15%。实验结果提示阻断 PD-1 或 PD-L1 的抗体具有非常好的肿瘤免疫治疗效果。目前，PD-1 抑制剂在全球掀起了一场新的行业竞争，各大制药公司都在进行该抑制剂的研发，如阿斯利康、罗氏等国际领头制药企业。其中百时美施贵宝的 PD-1 抑制剂 Opdivo（nivolumab）已成功上市，并成为全球获批的首个 PD-1 抑制剂；默沙东公司研发的 Keytruda 也获得了美国 FDA 的批准，成为美国上市的首个 PD-1 抑制剂药物；中国的百济神州等制药公司也都在致力于 PD-1 抑制剂的研发。鉴于肿瘤免疫治疗的迅速发展及其卓越的疗效等，它可能是继手术治疗、化疗、放疗和分子靶向治疗后最具潜力的治疗方法。

6.2　肺癌的基因组学研究

　　基因组学在过去的十多年中取得了巨大的进步，目前在疾病的诊断和治疗中起到了非常重要的作用。*Cell* 杂志于 2012 年发表文章，报道了研究人员通过对 17 例临床非小细胞肺癌患者的癌组织和癌旁组织的全基因组和转录组测序，发现了非小细胞肺癌患者的 3 726 个突变位点和高于 90 个基因编码序列插入与缺失，并揭示了吸烟者体内所发生的基因突变比例是不吸烟者的 10 倍以上[10]。美国癌症基因组图谱（TCGA）计划项目组于 2014 年在 *Nature* 上发表了关于肺腺癌的基因组学研究报道[11]，该研究通过使用转录组、基因组等测序技术，对 230 例肺腺癌患者进行了大规模的基因组研究分析，发现在肺腺癌患者体内存在较高比例的体细胞突变，其中包括 *RIT1*、*MGA* 等在内的 18 个基因突变在统计学上具有显著性，且 *EGFR* 突变在女性肺腺癌患者体内发生的频率较高。研究还发现 RTK/RAS/RAF 信号通路中基因的突变对癌细胞的增殖等具有重要影响。该研究还通过综合癌症患者的转录组信息、DNA 甲基化信息、*p16* 基因的甲基化信息、肿瘤纯度、DNA 的拷贝数等信息，在分子水平将肺腺癌重新分为 6 个亚型，为肺腺癌精准医疗的实现提供了更为充足的理论依据。

　　肺鳞癌的发生和吸烟存在显著的相关性，同时肺鳞癌也展现出很高的基因突变率。常见的肺鳞癌基因突变包括 *TP53* 和 *CDKN2A* 的丢失。近年来系统性的肺鳞癌驱动基因研究较少。TCGA 计划也对 178 例肺鳞癌样本进行了大规模的表观基因组学和基因组学研究[12]，结果显示平均每个样本中有 360 个外显子突变，165 个基因重排，323 个基因拷贝数异常。该研究鉴定了 11 个突变率较高的基因，常见的抑癌基因 *TP53* 突变几乎见于所有样本，除此以外，*MLL2*、*PIK3CA*、*NFE2L2* 等基因的突变率都比较高。同时，研究还发现在肺鳞癌中存在多个信号通路异常，*NFE2L2* 和 *KEAP1* 调控的信号通路异常约占 34％,鳞状细胞癌分化通路占 44％,PI3K 信号通路占 47％,CDKN2A/RB1 调控的信号通路占 72％。目前,仅有针对驱动基因 *FGFR* 和 *DDR2* 的药物进入临床研究。

虽然基于肿瘤驱动基因分子分型的肿瘤靶向治疗获得了巨大成功,但是基因组信息仅能提供给人们患病的可能性及潜在风险的高低,仅基因组数据本身并不能为疾病诊断和治疗给出明确的定论,目前仍有相当比例的肿瘤因未见基因组异常或肿瘤驱动基因而难以进行靶向治疗。基因组层面的研究尚不能阐明该疾病的发生发展过程,更不能为疾病的治疗提供高效的手段。蛋白质作为细胞功能活动的直接执行者,可以弥补和拓展基因组研究所不能提供的信息。蛋白质组学技术在疾病病理机制解析、大规模筛选疾病诊断生物标志物及治疗靶标的研究中具有通量高、系统性强、无偏向性等优势,因此将该技术应用于肺癌的研究,将进一步促进肺癌诊断、预后和精准治疗水平的提升。

6.3 蛋白质组学在肺癌研究中的优势

随着基于超高分辨率质谱的蛋白质组学技术的迅猛发展,目前对于疾病的研究已经从低效、耗时、耗费劳力的传统模式逐渐转变为简捷、快速、高通量的筛选研究新模式,在很大程度上突破了传统分子生物学研究的局限性和片面性。最新的高分辨质谱技术可以实现高效、深度和全局性地对大量生物样本的整体蛋白表达谱、修饰谱等进行定性和定量分析。正是由于这些特点,基于超高分辨质谱的蛋白质组学正逐渐成为系统性分析鉴定疾病的病理分子机制及疾病诊断、预后和药效预测相关的特异标志物的核心技术手段和科学趋势。随着质谱仪准确度、分辨率和扫描速度的不断提高,2014 年两篇发表于 *Nature* 杂志上关于利用高分辨质谱技术的首个人类蛋白质组草图绘制成功[13,14],标志着基于质谱的蛋白质组学技术从实验室基础研究转换到临床样本分析时代的来临。

此外,翻译后修饰蛋白质组学研究是蛋白质组学的一个重要分支,也是近年来研究的热点之一。蛋白质在表达后进行的翻译后修饰,通过特异性的翻译后修饰调控酶,将一定的化学基团共价连接到蛋白质上(或者切除掉)以改变蛋白质的结构、对靶标分子的亲和力等特性,由此动态精细调控蛋白质在细胞中功能的执行,从而实现对蛋白质的亚细胞定位、复合物形成、蛋白质降解及细胞信号转导等过程的调控。因此,翻译后修饰蛋白质组学技术也是研究癌症发生发展分子机制中的重要技术手段之一。蛋白质翻译后修饰的种类非常多样化,常见的翻译后修饰类型主要有磷酸化、糖基化、乙酰化、甲基化等。其中,蛋白质磷酸化和糖基化在癌症发生发展过程中研究最为普遍,认识也最为深刻。尤其是在肺癌研究过程中,磷酸化蛋白质组学和糖基化蛋白质组的动态调控也起着极为重要的作用。磷酸化通路活化是肺癌重要的分子病理机制,靶向肺癌的蛋白激酶抑制剂,是过去十多年来最重要的靶向治疗新药,尤其是在非小细胞肺癌的精准治疗中,获得了巨大成功。

6.4 蛋白质组学在肺癌分子机制研究中的应用

6.4.1 非小细胞肺癌的分子机制研究

Hu 等人利用基于液相色谱串联质谱(LC-MS/MS)技术的定量蛋白质组学方法对 NCI-H1993 和 NCI-H2073 两种肺癌细胞系表达的分泌蛋白质组与支气管上皮细胞 HBEC3-KT 进行了对比[15]。最终共定量到 2 713 个蛋白质,这些蛋白质的功能涉及调节对感染的应激反应、细胞的程序性死亡及细胞的迁移能力等。对 H1993 细胞中高表达的蛋白质进行基因功能注释(gene ontology, GO)分析发现,这些上调蛋白质主要参与了癌细胞的侵袭转移,包括细胞间的吸附、细胞的迁移等生物学过程。通过 RNA 干扰(RNA interference, RNAi)技术对这些高表达蛋白质(包括 SULT2B1、CEACAM5、SPRR3、AGR2、S100P 和 S100A14)的编码基因进行敲降,发现细胞的迁移能力显著降低。

TP53 基因是癌症患者体内发生突变频率最高的抑癌基因之一,其表达的 p53 蛋白是一个重要的抗癌蛋白,能够促使癌细胞的凋亡,还具有帮助细胞修复基因的功能。2009 年,研究人员利用体外化学标记定量技术——同位素标记相对和绝对定量(isobaric tags for relative and absolute quantitation, iTRAQ)的定量蛋白质组学技术,首次对体外培养的 *p53* 敲除的肺癌细胞株 H358 的分泌蛋白进行了分析。最终共鉴定到 909 个蛋白质,其中 91 个是受 p53 调控的,这些蛋白质主要参与细胞内的转录调控、激酶的激活等,从而进一步揭示了 p53 蛋白在肺癌中的重要分子机制。研究人员进一

步在 H358/TetOn/p53 移植小鼠模型中对生长分化因子-15（GDF-15）、成纤维细胞生长因子-19（FGF-19）、血管内皮生长因子（VEGF）3 种蛋白利用酶联免疫吸附测定（enzyme linked immunosorbent assay，ELISA）方法进行了研究，进一步确认其受 p53 的紧密调控，也提示这 3 种蛋白质是潜在的肺癌诊断标志物[16]。

肿瘤的生长有赖于血管的生成。肿瘤血管生成过程包括内皮细胞（endothelial cell，EC）的增殖、迁移和分化，细胞外基质（extracellular matrix，ECM）的修饰，以及辅助细胞的招募。因此，内皮细胞是肿瘤微环境中的关键因素，已经逐渐成为抗肿瘤血管生成抗癌策略的研究重点。CD105 是一种与增生有关的内皮细胞的细胞膜抗原，是新生血管的标志，与肿瘤组织浸润、转移有关[17]。Zhuo 等对正常内皮细胞（normal endothelial cell，NEC）、肺鳞状细胞癌旁内皮细胞（paratumor endothelial cell，PEC）、肺鳞状细胞癌肿瘤内皮细胞（tumor endothelial cell，TEC）这 3 种内皮细胞进行了蛋白表达谱的比较[18]。通过 iTRAQ 技术和二维 LC-MS/MS 技术共鉴定 1 765 个蛋白质。PEC 与 TEC、NEC 相比，分别有 178 和 162 个差异表达蛋白质，这些差异表达蛋白质主要参与调控细胞代谢、氧化应激反应以及细胞凋亡等过程。研究结果还发现，新生肿瘤血管细胞的迁移能力明显高于正常细胞和其他肿瘤细胞。

6.4.2　小细胞肺癌的分子机制研究

小细胞肺癌的转移机制和对药物治疗的反应与非小细胞肺癌具有显著的差异。2012 年，Byers 等人通过基于反相蛋白质芯片（reverse phase protein arrays，RPPA）的蛋白质组学分析，并结合转录组学分析技术对 34 个小细胞肺癌细胞系和 74 个非小细胞肺癌细胞系中 193 个选定的关键致癌蛋白进行了深入的系统性研究，以此探究导致两种癌症临床表现差异的致癌蛋白的调控机制和参与的信号通路的变化[19]。研究结果显示，与非小细胞肺癌相比，在小细胞肺癌中有多个受体酪氨酸激酶的表达水平显著下调，并且 Ras/ERK 信号通路的活性显著下降，但 Zeste 基因增强子同源物蛋白（enhancer of zeste homolog 2，EZH2）的表达水平却显著升高，并且 DNA 修复蛋白 PARP1（poly ADP-ribose polymerase 1）的 mRNA 表达和蛋白质表达水平均显著升高。进一步的分子生物学实验显示，敲降 EZH2 和 PARP1 两种蛋白质在细胞内的表达水平，小细胞肺癌的生长受到了明显的抑制。此外，研究人员还发现小细胞肺癌对 PARP1 表达水平的灵敏度要高于非小细胞肺癌。该研究工作不仅揭示了小细胞肺癌和非小细胞肺癌表型差异的分子机制，还为小细胞肺癌的治疗提供了潜在的蛋白质靶标。

Li 等人利用基于活性蛋白质谱（activity-based protein profiling，ABPP）的分析技术，并结合高分辨生物质谱技术，对 21 个具有 *c-Myc* 扩增突变的小细胞肺癌细胞在 235 个小分子激酶抑制剂作用下的细胞表型改变进行了研究[20]，最终发现极光激酶 B（Aurora kinase B）对 *c-Myc* 扩增的小细胞肺癌的生存具有关键作用。研究人员用相同的方法对无 *c-Myc* 扩增的小细胞肺癌细胞系进行了研究，最终发现 TANK 结合激酶 1（TANK-binding kinase 1，TBK1）对无 *c-Myc* 扩增细胞的生存、G2/M 期的阻滞和凋亡等过程具有重要作用。

6.5　蛋白质组学在肺癌诊断和靶标筛选研究中的应用

6.5.1　肺腺癌诊断标志物和治疗靶标的研究

肺癌的早期诊断对于其成功的治疗和提升存活率具有重要影响，因此肺癌诊断标志物的研究与发现对于肺癌治疗具有重要的意义。近年，随着高通量质谱技术的发展及相应的定量方法的成熟，蛋白质组学技术手段已经广泛应用于肺癌的研究中。2009 年，Chirs 等人通过自下而上（bottom-up）的蛋白质组学策略，对 4 种不同的肺癌细胞系（包括肺腺癌细胞系、肺鳞癌细胞系、大细胞腺癌细胞系、小细胞癌细胞系）进行了系统性的对比研究[21]，共鉴定到 1 830 个差异蛋白质，其中 38％ 的差异蛋白质为分泌蛋白和膜结合蛋白。该研究结果提示，分泌蛋白和膜结合蛋白可以作为新的肺癌诊断生物标志物。研究人员通过进一步的深入分析，并结合多种生物学手段验证，最终发现了去整合素-金属蛋白酶 17（disintegrin and metalloproteinase domain-containing protein 17，ADAM17）、护骨因子（osteoprotegerin，OPG）、正五聚蛋白 3（pentraxin 3，PTX3）、卵泡抑素（follistatin，FST）、肿瘤坏死因子受体超家族成员 1A（tumor necrosis factor receptor superfamily member 1A，TNFRSF1A）共 5 个潜在的肺癌诊断标志物。Kikuchi 等人利用非标记定量（label-free quantification）的方法对非小细胞肺癌组织和正常肺组织样本进行了蛋白表达谱的鉴定及差异分析[22]，共鉴定到 3 621 个蛋白质，并通过生物化学的验证方法，从中找到了一些患者体内特异性表达的蛋白质。

该研究也说明通过非标记定量的方法寻找疾病的诊断标志物是可行的。

分泌蛋白在细胞生长各个阶段的调控中均具有重要作用,为了详细阐述其在非小细胞肺癌发生发展过程中的调控机制,近年来也有很多针对分泌蛋白质组的研究。Huang 等人对肺癌细胞的分泌蛋白质组进行了研究,并发现 14 个分泌蛋白可能是肺癌的潜在生物标志物[23]。他们通过 RT-PCR、免疫组织化学染色、ELISA 等技术手段对其中的二氢二醇脱氢酶(dihydrodiol dehydrogenase,DDH)进行了进一步验证,确定了 DDH 是肺癌的一个潜在生物标志物。研究人员还选取了 15 对肺癌组织样本和相应的癌旁组织样本进行验证分析,发现 DDH 在肿瘤组织中的表达均有显著上调,该结果进一步确认了 DDH 作为肺癌潜在标志物的准确性。Chang 等人利用中空纤维培养系统培养肺腺癌细胞,并采用非标记定量的蛋白质组学分析方法对不同肺癌细胞(CL1-0、CL1-5 和 A549)表达的分泌蛋白进行了大规模定量分析[24],共定量了 703 个分泌蛋白,其中 50 个蛋白质有显著变化。此外,CL1-0 和 CL1-5 细胞的繁殖速度和迁移能力与人帕金森病蛋白 7 (PARK7)稳定低表达的肺癌 A549 细胞相比均有明显的提高,该结果提示 PARK7 的过表达与细胞的行为等有密切关系。此外,研究人员还通过免疫组织化学染色发现,在癌组织中 PARK7 蛋白也有显著增高。这些结果均提示癌细胞的快速繁殖能力、强侵袭能力均与 PARK7 密切相关。Taguchi 等人也通过非标记定量的方法对小鼠的肺腺癌、胰腺癌、卵巢癌、乳腺癌、炎症等模型进行了血浆蛋白质组的定量分析[25],并发现 TTF-1 蛋白在肺腺癌模型中显著上调。

随着质谱技术的发展,靶向深度鉴定的选择反应监测技术因其在目标蛋白的快速寻找中高准确度、高效率地对蛋白质进行绝对定量的特点得到了广泛的应用。Kim 等人利用串联高效液相和选择反应监测质谱技术相结合的手段对文献报道过的血浆中潜在的 17 个非小细胞肺癌标志物进行了大规模高通量的验证分析[26],其结果与 ELISA 实验的结果保持一致。

Ueda 等研究人员利用同位素糖苷酶洗脱和凝集素柱层析法鉴定糖基化蛋白质的 N-糖基化位点,在 8 个肺腺癌患者血清样品中发现,IV 期与 I / II 期肺癌患者血清相比,金属蛋白酶组织抑制物 1 (tissue inhibitor of metalloproteinase 1,TIMP1)的糖基化修饰水平较高[27]。该实验室还利用新型表面增强的选择性捕获与高灵敏度飞行时间质谱法相结合的技术(SELDI-TOF MS)对肺癌患者血清样品进行分析,并发现血清载脂蛋白 C-III 糖基化水平降低,表明人体细胞内发生的异常糖基化与非小细胞肺癌密切相关。

6.5.2　肺鳞状细胞癌诊断标志物和治疗靶标的研究

早在十余年前已经有研究人员将蛋白质组学技术应用于肺鳞癌生物标志物发现中。Li 等利用双向电泳技术和 MALDI-TOF 质谱分析技术对 20 组肺鳞癌和正常的支气管上皮细胞进行差异蛋白质组学分析[28]，共得到 76 个差异蛋白质，从中鉴定出 68 个差异蛋白质，包括细胞周期蛋白 D2 (cyclin D2)、表皮生长因子受体(EGFR)等，主要属于癌基因蛋白、细胞周期调节蛋白和细胞信号蛋白。Nan 等利用基于 LC-MS/MS 的鸟枪法(shotgun)蛋白质组学技术对 6 例肺鳞癌样本进行了蛋白表达谱的鉴定[29]，共鉴定到 1 982 个蛋白质，并通过筛选找到 5 个可能的肺鳞癌生物标志物，包括阻抑素(PHB)、丝裂原活化蛋白激酶(MAPK)、热休克蛋白 27 (HSP27)、膜联蛋白 A1 (ANXA1)和高迁移率族蛋白 B1 (HMGB1)，这些蛋白可能与肺鳞癌的发生和发展过程相关。

大部分膜蛋白作为细胞信号的传递者，在癌症的发生发展过程中起着重要作用。因此对于肺鳞癌细胞膜蛋白进行系统的研究，有助于揭示其病理机制。Li 等利用双向电泳和基质辅助激光解吸离子化飞行时间质谱技术对 10 例肺鳞癌组织样本及相应的癌旁组织进行了比较分析[30]，共鉴定了 19 个差异表达蛋白，并通过 RT-PCR 和蛋白质印迹法对鉴定到的差异蛋白进行了验证，结果指示组织蛋白酶 D (cathepsin D, CD)和热休克蛋白 60 (HSP60)是潜在的肺鳞癌生物标志物。Tan 等也利用相同的技术对 12 对临床肺鳞癌组织样本及其相应的癌旁组织样本进行了蛋白质组学差异表达谱的分析，发现异柠檬酸脱氢酶 1 (IDH1)蛋白在肿瘤样本中显著上调，研究人员进一步通过 RNAi 技术等分子生物学实验进行验证，证明 IDH1 可以作为肺鳞癌诊断及预后分析的标志物[31]。Hao 等同样利用双向差异凝胶电泳结合质谱检测技术对 7 例肺鳞癌患者的肿瘤组织和正常组织进行分析，鉴定到 323 个差异表达蛋白质，并且利用高分辨质谱鉴定出其中81 个蛋白质[32]。

现阶段非小细胞肺癌的治疗方案主要依据肿瘤分期和患者的临床表现，为了优化应对不同类型非小细胞肺癌的治疗方案，对非小细胞肺癌进行进一步的分子分型有望指导临床诊断和治疗方案的制订。Zhang 等利用 super SILAC 技术[33]对肺腺癌和肺鳞癌各 2 例肿瘤异种移植样本进行定量蛋白质组学的研究[34]，并用无标记定量的方法对结果进行了验证，结果显示其中 30 个蛋白质在肺鳞癌和肺腺癌中的表达存在显著性差异。

Zeng 等利用 iTRAQ 定量质谱技术对肺鳞癌细胞转化过程中不同细胞类型蛋白表达谱进行了比较[35],共鉴定出 387 个蛋白质,其中不同细胞类型之间差异表达的蛋白质有 102 个。差异表达蛋白质中谷胱甘肽硫转移酶 P1（GSTP1）、热休克蛋白 B1（HSPB1）和脑型肌酸激酶（CKB）呈现随转化过程表达量渐变的特征,具有潜在的肺鳞癌早期诊断价值。他们还通过统计学分析证明这 3 个差异表达蛋白可以较为准确地区分正常的支气管表皮细胞、肿瘤发生前的组织损伤和肺鳞癌细胞。

支气管表皮细胞鳞状转化后,表达角化包膜前体蛋白,最终完全角质化形成肺鳞癌。支气管表皮细胞和肺鳞癌蛋白表达谱的差异研究可能揭示肺鳞癌的病理机制,提供癌症诊断的生物标志物。Poschmann 等对支气管表皮细胞和 G2/G3 期肺鳞癌的蛋白表达谱进行了研究[36]。他们通过双向差异凝胶电泳结合液相色谱串联质谱技术共鉴定出 32 个差异蛋白质,并利用免疫组化技术对差异蛋白质进行了验证,结果显示热休克蛋白 47（HSP47）和角蛋白 17（KRT17）在支气管上皮细胞和 G2/G3 期肺鳞癌中表达差异显著。

Gamez-Pozo 等利用非标记定量和生物信息学的方法分析正常肺和非小细胞肺癌样品间信号通路的变化,发现聚合酶 I 转录释放因子（PTRF）和巨噬细胞迁移抑制因子（MIF）可以作为非小细胞肺癌潜在的生物标志物和药物靶标[37]。在切除肿瘤的非小细胞肺癌患者中,腺苷酸活化蛋白激酶（AMPK）途径、黏连蛋白、表皮生长因子受体（EGFR）和视网膜母细胞瘤（Rb）信号通路被证明与非小细胞肺癌的复发有关[38]。Sudhir 等通过对比表达和不表达致癌基因 *Ras* 的样品中的磷酸化蛋白质组学鉴定 Ras 信号通路上潜在的靶标。他们的工作揭示了受 *Ras* 基因调控的细胞磷酸化、信号网络及分子功能[39]。另外,利用磷酸化蛋白质组学的方法,他们还在 EGFR 信号通路、Wnt 信号通路等发现了新的靶标。

肺癌分子水平上的组织形态分类可以引导患者临床病症预测、临床治疗。糖基化蛋白质组学能通过对肺癌组织样品的糖基化蛋白质和糖基化位点进行全面鉴定分析,并在分子水平上针对患者病理组织上的糖基化生物标志物对肺癌组织类型进行区分,从而根据不同肺癌类型的分子特征进行个性化医疗。

Hirao 等对肺癌的几种细胞系进行了糖基化蛋白质组学研究,发现纤连蛋白可以区分肺腺癌和大细胞肺癌,并提出了合理的检测方法[40]。Zeng 等人利用高分辨率的质谱技术对非小细胞肺癌样品进行比较分析,发现 22 种蛋白质在肺癌中具有分化特异性,并验证了其中的 3 种蛋白质,分别是 α-1-抗胰凝乳蛋白酶(alpha-1-antichymotrypsin,ACT)、胰岛素样生长因子结合蛋白(IGFBP)和脂质运载蛋白型前列腺素 D 合成酶(PTGDS)。Hongsachart 等分析了 10 个 Ⅱ/Ⅲ 期肺腺癌患者的血浆样品,并通过与正常人血清对比,发现了 27 种上调的糖基化蛋白质和 12 种下调的蛋白质,指出 3 种上调糖基化蛋白质[脂联素(Acrp30)、血浆铜蓝蛋白(ceruloplasmin,CP)、糖基磷脂酰肌醇-80 (GPI-80)]和两种下调糖基化蛋白质[细胞周期蛋白 H (cyclin-H)、酪氨酸激酶 Fyn]可能成为肺癌早期检测的生物标志物[41]。Rho 等对 16 个肺腺癌样品中的糖基化蛋白质进行定量鉴定[42],发现 8 种上调糖基化蛋白质[α-1-抗胰凝乳蛋白酶(ACT)、果糖二磷酸醛缩酶 A (ALDOA)、膜联蛋白 A1 (ANXA1)、钙网蛋白(CALR)、α-烯醇化酶(ENOA)、蛋白质二硫键异构酶 A1 (PDIA1)、蛋白酶体 β1 (PSB1)、线粒体超氧化物歧化酶(SODM)]和 7 种下调糖基化蛋白质[膜联蛋白 A3 (ANXA3)、碳酸酐酶 2 (CA2)、胎球蛋白 A (FETUA)、血红蛋白 β 亚基(HBB)、过氧化物还原酶 2 (PRDX2)、糖基化终产物受体(RAGE)、波形蛋白(VIME)][43]。此外,他们还发现转胶蛋白 2 在肺癌组织中过表达。Narayanasamy 等利用 LC-MS/MS 对肺鳞癌患者血清蛋白中的岩藻糖基化修饰蛋白进行鉴定[44],通过比较蛋白质组学找到人补体蛋白 9 (C9),并且利用 ELISA 技术检测了 120 个健康人和 118 个肺鳞癌患者的糖基化 C9 水平,结果显示肺鳞癌患者的 C9 糖基化水平显著高于健康人。

6.5.3　小细胞肺癌诊断标志物和治疗靶标的研究

血清生物标志物是用于早期检测以及治疗效果评估最方便的一种标志物。十余年前科学家就已经利用免疫组织化学等分子生物学手段对小细胞肺癌患者血清中生物标志物进行研究,发现载脂蛋白 E (apolipoprotein E)、血管紧张素原(angiotensinogen)、α2-巨球蛋白(alpha-2-macroglobulin)、转铁蛋白(transferrin)和血液结合素(hemopexin)等在小细胞肺癌患者血清中的含量高于正常人。血清中癌胚抗原(CEA)、α₁-酸性糖蛋白(AGP)、嗜铬粒蛋白 A (ChrA)、铃蟾肽(曾称蛙皮素)样促胃液素释放肽(GRP)和肌酸激酶脑型同工酶(CK-BB)的含量也伴随着小细胞肺癌的发展有所增加。研究发现触珠蛋白(HP)可以作为小细胞肺癌患者血清中的生物标志物,此外还发现组织多肽特异性抗原(TPS)、糖分解烯醇酶(NSE)和促胃液素释放肽前体(ProGRP)可以作为小细胞肺癌诊断的指标。

随着蛋白质组学在疾病研究中的发展,科学家利用蛋白质组学的方法对小细胞肺癌组织样本进行了系统性、高通量的研究,发现了小细胞肺癌的生物标志物,如 β-微管蛋白(β-tubulin)、热休克蛋白 73 和 90（HSP73、HSP90）、核纤层蛋白 B（lamin B）、增殖细胞核抗原（PCNA）、毛状蛋白样蛋白-1（COTL-1）、γ1-肌动蛋白（ACTG1）、α-微管蛋白（α-tubulin）、层粘连蛋白 B（LAMB1）、泛素羧基末端水解酶 L1（UCH-L1）、泛素连接酶 E2（UBE2）、碳酸酐酶 1（CA1）和抑微管装配蛋白（STMN1）在非小细胞肺癌组织样本中过表达,而钙周期蛋白 A6（S100A6）在癌组织中的表达量却低于癌旁组织。

6.6　蛋白质组学在肺癌耐药机制研究中的应用

6.6.1　非小细胞肺癌耐药机制的研究

多药耐药(multi-drug resistance，MDR)是肿瘤细胞耐药的常见方式,也是肿瘤化疗失败的主要原因,多药耐药分为天然耐药和获得性耐药。常见的耐药机制包括通过膜上的转运蛋白发生药物外排,解毒酶系统改变及 DNA 修复机制增强等。蛋白质组学技术可以对耐药细胞进行全面的蛋白表达谱和翻译后修饰的研究,有利于揭示肿瘤耐药机制。

米托蒽醌是拓扑异构酶Ⅱ抑制剂,米托蒽醌插入到 DNA 链中破坏 DNA 复制和修复机制,是一种常见的化疗药物。Murphy 等[45]利用双向电泳和 MALDI-TOF 对肺鳞癌细胞株 DLKP 耐米托蒽醌的机制进行了探究,鉴定出 61 个差异表达蛋白质,对这些差异蛋白质进行生物信息学分析揭示细胞凋亡相关蛋白质可能与耐药相关。

DDR2 是一种受体酪氨酸激酶,在肺鳞癌中的突变频率为 4%,是为数不多的已经进入临床研究的肺鳞癌药物靶标蛋白。达沙替尼(dasatinib)是多酪氨酸激酶抑制剂,是肺鳞癌潜在的靶向治疗药物。在达沙替尼处理的肺鳞癌细胞中 ERK 和 AKT 的磷酸化水平抑制效果不明显,提示 DDR2 突变的肺鳞癌细胞中存在补偿性的活化受体酪氨酸激酶通路。Bai 等对于 DDR2 突变的肺鳞癌细胞酪氨酸磷酸化组进行了定量蛋白质组学的研究[46],结果显示 SRC 激酶及其底物磷酸化水平显著降低,而部分 RTK 和相应信号转导复合物酪氨酸磷酸化水平上升,包括 EGFR,MET/GAB1 和 IGF1R/IRS2,提示 RTK 介导了适应性耐药机制。Schweppe 等在非小细胞肺癌样品中鉴定到约 3 200 个蛋白质的近 9 000 个磷酸化修饰位点,通过 super-SILAC 的方法进行定量分析,揭示出不同样品间磷酸化蛋白质组信号网络具有差异性,表明在肺癌样品中很多激酶可能因蛋白质磷酸化导致功能失调[47]。Klammer 等利用定量质谱的方法分别对药物达沙替尼(激酶抑制剂)敏感型和耐药型的非小细胞肺癌细胞系磷酸化蛋白质组进行定量分析,发现两种细胞系存在 58 个不同的磷酸化位点,其中有 12 个磷酸化位点足以准确预测出两种细胞系对达沙替尼的敏感度[48]。

6.6.2 小细胞肺癌耐药机制的研究

依托泊苷和顺铂联合使用是最常用的初级化疗方法。一项研究表明,56 名小细胞肺癌患者中,有 13 名对上述联合治疗的药物产生抵抗,其余则对药物比较敏感。利用表面增强激光解吸离子化飞行时间质谱(surface-enhanced Caser desorption/ionization-time of flight-mass spectrometry,SELDI-TOF MS)和支持向量机(support vector machine,SVM)分类技术发现,对化疗抵抗的患者血清中蛋白 S100A9(钙结合蛋白,参与肿瘤生长等作用)的含量高于对化疗敏感患者中蛋白 S100A9 的含量[49]。这一发现提示,S100A9 不但可以作为胰腺癌、炎症性肠病、肺腺癌和乳腺癌的诊断标志物,也可以作为小细胞肺癌化疗耐药的生物标志物。众所周知,细胞耐药的产生与膜上外排泵的作用关系密切,通过膜蛋白质组学的方法,发现在耐多柔比星的小细胞肺癌细胞系中,蛋白 Serca 2(内质网上的钙泵,与细胞凋亡有关)的表达低于对多柔比星敏感的肿瘤细胞系[50]。

此外,了解肿瘤对化疗产生抵抗的机制有助于消除耐药作用,其中丝氨酸/苏氨酸激酶(AKT)磷酸化与细胞的抗凋亡密切相关,有研究人员通过研究 4 次跨膜蛋白 CD9 和钙视网膜蛋白(calretinin)与 AKT 之间的关系,揭示了 CD9 蛋白可以通过促进钙视网膜蛋白的表达抑制 AKT 磷酸化,从而可以增强小细胞肺癌细胞对化疗(依托泊苷和顺铂联合使用)的敏感性[51]。

6.7 小结与展望

精准医疗是旨在将个人基因、环境、生活习惯等因素综合分析的疾病预防和治疗的方法。基因组学、蛋白质组学、代谢组学的飞速发展和完善,以及生物信息学在大数据时代分析能力的提高,为精准医疗的开展奠定了坚实的基础。

美国国立卫生研究院主导的"癌症基因组图谱"研究计划通过对肺癌患者的大规模基因组研究,寻找到了肺癌人群中比例较高的体细胞突变,并发现了多个常见的基因突变,极大促进了人们对肺癌基因组水平的认知,这为癌症的发生发展及治疗等提供了重要的线索,也在很大程度上为肺癌的精准医疗提供了宝贵的实验数据和理论依据。目前,随着蛋白质组学、代谢组学等新兴学科的不断兴起,尤其是由于在疾病研究中具有高效、高通量、高灵敏度等特点,蛋白质组学在疾病的靶点筛选、疾病的分子作用机制等方面具有其他学科无法比拟的优势。中国开展的"中国人类蛋白质组草图"计划中就包含了肺癌蛋白质组草图的构建及分析,在蛋白质组水平对肺癌发生发展的深度认知,必将对肺癌的发生、发展分子机制的认识,为肺癌的精准诊断、预后和治疗,带来另一重要突破。蛋白质组学数据结合已有的基因组学数据、代谢组学数据等多组学数据的整合系统性分析,能够更全面、更深入地阐释疾病的发生、发展等机制,将成为肺癌精准医疗的重要组成部分。随着科技的进一步发展,尤其是蛋白质组学的靶向蛋白快速深度检测、临床蛋白质组学的广泛应用和多组学大数据的生物信息学分析等各项技术水平的综合提高,针对患者个体的精准医疗必将成为现实,从而为人类生命健康带来福音和保障。

参考文献

[1] Herbst R S, Heymach J V, Lippman S M. Lung Cancer [J]. N Engl J Med, 2008, 359(13): 1367-1380.

[2] Polanski J, Jankowska-Polanska B, Rosinczuk J, et al. Quality of life of patients with lung cancer [J]. Onco Targets Ther, 2016, 9: 1023-1028.

[3] Hong Q Y, Wu G M, Qian G S, et al. Prevention and management of lung cancer in China [J]. Cancer, 2015, 121: 3080-3088.

[4] Travis W D, Brambilla E, Noguchi M, et al. International association for the study of lung cancer/american thoracic society/european respiratory society: international multidisciplinary classification of lung adenocarcinoma: executive summary [J]. Proc Am Thorac Soc, 2011, 6(2): 244-285.

[5] Choi N, Baumann M, Flentjie M, et al. Predictive factors in radiotherapy for non-small cell lung cancer: present status [J]. Lung cancer, 2001, 31(1): 43-56.

[6] Inoue A, Narumi K, Matsubara N, et al. Administration of wild-type p53 adenoviral vector synergistically enhances the cytotoxicity of anti-cancer drugs in human lung cancer cells

irrespective of the status of p53 gene [J]. Cancer Lett, 2000,157(1):105-112.

[7] Johnson B E, Ihde D C, Makuch R W, et al. myc family oncogene amplification in tumor cell lines established from small cell lung cancer patients and its relationship to clinical status and course [J]. J Clin Invest, 1987,79(6):1629-1634.

[8] Sun Y, Ren Y, Fang Z, et al. Lung adenocarcinoma from East Asian never-smokers is a disease largely defined by targetable oncogenic mutant kinases [J]. J Clin Oncol, 2010, 28 (30): 4616-4620.

[9] No authors listed. Breakthrough of the year 2013. Notable developments [J]. Science, 2013,342 (6165):1435-1441.

[10] Govindan R, Ding L, Griffith M, et al. Genomic landscape of non-small cell lung cancer in smokers and never-smokers [J]. Cell, 2012,150(6):1121-1134.

[11] Cancer Genome Atlas Research Network. Comprehensive molecular profiling of lung adenocarcinoma [J]. Nature, 2014,511(7511):543-550.

[12] Cancer Genome Atlas Research Network. Comprehensive genomic characterization of squamous cell lung cancers [J]. Nature, 2012,489(7417):519-525.

[13] Kim M S, Pinto S M, Getnet D, et al. A draft map of the human proteome [J]. Nature, 2014, 509(7502):575-581.

[14] Wilhelm M, Schlegl J, Hahne H, et al. Mass-spectrometry-based draft of the human proteome [J]. Nature, 2014,509(7502):582-587.

[15] Hu R, Huffman K E, Chu M, et al. Quantitative secretomic analysis identifies extracellular protein factors that modulate the metastatic phenotype of non-small cell lung cancer [J]. J Proteome Res, 2016,15(2):477-486.

[16] Chenau J, Michelland S, de Fraipont F, et al. The cell line secretome, a suitable tool for investigating proteins released in vivo by tumors: application to the study of p53-modulated proteins secreted in lung cancer cells [J]. J Proteome Res, 2009,8(10):4579-4591.

[17] Lu C, Kamat A A, Lin Y G, et al. Dual targeting of endothelial cells and pericytes in antivascular therapy for ovarian carcinoma [J]. Clin Cancer Res, 2007,13(14):4209-4217.

[18] Zhuo H, Lyu Z, Su J, et al. Effect of lung squamous cell carcinoma tumor microenvironment on the CD105+ endothelial cell proteome [J]. J Proteome Res, 2014,13(11):4717-4729.

[19] Byers L A, Wang J, Nilsson M B, et al. Proteomic profiling identifies dysregulated pathways in small cell lung cancer and novel therapeutic targets including PARP1 [J]. Cancer Discov, 2012,2 (9):798-811.

[20] Li J, Fang B, Kinose F, et al. Target identification in small cell lung cancer via integrated phenotypic screening and activity-based protein profiling [J]. Mol Cancer Ther, 2016,15(2): 334-342.

[21] Planque C, Kulasingam V, Smith C R, et al. Identification of five candidate lung cancer biomarkers by proteomics analysis of conditioned media of four lung cancer cell lines [J]. Mol Cell Proteomics, 2009,8(12):2746-2758.

[22] Kikuchi T, Hassanein M, Amann J M, et al. In-depth proteomic analysis of nonsmall cell lung cancer to discover molecular targets and candidate biomarkers [J]. Mol Cell Proteomics, 2012,11 (10):916-932.

[23] Huang L J, Chen S X, Huang Y, et al. Proteomics-based identification of secreted protein dihydrodiol dehydrogenase as a novel serum markers of non-small cell lung cancer [J]. Lung

Cancer，2006,54(1):87-94.

[24] Chang Y H, Lee S H, Chang H C, et al. Comparative secretome analyses using a hollow fiber culture system with label-free quantitative proteomics indicates the influence of PARK7 on cell proliferation and migration/invasion in lung adenocarcinoma [J]. J Proteome Res，2012,11(11): 5167-5185.

[25] Taguchi A, Politi K, Pitteri S J, et al. Lung cancer signatures in plasma based on proteome profiling of mouse tumor models [J]. Cancer Cell，2011,20(3):289-299.

[26] Kim Y J, Sertamo K, Pierrard M A, et al. Verification of the biomarker candidates for non-small-cell lung cancer using a targeted proteomics approach [J]. J Proteome Res，2015,14(3): 1412-1419.

[27] Ueda K, Takami S, saichi N, et al. Development of serum glycoproteomic profiling technique; simultaneous identification of glycosylation sites and site-specific quantification of glycan structure changes [J]. Mol Cell Proteomics，2010,9:1819-1828.

[28] Li C, Xiao Z, Chen Z, et al. Proteome analysis of human lung squamous carcinoma [J]. Proteomics，2006,6(2):547-558.

[29] Nan Y, Yang S, Tian Y, et al. Analysis of the expression protein profiles of lung squamous carcinoma cell using shot-gun proteomics strategy [J]. Med Oncol，2009,26(2):215-221.

[30] Li B, Chang J, Chu Y, et al. Membrane proteomic analysis comparing squamous cell lung cancer tissue and tumour-adjacent normal tissue [J]. Cancer Lett，2012,319(1):118-124.

[31] Tan F, Jiang Y, Sun N, et al. Identification of isocitrate dehydrogenase 1 as a potential diagnostic and prognostic biomarker for non-small cell lung cancer by proteomic analysis [J]. Mol Cell Proteomics，2012,11(2): M111.008821.

[32] Hao L, Gong L, Guo Y, et al. Proteomics approaches for identification of tumor relevant protein targets in pulmonary squamous cell carcinoma by 2D-DIGE-MS [J]. PLoS One，2014,9 (4): e95121.

[33] Deeb S J, D'Souza R C, Cox J, et al. Super-SILAC allows classification of diffuse large B-cell lymphoma subtypes by their protein expression profiles [J]. Mol Cell Proteomics，2012,11(5): 77-89.

[34] Zhang W, Wei Y, Ignatchenko V, et al. Proteomic profiles of human lung adeno and squamous cell carcinoma using super-SILAC and label-free quantification approaches [J]. Proteomics，2014,14(6):795-803.

[35] Zeng G Q, Zhang P F, Deng X, et al. Identification of candidate biomarkers for early detection of human lung squamous cell cancer by quantitative proteomics [J]. Mol Cell Proteomics，2012,11 (6): M111.013946.

[36] Poschmann G, Sitek B, Sipos B, et al. Identification of proteomic differences between squamous cell carcinoma of the lung and bronchial epithelium [J]. Mol Cell Proteomics，2009,8(5): 1105-1116.

[37] Gamez-Pozo A, Sanchez-Navarro I, Calvo E, et al. PTRF/cavin-1 and MIF proteins are identified as non-small cell lung cancer biomarkers by label-free proteomics. PLoS One，2012,7 (3): e33752.

[38] Nanjundan M, Byers L A, Carey M S, et al. Proteomic profiling identifies pathways dysregulated in non-small cell lung cancer and an inverse association of AMPK and adhesion pathways with recurrence [J]. J Thorac Oncol，2010,5(12):1894-1904.

[39] Sudhir P R, Hsu C L, Wang M J, et al. Phosphoproteomics identifies oncogenic Ras signaling targets and their involvement in lung adenocarcinomas [J]. PLoS One. 2011,6(5): e20199.

[40] Hirao Y, Matsuzaki H, Iwaki J, et al. Glycoproteomics approach for identifying Glycobiomarker candidate molecules for tissue type classification of non-small cell lung carcinoma [J]. J Proteome Res, 2014,13(11):4705-4716.

[41] Hongsachart P, Huang-Liu R, Sinchaikul S, et al. Glycoproteomic analysis of WGA-bound glycoprotein biomarkers in sera from patients with lung adenocarcinoma [J]. Electrophoresis, 2009,30(7):1206-1220.

[42] Rho J H, Roehrl M H, Wang J Y. Glycoproteomic analysis of human lung adenocarcinomas using glycoarrays and tandem mass spectrometry: differential expression and glycosylation patterns of vimentin and fetuin A isoforms [J]. Protein J, 2009,28(3-4):148-160.

[43] Margulies M, Egholm M, Altman W E, et al. Genome sequencing in microfabricatead high-density picolitre reactors [J]. Nature, 437(7057):376-380.

[44] Narayanasamy A, Ahn J M, Sung H J, et al. Fucosylated glycoproteomic approach to identify a complement component 9 associated with squamous cell lung cancer (SQLC) [J]. J Proteomics, 2011,74(12):2948-2958.

[45] Murphy L, Clynes M, Keenan J. Proteomic analysis to dissect mitoxantrone resistance-associated proteins in a squamous lung carcinoma [J]. Anticancer Res 2007,27(3A):1277-1284.

[46] Bai Y, Kim J Y, Watters J M, et al. Adaptive responses to dasatinib-treated lung squamous cell cancer cells harboring DDR2 mutations [J]. Cancer Res, 2014,74(24):7217-7228.

[47] Schweppe D K, Rigas J R, Gerber S A. Quantitative phosphoproteomic profiling of human non-small cell lung cancer tumors [J]. J Proteomics, 2013,91:286-296.

[48] Klammer M, Kaminski M, Zedler A, et al. Phosphosignature predicts dasatinib response in non-small cell lung cancer [J]. Mol Cell Proteomics, 2012,11(9):651-668.

[49] Han M, Dai J, Zhang Y, et al. Support vector machines coupled with proteomics approaches for detecting biomarkers predicting chemotherapy resistance in small cell lung cancer [J]. Oncol Rep, 2012,28(6):2233-2238.

[50] Eriksson H, Lengqvist J, Hedlund J, et al. Quantitative membrane proteomics applying narrow range peptide isoelectric focusing for studies of small cell lung cancer resistance mechanisms [J]. Proteomics, 2008,8(15):3008-3018.

[51] He P, Kuhara H, Tachibana I, et al. Calretinin mediates apoptosis in small cell lung cancer cells expressing tetraspanin CD9 [J]. FEBS Open Bio, 2013,3:225-230.

7 蛋白质组学在肾病研究中的应用

  肾脏是人体泌尿系统的重要组成部分,在人体内发挥了两个重要的功能:一是起着清道夫的作用,清除体内代谢产物及其他废物和有害物质,同时回收有用物质,如葡萄糖、蛋白质、氨基酸、钠钾离子等,调节体内水、电解质和酸碱平衡;二是具有内分泌功能,生成前列腺素、肾素、促红细胞生成素等激素。肾脏通过这两方面的作用,保证了机体内稳态,维持新陈代谢的正常进行。一旦肾脏产生病变,将会打乱人体内平衡状态,引起多种并发症,严重情况下会危及生命。常见的肾脏疾病有慢性肾病、肾结石、肾肿瘤等,虽然部分肾脏疾病的分子机制尚不明确,也缺乏用于检测和治疗的特异性高的生物标志物,但近十年来组学技术的发展和应用为理解各类肾病的发生和发展提供了大量的数据,奠定了肾病的个体化精准诊断和治疗的基础。

  本章将总结和讨论蛋白质组学技术在肾肿瘤、IgA 肾病和肾病综合征研究中近十年来的主要研究结果,并对肾病的精准医学计划进行展望。

7.1 肾肿瘤概述

7.1.1 肾肿瘤的流行病学

  肾肿瘤主要包括 3 种类型:肾细胞癌(renal cell carcinoma,RCC)、移行细胞癌(transitional cell carcinoma,TCC)和肾母细胞瘤(Wilms tumor)。肾细胞癌占成年人肾癌的 80% 以上,是成年人肾癌的主要类型;移行细胞癌占成年人肾癌的 10%~20%;肾母细胞瘤则主要见于儿童,通常在 5 岁以前发病。

7.1.1.1 肾肿瘤的发病率

肾肿瘤的发病率呈现平稳上升的趋势,每年保持 2% 的增长幅度。据世界卫生组织统计,2008 年,世界新增肾肿瘤 271 000 例,发病率位列最常见恶性肿瘤的第 13 位[1];2012 年,世界新增肾肿瘤 337 860 例,占世界所有癌症新增病例总数的 2.4%,发病率位列最常见恶性肿瘤的第 9 位[2]。从图 7-1 可以看出,肾肿瘤在世界的分布有两大特点,一是性别偏好性,肾肿瘤在男性中的发病率是女性中的 2 倍;二是肾肿瘤的发病率在地理位置上分布不均匀,肾肿瘤的发病率在欧洲、北美和澳大利亚最高,而在亚洲和非洲则较低[1,2]。肾肿瘤病死率和地域之间的关系与发病率相似,病死率最高的地区为欧洲,其次是北美洲和西亚,亚洲和非洲的肾肿瘤病死率仍然较低。这些数据表明在西方国家,肾肿瘤的发病率和病死率逐年递增,已经成为威胁男性和女性健康的主要癌症之一。

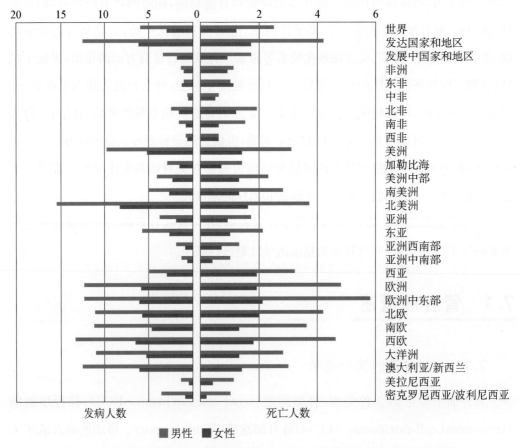

图 7-1 2012 年世界及各区域肾肿瘤每 100 000 人的发病人数和死亡人数统计

(图中数据来自 Ferlay J, Soerjomataram I, Dikshit R, et al. Cancer incidence and mortality worldwide: sources, methods and major patterns in GLOBOCAN 2012 [J]. Int J Cancer, 2014,136(5): E359-E386.)

虽然肾肿瘤在中国的发病率和病死率都低于世界平均水平，并且不是中国高发的10种癌症之一，根据最新的癌症统计数据，2015年中国肾肿瘤新增人数仍达到66 800人次，其中女性患者23 600人，男性患者43 200人；而且2015年中国的肾肿瘤死亡人数为23 400人[3]。值得注意的是，在过去20年里，中国肾肿瘤发病率以平均每年6.5%的速度持续增长，目前肾肿瘤患者的人数为(4.5～5.6)/100 000。肾肿瘤也是泌尿系统肿瘤中病死率最高的。由于肾肿瘤诊断主要依靠低灵敏度的影像学检测，使得中国20%～30%的肾肿瘤患者在初次诊断时已经发生了癌细胞转移，为随后的治疗带来巨大的困难。

7.1.1.2 肾肿瘤的致病因子

除遗传性因素外，已知的肾肿瘤致病因素还包括生活习惯和疾病因素，生活习惯方面包括吸烟、肥胖、饮食和工作环境等，而疾病因素包括高血压、慢性肾衰竭等。

1) 肾肿瘤和吸烟的关系

世界癌症研究中心在2004年公布了与吸烟相关的15种癌症，肾肿瘤就是其中之一。多项研究均表明，吸烟和肾肿瘤的发生和发展关系密切。Hunt等人通过对24个研究结果进行荟萃分析，发现和不吸烟人群相比，吸烟者患肾肿瘤的相对风险会增加至1.38倍。对于一个群体，肾肿瘤发病率的相对风险会随着戒烟而减小，但对于个人，肾肿瘤发病率的相对风险需要在戒烟10年之后才能显现逐步递减[3]。目前，全球60%的吸烟人群居住在以中国为首的10个国家里，前3名分别为中国、印度和印度尼西亚，中国的吸烟人口数量和美国人口总数接近。因此，发展中国家的烟草消耗持续升高会导致将来在发展中国家的肾肿瘤发病率随烟草消耗而逐渐递增。

吸烟的危害来自于香烟中复杂的化学成分。据分析，香烟中含有4 500多种化合物，其中有超过60种化合物被鉴定为致癌物质，包括多环芳香烃类物质、亚硝胺、芳香胺、醛类物质和金属成分等[4]。化学成分在人体内，经过肝脏的一相代谢和二相代谢，然后通过泌尿系统被清除，致癌化合物在肾脏内浓缩，导致泌尿道接触到的致癌化合物浓度要远高于其他脏器。烟草中一个已知的致癌物质是二氢二醇环氧苯并芘(BPDE)，具有强致癌作用，BPDE加合物可以导致 *p53* 和 *KRAS* 基因突变，导致癌症的发病率增加。

2) 肾肿瘤和肥胖的关系

多项研究表明，肾肿瘤的发展和肥胖有密切关系。Renehan等通过对肾肿瘤流行病调查数据的元分析发现，美国40%的肾细胞癌病例及欧洲30%的肾细胞癌病例都和肥胖有关。还有一些研究表明,肾肿瘤的发展和体重的增加具有直接关系。William 等人通过对比肥胖和不肥胖的肾肿瘤患者发现,肥胖会增加肾细胞癌发生的风险,并且体重指数(body mass index,BMI)每增加一个单位肾细胞癌的风险增加 4%,而且在所有类型的肾肿瘤中,肾透明细胞癌和肥胖的关系最为显著[5]。肥胖和饮食之间有密切的关系,很多研究表明饮食结构和肾肿瘤的发病率相关。在饮食中添加水果和蔬菜可以降低肾肿瘤发生风险,对于蛋白质和脂肪的摄入量与肾肿瘤的关系,目前尚有很多争议。部分研究表明肾细胞癌的发生和脂肪蛋白的摄入无关。

肥胖主要影响了人体内的代谢平衡,是一种代谢综合征。很多体内体外的实验都证明,癌症的发生和发展受到多个因素的调节,包括瘦素、脂联素、类固醇激素、活性氧(ROS)、胰岛素和胰岛素样生长因子,这些因素和肥胖及代谢综合征都有联系。虽然,对于肾肿瘤和肥胖之间的关系研究还不是很清楚,但各项流行病学的研究结果都有力证明肥胖和肾肿瘤的发生相关,个人的营养摄入、饮食结构和生活方式都影响着肾肿瘤的发生。

3) 肾肿瘤和高血压的关系

很多前瞻性研究都表明,高血压会增加肾肿瘤的发病风险。在一项大型的前瞻性研究中,研究者对 363 992 名瑞典男性进行了 25 年的跟踪分析,期间共有 759 人发展为肾细胞癌[6]。分析发现,平均舒张压在 90 mmHg 以上的男性相比于平均舒张压低于 70 mmHg 的男性,患肾细胞癌的风险会增加 2 倍以上;平均收缩压超过 150 mmHg 的男性相比于平均收缩压为 120 mmHg 的男性患肾细胞癌的风险会增加 60%～70%,表明肾细胞癌的发生和高血压之间存在一定的联系,并且风险增加程度和高血压程度相关。高血压患者不可避免地使用抗高血压药物,也会影响肾肿瘤的发生。一些研究表明,使用一些特定种类的抗高血压药物,如利尿剂等,会增加肾肿瘤的发生风险。

高血压和肾小管中细胞增殖和脂质过氧化相关。高血压最显著的标志是微血管稀薄和血管生成因子持续表达,这两个过程最终会导致血管生成和氧化平衡环境被打破。在微血管稀薄的情况下,细胞的低氧环境诱导低氧诱导因子(HIF)持续激活表达,从而激活下游的血管生成、细胞增殖和分化等途径。HIF 在肾细胞癌的发展中起着关键作用,高血压可能通过 HIF 的激活导致肾肿瘤细胞的产生,这些结论有待进一步研究证明。

4) 其他和肾肿瘤相关的因子

工作环境是另一个影响肾肿瘤发生的因素。研究证明,身体长期暴露于射线或长期接触致癌化合物如三氟乙烯的人群患肾肿瘤的风险会增加。欧洲中部和东部是世界上肾肿瘤最高发地区,这一地区的工人因接触三氟乙烯患肾肿瘤的风险提高 1.6 倍[7]。肾衰竭等疾病也可以增加肾肿瘤发生的风险。与一般人群相比,肾肿瘤常出现在肾衰竭、肾囊肿和结节性硬化症的患者中。

7.1.2 肾肿瘤的分型与发病机制

7.1.2.1 肾肿瘤的分型

在诊断和治疗上,2004 年 WHO 提出了肾肿瘤的分类标准,表 7-1 列出了较为常见的肾肿瘤类型。80% 以上成年人患的肾肿瘤属于肾细胞癌,肾细胞癌中透明细胞癌、乳头状肾细胞癌和嫌色细胞癌是最常见的 3 种类型。约 4% 的肾肿瘤是因为遗传或家族基因倾向引起的[8]。表 7-2 中列出了和遗传综合征相关的肿瘤类型,每一种综合征都引起一种从组织形态学上特异的肾细胞癌或其他肾肿瘤。从临床角度分析,相比于非家族遗传性肾肿瘤,遗传性的肾肿瘤表现为发病年龄提前、多病灶和双侧肾受累[8]。

表 7-1 肾肿瘤分类(来自 2004 年 WHO 分类标准)

肾肿瘤亚类	肾肿瘤具体类别	恶 性 程 度
肾细胞癌	肾透明细胞癌 多房性囊性肾细胞癌 乳头状肾细胞癌 嫌色肾细胞癌 肾 Bellini 集合管癌 肾髓质癌 Xp11.2 易位性肾细胞癌 与成神经细胞瘤相关的细胞癌 肾黏液性管状梭形细胞癌 未分类肾细胞癌	恶性肿瘤
	肾乳头状腺瘤 大嗜酸性粒细胞瘤	良性肿瘤
后肾肿瘤	后肾腺瘤 后肾腺纤维瘤	良性肿瘤
	后肾间质瘤	恶性肿瘤
混合性间质细胞和上皮细胞肿瘤	囊性肾瘤 混合性上皮细胞和间质肿瘤 滑膜肉瘤	恶性肿瘤

（续表）

肾肿瘤亚类	肾肿瘤具体类别	恶性程度
肾母细胞瘤	肾源性残余肿瘤 肾胚细胞瘤 囊性部分分化的肾胚细胞瘤	恶性肿瘤
神经内分泌瘤	神经内分泌癌 原始神经外胚层肿瘤 成神经细胞瘤 嗜铬细胞瘤	恶性肿瘤
其他类型肾肿瘤	间叶肿瘤 造血和淋巴细胞肿瘤 生殖细胞肿瘤 转移瘤	恶性肿瘤

表 7-2　家族性肾肿瘤与相关遗传综合征

综 合 征	涉及的基因	肿瘤类型
Von Hippel-Lindau（VHL）综合征	*VHL*（3p25）	肾透明细胞癌
结节状硬化	*TSC1*，*TSC2*	血管肌脂肪瘤、肾透明细胞癌、其他
3 号结构染色体易位综合征	相关基因未鉴定出来	肾透明细胞癌
家族性肾癌	相关基因未鉴定出来	肾透明细胞癌
遗传性乳头状肾细胞癌	*C-MET*	乳头状肾细胞癌 1 型
Birt-Hogg-Dube（BHD）综合征	*BHD*	肾嫌色细胞癌
家族性大嗜酸性粒细胞瘤	部分或全部染色体缺失	大嗜酸性粒细胞瘤
遗传性平滑肌瘤病肾细胞癌	*FH*	乳头状肾细胞癌 2 型

（表中数据来自参考文献[33]）

7.1.2.2　肾肿瘤的发病机制

主要的肾细胞癌，包括肾细胞癌、乳头状肾细胞癌和嫌色肾细胞癌，其发生和发展的分子机制已有大量报道。

1）肾透明细胞癌

肾透明细胞癌（clear cell renal cell carcinoma，ccRCC）占所有肾细胞癌的 70％。组织学上，该肿瘤具有透明的细胞质，细胞被浓稠的内皮细胞网络所包裹，组成网状结构。ccRCC 经常发生在 60 岁左右的人群中，并且患者大部分是男性，男女比例为 2∶1。大部分 ccRCC 是散发性的,只有 2%~4% 的病例来自家庭遗传,包括 VHL 综合征、BHD (Birt-Hogg-Dube)综合征和 3 号结构染色体易位综合征。

70%~90% 的 ccRCC 患者染色体 3p 上都会出现改变,包括一些重要基因的缺失、突变或者甲基化,如位于染色体 3p25-26 位置上的 *VHL* 基因、位于 3p21 上的 *RASSF1* 基因和位于 3p14.2 上的 *FHIT* 基因;重复的 5q22 是 ccRCC 患者中另一个普遍存在的现象;另外一些体细胞基因上的变化包括染色体 6q、8p12、9p21、9q22、10q、17p 和 14q 的缺失[9]。

18%~82% 的散发性 ccRCC 患者具有 *VHL* 基因的体细胞突变,而 98% 的患者具有 *VHL* 位点杂合性缺失[10]。在 5%~20% 的 *VHL* 未发生基因突变的 ccRCC 患者中,存在 *VHL* 基因启动子高度甲基化从而导致 *VHL* 基因失活。VHL 蛋白是一种 E3 泛素化连接酶复合物的一个组分,在细胞缺氧应激的调节中起着关键性作用,其在细胞内的作用机制如图 7-2 所示。缺氧诱导因子 HIF (hypoxia-inducible factor)是一个转录因子,它在细胞内的浓度受到 VHL 的调节。在氧气充足的情况下,HIF 被羟基化,VHL 蛋白和羟基化的 HIF 结合,促进 HIF 在蛋白酶体内的降解。因此,在正常情况

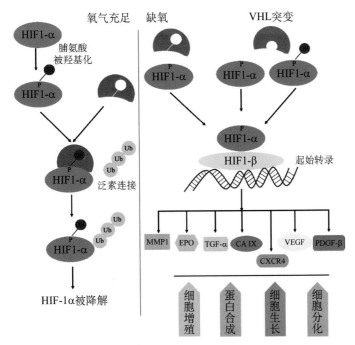

图 7-2　VHL 参与的细胞内分子通路

在氧气充足的条件下,VHL 通过识别 HIF1-α 上脯氨酸的羟基化,介导其泛素化途径的降解;在低氧条件下,HIF1-α 不能发生羟基化修饰,从而在细胞中积累并持续发挥作用,激活下游的信号转导通路;而发生基因突变的 VHL 失去了降解 HIF1-α 的功能,导致下游通路的持续激活

下，VHL 调控 HIF 的降解使其保持在很低的浓度。在缺氧情况下，HIF 无法被羟基化，VHL 无法识别非羟基化 HIF，导致 HIF 的积累，激活下游的缺氧驱动基因，包括一些促血管生成基因如促血管生成因子基因和血小板源生长因子基因、细胞生长和抗凋亡基因、红细胞生成基因等。这致使细胞内多个信号转导通路激活，包括 PI3K-Akt-mTOR 和 Ras-raf-erk-mek 信号通路，这些通路参与了细胞增殖、生存和分化的调节，促进血管生成及代谢异常[11]。VHL 基因突变或者其启动子的高度甲基化影响了蛋白质的稳定性和表达，使 VHL 不能介导 HIF 降解，导致 HIF 持续激活下游通路，增加细胞增殖和分化，并上调参与血管生成、细胞迁移和代谢的基因，导致肾癌的发生。

2）乳头状肾细胞癌

乳头状肾细胞癌（papillary renal cell carcinoma，PRCC）是第二大类高发的肾细胞癌，其比例占肾细胞癌的 10%～15%，男女发病比例和 ccRCC 类似，PRCC 的 5 年生存率可达到 90%。现在已经确定的 PRCC 有两种：PRCC1 和 PRCC2。PRCC 的细胞质一般呈现嗜碱性，呈现泡沫状的组织形态。大部分 PRCC 都是散发性的，极个别属于遗传性的。

目前，对 PRCC 发生的分子机制了解得很少，家族遗传综合征可能会增加 PRCC 的风险。MET 原癌基因的突变使患者倾向于发生多病灶的 PRCC1，同时延胡索酸脱氢酶基因的突变也会增加家族性 PRCC2 发生的风险[12]。PRCC 的基因组学还需要大规模的基因测序和分析，以确定 PRCC 的发病机制，并发现合适的诊断标志物和治疗靶标。

3）肾嫌色细胞癌

肾嫌色细胞癌（chromophobe renal cell carcinoma，ChRCC）占 RCC 总发病率的 5%，目前认为它起源于收集管的闰细胞。ChRCC 患者的发病年龄分布很广，无性别偏好性，预后比 ccRCC 好，并且复发率小于 5%。在大部分的 ChRCC 患者中，都发现有整条染色体缺失的情况，如 1、2、6、10、13、17 和 21 号染色体缺失，但是染色体缺失的原因目前尚不明确。在 ChRCC 中发现多个基因的突变，其中只有 PTEN 和 TP53 是肿瘤抑制基因。此外，家族性的 ChRCC 和 BHD 综合征有关，该综合征是由卵泡素基因 FLCN 在生殖细胞中的突变引起的。FLCN 是一个具有抑癌作用的基因，在 BHD 综合征导致的肾细胞癌患者中，由于 FLCN 的突变，导致 FLCN 蛋白表达截短体或 FLCN 不表达，使其无法发挥抑癌作用。

7.1.3 肾肿瘤的诊断

肾肿瘤的诊断一般通过尿液检测、全血细胞计数、血液生化指标检测这3种手段进行初步筛查,然后通过影像学手段进行确诊。肾肿瘤患者一般会出现贫血症状,血红细胞数目较低;同时,在血液中,肝脏蛋白酶如天冬氨酸氨基转移酶和丙氨酸氨基转移酶浓度异常升高。通过测量血液中非正常升高的钙离子浓度,能初步判断肾肿瘤的分期,并确定肿瘤细胞是否已经发生了骨转移。随后再用影像学手段,包括计算机断层扫描(CT)、超声检查、核磁共振成像及肾血管造影等技术,确诊肾脏部位的肿瘤。其中,CT是用来决定是否有恶性肿瘤的关键临床评判技术。穿刺活检也被用于晚期肾细胞癌患者的组织学诊断。

7.1.4 肾肿瘤的治疗

肾肿瘤的分级决定了治疗方案的制订,1982年制定的Fuhrman分级体系是评判肿瘤等级的主要方法。基于肿瘤的大小、形状、染色质和核仁突出情况,Fuhrman分级体系将肿瘤分为G1~G4期。也有研究认为可以简化Fuhrman分级体系为三级,因为G1和G2期患者的预后无明显差异,而G3期患者的五年生存率显著高于G4期患者,其中G3期患者的五年生存率为45%~65%,而G4期仅为25%~40%。

7.1.4.1 传统疗法

75%的肾细胞癌患者在确诊时肿瘤都没有发生远端转移,局部治疗是目前治疗的"金标准"[46],即进行局部或全部的肾切除手术。根据患者肿瘤分期的不同,决定切除的大小和范围。射频消融术是另一种越来越常使用的治疗手段。对于肾细胞癌已经发生转移的患者,除手术治疗外,还有辅助治疗包括免疫治疗和靶向治疗。研究证明,目前使用的化疗药物对于发生转移的肾细胞癌患者没有疗效,其他辅助疗法在肾细胞癌的治疗上疗效也不显著。

7.1.4.2 靶向疗法

肾肿瘤,尤其是肾细胞癌,是一种高度血管化的肿瘤。与正常肾组织相比,肾细胞癌组织中促进血管生成的中间介导因子*VEGF*的mRNA水平显著升高[13]。VEGF的受体包括VEGFR-1和VEGFR-2,其中,HIF诱导VEGFR-1在低氧环境下上调。VEGF可以促进动脉、静脉和淋巴管中血管内皮细胞的生长,同时还可以通过调控

PI3K-Akt 信号通路阻止内皮细胞凋亡。有研究表明，VEGF 的上调水平和肿瘤细胞的核分级、TNM 分级以及预后有显著相关性[13]。VEGF 的靶向药物有 4 种：舒尼替尼（sunitinib）是一种口服 VEGF 抑制剂，抑制 VEGF 受体的酪氨酸激酶活性，其靶标蛋白包括 VEGFR、PDGFR 和干细胞生长因子受体 c-KIT，已经成为治疗转移性 RCC 的一线药物；帕唑帕尼（pazopanib）与舒尼替尼类似，靶标也是 VEGF 受体的酪氨酸激酶结构域；索拉菲尼（sorafenib）是一种 VEGF 和相关受体的小分子抑制剂，同时也抑制细胞内信号转导蛋白 raf 激酶，因为不良反应等因素，目前是 RCC 的二线治疗药物；单克隆抗体贝伐单抗可以中和环化的 VEGF 蛋白，目前针对晚期 RCC 患者的贝伐单抗和干扰素的联合用药治疗方案正在欧洲等待审批，有可能成为肾细胞癌的一线治疗药物。卡博替尼（cabozantinib）是 2015 年获批的用于晚期肾细胞癌患者治疗的一种多激酶靶向抑制剂，可以抑制 RET、MET（肝细胞生长因子受体）、VEGF1、VEGF2、VEGF3、KIT（干细胞生长因子受体）、TRKB（酪氨酸激酶受体 B）、AXL 和 TIE2（表皮生长因子样结构域酪氨酸激酶）的酪氨酸激酶活性，促进肿瘤细胞凋亡，减少转移并抑制肿瘤血管生成。

PI3K-Akt-mTOR 信号通路被认为是一种最重要的细胞生存信号通路，参与调节多种肿瘤的发生和发展。该信号通路调节细胞生长、分化、代谢和细胞骨架基因，与细胞的凋亡及存活有密切关系。其中，mTOR 通过 TORC1 和 TORC2 两个蛋白复合物参与调节活动。HIF1 的 mRNA 5′端含有一个寡聚嘧啶序列，能够被核糖体亚基 P70 的 S6 激酶 1（S6K 1）识别，优先翻译成蛋白质。TORC1 通过对 S6K 磷酸化，激活 S6K，调控 5′寡聚嘧啶序列的 mRNA 的翻译。mTOR 在大多数肾透明细胞癌组织中活性增加，特别是在预后差的高级别肾透明细胞癌患者中。替西罗莫司（temsirolimus）是 mTOR 的抑制剂，通过与 FK506 结合形成蛋白质复合物阻止 mTORC1 的激活，从而抑制 HIF 的表达。因为 mTOR 参与调节脂类和葡萄糖代谢通路，该药物的使用造成一系列脂类和葡萄糖代谢紊乱的疾病，如高血脂、高胆固醇、高血糖等，因此替西罗莫司只被用于治疗晚期 RCC 患者。另一种 mTOR 的抑制药物依维莫司（everolimus）是西罗莫司的衍生物，用于治疗一线化疗药物失败的转移肾细胞癌患者。

7.1.4.3 免疫治疗

白细胞介素-2 是传统的免疫治疗药物，被大剂量地用于治疗转移的肾细胞癌患者，但其疗效至今仍备受争议。有实验表明，和低剂量的细胞因子相比，白细胞介素-2 对于治疗 RCC 没有明显的效果。另一个潜在的免疫治疗药物是 α-干扰素，在两次大规模随机试验中,相比于抗肿瘤药物甲羟孕酮酸和长春花碱,α-干扰素能够有效提高 RCC 患者的存活率[14]。随着免疫领域研究的逐渐深入,越来越多的免疫治疗方法被用于临床治疗。

程序性死亡受体-1 (programmed death-1,PD-1)是如今癌症免疫治疗中的明星分子。它是一个程序性细胞死亡受体,在免疫检查点通路上发挥作用。T 细胞、B 细胞和 NK 细胞的表面都表达 PD-1,和肿瘤细胞表面表达的 PD-L1 结合后,诱导免疫细胞凋亡,从而抑制免疫细胞对癌细胞的杀伤作用。Opdivo(即 nivolumab)是一种抗 PD-1 的人源 IgG4 抗体,在 2015 年 11 月被批准用于晚期肾细胞癌的治疗。Opdivo 是 PD-1 的一种阻断性抗体,阻止 PD-1 和 PD-L1 的结合,增强 T 细胞对癌细胞的免疫应答,发挥抗肿瘤的活性。研究发现 Opdivo 能够有效延长晚期肾细胞癌患者的生存期 25 个月,并且具有较小的不良反应[15]。

另一个免疫治疗的靶点是 CTLA-4(细胞毒性 T 淋巴细胞抗原 4),它是一个由 CTLA-4 基因编码的跨膜蛋白,表达在活化的 CD4+ 和 CD8+ T 细胞上。CTLA-4 与其配体分子结合后,抑制 T 细胞激活,使 T 细胞失去对肿瘤细胞的免疫应答能力。ipilimumab 是一种新的 CTLA-4 人源单克隆抗体。在 II 期临床试验中使用 ipilimumab 后,40 位转移性肾细胞癌患者中有 5 人生存时间延长。

7.1.4.4 肿瘤疫苗

相比于靶向调节免疫通路,肿瘤疫苗具有更高的特异性和靶向性,可以实现个体化的精准治疗。肿瘤疫苗通过激活树突状细胞中针对肿瘤抗原的特定反应,促进 T 细胞和 B 细胞对肿瘤细胞产生免疫活性。

IMA901 是第一个针对多种肾细胞肿瘤的肿瘤疫苗,它由 9 个在肾细胞癌细胞上自然表达的肽段组成,这些肽段分别来源于 PLIN2、APOL1、CCND1、GUCY1A3、PRUNE2、MET、MUC1、RGS5、MMP7、HBV 和 HBcAg。经过 6 个月的 IMA901 治疗,31% 经过细胞因子疗法治疗患者的病情可以被有效控制,而 14% 经过酪氨酸激酶抑制剂治疗患者的病情可以被有效控制[16]。

AGS003 是另一种正在进行 II 期临床试验的肿瘤疫苗。它是通过将手术取出的肾细胞癌组织中编码肿瘤抗原的 mRNA 进行扩增,将扩增的肿瘤抗原 mRNA 转入从患者血液中分离出的单核细胞分化形成的树突状细胞中,然后将这些处理过的树突状细胞重新注入患者体内,激发靶向作用于肿瘤的杀伤性 T 淋巴细胞的增殖。II 期临床试验的结果显示,AGS003 和舒尼替尼联合使用可以延长转移性肾细胞癌患者的生存期,并且两种药物的联合使用没有产生明显的不良反应[62]。

大多数实体肿瘤细胞都表达 5T4 抗原,MVA5T4 则是通过调节免疫系统攻击表达 5T4 抗原的细胞,从而摧毁癌细胞,但该药物在进行Ⅲ期临床试验时,因效果不明显,已经停止试验。还有一种肿瘤疫苗通过患者自体肿瘤细胞裂解液激发免疫反应,Ⅲ期临床试验结果显示,与未使用任何辅助治疗患者的五年和十年生存率(分别为 79.2% 和 62.1%)相比,使用自体肿瘤细胞裂解液患者的五年和十年生存率分别为 80.6% 和 68.9%;十年后,Ⅲ期肾细胞癌患者的生存比例为 53.6%,对照为 36.3%,证明该治疗手段可以显著提高肾细胞癌的生存率。联合疗法在肾细胞癌的治疗上显示出了巨大的潜力,将靶向疗法和免疫治疗或不同靶向药物联合使用,避免癌细胞对单一靶向治疗产生耐药性,同时针对患者个体情况,制定精准的治疗策略,特异地定向杀死肿瘤细胞,清除癌组织。

虽然经过多年努力和发展,肾肿瘤的诊断和治疗都有了重大进展,但是离肾肿瘤的精准诊断和治疗仍相距甚远。在诊断上,肾肿瘤的诊断主要依靠医学影像手段,这些手段不能有效地发现早期肾肿瘤,并且也无法进行预后分析。在治疗上,虽然晚期肾肿瘤的治疗有多个靶向药物,但由于在靶向药物选择及疗效分析上都缺乏有效的生物标志物,使得靶向治疗的效果仍不显著。同样,由于生物标志物的缺乏,目前对肾肿瘤的预防几乎束手无策。利用各种组学手段,通过分析患者的样品,发现用于肾肿瘤诊断、治疗和预后的生物标志物是发展精准医学的基础,这些生物标志物的发现也为靶向药物的选择和个性化治疗提供依据。下面将总结肾肿瘤的基因组学和蛋白质组学研究现状,并对组学在肾病精准医学中的应用进行展望。

7.2 基因组学在肾肿瘤中的研究进展

随着高通量二代测序技术的发展和成熟,以及测序成本的降低,高通量二代测序技术已成为精准医学的主要技术,并为理解肾肿瘤的发生和发展提供了理论基础。以高通量二代测序为基础的基因组学已经被广泛用于肾透明细胞癌的临床病理研究。2013 年的两个研究,采用大规模测序的手段研究肾透明细胞癌的机制,打开了基因组学在肾透明细胞癌研究中应用的大门。

2013 年,Sato 等人通过对超过 100 例肾透明细胞癌患者的全基因组、外显子和

RNA 测序,结合基因表达谱分析、基因拷贝数和甲基化分析,描绘出了完整的基因谱图,并分析了基因表达和 DNA 甲基化特征对肿瘤发生和发展的影响[17]。本研究共检测了 106 例肾透明细胞癌患者样本的全基因组,平均每例患者具有 47 个非沉默突变,并且这些突变都是随机的,在 777 个基因上突变频率较高,其中 28 个具有显著性突变。这些研究发现在肾透明细胞癌中,VHL 介导的蛋白酶降解体系的缺失,不仅与 *VHL* 失活有关,还和转录延伸因子 B 多肽 1 (transcriptional elongation factor B polypeptide 1, *TCEB1*)基因的突变有密切关系,*TCEB1* 的突变可以阻止蛋白酶复合物调节蛋白延长因子 C 和 VHL 的结合,从而导致 HIF 的积累。*TCEB1* 基因编码蛋白延长因子 C,是转录因子 B 复合物的一个亚基。转录因子 B 复合物由延长因子 A/A2、B 和 C 组成,通过 RNA 聚合酶在转录单元上短暂的停留而被激活。VHL 作为一个抑癌因子,可以和延长因子 B 和 C 结合,阻止该转录复合物的延伸活性。此外,延长因子 C 也是 VHL 复合物的一个重要组分。VHL、延长因子 B、延长因子 C 和催化环化亚基 RBX1 可以与泛素连接的 E2 组分结合,组织在一个 CUL2 (cullin scaffold protein)上,完成 VHL 介导的 HIF 蛋白泛素化过程。通过靶向深度测度和甲基化分析,研究人员在所有样本中共发现 *TCEB1* 上的 8 个突变位点,而在该泛素降解复合物的其他组分上,包括 *TCEB2*、*CUL2* 和 *RBX1*,均未发现任何突变位点。但值得注意的是,在 240 个肾透明细胞癌病理组织中,有 229 个具有 VHL 复合物基因和表观遗传上的变化,但 *TCEB1* 突变和 *VHL* 损伤是完全相互排斥的,并且分别具有这两种基因变异的患者在临床病理上没有明显的差异。

其他较常见的新发现的突变靶点有 *TET2*、*KEAP1* 和 *MTOR*。*TET2* 编码α-酮戊二酸依赖性的加氧酶,在骨髓恶性肿瘤中经常会因为基因突变而失活。TET2 催化 5-甲基胞嘧啶向 5-羟甲基胞嘧啶转化,在 DNA 去甲基化中起关键作用,同时在基因转录过程中介导组蛋白 O-GlcNAC 的糖基化修饰。在本研究中发现,*TET2* 在 6 例肾透明细胞癌患者中发生突变,1 例为阅读框迁移突变,其他 5 例为错义突变,其中有 4 个会影响半胱氨酸富集结构域或催化结构域。此外,通过单核苷酸多态性微阵列分析,*TET2* 也位于 4q24 显著减少的区域内,有 10.4% 的患者该区域明显减少。KEAP1 是另一个 cullin-RING 泛素连接复合物中的重要组分,该复合物主要参与氧化压力应激下 KEAP1 介导的 NRF2 转录因子泛素化。NRF2 是一个碱性亮氨酸拉链蛋白,调控抗氧化蛋白的表达,保护细胞免受损伤和炎症引起的氧化损伤。当 KEAP1 被突变后,NRF2 不能被泛素化修饰,其在细胞质中的浓度升高,随后转移至细胞核中,和细胞核内的小 Maf 家族蛋白结合,形成异源二聚体,在很多抗氧化基因的上游启动子区域与抗氧化应激元件(ARE)结合,启动这些基因的转录。该研究证明,*KEAP1* 在 5 例肾透明细胞癌患者中发生突变,*NRF2* 在 1 例患者中突变,*CUL3* 在 1 例患者中突变,并且这些突变是互相排斥的,其中 11 例患者的 *CUL3* 在 2q36 上有缺失。*MTOR* 是发现的另一个新的在肾透明细胞癌中的突变基因,6 例肾透明细胞癌患者具有 *MTOR* 的突变,加上 *PTEN*、*PIK3CA*、*PIK3CG*、*RPS6KA2*、*TSC1* 和 *TSC2* 基因的突变,在 PI3K-AKT-mTOR 通路上共有 28 例患者发生突变。PI3K-AKT-mTOR 是一条经典的信号通路,参与细胞增殖、分化、凋亡和葡萄糖转运等多种细胞功能的调节,其活性的增加常与多种癌症相关。该研究的发现,可以为日后评价 mTOR 抑制剂的有效性提供理论基础。

2013 年 7 月,TCGA 的研究人员利用不同的基因测序平台对 400 多例肾透明细胞癌患者的样品进行测序,鉴定出 19 个显著性突变的基因,发现 DNA 大规模的超甲基化和组蛋白 3 上 36 位赖氨酸甲基化转移酶基因 *SETD2* 的突变相关;同时,三羧酸循环的相关基因表达下调,而磷酸戊糖通路上的基因表达上调,以及腺嘌呤核糖核苷酸激活的蛋白激酶(AMP-activated protein kinase, AMPK)和 PTEN 蛋白水平下调,这些结果证明肾透明细胞癌中细胞代谢通路的异常和肾透明细胞癌的分级及严重程度有关,为肾透明细胞癌的治疗提供了新的理论依据[18]。研究人员使用 DNA 杂交技术,发现最常见的现象是染色体 3p 缺失(约 91% 的病例),包含 4 个最常见的突变基因(*VHL*、*PBRM1*、*BAP1* 和 *SETD2*)。SETD2 是一种组蛋白甲基化转移酶,特异性针对组蛋白 H3 上 36 位赖氨酸的甲基化,该位点的甲基化和染色质的活性有关。SETD2 包含一个新的转录激活结构域,它和高度磷酸化的 RNA 聚合酶 II 有关,被认为是一个肿瘤抑制因子。*SETD2* 发生突变,和非启动子区域的 DNA 甲基化缺失增加有关。H3K36 位的甲基化可以维持异染色质状态,使 DNA 甲基转移酶 3A 能够和甲基化的 H3K36 结合,对周围的 DNA 进行甲基化修饰。因此 *SETD2* 突变失活后,H3K36 的甲基化程度降低,间接导致 DNA 甲基化区域性缺失。和之前的研究结果一致,该研究也发现 PI3K-AKT 信号通路的基因出现高频突变,说明 PI3K-AKT 是一个潜在的肾透明细胞癌的治疗靶点。除 *VHL* 外,在至少 5% 的患者中,有 289 个基因在表观遗传上被沉默,其中 *UQCRH* 在 36% 的病例中被高度甲基化,并且启动子高度甲基化频率和肾透明细胞癌的分级分期呈正相关。此外,跨平台分子分析结果显示,肾透明细胞癌患者的预后和代谢转移有关。磷酸戊糖途径活性增加,AMPK 表达降低,三羧酸循环通路活性降低,谷氨酰胺转运和脂肪酸生成增加,会导致患者的预后更差。

2014 年,研究人员利用基因芯片分析肾透明细胞癌患者癌症组织和癌旁组织中转录因子的差异,然后在肾透明细胞癌细胞系中利用慢病毒体系进行大规模筛选,找到了 31 个参与调控细胞增殖的基因。这 31 个基因分别为 *ADM*、*ANGPTL4*、*BHLHB3*、*BTK*、*CAMK1*、*CDH13*、*CEP290*、*C20ORF100*、*EDNRA*、*EFCAB3*、*EGFR*、*ENPP3*、*FXYD5*、*IGFBP3*、*KCNJ2*、*KISS1R*、*KSR1*、*LAMA4*、*LOXL2*、*MYC*、*NNMT*、*NPTX2*、*OLFML2A*、*PGBD5*、*PLOD2*、*RAPGEF5*、*SCD*、*SEMA6A*、*SSPN*、*TCF8* 和 *TMCC1*,为晚期肾透明细胞癌患者的诊断、预后及靶向治疗提供了潜在的靶标蛋白[19]。研究人员在不同分期的肾细胞癌癌组织样本中,确定 CAMK1(calcium/calmodulin-dependent protein kinase type 1,钙离子依赖型蛋白激酶 1)、SSPN(sarcospan,肌长蛋白)、KISS1R(KISS-1 receptor,KISS-1 受体)和 CDH13(cadherin-13,钙黏着蛋白 13)4 个蛋白质在不同分期中的表达具有明显差异。在肿瘤细胞中分别降低这 4 个蛋白质的表达,会导致肿瘤细胞死亡或者衰老,同时细胞的侵袭能力降低。CAMK1 是钙离子/钙调蛋白依赖性蛋白激酶 1,在很多组织中都有表达,是钙调蛋白依赖蛋白激酶通路中的一个组分。钙离子/钙调蛋白通过和 CAMK1 结合,直接激活其活性,通过 CAMK1 间接促进蛋白酶的磷酸化和协同激活。KISS1R 和它的配体——神经激肽 B 结合,在肾透明细胞癌中通过阻止肿瘤细胞侵袭,抑制肿瘤的生成。但在该研究中的实验表明,在细胞系中沉默 KISS1R,导致肾透明细胞癌侵袭能力降低,说明 KISS1R 在肿瘤细胞中的作用可能有更复杂的调控机制存在。

Simon 等人通过基因组学和代谢组学分析揭示,果糖-1,6-二磷酸酶 1(FBP1)在肾透明细胞癌的发展中起着至关重要的作用[20]。他们发现在 600 例肾透明细胞癌的组织样品中出现 *FBP1* 的缺失,FBP1 通过阻断糖酵解通路及降低 HIF 的活性抑制肿瘤细胞的生长。该研究表明在没有 *VHL* 基因变异的细胞中,FBP1 表达水平的下调驱动细胞增殖,为肾透明细胞癌的治疗提供了新的靶标。FBP1 是糖异生通路中的一个重要的限速蛋白酶,催化 1,6-二磷酸果糖向 6-磷酸果糖的转化。*FBP1* 位于人体染色体 9q22 位,而这个位置的染色体缺失常和肾透明细胞癌患者的预后差相关。研究人员证明,首先,FBP1 阻碍肾小管上皮细胞内的糖酵解通路,而肾小管上皮细胞则被认为是肾透明细胞癌癌细胞的病发灶,由此抑制了沃伯格(Warburg)效应;其次,在 VHL 蛋白缺失的肾透明细胞癌癌细胞中,FBP1 以不依赖催化活性的方法限制细胞的增殖、糖酵解途径和磷酸戊糖途径的进行,通过和 HIF 的抑制结构域相互作用,阻碍 HIF 的转录功能。因此,在肾透明细胞癌中,*FBP1* 基因缺失,促进了沃伯格(Warburg)现象的发生和 HIF 的转录功能。

基因组学在肾肿瘤研究上的广泛应用,为肾肿瘤的诊断和治疗提供了理论基础。基因作为生命活动的指导者,患者个人的基因组信息是精准医疗的理论支撑,对基因组信息的详细注释,以及临床化使用,才能保证精准医疗的实施。基因组学帮助医生在基因组层面上对疾病有更为细致的认识,找到精确的病因,有针对性地选择治疗药物,既避免了不必要的浪费,也减少了相应不良反应的发生。

但基因组学也存在一定的问题,它从基因层面上系统地研究癌症的发病机制,但是蛋白质作为生命活动的执行者,基因组学的结果缺乏对蛋白质修饰、蛋白质表达量等的描述。人类基因组有 20 000～25 000 个基因,这些基因经过不同的启动子转录和 mRNA 剪接,得到 100 000 种左右的 mRNA,mRNA 被翻译成蛋白质,蛋白质又会进行不同的翻译后修饰,最终蛋白质的种类将远远超过 100 000 种。蛋白质组学则可以在蛋白质层面上对疾病重新定义,找到用于疾病诊断和治疗的新靶点。

7.3 蛋白质组学在肾肿瘤中的研究进展

蛋白质组学也已经被广泛地应用于肾肿瘤的研究。用于蛋白质组学分析的肾肿瘤样本种类非常多样化,包括血清、尿液、原代细胞和组织样本,研究结果如表 7-3 所示。

表 7-3　肾肿瘤中的蛋白质组学研究进展

样本类型	年份	样本数目	使用技术	鉴定到的标志物	期刊
血清	2012	85 份 ccRCC,29 份其他肾肿瘤,92 份正常人	LC-MS/MS MALDI-TOF	SDPR、ZYX↑ SRGN、TMSL3↓[25]	*J Proteomics*
血清或血浆	2014	10 份 RCC,10 份正常人	LC-MS/MS	HSC↑[26]	*Biomed Res Int*
	2014	58 份 ccRCC,64 份正常人,40 对配对手术前后患者血清	MALDI-TOF	RBP6、TUBB、ZFP3↑[27]	*PLoS One*
	2014	40 对配对手术前后患者血清	LC-MS/MS	HSPG2、CD146、ECM1、SELL、SYNE1、VCAM-1↑[28]	*J Proteomics Res*

（续表）

样本类型	年份	样本数目	使用技术	鉴定到的标志物	期刊
尿液		29 份 ccRCC 患者，23 份正常人	LC-MS/MS	MMP9、CP、PODXL、DKK4、CAIX↑；AQP1、EMMPRIN、CD10、二肽酶1、多配体聚糖结合蛋白-1↓[24]	*Mol Biosys*
		良好预后和差预后的ccRCC 患者各 30 份，正常对照 30 份	LC-MS/MS	载脂蛋白 A、纤维蛋白原、触珠蛋白↑[29]	*Urol Oncol*
原代细胞	2004	1 对配对 RCC 癌组织和癌旁组织	2D-PAGE MS	αβ-晶体蛋白、MnSOD、膜联蛋白 A4↑[30]	*Mol Carcinog*
	2005	17 份 RCC 组织	2D-PAGE MS	SODM、HSP27↑[31]	*J Proteome Res*
	2006	1 对配对 RCC 癌组织和癌旁组织	2D-PAGE MS	波形蛋白、HSP27、糖酵解相关蛋白、根蛋白、膜突蛋白、肌动蛋白结合蛋白、隔膜蛋白↑[32]	*Proteomics*
组织	2006	4 对配对 RCC 癌组织和癌旁组织	2D-PAGE MS	HSP27、ALDOA、糖酵解相关蛋白↑；PKM2↓[33]	*Mol Cancer*
	2009	50 份不同分期的ccRCC 癌组织	LC-MS/MS	波形蛋白、丝氨酸蛋白酶抑制剂 H1、PKM2、PGK1、ALDOA 随分级变化[34]	*Mol Cell Proteomics*
	2011	9 份对照，27 份不同分级的 RCC 癌组织	MALDI-TOF/TOF	PRDX3↓ S100-A9↑[35]	*PLoS One*
	2012	20 对配对 RCC 癌组织和癌旁组织	2D-PAGE MS	膜联蛋白 A2、PPIA、FABP7、LEG1↑[36]	*Mol Biosyst*
	2013	24 对配对 RCC 癌组织和癌旁组织	2D-PAGE MS	RCN1↑[37]	*J Inorg Biochem*
	2013	6 对配对 RCC 癌组织和癌旁组织，6 份转移 RCC 癌组织	LC-MS/MS	前纤维蛋白 1、14-3-3 δ/ζ、半凝乳素 1↑[38]	*Mol Cell Proteomics*
	2014	30 对配对 ccRCC 癌组织和癌旁组织	LC-MS/MS	ENO1、LDHA、HSP27↑；HSPE1↓[39]	*Oncotarget*
	2014	8 对配对 RCC 癌组织和癌旁组织	LC-MS/MS	脂肪分化相关蛋白、冠蛋白1A↑[40]	*Br J Cancer*

注：RCC，肾细胞癌；ccRCC，肾透明细胞癌；RBP6, RNA binding protein 6, RNA 结合蛋白 6；TUBB, tubulin beta chain，微管蛋白 β 链；ZFP3, zinc finger protein 3，锌指蛋白 3；HSPG2, basement membrane-specific heparan sulfate proteoglycan 2，基底膜特异性硫酸肝素蛋白多糖 2；CD146, cell surface glycoprotein MUC18，细胞表面糖蛋白 MUC18；ECM1, extracellular matrix protein 1，细胞外基质蛋白 1；SELL, L-selectin, L-选择素；SYNE1, nesprin-1, 核膜含血影蛋白重复蛋白 1；VCAM-1, vascular cell adhesion molecule-1, 血管细胞黏附分子 1；MMP9, matrix metalloproteinase 9，基质金属蛋白酶 9；CP, ceruloplasmin, 血浆铜蓝蛋白；PODXL, podocalyxin, 足细胞标志蛋白；DKK4, Dickkopf related protein 4,阻黑体 4；CAIX, carbonic anhydrase IX, 碳酸酐酶 9；AQP1, aquaporin-1, 水通道蛋白 1；EMMPRIN, extracellular matrix metalloproteinase inducer, 细胞外基质金属蛋白酶诱导子；CD10, neprilysin,脑啡肽酶；MnSOD, manganese superoxide dismutase, 含锰超氧化物歧化酶；SODM, manganese superoxide dismutase, 锰超氧化物歧化酶模拟物；HSP27, heat shock protein 27,热休克蛋白 27；ALDOA, fructose bisphosphate aldolase A, 果糖二磷酸醛缩酶 A；PRDX3, thioredoxin-dependent peroxide reductase,硫氧还蛋白依赖性过氧化物还原酶；RCN1, reticulocalbin 1, 网钙蛋白 1；ENO1, enolase 1, 烯醇化酶 1；LDHA, L-lactate dehydrogenase A chain, L-乳酸脱氢酶 A 链；HSPE1, heat shock protein 10, mitochondrial,线粒体热休克蛋白 10；PGK1, phosphoglycerate kinase 1,磷酸甘油酸激酶 1。↑表示表达升高，↓表示表达降低

7.3.1 蛋白质组学在肾肿瘤患者尿液和血清中的研究进展

肾脏不仅是一个重要的代谢器官,还是一个内分泌器官。作为泌尿系统的一部分,肾脏滤除血液中的杂质,回收有用的营养物质,最终产生尿液经由后续管道排出体外,因此研究肾肿瘤引起的尿液蛋白质组的变化,对于预测肾脏的病变和评价治疗效果具有重要的意义。早在 2004 年,Pieper 等人用蛋白质组学的方法研究了肾透明细胞癌患者手术前和手术后的尿液样品。通过双向电泳结合 MALDI-TOF 和 LC-MS/MS 技术,发现多个手术前后有变化的蛋白质,例如碳酸酐酶 1 在肾切除手术后患者尿液中的表达明显降低[21]。碳酸酐酶是红细胞的主要蛋白质成分之一,在红细胞中的含量仅次于血红蛋白,能够双向催化二氧化碳的水合作用,同时能够水合氰腈生成尿素。随后的一些研究通过对比肾细胞癌患者的尿液和正常人尿液的蛋白质组,发现在 RCC 患者尿液样品中组织蛋白酶 D 和 14-3-3 蛋白升高,可能用于患者的预后分析[22,23]。Raimondo 等研究人员从肾细胞癌患者和正常人的尿液中分离出了外泌体,并鉴定了外泌体蛋白的差异[24]。通过分析 29 份来自肾细胞癌患者的尿液样品和 23 份正常人的对照样品,他们在对照组外泌体中找到了 261 个蛋白质,而在肾细胞癌患者尿液的外泌体中找到了 186 个蛋白质,发现有超过各自一半的蛋白质只出现在对照组或肾细胞癌样品中,而碳酸酐酶 9、血浆铜蓝蛋白(ceruloplasmin)、足细胞标志蛋白等蛋白质在肾细胞癌外泌体中的浓度明显高于对照组,二肽酶 1、CD10 等蛋白质在肾细胞癌组中的浓度较低,这些结果为发现新的肾细胞癌生物标志物提供了线索。

肾细胞癌血清的蛋白质组学研究已有一些报道。为了寻找可以用于肾透明细胞癌早期诊断和区分肾肿瘤恶性程度的生物标志物,Gianazza 等研究者结合 MALDI-TOF 和 LC-MS/MS 的手段,通过分析血浆的多肽组学发现 SDPR (serum deprivation-response protein,血清剥夺反应相关蛋白)和 ZYX (zyxin,斑联蛋白)在肾细胞癌患者中下调,而 SRGN (serglycin,丝甘蛋白聚糖)和 TMSL3 (thymosin beta-4-like protein 3,胸腺素 β4 类蛋白 2)则是上调的[25]。Gbormittah 等研究人员系统分析了肾透明细胞癌患者的血清样品发现 HSPG2 (basement membrane-specific heparan sulfate proteoglycan core protein 2,基底膜特异性硫酸肝素蛋白多糖 2)、CD146 (cell surface glycoprotein MUC18,细胞表面糖蛋白 MUC18)、ECM1 (extracellular matrix protein 1,细胞外基质蛋白 1)、SELL (L-selectin, L-选择素)、SYNE1 (nesprin-1,核膜含血影蛋白重复蛋白 1)和

VCAM-1 (vascular cell adhesion molecule-1，血管细胞黏附分子 1)的表达手术切除前后变化很大，而且糖基化组学分析发现糖基化的水平也有显著变化[28]。Zhang 等研究者在近期的研究中采用了 iTRAQ 定量标记的方法，鉴定到 HSC71 是血浆中可能用于肾透明细胞癌诊断的标志物[26]。HSC71 又称为 HSPA8，是一种热休克蛋白，由 11 号染色体上的 *HSPA8* 基因编码。HSC71 属于热休克蛋白 70 家族，帮助新翻译和错误折叠的蛋白质形成正确构象，也可以稳定或者降解突变的蛋白质。它的功能主要涉及信号传导、细胞凋亡、蛋白稳定、细胞增殖和分化。已有大量研究表明，HSC71 和消化道相关癌症、神经退行性疾病及细胞衰老有关，而该研究则第一次提出 HSC71 可能是一个肾透明细胞癌的生物标志物。这些研究表明血清中存在着多个不同差异表达的蛋白质，而且血清蛋白质组学分析技术有待于进一步提高，从而发现更可靠的生物标志物。

7.3.2　蛋白质组学在肾肿瘤组织中的研究进展

双向电泳和 MALDI-TOF 的联用是早期研究肾肿瘤组织中生物标志物的主要技术方法。2006 年，Perroud 等研究人员使用双向电泳和质谱结合的方法，分析了 4 对来自肾细胞癌患者的癌组织和癌旁组织中的差异蛋白质，他们鉴定到 31 个在癌组织和癌旁组织中差异表达的蛋白质，并通过免疫印迹和免疫组化的方法，验证了 HSP27 和丙酮酸激酶-M2 (pyruvate kinase-M2，PKM2)在肾细胞癌中的表达；并且，他们通过生物信息学分析确定，差异表达的蛋白质主要参与糖酵解和丙酸代谢途径，同时还参与了 p53 和 FAS 等信号通路的调控[34]。2011 年，Junker 等研究人员通过双向电泳和 MALDI-TOF/TOF 技术的联用比较了不同分期的肾细胞癌组织和正常肾组织的蛋白质表达差异，鉴定到 187 个差异表达的蛋白质，通过分类分析发现其中包括 14 个转运蛋白、8 个肽酶和 7 个激酶，差异表达蛋白质参与了细胞骨架重排、线粒体功能和脂类代谢等细胞活动的调控；并且，研究人员还通过免疫组化等技术验证了两个线粒体蛋白质——硫氧还蛋白依赖性过氧化物还原酶 3 (thioredoxin-dependent peroxide reductase，PRDX-3)和 S100A9 在癌组织中的表达升高，其中 S100A9 在 Ⅲ 期肾细胞癌中表达最高，证明 S100A9 是一个潜在的可以用于预测预后的生物标志物[35]。之后还陆续有一些研究，发现 ANXA2 (annexin A2，膜联蛋白 A2)、PPIA (peptidyl-prolyl cis-trans isomerase A，肽酰脯氨酰顺反异构酶 A)、FABP7 (fatty acid-binding protein-7，脂肪酸结合蛋白-7)、LEG1 (protein LEG1 homolog，LEG1 同源蛋白)和 RCN1 (reticulocalbin-1，颗粒体蛋白-1)等蛋白质在肾癌组织中的表达升高,可能用于肾癌的诊断。但是,这些研究都基于二维双向电泳的技术。鉴于双向电泳技术及质谱仪的灵敏度和精确度的限制,这些研究鉴定到的蛋白质总数和差异蛋白质还比较少。

随着液相色谱-质谱联用技术的发展,包括纳升液相色谱分离以及 Orbitrap 等高灵敏度和精确度质谱仪器的应用,鉴定差异表达蛋白质的技术手段日趋成熟。2009 年,Perroud 等利用 LC-MS/MS 技术分析了分期不同的肾透明细胞癌组织中蛋白质表达的差异,在 50 份介于正常和 G1~G4 期之间的肾透明细胞癌患者的组织样品中,鉴定到了 105 个有差异表达的蛋白质,这些差异蛋白质参与糖酵解等通路,并和肿瘤分期有一定的关系,可以用于肾透明细胞癌患者的诊断和预后[34]。随后,Masui 等研究人员在 2013 年使用 iTRAQ 技术,比较了原位肾细胞癌和转移肾细胞癌组织之间的差异,鉴定到 29 个差异表达蛋白质,发现在转移肾细胞癌样品中,前纤维蛋白 1(profilin-1)、14-3-3 δ/ζ、半凝乳素 1 的表达量较高,患者的预后较差[38]。2014 年,Atrih 等研究者通过分析 8 对肾细胞癌患者的癌组织和癌旁组织中的差异表达蛋白质,发现在癌组织中脂肪分化相关蛋白和冠蛋白 1A(coronin 1A)都有明显上调,同时信号通路分析表明,与氧化磷酸化、糖酵解、过氧化物酶体增殖物激活受体(PPAR)通路和氨基酸合成通路相关的蛋白质都有显著的变化[40]。同年,另一项研究结果证明了 Atrih 等人的结论,通过分析 30 对配对的肾透明细胞癌癌组织和癌旁组织,研究人员采用 iTRAQ 定量分析技术,发现了 55 个有差异表达的蛋白质,其中 39 个是分泌蛋白质。研究人员选取其中的 3 个蛋白质,即烯醇酶 1、乳酸脱氢酶 A 和 HSP27,进行了免疫印迹和免疫组化的验证,证明肾透明细胞癌中的葡萄糖代谢通路上调[39]。此外,在该研究中研究人员还在血清和尿液中检测了 HSP27 的表达,他们发现在肾透明细胞癌患者中,HSP27 在血清和尿液中的含量会显著上升,同时在晚期肿瘤患者的血清中,HSP27 的表达最高。HSP27 是一种小的热休克蛋白,主要发挥着分子伴侣的作用,耐高温,组织细胞凋亡,调控细胞发展和分化,同时还可以进行信号传导。HSP27 一般定位于细胞质中,有时也会定位在细胞核附近、内质网和细胞核内。当细胞分化和增殖时,HSP27 会高表达,因此 HSP27 在组织分化过程中起着重要的作用。其他 HSP27 高表达的过程还包括细胞增殖、迁移、对抗化疗药物等,此外,HSP27 在乳腺癌、肝癌、结肠癌和肺癌等患者中也会高表达,是一个潜在的诊断标志物。在癌细胞中,HSP27 可以通过作用于细胞凋亡蛋白依赖的信号通路,阻碍细胞凋亡,同时抵抗凋亡诱导因子如 TNF-α、星形孢菌素、多柔比星(阿霉素)等。HSP27

可能通过抑制细胞凋亡,促进癌症的发生和发展。更重要的是,HSP27 被多次鉴定到在肾细胞癌中高表达,因此 HSP27 是一个潜在的用于诊断肾透明细胞癌的生物标志物。

笔者所在研究室对 39 对配对的肾透明细胞癌组织和癌旁组织进行了定量蛋白质组学分析,共鉴定到 9 500 个蛋白质,其中 394 个蛋白质在肿瘤组织中下调,204 个蛋白质上调,此次鉴定到的蛋白质数目远远超过历次蛋白质组学研究鉴定到的蛋白质数目(<3 000)。此次蛋白质组学的结果验证了基因组学的结果,即 FBP 和 PCK1 在肿瘤组织中的下调,并且揭示了在肾透明细胞癌中,糖酵解通路、β-氧化磷酸化、三羧酸循环和 PPAR 等通路发生了紊乱,这些通路上蛋白酶的表达在癌组织中都表现出较大的差异。上述研究结果证明,肾细胞癌具有典型的沃伯格效应,包括糖酵解水平增加、ATP 合成通路下调和线粒体功能降低。研究数据还验证了其他蛋白质组学研究的结果,如隔膜蛋白(septin)和波形蛋白的上调以及过氧化物还原酶-3(thioredoxin-dependent peroxide reductase,PRDX-3)的下调。该研究还发现线粒体呼吸链复合物的蛋白质表达下调和核糖体蛋白表达的上调,为肾细胞癌的诊断和治疗提供了潜在的生物标志物。

蛋白质组学的结果为肾肿瘤患者的预后判断提供了有用的信息。例如,前纤维蛋白 1(profilin-1)、14-3-3 δ/ζ、半凝乳素 1 表达量较高的患者,预后较差;HSP27 的表达水平和肾细胞癌分级程度呈线性关系;而 S100A9 则在 Ⅲ 期肾细胞癌中表达最高。其他参与糖酵解的蛋白质,如丙酮酸激酶 2,磷酸甘油酸激酶 1 和果糖-二磷酸醛缩酶,以及波形蛋白和丝氨酸蛋白酶抑制剂 H1 的表达也都和肿瘤的分级相关,这些蛋白分子成为潜在的肾细胞癌患者预后监测的分子标志物。

通过蛋白质组学技术,笔者所在实验室和其他实验室发现了多个在肾透明细胞癌组织中差异表达的蛋白质,对这些分子在肾透明细胞癌发生和发展中功能的研究将有助于建立有效的肾透明细胞癌诊断生物标志物并确定新的肾透明细胞癌治疗靶标。笔者所在实验室的蛋白质组学数据证明 HSP60 是肾透明细胞癌中下调幅度最大的高丰度蛋白质,而线粒体相关蛋白 PRDX-3 和 SIRT3 的表达也是下调的。通过在肾透明细胞癌细胞系中建立 HSP60 基因敲低的稳转细胞模型和定量蛋白质组学研究,研究人员发现 HSP60 的敲低在 786-O 和 293T 细胞中引起线粒体呼吸链复合物Ⅰ的蛋白质表达下调和线粒体蛋白稳态变化,从而产生过量的活性氧分子,通过激活 AMPK 信号通路引起糖酵解的增加和上皮间质细胞转化。HSP60 沉默引起的蛋白质组变化和肾透明细胞癌组织中检测到的差异表达蛋白质有高度的相似性,并且 HSP60 敲低的肾透明细胞癌细胞在培养皿和裸鼠中的生长速度都高于对照组的细胞,从而证明 *HSP60* 表达的降低驱动了肾透明细胞癌的发展[41]。用同样的方法,我们发现 *PRDX-3* 的敲低会引起线粒体活性氧水平的升高和线粒体 DNA 氧化的增加;而 *SIRT3* 的敲低则引起线粒体呼吸链复合物IV和脂肪酸氧化通路蛋白表达的下调从而破坏了线粒体的蛋白质稳态。这些研究揭示了蛋白质组学不仅是发现生物标志物和治疗靶标的重要技术,也是研究肿瘤发生和发展机制的工具。

肾肿瘤的蛋白质组学研究还可以从以下几个方面改进:①在样品制备方面,采用激光切割等技术,提高肿瘤组织和非肿瘤组织的均质性,减少样品异质性带来的数据偏差;②系统地分析蛋白质组在不同分级的肾癌组织中的差异以及在转移肾细胞癌和原位肾细胞癌中的差异,从而发现有效的用于诊断、治疗和预后的生物标志物;③开展肾肿瘤组织蛋白质修饰组学分析,更深入地研究调控肿瘤发生和发展的信号通路;④提高质谱技术的灵敏度和处理量,在大规模的样品中对肾肿瘤生物标志物和潜在治疗靶标进行鉴定,同时利用细胞和动物模型深入研究肾肿瘤的发病机制。

7.4　蛋白质组学在慢性肾病研究中的应用

慢性肾病是一类肾病的统称,临床上包括肾小球肾炎、肾盂肾炎、IgA 肾病、肾病综合征等肾脏疾病。慢性肾病的具体临床表现包括发病期超过 3 个月,患者尿液和血液中的相关指标出现异常,肾脏出现病理学病变,或者肾脏的肾小球有效滤过率低于 60%。据美国国立卫生研究院统计,2012 年在美国肾炎、肾病综合征和其他肾病造成的死亡人数位列所有疾病的第 9 位,共造成 45 622 例患者死亡,占总死亡人数的 1.8%,比例和人数与 2011 年持平[42]。慢性肾炎在中国的发病人群中有 3 个特点:高发病率、伴随心血管疾病的发生和高病死率。调查显示,中国 40 岁以上人群慢性肾病的患病率超过 10%。由于病因复杂多变,及时诊断和精准治疗是提高慢性肾病治愈率的唯一途径。但是由于公众对于慢性肾病的了解较少,继发性慢性肾病的发病率逐年升高,发病年龄趋向于年轻化,使得中国在慢性肾病的防治方面面临着严重的挑战。蛋白质组学是探究慢性肾病的发病机制,发现诊断慢性肾病的生物标志物和治疗靶标的重要工具。下面将总结蛋白质组学在 IgA 肾病和肾病综合征研究中的进展。

7.4.1　蛋白质组学在 IgA 肾病中的研究进展

IgA 肾病是最主要的一种慢性肾小球肾炎,表现为 IgA1 在肾小球膜上沉积。IgA

肾病是造成晚期肾衰竭、透析和肾脏移植的主要病因。虽然 Berger 和 Hinglais 在 1968 年就发现了 IgA 肾病，但迄今为止，IgA 肾病仍然没有统一的治疗方法。在过去 20 年中，IgA 肾病造成了 20%～40% 的末期肾衰竭。大多数 IgA 肾病是散发的，少部分和家族遗传有关，但至今仍未鉴定到 IgA 肾病相关的基因变化。IgA 肾病的病因是免疫系统失常造成循环免疫复合物在肾小球膜上沉积，影响肾功能的正常发挥。造成 IgA 肾病的循环免疫复合物的主要成分包括半乳糖缺陷型 IgA1（Gd-IgA1）、IgG 抗 Gd-IgA1 抗体和可溶性 CD89。

半乳糖缺陷型 IgA1 是指 IgA1 铰链区 O-糖基化异常，如图 7-3 所示，在 IgA 肾病的发展中起着关键作用。IgA1 铰链区的半乳糖缺失导致循环的 IgA1 的聚合和沉积。导致糖基化缺陷的原因尚不明确，可能是因为细胞内高尔基体中参与调控翻译后糖基化修饰的蛋白酶活动紊乱所造成。在 IgA 肾病患者的循环淋巴细胞中，发现 β1,3-半乳糖基转移酶的活性降低，同时 α2,3-唾液酸转移酶的活性或表达升高，在这两种情况下，患者循环淋巴细胞都产生聚合的 Gd-IgA1[43]。此外，研究表明，IgA 肾病的患者 B 细胞中 COSMC（C1GALT1-specific chaperone 1/C1GALT1C1）蛋白表达降低。COSMC 是一种分子伴侣，在稳定 β1,3-半乳糖基转移酶蛋白结构和酶活性上具有关键作用。Sun 等研究人员还证明，在 IgA 肾病患者的循环淋巴细胞中 COSMC 基因启动子的甲基化水

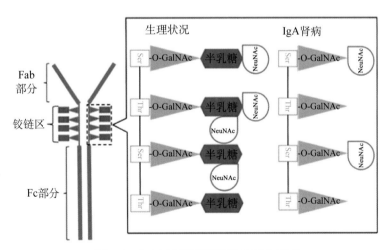

图 7-3 IgA1 铰链区不同的糖基化类型

在正常生理状态下，N-乙酰-半乳糖胺(GalNAc)连接在丝氨酸或苏氨酸的氧原子上，然后再连接或不连接一个半乳糖。半乳糖一般有 4 种形式，半乳糖 O-配糖能够被 α2,3-唾液酸转移酶以 3 种不同方式唾液酸化，也可以不被唾液酸修饰。在 IgA 肾病中，缺陷型半乳糖的连接或者向前迁移的唾液酸化是最常见的异常糖基化修饰。NeuNAc, N-acetylneuraminic acid,唾液酸

平降低和 COSMC 表达水平降低有关[44]。这些蛋白酶表达失常的原因仍不清楚,在中国和意大利人群中进行的一项研究表明,β1,3-半乳糖基转移酶的遗传变异体和功能多态性会增加 IgA 肾病的发病风险[45]。Serino 等研究人员通过基因分析表明,微 RNA (microRNA) miR-148b 和微 RNA let-7b 与 β1,3-半乳糖基转移酶和 UDP-N-乙酰半乳糖胺转移酶的表达降低有关,将循环的 Gd-IgA1 组分和微 RNA 148b 水平联系起来。

IgG 抗 Gd-IgA1 抗体是一类 O 糖 IgG 的抗体,对 Gd-IgA1 有极强的亲和力。这一类天然存在的抗体在健康人中也可以检测到,主要是用来识别一些表面表达有 N-乙酰半乳糖的病毒和革兰阴性细菌。据此推测,因为 Gd-IgA1 的大量表达和沉积,在 IgA 肾病患者的穿刺样本中除 Gd-IgA1 外,还可以检测到 Gd-IgA1 的抗体。但是并非所有的 IgA 肾病患者穿刺样本中都可以检测到 IgG 抗 Gd-IgA1 抗体。

CD89 是特异性结合 IgA 的唯一一种 Fc 受体,其表达仅限于髓系循环细胞。在健康个体中,CD89 可以调节 IgA1 在循环髓系细胞中的代谢,诱导其分解,组织自体免疫的发生。CD89 对 IgA 的亲和力一般,但多聚 IgA 相较于单体 IgA 和 CD89 的作用力更强。在 IgA 肾病患者体内,循环免疫复合物中可溶性 CD89 的含量升高,循环细胞膜上的 CD89 表达降低。可溶性 CD89 是循环单核细胞表面 CD89 脱落的产物。CD89 在 IgA 肾病的形成和发展中起着重要作用,研究表明,IgA 肾病持续恶化的患者穿刺组织中可溶性 CD89 的含量降低,而无进展的 IgA 肾病患者中可溶性 CD89 的含量较高。

目前,IgA 肾病的诊断标准是通过免疫组化方法判断穿刺样品中是否有 IgA 免疫复合物沉积。但是,来自 IgA 肾病患者的肾脏穿刺样本在免疫组化上差异很大,血液、尿液和组织中的生物标志物可以为 IgA 肾病的诊断和预后提供更准确的信息。蛋白质组学不仅应用于发现 IgA 肾病的生物标志物,还可以揭示肾脏中发生的各种生理和病理过程。

尿液蛋白质组学很早就被应用于 IgA 肾病生物标志物的发现。Haubitz 等研究人员在 2005 年,收集了 45 例 IgA 肾病患者、13 例膜性肾病患者和 57 例健康人的尿液样本,通过高效蛋白质萃取和毛细管电泳串联质谱技术(capillary electrophoresis-mass spectrometry,CE-MS),发现 IgA 肾病患者尿液的质谱谱图与正常人及膜性肾病患者样本完全不同,利用谱图区分 IgA 肾病和正常对照的灵敏度达到 100%,而区分 IgA 肾病和膜性肾病的灵敏度达 77%,提示 IgA 肾病的患者尿液蛋白质的质谱谱图模式可以用于 IgA 肾病的诊断[46]。随后,Park 等研究人员,利用双向电泳和 MALDI-TOF 结合的方式,鉴定了来自 13 例 IgA 肾病患者和 12 例正常人的尿液蛋白质,找到 216 个差异蛋白质,发现胰岛素受体前体蛋白、HLA I 抗原、NADH 氧化还原酶等蛋白质在 IgA 肾病患者样本中表达升高,而核孔复合物蛋白 Nup 107、连环蛋白、锌指蛋白等在 IgA 肾病患者样本中表达降低[47]。到目前为止,通过 IgA 肾病患者的尿液样本,鉴定到的潜在的用于诊断和预后预测的生物标志物包括水通道蛋白 2、缓激肽、尿调节素和 α-1-抗胰蛋白酶等。此外,Graterol 等研究人员通过分析 IgA 肾病患者和正常人的尿液和血清中的蛋白质发现,MALDI-TOF 技术可以用于 IgA 肾病患者的分型[48]。由于 MALDI-TOF 质谱仪器分辨率和准确性的限制,上述实验结果还需要进行进一步的验证。

近几年来,蛋白质组学也被用来研究 IgA 肾病患者的血液和组织样本。2014 年,Lehoux 等通过分析 IgA 肾病患者和正常人的血液样本发现所有 IgA 肾病样本中的 IgA1 都有两种不同的糖型。这两种带有缺陷型糖基化的 IgA1 不仅出现在 IgA 肾病患者中,也出现在 β1,3-半乳糖基转移酶缺陷的 B 细胞或浆细胞亚群中;这些细胞亚群中 IgA 的含量升高可能导致 IgA 肾病的发生[49]。利用 iTRAQ 的方法,Sui 等人鉴定了 IgA 肾病组织中差异表达的蛋白质,发现二磷酸果糖醛缩酶、HSP90-β 亚基等蛋白质表达升高,而细胞色素 C 氧化酶、HSP60、乙醛脱氢酶等蛋白质表达降低,很多与中心代谢相关的蛋白酶的表达也出现变化[50]。

7.4.2 蛋白质组学在肾病综合征中的研究进展

肾病综合征是另一种较为常见的慢性肾病,它是一类非特定的肾紊乱综合征,临床主要有 3 个症状:尿液中出现过量蛋白质,血液中白蛋白减少和水肿。造成肾病综合征的原因是肾小球足细胞的渗透性增加,使得血液蛋白质可以透过肾小球进入尿液,造成蛋白尿;因为大量的蛋白质进入尿液,故血中的白蛋白含量降低;同时组织液中的水分进入软组织,引起水肿。肾病综合征的诊断一般以这 3 个症状为标准:24 小时尿蛋白含量超过 $3.5 \, g/1.73 \, m^2$ 表面积(儿童为每小时超过 $40 \, mg/m^2$ 表面积),血液白蛋白含量小于 $2.5 \, g/L$,以及伴随全身水肿。在肾病综合征患者中,有时还会出现高脂血症、低钠血症、贫血和呼吸困难等症状。

造成肾病综合征的原因很多,一般将造成仅限于肾脏的肾小球病变疾病称为原发性肾病综合征;将病变影响肾脏和身体其他器官的疾病称为继发性肾病综合征。原发性肾病综合征的致病因素包括:①微小病变肾病,即肾单元出现微小损伤,在光学显微镜下无法观测，电镜下可见；②局灶节段性肾小球硬化，即肾小球出现瘢痕，除瘢痕处外其余部位完好，并且只有部分肾小球受损；③膜性肾小球肾炎，即肾小球膜出现炎症，导致肾脏渗透性增加；④膜增生性肾小球肾炎，即肾小球炎症导致抗体在肾小球膜上沉积，过滤困难；⑤急进性肾小球肾炎，即在短时间内肾小球有效滤过率急剧降低至 50％以下。继发性肾病综合征一般是由其他疾病引起的，如糖尿病、红斑狼疮、乙型病毒性肝炎、艾滋病、肿瘤、血管炎症等。

60％～80％的肾病综合征为原发性，男女患者的比例为 2∶1。肾病综合征在儿童和成人中的表型不同，在成人中，30％～40％的肾病综合征为膜性肾小球肾炎，15％～25％为局灶节段性肾小球硬化，20％为微小病变肾病；而在儿童中，66％的肾病综合征为微小病变肾病，8％为局灶节段性肾小球硬化，6％为膜性肾小球肾炎。儿童肾病综合征患者的预后较好，因为微小病变肾病对类固醇的反应良好，并且一般不会引起慢性肾衰竭；但患有肾病综合征的成人患者预后较差，一半以上的患者最终会发展为慢性肾衰竭，而 10％～20％的患者会发展为肾病综合征并发症，如心血管疾病、血栓等。此外，相比于青春期儿童，5 岁以下儿童肾病综合征患者的预后较差；同时，30 岁以上肾病综合征患者发展为肾衰竭的危险系数较高。

肾病综合征由于发病因素较多，发病机制仍不明确。Shalhoub 于 1974 年提出，微小病变肾病的肾小球过滤屏障损伤是由于 T 细胞产生的淋巴因子所造成。之后的一些研究表明，以 T 细胞为首的免疫应答紊乱造成微小病变肾病[51]。因为肾病综合征的发病原因复杂，确诊需要对患者进行肾脏穿刺，所以发展新的肾病综合征生物标志物对疾病的诊断和治疗具有重要的意义。

肾病综合征的标志物只有有限的几个。微小病变肾病患者的尿液和足细胞上 CD80 的表达上升，而细胞白介素-13 在儿童微小病变肾病患者的 CD_4^+ 和 CD_8^+ T 细胞中的表达上升，伴随血液中的血凝乳酶含量降低，可溶性白介素受体含量增加等。

蛋白质组学在肾病综合征中的应用较少。2012 年，Bai 等人利用 MALDI-TOF 技术鉴定儿童类固醇耐受性肾病综合征患者尿液中的生物标志物[52]。他们发现 4 个蛋白质在原发性肾病综合征组样本中含量明显上升，其中 3 个蛋白质在类固醇敏感肾病综合征组样本中含量较高，1 个蛋白质在类固醇耐受性肾病综合征组中较高。通过这 4 个蛋白质，可以在儿童类固醇耐受性肾病综合征患者中建立诊断模型，用于该种疾病的诊断。但因为没有进行蛋白质比对，所以无法得知这 4 个差异蛋白质的名称和功能。

Andersen 等人利用 iTRAQ 和 LC-MS/MS 的技术,分析了儿童先天性肾病综合征患者血液和尿液的蛋白质组,发现血液中血液结合素和钙黏着蛋白 1 的浓度显著降低,尿液中钙黏着蛋白 3 的浓度显著降低,钙黏着蛋白 1 的表达变化可能和肾单位远端的上皮细胞间接触变化有关,而钙黏着蛋白 3 的变化则可能参与肾病综合征中蛋白尿的形成[53]。一项研究以局灶节段性肾小球硬化患者的尿液为对象,鉴定和肾小球滤过相关疾病的预后生物标志物[54]。研究人员发现,在预后良好的患者中,核酸酶 2 和触珠蛋白的表达急剧升高;而在预后差的患者中,这两个蛋白质的表达降低。此外,在局灶节段性肾小球硬化患者中,补体和凝血级联反应通路是唯一一个在尿液中有显著降低的通路。

7.5　小结与展望

在肾脏相关疾病的研究中,蛋白质组学的使用还不是很普遍,但是具有广阔的应用前景。精准医疗的时代已经到来,通过蛋白质组学结合其他组学技术的应用,对肾病患者的临床病理信息进行综合分析,获得患者更加完整的信息,为疾病的诊断和治疗提供精准的指导,将最终实现个体化医疗的愿景。

参考文献

[1] Ferlay J, Shin H R, Bray F, et al. Estimates of worldwide burden of cancer in 2008: GLOBOCAN 2008 [J]. Int J Cancer, 2010,127(12):2893-2917.

[2] Jonasch E, Gao J, Rathmell W K. Renal cell carcinoma [J]. BMJ, 2014,349: g4797.

[3] Hunt J D, van der Hel O L, McMillan G P, et al. Renal cell carcinoma in relation to cigarette smoking: meta-analysis of 24 studies [J]. Int J Cancer, 2005,114(1):101-108.

[4] Sopori M. Effects of cigarette smoke on the immune system [J]. Nat Rev Immunol, 2002,2(5): 372-377.

[5] Lowrance W T, Thompson R H, Yee D S, et al. Obesity is associated with a higher risk of clear-cell renal cell carcinoma than with other histologies [J]. BJU Int, 2010,105(1):16-20.

[6] Chow W H, Gridley G, Fraumeni J F Jr, et al. Obesity, hypertension, and the risk of kidney cancer in men [J]. N Engl J Med, 2000,343(18):1305-1311.

[7] Moore L E, Boffetta P, Karami S, et al. Occupational trichloroethylene exposure and renal carcinoma risk: evidence of genetic susceptibility by reductive metabolism gene variants [J]. Cancer Res, 2010,70(16):6527-6536.

[8] Dodson A I. Diagnosis of tumors of the urinary tract and male genital system [J]. Postgrad Med, 1955,17(6):460-465.

［9］ Cheng L，Zhang S B，MacLennan G T，et al. Molecular and cytogenetic insights into the pathogenesis，classification，differential diagnosis，and prognosis of renal epithelial neoplasms ［J］. Hum Path，2009,40(1):10-29.

［10］ Banks R E，Tirukonda P，Taylor C，et al. Genetic and epigenetic analysis of von Hippel-Lindau (VHL) gene alterations and relationship with clinical variables in sporadic renal cancer ［J］. Cancer Res，2006,66(4):2000-2011.

［11］ Gossage L，Eisen T. Alterations in VHL as potential biomarkers in renal-cell carcinoma ［J］. Nat Rev Clin Oncol，2010,7(5):277-288.

［12］ Toro J R，Nickerson M L，Wei M H，et al. Mutations in the Fumarate hydratase gene cause hereditary leiomyomatosis and renal cell cancer in families in North America ［J］. Am J Hum Genet，2003,73(1):95-106.

［13］ Sakamoto S，Ryan A J，Kyprianou N. Targeting vasculature in urologic tumors: mechanistic and therapeutic significance ［J］. J Cell Biochem，2008,103(3):691-708.

［14］ Ritchie A，Griffiths G，Parmar M，et al. Interferon-alpha and survival in metastatic renal carcinoma: early results of a randomised controlled trial ［J］. Lancet，1999,353(9146):14-17.

［15］ Zhi W I，Kim J J. An update on current management of advanced renal cell cancer，biomarkers，and future directions ［J］. Ann Cancer Res，2014,1(2):1-10.

［16］ Walter S，Weinschenk T，Stenzl A，et al. Multipeptide immune response to cancer vaccine IMA901 after single-dose cyclophosphamide associates with longer patient survival ［J］. Nat Med，2012,18(8):1254-1261.

［17］ Sato Y，Yoshizato T，Shiraishi Y，et al. Integrated molecular analysis of clear-cell renal cell carcinoma ［J］. Nat Genet，2013,45(8):860-867.

［18］ Cancer Genome Atlas Research Network. Comprehensive molecular characterization of clear cell renal cell carcinoma ［J］. Nature，2013,499(7456):43-49.

［19］ Von Roemeling C A，Marlow L A，Radisky D C，et al. Functional genomics identifies novel genes essential for clear cell renal cell carcinoma tumor cell proliferation and migration ［J］. Oncotarget，2014,5(14):5320-5334.

［20］ Li B，Qiu B，Lee D S，et al. Fructose-1,6-bisphosphatase opposes renal carcinoma progression ［J］. Nature，2014,513(7517):251-258.

［21］ Pieper R，Gatlin C L，McGrath A M，et al. Characterization of the human urinary proteome: a method for high-resolution display of urinary proteins on two-dimensional electrophoresis gels with a yield of nearly 1400 distinct protein spots ［J］. Proteomics，2004,4(4):1159-1174.

［22］ Vasudev N S，Sim S，Cairns D A，et al. Pre-operative urinary cathepsin D is associated with survival in patients with renal cell carcinoma ［J］. Br J Cancer，2009,101(7):1175-1182.

［23］ Minamida S，Iwamura M，Kodera Y，et al. 14-3-3 protein beta/alpha as a urinary biomarker for renal cell carcinoma: proteomic analysis of cyst fluid ［J］. Anal Bioanal Chem，2011,401(1):245-252.

［24］ Raimondo F，Morosi L，Corbetta S，et al. Differential protein profiling of renal cell carcinoma urinary exosomes ［J］. Mol Biosyst，2013,9(6):1220-1233.

［25］ Gianazza E，Chinello C，Mainini V，et al. Alterations of the serum peptidome in renal cell carcinoma discriminating benign and malignant kidney tumors ［J］. J Proteomics，2012,76 (SI): 125-140.

［26］ Zhang Y，Cai Y，Yu H，et al. iTRAQ-based quantitative proteomic analysis identified HSC71 as a novel serum biomarker for renal cell carcinoma [J]. Biomed Res Int，2015,2015:802153.

[27] Yang J，Yang J，Gao Y，et al. Identification of potential serum proteomic biomarkers for clear cell renal cell carcinoma [J]. PLoS One，2014,9(11): e111364.

[28] Gbormittah F O，Lee L Y，Taylor K，et al. Comparative studies of the proteome, glycoproteome, and N-glycome of clear cell renal cell carcinoma plasma before and after curative nephrectomy [J]. J Proteome Res，2014,13(11):4889-4900.

[29] Sandim V，Pereira Dde A，Kalume D E，et al. Proteomic analysis reveals differentially secreted proteins in the urine from patients with clear cell renal cell carcinoma [J]. Urol Oncol，2016,34 (1):5. e11-5. e25.

[30] Shi T，Dong F，Liou L S，et al. Differential protein profiling in renal-cell carcinoma [J]. Mol Carcinog，2004,40(1):47-61.

[31] Perego R A，Bianchi C，Corizzato M，et al. Primary cell cultures arising from normal kidney and renal cell carcinoma retain the proteomic profile of corresponding tissues [J]. J Proteome Res，2005,4(5):1503-1510.

[32] Craven R A，Stanley A J，Hanrahan S，et al. Proteomic analysis of primary cell lines identifies protein changes present in renal cell carcinoma [J]. Proteomics，2006,6(9):2853-2864.

[33] Perroud B，Lee J，Valkova N，et al. Pathway analysis of kidney cancer using proteomics and metabolic profiling [J]. Mol Cancer，2006,5:64.

[34] Perroud B，Ishimaru T，Borowsky A D，et al. Grade-dependent proteomics characterization of kidney cancer [J]. Mol Cell Proteomics，2009,8(5):971-985.

[35] Junker H，Venz S，Zimmermann U，et al. Stage-related alterations in renal cell carcinoma- comprehensive quantitative analysis by 2D-DIGE and protein network analysis [J]. PLoS One，2011,6(7): e21867.

[36] Raimondo F，Salemi C，Chinello C，et al. Proteomic analysis in clear cell renal cell carcinoma: identification of differentially expressed protein by 2-D DIGE [J]. Mol Biosyst，2012,8(4):1040-1051.

[37] Guidi F，Modesti A，Landini I，et al. The molecular mechanisms of antimetastatic ruthenium compounds explored through DIGE proteomics [J]. J Inorg Biochem，2013,118:94-99.

[38] Masui O，White N M，DeSouza L V，et al. Quantitative proteomic analysis in metastatic renal cell carcinoma reveals a unique set of proteins with potential prognostic significance [J]. Mol Cell Proteomics，2013,12(1):132-144.

[39] White N M，Masui O，Desouza L V，et al. Quantitative proteomic analysis reveals potential diagnostic markers and pathways involved in pathogenesis of renal cell carcinoma [J]. Oncotarget，2014,5(2):506-518.

[40] Atrih A，Mudaliar M A，Zakikhani P，et al. Quantitative proteomics in resected renal cancer tissue for biomarker discovery and profiling [J]. Br J Cancer，2014,110(6):1622-1633.

[41] Tang H，Chen Y，Liu X，et al. Downregulation of HSP60 disrupts mitochondrial proteostasis to promote tumorigenesis and progression in clear cell renal cell carcinoma [J]. Oncotarget，2016,7 (25):38822-38834.

[42] Heron M. Deaths: leading causes for 2012 [J]. Natl Vital Stat Rep，2015,64(10):1-93.

[43] Allen A C，Topham P S，Harper S J，et al. Leucocyte beta 1,3 galactosyltransferase activity in IgA nephropathy [J]. Nephrol Dial Transplant，1997,12(4):701-706.

[44] Sun Q，Zhang J，Zhou N，et al. DNA methylation in Cosmc promoter region and aberrantly

glycosylated IgA1 associated with pediatric IgA nephropathy [J]. PLoS One，2015，10 (2)：e0112305.

[45] Pirulli D, Crovella S, Ulivi S, et al. Genetic variant of C1GalT1 contributes to the susceptibility to IgA nephropathy [J]. J Nephrol, 2009,22(1):152-159.

[46] Haubitz M, Wittke S, Weissinger E M, et al. Urine protein patterns can serve as diagnostic tools in patients with IgA nephropathy [J]. Kidney Int, 2005,67(6):2313-2320.

[47] Park M R, Wang E H, Jin D C, et al. Establishment of a 2-D human urinary proteomic map in IgA nephropathy [J]. Proteomics, 2006,6(3):1066-1076.

[48] Graterol F, Navarro-Munoz M, Ibernon M, et al. Poor histological lesions in IgA nephropathy may be reflected in blood and urine peptide profiling [J]. BMC Nephrol, 2013,14:82.

[49] Lehoux S, Mi R, Aryal R P, et al. Identification of distinct glycoforms of IgA1 in plasma from patients with immunoglobulin A (IgA) nephropathy and healthy individuals [J]. Mol Cell Proteomics, 2014,13(11):3097-3113.

[50] Sui W, Cui Z, Zhang R, et al. Comparative proteomic analysis of renal tissue in IgA nephropathy with iTRAQ quantitative proteomics [J]. Biomed Rep, 2014,2(6):793-798.

[51] Mathieson P W. Immune dysregulation in minimal change nephropathy [J]. Nephrol Dial Transplant, 2003,18 Suppl 6: vi26-vi29.

[52] Bai Y, Liu W, Guo Q, et al. Screening for urinary biomarkers of steroid-resistant nephrotic syndrome in children [J]. Exp Ther Med, 2013,5(3):860-864.

[53] Andersen R F, Palmfeldt J, Jespersen B, et al. Plasma and urine proteomic profiles in childhood idiopathic nephrotic syndrome [J]. Proteomics Clin Appl, 2012,6(7-8):382-393.

[54] Kalantari S, Nafar M, Samavat S, et al. Urinary prognostic biomarkers in patients with focal segmental glomerulosclerosis [J]. Nephrourol Mon, 2014,6(2): e16806.

8

蛋白质组学在心血管疾病研究中的应用

心血管系统在维持人体正常的新陈代谢方面发挥着重要作用。心血管疾病具有高病死率和高致残率的特点,尽管医疗技术水平不断提高,特别是随着介入手段的持续发展,患者的生存率显著提高,但心血管疾病仍然严重威胁着全人类的健康。

继基因组学之后,蛋白质组学成为一个新的研究热点。借助质谱技术和生物信息技术,蛋白质组学能够以全新的视角为生物学重大问题及疾病机制的研究提供有价值的思路和方法。在后基因组时代的心血管疾病研究领域,借助全景式、高通量、大规模的蛋白质组学研究,对生理和病理状态下心肌及相关组织的蛋白谱表达差异进行全面而细致的研究,有利于从分子水平阐明心血管疾病发生发展的生物学本质,从而更好地为心血管疾病患者服务。

8.1　心血管疾病的流行病学

心血管疾病是全球的首位死因。根据世界卫生组织全球疾病负担(Global Burden of Disease,GBD)研究估计,在 2013 年全球有 1 730 万人死于心血管病,占 2013 年全球总死亡人数的 31%。心血管疾病所造成的损失生命年(years of life lost,YLL)达到 3 亿年,占所有疾病的 18%。而仅仅心力衰竭所导致的伤残损失健康生命年(years lived with disability,YLD)也达到了 856 万年[1]。可见心血管疾病带来沉重的健康负担,不仅严重影响了人们的生命健康,也为家庭和社会带来了沉重的经济和医疗负担。

心血管疾病的分布具有明显的年龄和性别相关性。据 GBD 研究估计,2013 年 50 岁以上因心血管疾病死亡人数达到了所有年龄(因心血管疾病死亡)总人数的 92%,

并且各年龄段的死亡人数随年龄增加显著上升。在 65 岁之前，因心血管疾病死亡的各年龄段男性数量几乎都达到了相对应的女性数量的 2 倍。而在 65 岁之后，女性的死亡人数明显上升，并在 80 岁之后超过男性，使得两者在总年龄范围内病死率十分接近(见图 8-1)[1]。

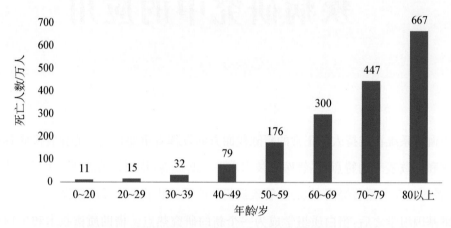

图 8-1　2013 年全球各年龄段因心血管疾病死亡人数

除此以外，经济收入也是影响心血管疾病流行的一个重要因素。从 1990 年到 2013 年，全世界心血管疾病造成的死亡人数从 1 228 万增加至 1 730 万，增长了 40.9%，这一涨幅超出了同时期世界人口的增长比例，并且几乎都是由发展中国家贡献的。发展中国家 2013 年心血管疾病的死亡人数与 1990 年相比几乎翻了一倍，而发达国家在这20年间心血管疾病死亡人数没有明显的增长，甚至和以往相比有少许下降(见图 8-2)[1]。

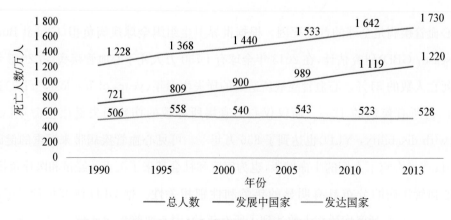

图 8-2　1990—2013 年全球不同地区心血管疾病死亡人数

　　根据中国国家卫生和计划生育委员会心血管病防治研究中心发布的《中国心血管病报告 2014》推测,目前中国心血管疾病患病人数为 2.9 亿,即每 5 个成年人中有 1 人患心血管疾病,与其 2007 年推测的 2.5 亿心血管疾病患者相比增加 16%,增幅明显。中国现在患有心肌梗死患者为 250 万人,心力衰竭(心衰)450 万人,肺源性心脏病(肺心病)500 万人,风湿性心脏病(风心病)250 万人,先天性心脏病(先心病)200 万人。

　　无论是城市居民还是农村人口,从 1990 年开始,心脏病病死率逐年上升,2013 年中国城市和农村居民的心脏病病死率分别达到 133.84/100 000 和 143.52/100 000。农村地区心脏病病死率上升迅速而显著,与 20 年前相比,其病死率上升超过了 1 倍,并于 2013 年首次超越城市地区的心脏病病死率。而在城市地区,从 2010 年起,心脏病就一直是中国病死率第二高的病种,仅次于所有癌症的总和。2013 年,心血管疾病在中国造成的伤残调整生命年达到了 6 571 万年,占总数的 19.5%(见图 8-3)[1]。

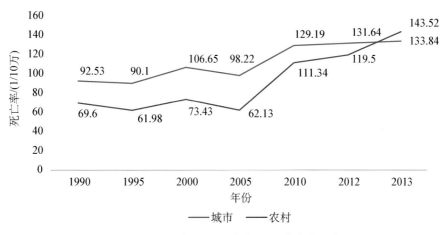

图 8-3　1990 年—2013 年中国心脏病病死率

8.2　常见心血管疾病概述

　　心力衰竭、高血压、冠状动脉粥样硬化性心脏病(冠心病)、心律失常和心肌病等是最常见的心血管疾病。追问病史有利于发现患者心功能损害的病因,故而可以通过病史的收集协助诊断。

　　心电图和心脏超声波(心超)检查是目前诊断心血管疾病最为有用的工具,心超可以提供心脏腔室结构和功能的实时信息;而心电图能反映心脏节律和电传导功能情况,并能为进一步治疗提供一定的参考。通过这两个方法联合得出的结果可以为大部分心血管疾病患者提供一个初步的诊治方案,而仅有少数诊断依旧不明确的患者或是需要进一步明确诱因的患者才需要行进一步的检测。胸部 X 线片在心血管疾病的诊断中应用较少,可以通过肺静脉淤血或是肺水肿来侧面证实是否合并心力衰竭。核磁共振可以协助评价一些超声声窗取样不佳的左室区域以及评估心肌纤维化等情况。此外,诸如冠状动脉造影(冠脉造影)、心内膜活检等对于心脏疾病的病因诊断有一定的帮助。

生化检测方面心肌肌钙蛋白 T、肌钙蛋白 I、肌酸磷酸激酶 CK 及其同工酶 CK-MB 均能反映心肌的损害;血液检测诸如测定甲状腺激素水平以排除甲状腺疾病中出现的类似症状表现对诊断的干扰,同时血糖也是值得监测的指标。另外,基因检测等新的技术也逐渐应用于遗传性心肌病的诊断。

心血管疾病常用的治疗药物包括血管紧张素转化酶抑制剂(angiotensin converting enzyme inhibitor,ACEI)、β-受体阻滞剂、正性肌力药物、盐皮质激素/醛固酮受体拮抗剂和利尿剂五大类。此外,抗凝和抗血小板药物也是某些特定心血管疾病的推荐药物。

心血管疾病严重威胁着人类健康,对其进行早诊断、早治疗有利于降低疾病风险,及时挽救患者的生命。本节将对常见心血管疾病的定义和治疗进行简单介绍。

8.2.1 心力衰竭

心力衰竭(心衰)是指由各种心脏结构或功能性疾病导致的一组临床综合征,它是由各种原因导致的初始心肌损害引起心室充盈和射血能力受损,最后导致心脏泵血功能低下[2]。

2003 年一项由多中心合作展开的中国心血管健康研究对 10 个省市进行抽样调查表明,中国心衰的患病率为 0.9%,其中男性为 0.7%,低于女性的 1.0%。随着年龄增高,心衰的患病率亦显著增高[3]。

心衰的治疗目标为降低发病率和病死率,改善患者的生活质量和预后。对于急性心衰的治疗以抢救患者生命为首要目的,以迅速减轻患者心脏负荷、改善氧合指标为主;同时予以纠正病因或诱因、利尿、扩血管及支气管解痉等治疗。而慢性心衰的治疗则分为纠正病因的治疗、一般治疗(限钠、限水、预防诱因等)、药物治疗和非药物治疗(包括心脏再同步治疗、心脏移植等)。

8.2.2 高血压

18 岁以上成年人收缩压≥140 mmHg 和(或)舒张压≥90 mmHg 定义为高血压;患者既往有高血压病史,由于服用药物使血压低于 140 mmHg/90 mmHg,仍诊断为高血压。

通过诊所偶测、患者自测以及动态监测的血压符合上述定义的可诊断为高血压。而对于明确诊断的患者需要对其心血管疾病危险因素、靶器官损害情况以及高血压继发性疾病的情况进行评估。

高血压患者的降压目标是在患者能耐受的情况下逐步降压达标。降压治疗可分为非药物治疗和药物治疗两种。

(1) 非药物治疗:减少钠盐的摄入,每人每天摄入盐量逐步降至小于 5 g;控制体重、不吸烟及避免被动吸烟、限制饮酒、增加体育运动和减轻精神压力等。

(2) 药物治疗:降压药应用应遵循小剂量开始,优先选择长效制剂,联合用药及个体化治疗这 4 项原则。根据《中国高血压防治指南(2010 年)》的建议,利尿剂、β-受体阻滞剂、钙通道拮抗剂、ACEI 和血管紧张素受体抑制剂(angiotensin receptor blocker,ARB)这 5 大类降压药物均可作为初始和维持用药,应根据患者的危险因素以及合并的临床疾病情况合理选择。此外,α-受体阻滞剂或其他类降压药也可应用于某些高血压人群。

8.2.3 冠心病

冠心病是指冠状动脉粥样硬化使管腔狭窄或阻塞,导致心肌缺血、缺氧而引起的心脏病,它和冠状动脉功能性改变即冠状动脉痉挛一起,统称为冠状动脉性心脏病,亦称缺血性心脏病[2]。根据 GBD 研究估计,2013 年全球有 814 万人死于冠心病,其中中国有 139 万,占 17.1%[1]。2013 年城市居民和农村居民的冠心病病死率分别达到了 100.86/100 000 和 98.68/100 000。与过去 5 年相比,无论是城市居民还是农村居民,冠心病的病死率均有所上升,其中农村居民冠心病的病死率涨幅较大,2013 年的病死率几乎是 2008 年的 2 倍。中国总人口的冠心病病死率与 5 年前相比上升了 32.5%。

冠心病的治疗主要分为健康宣教、一般治疗(管理血压、血糖、戒烟限酒、控制体重等)、药物治疗和手术治疗 4 种。常用的治疗药物有抗血小板药物、β-受体阻滞剂、ACEI

或 ARB、抗心绞痛和抗缺血药物（硝酸酯类药物、β-受体阻滞剂、钙通道阻滞剂、代谢类药物如曲美他嗪等）以及降脂药。手术治疗包括经皮冠状动脉介入术（percutaneous coronary intervention，PCI）及冠状动脉旁路手术（coronary artery bypass grafting，CABG）。

8.2.4 心律失常

心律失常是心脏冲动起源和（或）冲动传导异常引起的心脏节律紊乱性疾病[2]。生理因素，器质性心脏病，心外疾病诸如电解质紊乱、酸碱平衡失调，理化因素和中毒，医源性因素，遗传因素等均可以成为心律失常的诱因和病因。

心律失常的治疗原则主要是：消除诱因和治疗病因，控制心率和恢复节律，预防复发。治疗方法包括药物治疗（如抗缓慢性心律失常药物）和非药物治疗（心脏电复律、射频导管消融、心脏起搏器植入、外科手术治疗）等。

8.2.5 心肌病

心肌病是指除高血压性心脏病、冠心病、心脏瓣膜病、先天性心血管疾病和肺源性心脏病等以外的以心肌病变为主要表现的一组疾病。美国心脏病学会将心肌病分为原发性心肌病和继发性心肌病两大类，原发性心肌病主要包括扩张型心肌病、肥厚型心肌病、限制型心肌病、致心律失常性右室心肌病等；继发性心肌病是指伴有特异性系统性疾病的心肌疾病，如糖尿病性心肌病、淀粉样变心肌病及克山病等，涉及病种较多[2]。

8.2.5.1 扩张型心肌病

扩张型心肌病（dilated cardiomyopathy，DCM）是以左心室或双心室扩大和心脏收缩功能障碍为特征的心肌病。疾病的终末期常合并心衰和心律失常。遗传因素及免疫损伤等因素与扩张型心肌病的发病密切相关。

扩张型心肌病的治疗目标是控制原发病因造成的心肌损害，阻止、控制并预防心衰、心律失常和猝死，提高患者的生存质量和改善预后，终末期心衰患者可考虑行心脏移植治疗。

8.2.5.2 肥厚型心肌病

肥厚型心肌病是以左心室和（或）右心室肥厚、心室腔变小、左心室充盈受阻和舒张期顺应性下降为特征的心肌病。肥厚型心肌病的诊断主要取决于通过影像学发现左心室壁厚度的增加，以及伴随的心肌纤维化、二尖瓣形态的变化、正常冠脉功能和心电图的异常等征象。在成年人中，左心室壁有一处或多处厚度大于 15 mm 可被诊断为肥厚型心肌病。当儿童的左心室壁厚度与相应同年龄儿童的平均值的差值超过两个标准差以上，则可被定义为肥厚型心肌病[4]。

肥厚型心肌病治疗的主要目的是缓解症状，预防猝死，提高患者长期生存率。而对于药物已达到最大耐受剂量却依旧伴有反复发作的劳力性呼吸困难、晕厥，和（或）左室流出道梗阻压差大于 50 mmHg 且伴中度至重度活动受限，纽约心脏病协会（New York Heart Association，NYHA）心功能 Ⅲ～Ⅳ 级的患者应考虑行外科手术治疗及介入治疗[5]。

8.2.5.3　限制型心肌病

限制型心肌病是以单侧或双侧心室允盈受限和舒张期容量减少为特征的心肌病。目前尚无有效治疗方法，以对症治疗为主。

8.2.5.4　致心律失常性右室心肌病

致心律失常性右室心肌病是一种右心室心肌组织被纤维或是脂肪组织进行性替代的心肌病。该进程最终会导致右心室结构和功能的异常。该病目前尚无有效治疗方法，以针对右心衰治疗为主。

8.2.5.5　特异性心肌病

特异性心肌病指与特异性心脏病或特异性系统性疾病有关的心肌疾病，比如酒精性心肌病、围生期心肌病、糖尿病性心肌病、淀粉样变心肌病及克山病等。

8.3　蛋白质组学在心血管疾病中的应用

尽管人们对多数心血管疾病的发生发展以及临床诊断治疗过程较为了解，但对导致这些疾病发生发展的内在机制目前认识还非常有限，对疾病进展过程中发生的微观生物学改变的研究还很欠缺。一般而言，基因通过指导蛋白质合成行使各种生理和病理功能，可以推测在心血管疾病乃至心衰发生发展的过程中存在某些蛋白质如信号分子、酶、受体、抗体等的结构或功能发生病态改变，并由此发挥关键作用。但遗憾的是，迄今为止人们仍不完全清楚到底哪些环节、哪些蛋白质发生了问题。这有可能是束缚现阶段心衰基础研究和临床诊治进展的基本问题，也是很多心血管疾病缺乏特异性诊断标志物及有效预防和治疗方法的根本原因。在后基因组时代,要寻找到这些诊断指标和特异靶点,不能依靠以往的"线性"研究思路,即只研究某个单一的胞内分子或细胞表面受体等,人们需要借助于全景式、高通量、大规模的蛋白质组学研究,对生理和病理状态下心肌及相关组织的蛋白质谱表达差异进行全面而细致的研究,从分子水平的微观网络层面阐明疾病发生发展的生物学本质。

"蛋白质组"的概念最先由 Marc Wilkins 提出,指由一个基因组或一个细胞、组织表达的所有蛋白质。蛋白质组不同于基因组,它随着组织甚至环境状态的不同而发生改变。蛋白质组学集中于动态描述基因调节,对基因表达的蛋白质水平进行定量测定,鉴定疾病或药物对生命过程的影响,以及解释基因表达调控的机制。

蛋白质组学的研究内容包括结构蛋白质组学和功能蛋白质组学。其研究前沿大致分为 3 个方面:①针对有关基因组或转录组数据库的生物体或组织细胞,建立其蛋白质组或亚蛋白质组连锁群,即组成性蛋白质组学;②以重要生命过程或人类重大疾病为对象,进行重要生理病理体系或过程的局部蛋白质组或比较蛋白质组学的构建;③研究蛋白质之间的相互作用,绘制某个体系的蛋白质图谱,即相互作用蛋白质组学。此外,随着蛋白质组学研究的深入,又出现了一些新的研究方向,如亚细胞蛋白质组学、定量蛋白质组学等。蛋白质组学也是系统生物学的重要研究方法。

目前,已经有研究报道利用蛋白质组学的方法,实现了心肌正常生理状态下大规模蛋白质的鉴定工作。其中,Kim 等利用蛋白质组学方法对成人心脏进行的研究共鉴定了近 7 000 个蛋白质,对胎儿心脏进行的研究共鉴定了 9 000 多个蛋白质[6]。Wilhelm 等对成人左心室的研究共鉴定了 4 000 个左右的蛋白质[7]。也有研究分别对胎心心室和心房进行了蛋白质鉴定,分别鉴定到约 3 000 个蛋白质。

另外,应用蛋白质组学的研究手段,对病理状态和正常生理状态的细胞或组织进行比较发现,蛋白质表达量和翻译后修饰状态的差异能够为致病分子机制的探索和疾病诊断标记物的寻找提供线索。

以下,将就近年来蛋白质组学在心血管疾病研究中的应用进行讨论。

8.3.1 定量蛋白质组学在心血管疾病中的应用

人们已经从基因水平对心肌病进行了深入的研究,但基因并不能代表细胞内活性蛋白质的水平,基因包含着更多复杂的生命信息及其对应的生物功能。从组织蛋白质整体水平这一全新视角来研究人类心血管疾病已经成为现实。

8.3.1.1 定量蛋白质组学在心血管疾病生物标志物发现中的应用

作为重要的临床指标,生物标志物能够为心血管疾病的诊断、治疗和预后提供重要线索。目前,已经有150多种心血管系统的生物标志物被发现,但受限于目前的技术条件,大部分生物标志物都未得到验证,而已验证的小部分生物标志物则要经过漫长艰辛的过程才能应用于临床。已有的临床生物标志物也存在一些问题,由于疾病的个体差异性,单一生物标志物很难适用于所有患者。多个生物标志物联合诊断更具有优势,肌钙蛋白、CRP、髓过氧化物酶(myeloperoxidase,MPO)和可溶性 CD40 配体等组合起来能够精确预测 6 个月内的心血管事件和病死率[8]。虽然已经发现的生物标志物,如钙调蛋白等有助于不可逆性心肌损伤的诊断,但它们的数量十分有限,并不能适用于所有疾病,对于稳定性或不稳定性心绞痛等可逆性心肌缺血,尚未发现令人满意的诊断性标志物。心血管疾病的筛查是心血管疾病重要的一级预防手段,但截至目前仍未发现令人满意的筛查性生物标志物。因此,为了更好地诊治心血管疾病,需要发现新的快速高效的生物标志物。

生物标志物探索的常规方法因为发现周期长、验证效率低等问题,越来越难以满足心血管疾病的学科发展要求。随着大数据时代的到来,快速高效的发现方法不断涌现,如基因芯片技术和蛋白质组学技术等。基因芯片技术能够研究几乎所有基因的广泛表达,而基于质谱技术的蛋白质组学技术能够发现细胞、组织和体液中数以万计的蛋白质。另外由于能够辨别蛋白质相互作用时的特定位点,蛋白质组学在蛋白修饰发现方面具有独特优势,而这些蛋白修饰对酶和蛋白质的活性和功能具有重要的调节作用。过去十几年,由于样品制备、质谱(mass spectrometry,MS)数据的分析、数据库搜索及对数据接收具有辅助作用的生物信息学技术的提高和改善,蛋白质组学的产出能力显著增加,这也为借助蛋白质组学技术在心血管疾病中准确高效地发现生物标志物提供了可能。在坏死心肌细胞中发现潜在生物标志物就是使用蛋白质组学技术早期发现心脏损伤的典型案例。

需要注意的是,蛋白质组学只有在严格的实验设计和强大的数据分析支持下,才可能发现新的生物标志物。首先在实验设计方面需要注意以下几点:①研究对象的选择;②样品类型、收集和处理;③样品储存条件和过程;④蛋白质组数据获取技术;⑤数据分析;⑥结果记录;⑦能够在独立队列中使用适当策略对实验结果进行重复[9]。高敏感性和强特异性的生物标志物的发现需要大规模的对照样本，所以这样的研究最好是在国内外的不同学科和不同机构相互合作下完成。样品类型方面，由于获取方便、数量丰富、患者接受度高等众多原因，血浆成为心血管系统生物标志物采样的重要标本。血浆蛋白质组学的独特之处在于它不只代表某种细胞的基因组，相反，它反映的是全部细胞基因组的所有表达，在生物标志物的解读方面需要注意这一点。另外，由于可以通过非侵入性方式大量收集，使用 MS 技术在尿液中发现生物标志物可能有助于心血管疾病的早期诊断和及时治疗。尿蛋白成分复杂，除了肾小球过滤的血浆蛋白外，还存在肾小管分泌的可溶蛋白、细胞脱落物和外泌体分泌蛋白等。因此，尿蛋白质组学的主要挑战是建立一套合适的方法，降低尿蛋白质组的复杂性，使具有特殊病理生理意义的低丰度蛋白质具有可检测性。用于尿蛋白质组学的尿液样本最好是持续 24 小时收集，但是由于收集过程烦琐、患者依从性差等原因，样本的可靠性受到了影响。目前使用收集的晨尿作为尿液样本，对于不能及时使用的尿液样本要进行储存，4 周内使用的样本最好储存在 4℃；而长期储存的样本则最好储存在 −70℃ 或 −80℃ 条件下，另外样本内还需要加入叠氮化钠或麝香草酚等杀菌剂。不要将样本储存在 −20℃，因为在该温度下样本的降解度较高，而且容易形成磷酸钙沉淀。亮肽素和苯甲基磺酰氟（phenylmethylsulfonyl fluoride，PMSF）等实验室常用蛋白酶抑制剂的价格都比较高昂，因此需要发现更多抗降解作用强、价格低廉的蛋白酶抑制剂。尽管蛋白质组学方法已经成为新型蛋白质检测的方法，但复杂的前期样本处理过程以及 MS 敏感性的限制等仍然是生物标志物确认的障碍。稳定同位素稀释法（stable isotope dilution，SID）、多重反应监测质谱法（multiple reaction mass spectrometry，MRM-MS）已经成为潜在生物标志物定量分析的有效技术。由于组学研究中可以一次性出现数百个潜在的生物标志物，为确定这些候选蛋白质，生物标志物的验证是必不可少的。使用抗体技术确认和验证候选的生物标志物依然是惯例，然而高特异性的抗体对（如夹心免疫）数量极其有限。另外，需要验证的标本量很大，一个典型的免疫分析需要 100ml 或者更多的血浆或血清，因此需要发展非抗体对的验证技术。

蛋白质组学在生物标志物发现方面也存在一些不足，归纳如下：

（1）有意义的低丰度蛋白质变化容易被其他高丰度蛋白质掩盖。许多与心血管疾病相关的有价值生物分子是低丰度蛋白质，而一些结构蛋白的表达丰度往往较高，这些高丰度结构蛋白可能会掩盖掉有意义蛋白质的表达。

（2）难以确定蛋白质的正常参考值范围。人血浆中的蛋白质浓度变化极大，跨越大约 11 个数量级，从大于 600 μmol/L 到低至 10^{-15} mol/L[10]。因此在有限参考对照下，确定该蛋白质的"正常"浓度范围较为困难。

（3）低验证率是蛋白质组生物标志物发现中存在的一个潜在偏倚。

（4）过度依赖动物模型，而动物与人存在种属差异。蛋白质组研究中潜在生物标志物大多需要在小鼠等动物模型上验证，但种属差异性和基因多样性使动物模型上差异巨大的蛋白质，在人体上很难获得相似的显著差异，这也成为蛋白质组学研究中的另一个潜在偏倚。

（5）现有蛋白质提取技术制约了蛋白质组学的发展。由于疏水性和溶解度差等原因，从细胞膜上获得蛋白质提取物或细胞外物质非常困难。

（6）蛋白质定量方法需要不断完善。Bradford 或 Lowry 法是样品消化和蛋白质浓度测定最常用的方法，这些方法有时差强人意，常常需要使用一些替代方法，如兼容洗涤剂法等。

尽管尚未完善并存在一些缺点和问题，蛋白质组学仍然是目前发现生物标志物的良好方法。它将会为多种心血管疾病的诊断提供更多独特的生物标志物和信号通路，为原因不明的心血管疾病的机制阐明带来希望。

8.3.1.2 定量蛋白质组学在常见的心血管疾病中的应用

1）冠心病

研究证明，动脉粥样硬化的形成是动脉壁细胞、细胞外基质、血液成分、局部血流动力学、环境及遗传学等多种因素共同参与的结果。在临床实践中，冠脉造影是公认的诊断的"金标准"，经皮冠脉介入支架术治疗冠心病也具有显著疗效。但对冠心病的发病机制并未完全了解。蛋白质组学研究可以帮助我们深入了解冠心病的发病机制，主要可以从组织和血液两个方面进行探讨。

（1）组织蛋白质组在冠心病中的研究。

从冠状动脉狭窄和心肌损伤两个方面来看，冠心病的病理生理过程主要包括动脉粥样硬化（atherosclerosis，AS）和缺血/再灌注损伤。

Bagnato 等成功应用激光捕获显微切割技术（laser capture microdissection，LCM）获取人冠状动脉斑块组织并对其进行蛋白质组学分析，发现了 806 个与冠状动脉粥样硬化相关的蛋白质，首次提供了人类冠状动脉粥样硬化大规模蛋白质组学图谱。使用免疫组化方法进行验证发现骨膜蛋白、色素上皮衍生因子、膜联蛋白 A1 为冠状动脉粥样硬化特异性的蛋白质[11]。Malaud 等收集颈动脉剥脱术中取下来的斑块组织,分为纤维斑块和出血斑块,在蛋白质组学方法指导下鉴定到 118 个差异蛋白质。分析发现,这些差异蛋白质主要与斑块脱颗粒、自噬以及纤维斑块负向降解等密切相关,继而筛选出血管内皮生长因子、白细胞介素-6、白细胞介素-8、干扰素诱导蛋白 10 和趋化因子等有差异表达的蛋白质,将这些蛋白质在稳定性和不稳定性冠心病患者的血液样本中进行验证,发现这些蛋白质在不稳定性冠心病患者中表达上调,提示这些蛋白质有可能成为潜在的鉴别出血斑块生物标志物[12]。Viiri 等收集颈动脉剥脱术中含有斑块的血管标本,并将同一患者的血管内膜平滑肌细胞和中层平滑肌分离、培养,再收集健康人的胸主动脉中层平滑肌细胞,最终将这三者的细胞总蛋白进行蛋白质组分析;利用双向聚丙烯酰胺凝胶电泳和质谱技术分析发现 84 个蛋白印迹发生了改变,鉴定出它们是在细胞骨架、能量代谢和抗氧化方面充当重要角色的蛋白质,其中 ATP 合酶 β 链和醛脱氢酶-2 表达降低,过氧化物酶-2和过氧化物酶-3 表达增高[13]。

2014 年,美国杜克大学 Schechter 等对缺血性与非缺血性心肌病心衰患者的左心室组织通过凝胶和非标记纳升级毛细液相色谱法鉴定到 4 436 个肽段、450 个蛋白质和 823 个磷酸化位点,发现磷酸化改变主要与转录激活、细胞骨架、分子信号网络、细胞凋亡以及能量代谢相关[14]。Cordwell 等使用 Langendorff 灌流系统比较了兔心肌缺血/再灌注损伤以及缺血条件下差异蛋白质的表达,运用双向凝胶电泳和 LC-MS 方法鉴定到 192 个组织特异性蛋白质。分析发现,除了与之前报道过的缺血/再灌注损伤相关的蛋白质如肌红蛋白、肌酸磷酸激酶同工酶以及肌钙蛋白外,同时还发现了一种较新的心脏特异性蛋白质 Csrp3[15]。

(2) 血液蛋白质组学在冠心病研究中的应用。

Dardé 等使用双向电泳和质谱的方法分析比较了急性冠脉综合征(acute coronary syndrome,ACS)和稳定性冠心病患者血液样本,共鉴定到 1 400 个蛋白质以及 33 个差异蛋白质,发现糖蛋白 α-1B、博多抗原、四联凝素以及原肌球蛋白 4 可能在动脉粥样硬化过程中发挥重要作用[16]。Kristensen 等使用同位素标记相对和绝对定量技术(isobaric tags for relative and absolute quantification,iTRAQ)比较了冠状动脉有无钙化以及有、无症状的冠心病患者血液标本,发现血清淀粉样蛋白 A(serum amyloid A,SAA)、C 反应蛋白(C reaction protein,CRP)和载脂蛋白在疾病中都有升高,但以负责细胞与基质之间以及细胞和肌动蛋白之间黏附的黏着斑蛋白升高最为显著[17]。急性冠脉综合征的发生发展与血小板激活和纤维蛋白凝集形成的血栓导致病变血管完全或不完全闭塞密切相关。López-Farré 等收集了 16 名急性冠脉综合征患者和 26 名冠心病患者的血液,通过蛋白质组学分析发现这些患者表达的蛋白质主要与细胞骨架、糖酵解及细胞抗氧化相关,尤其急性冠脉综合征患者的谷胱甘肽 S-转移酶和蛋白酶体 β1 明显降低[18]。这些潜在的蛋白靶点可能在影响血小板的功能状态方面起到关键作用。

2) 心肌病

心肌病是由各种病因引起的一组非均质的心肌病变,包括心脏机械和电活动异常,表现为心室不适当肥厚或扩张。其中扩张型心肌病是临床诊断中最常见的心肌病,也是心衰和心脏移植最常见的病因,因其取材相对于其他心肌病容易,相应的蛋白质组学研究更活跃,有利于筛选出在心衰发病过程中发挥作用的蛋白质,探寻关键分子调控和潜在药物干预靶点等。

Corbett 等取扩张型心肌病死亡患者的心脏组织作为样本,发现 88 种蛋白质含量较正常对照减少,这些蛋白质减少可能与扩张型心肌病的蛋白酶活性变化相关;研究发现表达减少的蛋白质包括肌球蛋白轻链 2、肌间线蛋白、ATP 合酶、肌酸激酶、HSP60 和 HSP70。德国科学家在炎症导致扩张型心肌病患者的心肌组织中鉴定到 174 种蛋白质,与健康心肌组织对比发现扩张型心肌病患者线粒体蛋白质和细胞骨架蛋白发生明显变化,代谢通路也受到影响[19]。而西班牙学者 Esther 等使用双向电泳方法比较缺血性心肌病(ischemic cardiomyopathy,ICM)、扩张型心肌病以及健康捐献者(normal donor,NT)的左心室心肌组织发现,健康捐献者和缺血性心肌病的心肌组织间有 35 个差异蛋白质,健康捐献者和扩张型心肌病心肌组织间有 33 个差异蛋白,缺血性心肌病和扩张型心肌病心肌组织间有 34 个差异蛋白质。功能分析发现,上述差异蛋白质主要与细胞应激反应、氧化呼吸链以及心脏代谢相关,其中甘油醛 3-磷酸脱氢酶在缺血性心肌病和扩张型心肌病的表达均上调,而 α-晶体蛋白 B 在两种疾病中表达下调,仅有 HSP70-1 在缺血性心肌病中表达上调[20]。

3) 高血压心脏病

原发性高血压既是心血管疾病中最常见的类型,也是多种心脑血管疾病的重要病因和危险因素之一。高血压心脏病是由于血压长期控制不良、压力负荷增加、儿茶酚胺与肾素-血管紧张素-醛固酮系统等因子刺激心肌细胞肥大和间质纤维化,导致左心室肥厚和扩张。蛋白质组学有望阐明原发性高血压的致病因素以及发现早期靶器官受损的证据。

目前有关高血压心脏病的蛋白质组研究很少，蛋白质组学对该疾病的病因研究将是一项较大挑战。Matafora 等研究 SD 大鼠肾脏蛋白质组学，间断性或持续性缺氧14 天和 30 天，发现间断性缺氧时激肽释放酶介导血管舒张，而持续性缺氧时这一过程发生代偿性改变，从而可能预防高血压的发生[21]。这项工作提示蛋白质组学的研究不仅能够发现单一的生物标志物，也可以提示疾病发生的机制。在高血压相关靶器官受损方面，研究发现人群中血压水平及原发性高血压的患病率与钠盐的平均摄入量呈正相关，限制钠盐摄入可能改善血压水平，但在实验室和临床研究中提示只有盐敏感者钠盐摄入增多才有导致高血压的作用。Vittoria 等通过尿蛋白质组研究高血压与盐敏感之间的关系，通过 LC-MS 方法发现足细胞蛋白（nephrin1）在盐敏感性高血压患者中升高，nephrin1 可能成为一种新的生物标志物用以区分盐敏感性高血压。

Grussenmeyer 等比较了 Dahl 盐敏感性和盐不敏感性大鼠左心室蛋白质组学，发现了一些差异蛋白质，可能会作为将来高盐性心肌肥厚与心力衰竭的生物标志物。Luiz 等使用 LC-MS 方法对运动训练后不同年龄的自发高血压大鼠左心室心脏线粒体进行分析，共鉴定到 143 种蛋白质，其中运动训练之后 NADH 脱氢酶、ATP 合酶升高，电压依赖性阴离子通道蛋白 1 降低，提示中等强度运动会对左心室心肌线粒体产生有益效应。另外，Delles 等使用自发性高血压大鼠研究高血压 4 周和 20 周的差异表达蛋白质组，发现了 13 个早期改变的蛋白质以及 7 个晚期改变的蛋白质，早期改变的蛋白质很有可能会影响自发性高血压大鼠左心室的重构[22]。

4）心脏瓣膜病

心脏瓣膜病是指先天性发育畸形或各种获得性病变引起心脏瓣膜和（或）周围组织发生解剖结构或功能上的异常，造成瓣膜狭窄或关闭不全，从而引起心脏血流动力学明显异常。中国的心脏瓣膜病主要是风湿性二尖瓣病变和退行性主动脉瓣病变。从蛋白质组层面探讨心脏瓣膜病蛋白质变化有助于寻找诊断、治疗和预后判断的新靶点。

瓣膜置换术是目前最常用的治疗退行性主动脉瓣病变的方法。Martin 等比较了主动脉瓣置换术和尸检获得的正常的主动脉瓣膜组织各 20 例，应用 2-DE-MS 方法分析发现 35 个表达上调蛋白质和 8 个表达下调蛋白质，这些改变的蛋白质主要与纤维化、内稳态及凝血过程相关。另外，鉴于主动脉瓣内在结构复杂，由特定细胞产生细胞外基质,曾有证据表明细胞外基质重塑会导致主动脉瓣狭窄发展,Martin-Rojas 等继续研究细胞外基质蛋白对疾病的影响,通过 iTRAQ 标记相偶联的 LC-MS/MS 方法又发现13 个差异表达的细胞外基质蛋白质,从一定程度上证实了以上观点[23]。Deroyer 等试图在不同程度二尖瓣反流患者的血液中寻找可以发现疾病发展过程的生物标志物,使用蛋白质组学方法比较轻度、中度和重度二尖瓣反流患者与正常人的血液蛋白质谱,共检测到 184 个差异蛋白质,使用线性回归分析后发现载脂蛋白 A1 是可以预测重度二尖瓣反流的独立因子[24]。Li 等以溶血性链球菌诱导风湿性 Lewis 大鼠瓣膜病变,使用 iTRAQ 和 LC-MS 方法比较风湿性和正常二尖瓣组织,得到了 395 个差异表达蛋白质,其中 176 个蛋白质表达上调和 119 个蛋白质表达下调,进一步分析认为磷酸甘油醛脱氢酶、CD9、肌球蛋白、胶原蛋白和 Ras 相关的 C3 肉毒素底物 1 可能成为潜在的生物标志物[27]。

综上,目前应用蛋白质组学方法研究取得了一定的进展,但是由于人类心脏样本和心肌细胞获取不易,严重制约了心血管疾病的组学研究。随着包括蛋白质组学在内的多种组学技术的发展及其在心血管疾病研究中的更广泛应用,以及与各种生物医学研究手段的深度结合,人们对心血管疾病的认识必将更加深入,相关疾病生物学标志物及药物治疗作用新靶点将被发现,为临床诊断及治疗提供新的机制和理论支持。

8.3.2 蛋白质组学在心肌细胞亚细胞器中的研究

由于心脏本身的生理特性,线粒体蛋白质及心肌结构相关蛋白质均在心脏中高表达。如果对心肌组织全蛋白质进行直接鉴定和分析,很多低丰度蛋白质将被抑制。因此,通过亚细胞器分离研究心肌疾病的方法已经得到普遍应用。肌浆网(sarcoplasmic reticulum,SR)是储存 Ca^{2+}、保持心肌正常功能的重要亚细胞器。SERCA 蛋白是心肌舒张时保证 Ca^{2+} 摄入的主要调节蛋白。2010 年,通过双向电泳的方法对肌浆网的蛋白质组进行鉴定并通过多重反应检测(multiple reaction monitoring,MRM)的方法对 SERCA 蛋白进行定量[25],实现了对该蛋白质生物学作用的进一步挖掘;肌浆网释放的 Ca^{2+} 与肌钙蛋白结合,从而改变细肌丝和粗肌丝的相互作用使肌肉收缩。因此,负责收缩和舒张的心肌运动的单位——肌节,也被看作心肌中一种重要的亚细胞器。研究表明,磷酸化修饰与肌钙蛋白复合物的功能密切相关,Ser23 和 Ser24 位上的磷酸化对于心脏收缩的影响已经被广泛研究,并发现心肌纤维上 O-GlcNAc 修饰与磷酸化修饰之间有很强的交叉效应。心脏要比其他器官消耗更多的能量,故而线粒体含量更加丰富。

在心衰时,线粒体氧化磷酸化、糖和脂肪酸代谢发生了明显的下降,治疗后线粒体蛋白质组则发生了逆转。线粒体蛋白质组起初是由 Taylor 等人定义,当时他们发现了651 种线粒体相关蛋白质[26]。如今,线粒体数据库已经被不断地完善。先前已经报道,在动物心衰样本中用双向电泳的方法鉴定了约 1 000 种心肌线粒体蛋白质。后续也有团队利用标记肽段的 iTRAQ 对不同条件下的心肌线粒体蛋白质进行比较。此外,线粒体呼吸链上的每个复合物都包括很多亚基,其蛋白质翻译后修饰的动态变化更增加了它们的复杂性,已有研究采用蛋白靶向策略,对线粒体呼吸链上的五大复合物进行了蛋白质组学分析,表明复合物 V(ATP 合酶)的磷酸化与 ATP 的合成密切相关。最近,Lam 等人以小鼠为模型,在主要的线粒体代谢通路中鉴定了 61 个磷酸化位点,其中 10 个与呼吸链相关[27]。

除了以上在心肌中比较重要的细胞器外,对细胞外基质蛋白(extracellular matrix,ECM)也有一定的研究。2012 年,Barallobre-Barreiro 等以缺血再灌注猪为模型,提取细胞外基质蛋白,比较了正常左心室和冠状动脉区及相应病变区的蛋白质组差异,发现了 100 多个差异蛋白质,大部分与 TGF-β 信号通路相关[28]。不论是否健康,细胞都会向细胞外间隙分泌囊泡,这些分泌在外的囊泡统称为细胞外囊泡(extracellular vesicle,EV)。根据起源及大小,细胞外囊泡被分为外泌体(exosomes,EXO)、微囊泡(microvesicle,MV)、反转录病毒样颗粒和凋亡体(apoptosome,APO)。目前将起源于内质网,30～100 nm 大的杯状囊泡定义为外泌体。细胞外囊泡的分类纷繁复杂,为了避免由于命名、体外分离、鉴定和研究等不同造成的混淆,细胞外囊泡国际协会(International Association of Extracellular Vesicles,ISEV)提倡将所有细胞外囊泡统称为细胞外囊泡[29]。这些细胞外囊泡在人体中分布广泛,它们存在于多种体液中,如尿液、唾液、血液、乳汁和脑脊液等。在细胞水平,细胞骨架、细胞质、热休克蛋白和浆膜蛋白以及囊泡运输相关蛋白中富含细胞外囊泡,而细胞器蛋白中含量相对较少。

外泌体较为稳定,温度(4～42℃)、乙醇(21.7～65.1 mmol/L)、低氧和活性氧(reactive oxygen species,ROS)等都不会轻易影响其稳定性,但外泌体的生成则可能会受到影响。乙醇、缺氧/复氧和活性氧会促进外泌体的形成,而活性氧抑制剂则能降低外泌体的产生,但不能完全抑制。总的来说,外泌体的含量受细胞来源和刺激源的影响,不同刺激源刺激的外泌体的蛋白质含量不同,使用 MS 对心肌细胞中 3 种不同外泌体的蛋白质成分进行分析,共发现了 57 种蛋白质,其中只有 11 种是 3 种外泌体所共有的[30]。

细胞外囊泡能够吞噬脂质、蛋白质和核酸,并根据自身膜成分的特异性将它们运送到特定的靶向组织。细胞外囊泡在调节免疫反应、抗原呈递、RNA 和蛋白质转运以及细胞-细胞(器官-器官)相互作用中也发挥作用。研究发现,外泌体产生增多可能与疾病相关,越来越多的研究开始关注外泌体作为潜在生物标志物或其在疾病增强或扩散中可能发挥的作用。外泌体内存在很多与疾病相关的蛋白质,包括水通道蛋白-2、多囊蛋白 1、肾小球足细胞裂隙膜蛋白(podocin)、非肌肌球蛋白 Ⅱ、血管紧张素转化酶和上皮钠通道(epithelial sodium channel,ENaC)蛋白等。外泌体的分离有助于减少体液中的高丰度蛋白质,也有助于富集外泌体内的膜蛋白和胞质蛋白等细胞组分[31]。

尽管目前人们对心血管系统的外泌体还知之甚少,但已有研究提示细胞外囊泡在心血管疾病的发生发展中发挥着不容忽视的作用。有研究表明,在缺氧状态下,新生心肌细胞的外泌体能够释放 TNF-α。心血管疾病时微囊泡的释放数量增加,此外,血小板也能释放外泌体,它可能在动脉粥样硬化发展中不同细胞类型之间的对话方面发挥复杂作用,如它能够与细胞外基质中的整合素相互作用,在稳定动脉粥样硬化斑块纤维帽中发挥重要作用。乙醇能够引起心肌病,约有 $21\% \sim 36\%$ 的扩张型、非缺血性心肌病是由于过度饮酒所致。饮酒后,外泌体的增加可能在心肌病的疾病进展中发挥作用。血管钙化常见于慢性肾脏疾病、糖尿病和动脉粥样硬化患者中,它是磷酸钙盐在血管的内膜堆积所致。由血管平滑肌细胞(vascular smooth muscle cell,VSMC)分泌的微囊泡出现在血管钙化病变早期,它实际上是一种外泌体,内含胎球蛋白 A,是循环中具有潜力的钙化抑制剂。在环境压力下,凡是能够促进外泌体释放的因子都能促进血管的钙化。另外,蛋白质组学研究提示,血管平滑肌细胞的作用不仅局限于参与钙化,还可能发挥着重要的下游信号作用[32]。

由于细胞外囊泡天然的免疫惰性,它能够通过血脑屏障并选择性到达靶器官和靶细胞,它们或许是良好的药物运输者。Katsuda 等发现间充质干细胞(MSC)是外泌体的高性能产生者和药物运输者,它能利用脂质来源的间充质干细胞将脑啡肽酶通过外泌体运输至靶向组织中[33]。

截至 2016 年 1 月 12 日,在美国国立卫生研究院临床试验网站上注册的 25 项与细胞外囊泡相关的临床试验中,有一项名为"斯里兰卡心血管风险和慢性肾脏病病因的研究"的心血管研究,它主要是使用细胞外囊泡评估动脉血管的僵硬程度,目前该试验处于人员招募的状态[34](见表 8-1)。

表 8-1　外泌体相关临床试验

序号	试验状态	研 究 名 称
1	人员招募	研究植物外泌体向正常结肠和肿瘤组织运送姜黄素的能力 疾病类型:结肠癌 干预措施: 膳食补充:姜黄素;膳食补充:姜黄素和植物外泌体;其他:无
2	人员招募	黑色素瘤发病的分子机制研究。外泌体的作用(EXOSOMES) 疾病类型:转移性黑色素瘤 干预措施: 生物学:血液检测
3	尚未招募	血浆来源的外泌体对皮肤伤口愈合的影响 疾病类型:溃疡 干预措施: 其他:血浆来源的外泌体
4	邀请注册	微囊泡和外泌体治疗对 1 型糖尿病(T1DM)患者 β 细胞的影响 疾病类型:1 型糖尿病 干预措施: 生物学:间充质干细胞外泌体
5	人员招募	胰腺癌患者中外泌体介导的细胞间信号探究 疾病类型:胰腺癌;良性胰腺疾病 干预措施:未注明
6	人员招募	循环外泌体作为中晚期胃癌患者预后和预测性生物标志物("EXO-PPP 研究") 疾病类型:胃肿瘤 干预措施:未注明
7	撤回	肿瘤来源的外泌体作为接受新辅助化疗乳腺癌患者的诊断和预后生物标志物的一项前瞻性研究 疾病类型:乳腺癌 干预措施:未注明
8	人员招募	食用性植物外泌体对头颈部肿瘤患者放、化疗后口腔炎的预防 疾病类型:头颈部肿瘤 干预措施:未注明
9	人员招募	将外泌体检测作为人乳头状瘤病毒阳性的头颈部鳞状上皮癌患者的筛查方法 疾病类型:头颈部肿瘤 干预措施:未注明

（续表）

序号	试验状态	研 究 名 称
10	完成	红细胞来源的外泌体对血小板功能和血液凝固的影响 疾病类型:血液凝固;血小板功能 干预措施: 其他:体外实验
11	人员招募	富亮氨酸重复激酶 2 和其他外泌体蛋白在帕金森病中的作用 疾病类型:帕金森病 干预措施:未注明
12	未知†	使用负载抗原的树突状细胞来源的外泌体进行疫苗接种试验 (CSET 1437) 干预措施: 生物学:Dex2
13	人员招募	对血液和尿液中的应激蛋白进行定量来监测和早期诊断恶性实质 性肿瘤的前瞻性研究(EXODIAG) 疾病类型:肿瘤 干预措施: 其他:血液样本;其他:尿液样本
14	尚未招募	斯里兰卡心血管风险和不明原因慢性肾病病因的研究 疾病类型:慢性肾脏病;血管硬化;蛋白尿;血肌酐;尿液生物标志物 DNA 加合物 干预措施: 设备:动脉硬化评估
15	人员招募	接受高剂量三维适形放疗的肿瘤中的早期生物标志物 疾病类型:肝肿瘤;结直肠肿瘤;黑色素瘤;肾脏肿瘤 干预措施: 步骤:放疗前收集血液样本;放疗时收集血液样本; 放疗后收集血液样本;辐射:放疗
16	完成	恶性复发性脑胶质瘤的前瞻性免疫治疗 疾病类型:恶性脑胶质瘤 干预措施: 药物:IGF-1R/AS ODN;设备:生物扩散室
17	人员招募	反义 102 治疗:最新诊断的恶性胶质瘤的前瞻性免疫治疗 疾病类型:恶性胶质瘤;肿瘤 干预措施: 腹直肌鞘植入 IGF-1R/AS ODN,植入时间为 24 小时; 药物:IGF-1R/AS ODN;手术:开颅 24 小时内向 10 个腹直肌鞘植 入 IGF-1R/AS ODN,植入时间为 48 小时;

（续表）

序号	试验状态	研 究 名 称
		药物：IGF-1R/AS ODN；手术：开颅 24 小时内向 20 个腹直肌鞘植入 IGF-1R/AS ODN，植入时间为 24 小时； 药物：IGF-1R/AS ODN；手术：开颅 24 小时内向 20 个腹直肌鞘植入 IGF-1R/AS ODN，植入时间为 48 小时
18	人员招募	葡萄酒色斑病理机制以及葡萄酒色斑活检样本的资料档案库 疾病类型：葡萄酒色斑 干预措施： 其他：活检葡萄酒色斑胎记
19	尚未招募	祛风胜湿方对变应性鼻炎的疗效 疾病类型：鼻炎，过敏，常年 干预措施： 药物：祛风胜湿方和依巴斯丁；药物：依巴斯丁
20	人员招募	激酶抑制剂对进展性肾脏肿瘤患者肿瘤组织中蛋白磷酸化抑制效果的预测 疾病类型：肾细胞癌 干预措施：未注明
21	人员招募	卵巢癌患者的血液收集 疾病类型：卵巢癌 干预措施：未注明
22	人员招募	SGLT2 和磺酰脲类药物对有非酒精性脂肪肝的 2 型糖尿病患者的效果比较 疾病类型：非酒精性脂肪肝 干预措施： 药物：托格列净；药物：格列美脲
23	人员招募	巴雷特食管和相关肿瘤患者血液中微 RNA 的表达和细胞学检测 疾病类型：巴雷特食管；食管反流；食管腺癌 干预措施：未标明
24	完成	罗格列酮对呋塞米和阿米洛利的药效影响 疾病类型：胰岛素抵抗 干预措施： 药物：罗格列酮和安慰剂；药物：对阿米洛利药效影响（钠外排）；药物：对呋塞米的药效影响（钠外排）
25	人员招募	人前列腺疾病的分子学及临床相关性研究 疾病类型：前列腺癌　干预措施：未注明

（表中数据来自美国国立卫生研究院临床试验网站，网址为 http://www.clinicaltrials.gov）

　　需要强调的是，对于细胞外囊泡的了解人们还存在很多盲区，如更特异性的、功能性更强的亚群的定义,最大限度保持细胞外囊泡生物学特性一致的分离方法,以及使外泌体的研究领域发展最大化,在研究者和临床医师之间提供良好的研究平台,另外外泌体在心脏保护机制中发挥的具体作用也尚待揭示。

8.3.3 蛋白质组学在心肌细胞蛋白质翻译后修饰中的研究

蛋白质翻译后修饰(post-translational modification of protein,PTM)是蛋白质组学研究中的另一重要领域,其对蛋白质功能(活性、定位、半衰期以及形成复合物的能力等)的调节有着非常重要的作用。常见的蛋白质翻译后修饰包括乙酰化、酰胺化、甲酰化、泛素化、类泛素化、异戊烯化和磷酸化等。一种蛋白质拥有多种修饰性的氨基酸残基,它们组成一种或多种不同类型的蛋白质翻译后修饰,发挥多种不同的作用。通过对 Pandey 建立的数据库(Human Protein Reference Database,HPRD)统计显示,已经有 30 047 个人类蛋白质,93 710 个修饰位点得到鉴定。其中,标注的 5 079 个人类心肌蛋白质中有 3 146 个蛋白质至少存在一个修饰位点。只存在一个修饰位点的蛋白质占 75%,其中磷酸化修饰就占据了 90%[35],赖氨酸乙酰化修饰位点占 4.2%,糖基化修饰占 2.6%(包括 O-糖基化修饰和 N-糖基化修饰)。磷酸化作为最广泛的蛋白质翻译后修饰,在细胞代谢和信号传导过程中扮演着重要角色。已有研究表明,心肌激酶的活性与其磷酸化程度在信号传导和肌节的收缩运动功能中有关键的作用[36]。此外,O-GlcNAc 修饰与心脏衰老、保护机制和疾病产生息息相关,与磷酸化修饰存在竞争关系,在调节心肌纤维运动方面有重要的作用。现已有 400 多种蛋白质翻译后修饰被报道,其中磷酸化、乙酰化和糖基化等为研究相对较多的蛋白质翻译后修饰,其他大部分非常规的修饰还没有被很好地鉴定到,人们仍然需要克服两个问题:一个是化学计量关系问题,即修饰肽段和其他的非修饰肽段之间存在竞争关系,而待鉴定的修饰肽段往往含量是比较低的;另一个是修饰的不稳定性问题,增加了质谱鉴定的难度。另外,蛋白质翻译后修饰也可能是一个心血管疾病诊断的新方向。

8.4 蛋白质组学指导下的心血管疾病机制探索

8.4.1 心血管系统常用的疾病模型

尽管动物和人的蛋白质组学存在差异,但大型哺乳动物不仅在生理和解剖上与人具有相似性,在心脏蛋白质组方面也具有较高的保守性。但这些大型动物(如羊、猪、狗)在研究中存在很多限制。首先,大型动物在操作、设备、手术区域、人工、饲养费用以及其他方面的支出都比啮齿类动物大。其次,与小鼠等小型模式动物不同,目前几乎没有办法在狗和猪等大型动物上进行基因编辑。再次,也缺乏近交系的大型动物以缩小物种内的差异性。尽管大型动物与人类的氨基酸序列具有高度同源性,对大型动物的心脏蛋白质组进行验证仍然存在难度,如在人和啮齿类动物有效的抗体在狗和猪等大型动物中经常无效。尽管在大型动物身上进行研究困难较大,但它们仍然是最有价值的转化模型。

啮齿类动物(大鼠和小鼠)广泛应用于主动脉狭窄、限制型心肌病和扩张型心肌病等心血管疾病的研究中。由于相对清晰的基因组和蛋白质组信息,以及与人心脏特异性蛋白质组良好的氨基酸序列同源性,啮齿类动物的心脏病模型在使用时具有优势。尽管啮齿类动物的心脏与人一样具有四腔室结构,但它们在尺寸、心率和电生理等方面都具有重要的差异。

斑马鱼和果蝇也是心血管研究中经常使用的模式生物。尽管由于体型较小,获取心脏组织相对困难,但斑马鱼和果蝇等模型在心血管系统研究中具有独特的优势,如成年斑马鱼的心脏具有部分再生性,果蝇繁殖速率快,因此它们在包括心脏蛋白质组学的组学研究中使用越来越广泛。

动物心血管模型的构建有多种方法,手术是目前最为稳定和常用的策略。心肌梗死手术后,心脏在解剖和功能上发生明显变化,心室出现肥厚性增长,心脏发生继发性扩张。经常使用手术缝线或夹子夹闭小鼠和大鼠的主动脉来模拟人慢性高血压引发的心衰。主动脉缩窄(transverse aortic constriction,TAC)是小鼠建模最常使用的方法,而对大鼠则主要是通过钳夹腹主动脉或者肾动脉实现。手术阻塞冠状动脉左前降支,模拟心肌梗死是另一个常见的心衰模型。药物也是心血管疾病模型常用的方法。多柔比星是一种治疗肿瘤的药物,使用它可以在小鼠和大鼠上造出剂量依赖的扩张型心肌病模型。另外,使用柯萨奇病毒 B3 型、脑心肌炎病毒和心脏肌球蛋白重链等也能在啮齿类动物上构建出心肌炎和心肌病模型。而心肌病的遗传模型则是通过过表达或敲减疾病通路中编码关键性蛋白基因的方法完成。例如,可以通过在小鼠上过表达心脏特异的膜相关蛋白,相应激活磷脂酶 C 而触发信号流,最终导致心肌肥厚、心脏扩张和功能失代偿。还有研究通过突变 α-肌球蛋白重链基因,使精氨酸[403]突变为谷氨酰胺而构建出肥厚型心肌病的转基因小鼠模型[37]，通过表达突变的心肌肌钙蛋白Ⅰ(精氨酸192到组氨酸的突变)构建扩张型心肌病模型。在大鼠中也存在着一些心衰的转基因模型，包括自发性高血压大鼠、自发性高血压心衰大鼠和Dah1盐敏感性大鼠模型等，这些模型大鼠会随着年龄或饲喂高盐饮食而患高血压和心衰。

截至目前，蛋白质组学在心血管疾病中的应用主要集中在疾病机制的生物学探索方面。研究高密度脂蛋白(high density lipoprotein，HDL)蛋白质组的、名为"鸟枪"的组学方法已经在特定心血管疾病的小型队列患者身上采用。这些患者的HDL3比对照组含更高的载脂蛋白E (apolipoprotein E，apoE)，提示apoE在动脉粥样硬化中具有重要作用，并且能够作为亚临床心血管疾病的潜在标志物。另外用于阐述左心室肥厚和充血性心衰机制的蛋白质组分析实验也在进行。对高血压诱导的左心室肥厚(left ventricular hypertrophy，LVH)大鼠模型的左心室组织进行蛋白质组分析发现，早期左心室肥厚大鼠中存在两种独特的蛋白——calsarcin-1和辅酶生物合成蛋白COQ7，而它们在正常对照大鼠的左心室中并不存在。

尽管这些蛋白质组学研究都是从生物学角度出发，但它们主要局限在动物研究中，特别是在小鼠等小型动物模型上进行，而羊、猪、狗等大型动物则较少涉及。实验中多使用年轻的、基因同质的并且不存在糖尿病等常见并发症的小鼠。基于以上原因，从小鼠身上获得的研究结果往往不具备代表性。为了更好地模拟人源蛋白质组的多样性，可以使用染色体置换的小鼠品系(Consomic株，CS)。这种品系的小鼠是将C57BL/6J (B6)小鼠的一对同源染色体与PWD/Ph品系的同源染色体进行置换而得。

8.4.2　蛋白质组学在心血管疾病发病机制研究中的探索

8.4.2.1　氧化应激

在缺血事件后，心脏缺血组织的血流和供氧的恢复导致活性氧(ROS)的产生，这些ROS具有高度损伤性并能引起系统性的炎症反应。缺血和再灌注时间的延长还会引起心肌冬眠，造成慢性心室功能不全。在代偿性肥厚心肌中，为了维持正常的室壁应力和心输出量，神经内分泌信号可以通过线粒体生成的ROS适应性地诱导心脏发生心肌肥厚和正性肌力反应。由过氧化物酶体增殖物激活受体γ辅激活因子1(peroxisome proliferator-activated receptor-gamma coactivator-1，PGC-1)α和β因子介导的ROS，与线粒体生物合成和氧化代谢信号相关。

　　大部分的 ROS 主要在缺血时产生，再灌注时也会少量形成。少量、短暂的 ROS 形成可能与心脏保护作用相关。在保护性再灌注中，低浓度的 ROS 可以作为缺血性保护机制的触发分子，激活线粒体内外的蛋白激酶，如蛋白激酶 C（protein kinase C，PKC），以及有丝分裂原活化蛋白激酶 p38 和 JAK/STAT 等。ROS 还能直接作用于线粒体中的某些成分，如低浓度的 ROS 可以直接作用在线粒体通透性转变通道（mitochondrial permeability transition pore，mPTP）的组成成分上或者激活相应的信号通路，降低线粒体对 mPTP 长时开放的敏感性。相反，mPTP 的短暂开放也会诱导少量 ROS 的生成，发挥心脏保护作用。瞬态或者低浓度 ROS 产生的氧化还原信号也参与了缺血后适应（ischemic postconditioning，PostC）的触发，该状态对缺血具有保护作用[39]。过量的 ROS 能够促进 mPTP 的开放，而 mPTP 反过来通过抑制呼吸链又会增加 ROS 的形成，因为它能够诱导细胞色素 C 和吡啶核苷酸的缺失。当 mPTP 长期开放时，它在所谓的 ROS 诱导的 ROS 释放（ROS-induced ROS release，RIRR）过程中发挥着中心作用。过量的 ROS 能够不加选择地与 DNA、脂质和蛋白质发生反应。缺乏组蛋白保护、修复机制有限、距离 ROS 产生位点近等原因，都使线粒体 DNA 极易受到增加的氧化应激的影响，除了导致不可逆的心肌损伤、诱导 mPTP 的持续开放以及细胞功能障碍和细胞死亡外，ROS 还可以诱导心肌缺血和再灌注时的可逆性损伤[38]。

　　在分离的完全缺氧的大鼠心脏中，过氧亚硝基阴离子的生物合成在再灌注 30 秒内达到峰值。它的合成增加可能会增加促炎性细胞因子产生，从而诱导心脏发生收缩功能不全。当过氧亚硝基阴离子的产生被阻止后，缺血后心肌的收缩功能将得到改善。催化过氧亚硝基分解的物质具有重要药用价值，但由于其难以耐受的不良反应，它们在体内的使用受到了限制。

　　基质金属蛋白酶（matrix metalloproteinases，MMP）属于内源性锌依赖的蛋白水解酶，其主要作用是裂解细胞外基质为主的蛋白质底物。大鼠心肌梗死/再灌注（myocardial infarction/reperfusion，I/R）离体心脏模型中，再灌注 2～3 分钟，MMP-2 在心脏的激活达到峰值。MMP-2 能够作用于缺血心肌细胞的相应蛋白质，在尚未出现明显的细胞坏死和细胞外基质变化前细胞已经发生了显著损伤，最终导致心脏功能失代偿，而使用 MMP 抑制剂则能够明显减轻这种损伤。糖原合成酶激酶-3β（glycogen synthetase kinase-3β，GSK-3β）是心肌中广泛存在的一种激酶，研究显示 GSK-3β 能够与 H9c2 细胞中的 MMP-2 共定位。GSK-3β 的抑制剂具有心脏保护作用，它能减少缺血心脏中的心肌凋亡并缩小 I/R 模型中心脏的梗死面积。另外,重组的 GSK-3β 能够通过移除 MMP-2 的氨基末端而增强 MMP-2 的蛋白水解活性[39]。

8.4.2.2　能量代谢

心脏是体内耗氧最大的器官之一,其 ATP 的产生与消耗处于平衡状态。正常心脏中有大约 90% 的 ATP 是由脂肪酸分解形成。大量临床和实验研究发现心肌病理性肥厚和心衰常伴随着以脂肪酸氧化下降为主的代谢下降,相应地会出现葡萄糖氧化的增加,但这种增加不能代偿脂肪酸氧化的降低[40]。

心脏消耗的约 90% 的能量由线粒体氧化磷酸化提供。除了为心脏的收缩和舒张提供能量,线粒体还产生 ROS,并通过影响交感神经系统和肾素-血管紧张素-醛固酮系统介导正性肌力和心肌肥厚效应。在肥厚心肌中,线粒体的氧化能力保持不变或增强。但是在心衰的患者和动物中,线粒体的功能都是下降的。在心肌肥厚的代偿期,线粒体的数量似乎随着心肌细胞的氧需求量增大而增加,但失代偿期其数量又会下降。另外在早期扩张型心肌病的心内膜活检标本中可以发现腺嘌呤核苷酸转位酶(adenine nucleotide translocase,ANT)亚型的表达改变,提示腺嘌呤核苷酸转位酶缺陷可能是引起心衰心肌细胞能量缺陷的原因之一。

目前尚缺乏证据证明心肌细胞由肥厚转为心衰是由线粒体失代偿引起。然而,针对线粒体的治疗能够减轻左心室功能障碍。例如,尽管高血压诱导的心肌肥厚不能诱发腺嘌呤核苷酸转位酶的量和功能改变,但过表达腺嘌呤核苷酸转位酶能够缓解过量肾素引起的肥厚心肌细胞的功能障碍。

在各种心血管疾病中,不仅线粒体的数量发生变化,心肌细胞的呼吸链和磷酸化复合物都存在着多种缺陷。缺血再灌注时,线粒体损伤是导致心肌细胞功能和活性缺失的主要因素。导致线粒体功能障碍的主要机制包括 mPTP 的持续开放以及由于 ROS 形成导致的氧化应激。ROS 通过 PGC-1α 和 PGC-1β 影响线粒体的生物合成和氧化代谢信号。柠檬酸合成酶和细胞色素酶 C 是由核基因编码的酶,转运到线粒体中发挥作用,它们也是线粒体的标志性酶,PGC-1α 的 mRNA 量与它们的表达呈线性关系。在缺血区,由于缺氧抑制了线粒体的呼吸链,心肌的 ATP 得不到充分的利用,当缺血持续一定时间,核酶、磷脂酶和蛋白酶都会堆积在完整性受损的膜结构上。氧化应激和钙离子超负荷能够诱导线粒体 mPTP 的突然开放,而 mPTP 是线粒体内膜上大的电导孔,它与心肌细胞的高挛缩、凋亡和坏死密切相关。因此,mPTP 是确定细胞死亡的主要因素,其抑制剂具有明显的心脏保护作用。

依据线粒体膜电位是否能快速恢复,心肌再灌注损伤可以分为不同的病理阶段。在呼吸的线粒体中,pH 值降低会刺激磷酸(Pi)的摄取,从而增加线粒体内的内容物,导致 mPTP 的开放;相反,当线粒体膜去极化时,在 Ca^{2+} 超负荷、Pi、ROS 形成和一氧化氮(NO)水平下降时,组织中的 pH 值会快速恢复正常,mPTP 也会保持持续开放。后一种状况(即线粒体膜去极化和 pH 值快速恢复正常)是突发性再灌注中更为常见的现象。实际上,多种原因可以导致该孔开放,如高的 pH 值、Ca^{2+} 超负荷和再灌注时 ROS 量激增等。

Garnier 等发现主动脉缩窄心衰大鼠中,所有与线粒体生物合成相关的转录因子都下调。进行主动脉缩窄手术的小鼠中,三羧酸循环和呼吸链中复合物 Ⅰ、Ⅲ、Ⅳ 和 Ⅴ 的表达量都增加,这些酶都是由细胞核 DNA 编码的[41]。在主动脉缩窄的大鼠以及自发性高血压出现左心室功能失代偿的老年大鼠中也发现了类似现象。在起搏器诱导的扩张型心肌病狗模型中,Marin-Garcia 等发现冻融后心脏组织匀浆中的复合物 Ⅲ 的活性严重下降。左冠状动脉结扎诱导的缺血性心衰猪模型中,磷酸化复合物的组成发生改变,伴随出现 ATP 合酶的活性下降,这些现象也见于患扩张型心肌病的狗和人。总的来说,心衰心肌细胞线粒体存在广泛的缺陷,尚未发现线粒体的缺陷同氧化磷酸化下降之间的因果联系。呼吸链的缺陷可能不会导致线粒体氧化磷酸化的下降和能量缺陷。目前的研究既没有显示这些蛋白质重构对个体呼吸链复合物活性的影响,也没有揭示呼吸链改变对氧化磷酸化和能量生成所起的作用。

在新鲜分离的心脏组织中研究线粒体的功能能够更加准确地发现肥厚和心衰心肌中呼吸链复合物的变化。另外,氧化磷酸化是线粒体综合功能的良好评估指标,而蛋白质组学能够为氧化或磷酸化复合物的定位提供评估方法。此外,蛋白质组学特别适合分析收缩性蛋白、调节性蛋白、代谢性酶、代谢产物转运蛋白和分子伴侣。目前尚未出现对功能不良的线粒体进行蛋白质组学评价的研究,未来此方面的研究或为揭示心血管疾病的机制提供思路。

8.4.2.3 血管新生

缺血区微血管网的形成对心血管疾病具有重要的意义,因为新生的血管有助于恢复缺血区的血供,减轻缺氧并能预防组织坏死。心肌梗死后的血管新生与胚胎期的血管形成相类似,它的形成过程可以分为几个阶段。在缺血区首先出现内皮细胞的激活,内皮细胞的渗透性增加并发生增殖。然后在基质金属蛋白酶(MMP)和整合素等细胞因子作用下,细胞外基质发生降解,内皮细胞发生浸润。随着细胞外基质降解和内皮细胞迁移,新的毛细血管形成并最终固定。而这些新生血管可能是由血管祖细胞进入毛细血管形成,或者在生长因子和细胞因子等影响下成熟的内皮细胞发生变化而增加血管的新生。

在血管新生过程中,除了巨噬细胞,很多其他的炎症细胞和介质也发挥了重要作用。在缺氧的诱导性刺激下,炎症细胞能够释放多种刺激血管生成的细胞因子和蛋白酶,如血管内皮生长因子(vascular endothelial growth factor,VEGF)、肿瘤坏死因子-α(tumor necrosis factor-α,TNF-α)和 MMP 等。炎症细胞还能释放 ROS,它可以作为血管生成过程中的激动剂。蛋白质组学有利于更加清晰地阐明新生血管的复制机制。另外,通过分析缺血心肌的蛋白质变化状态能够更好地了解血管新生的情况,通过增减相应的细胞因子,促进新生血管的发育,更好地对缺血心脏进行个体化的治疗[42]。

8.4.3 组学指导下的心血管疾病个体化治疗

由于单核苷酸多态性,几乎所有人类基因都存在差异。在医学中考虑这些个体差异是很重要的,特别是在疾病的诊断和治疗中。由于个体差异,不同患者对药物的反应是不均一的,他们的药物疗效在一个广泛的范围内波动。用药指南推荐的药物剂量多基于各种大型临床试验的平均数据,患者按指南推荐服用后会出现不同反应,有些人用药后疗效可能优于平均水平,而有些人则可能没有受益甚至深受其害。

为了使患者最大程度受益,个体化治疗的概念应运而生。在过去十年间,个体化治疗受到研究者、医药公司和医疗监管机构的广泛重视。个体化(或精准)医疗的目标是基于基因组学、蛋白质组学和代谢组学等组学数据,对患者给予个性化的干预措施。支持个体化治疗的证据主要有两方面:新型的组学数据和详尽的病史及检测信息。基因组、蛋白质组以及其他组学数据能够为患者的个体化治疗提供最优方案,这可能是个体化治疗最令人兴奋的方面。而详尽的病史、流行病学数据以及其他临床指标,虽然在精确度上不能与组学数据相比拟,但它们也是个体化医疗中重要的证据。组学数据将与组织病理学一起,在研究不同疾病阶段和分级的特定患者对特定治疗方案的潜在反应中发挥重要作用。作为组学不可或缺的一个组成部分,蛋白质组学能够为个体化治疗提供海量的蛋白质相关信息。

目前,个体化治疗已经应用于一些肿瘤性疾病的诊断和治疗,如儿童的慢性淋巴细胞性白血病和结直肠肿瘤等。Hughes 等描述了利用外周血对特定患者的循环肿瘤细胞进行疗效分析[43];Moghimi 和同事提出了针对肿瘤的直接的单克隆 T 细胞治疗。

尽管为了更好地防治心血管疾病,已经开展了针对降低血脂、控制血压和抗血小板治疗的大规模随机临床试验,它们能够提供较为客观的疗效数据,但这些数据是所有参与者效果的平均值,它掩盖了疗效最佳和最差患者的信息。对不同亚型进行血药浓度的测量是个体化治疗心血管疾病一个易于理解的例子。一些基因组的因素和药物间的相互作用等能够影响到药物暴露,如异常的肾脏和肝脏功能对药物代谢动力学(pharmacokinetics,PK)具有影响,另外,年龄和性别以及伴随治疗等也会影响 PK 和代谢。

越来越多的临床试验开始为心血管疾病进行标记分层,显示亚群的治疗疗效(主要是对疗效进行测量,有时是发现一个安全的治疗方案)。其目的是尝试支持个体化治疗,尽管这些研究略显粗糙,但被广泛应用。另外,心血管领域已经出现了一些药物疗效评价模型,旨在为患者提供更好的个体化治疗。在尽可能充分考虑患者特异性的条件下,参照 JUPITER 和 WHS 等大型临床数据,Jan 等构建了新的模型,评估他汀和阿司匹林等药物的个体疗效。

另一项研究建立的预测模型可以用来预测高剂量他汀治疗对个体化患者的疗效以及降低 5 年内心肌梗死、中风、心源性猝死或心脏复苏的绝对风险。它对冠脉疾病患者使用高剂量及常规剂量他汀治疗效果的评估有利于选出高风险患者,并使他们能够从激进性治疗中最大限度地获益[44]。

那么这些标准使用的疗效模型是否优于目前被广泛提倡的指南呢? Vickers 等制定了一种决策分析方法来评估不同治疗策略的净临床效果。研究显示,对个体化的需治疗数(individualized number needed to treat,iNNT)进行个体化预测能够提高患者对疾病的知晓程度,并且有利于患者参与到治疗的决策中,使他们在治疗中获益。是否对患者进行预防性治疗,取决于对治疗利弊的综合考量。除了明显的不良反应,药物摄取的隐性危害、不便利以及药物花费等都需要结合考量来增加治疗阈值[45]。

由于疾病病因复杂,个性化治疗策略在动脉粥样硬化性心脏病、心衰和高血压等心血管疾病中的应用存在挑战性。另外,目前使用的疾病评估模型,主要建立在已有的大型临床试验提供的疾病风险因素上,临床试验的参与者经常是通过严格的入选标准选择的,他们比日常临床就诊的患者更加健康,依从性更强。

另外,这些临床试验提供的数据,最多能预测10年的疾病风险,因此评估时间相对有限。而由于操作复杂、费时,预测模型在临床使用中经常受限。最后,个体化治疗的研究方向也较为局限,由于心血管疾病的机制(基因组、预后等信息)尚未阐明,预测性的个性化研究在心血管研究中尚未广泛应用。

8.5 小结与展望

困扰全球的心血管疾病不仅严重影响了人们的生命健康,也为家庭和社会带来了沉重的经济和医疗负担。在过去的20年中,蛋白组学技术获得了突飞猛进的发展。蛋白组学与基因组学、表观遗传学等一同将疾病的基础和临床研究推到了大数据时代。在心血管疾病的研究中,蛋白质组学方法脱离单个蛋白质研究的限制,从整体上对蛋白质进行高通量分析,为人们提供了全新的视角,为临床疾病诊断标志物和新药靶标的发现提供了有力的依据;蛋白质组学将快速缩短临床医学与基础医学的距离,基于临床疾病的蛋白质组学能够为基础医学提供更多的研究方向,并为临床医学的发展助力;蛋白质组学使医学与以计算机为基础的生物信息学建立了新型的联系;另外基于海量数据的蛋白质组学也将为精准医学的实现和推广提供支持。

与基因组学相似,虽然蛋白质组学技术在近几年内迅猛发展,但是仍然有很多方向需要人们继续努力以达到攻克心血管疾病的目的:首先是数据的获取和分析过程过于复杂,为了更好地了解心血管疾病的机制,需要进一步简化这些数据获取的过程;其次是数据挖掘深度不够,目前对心脏疾病分子标志物的寻找,仅仅停留在蛋白质总体表达水平高低变化的层面上,应该加强各学科之间的交流和理解,为进一步探索复杂的心脏疾病,找到好的解决策略做出贡献;最后应该实现蛋白质组鉴定的深度覆盖,在蛋白质改变和功能指导、细胞定位之间建立起联系。此外,蛋白组学研究可能还存在一些潜在的伦理问题。

尽管人们已经为患者的个体化治疗描绘了宏伟、美好的蓝图,但如何具体实施仍需不断探索。多种致病原因使心血管疾病中的个体化治疗相对困难,相较于其他疾病,高血压可能是精准医学在心血管疾病诊治中一个较好的切入点。

各种组学技术相结合进行研究已经成为趋势,但其结合程度仍然有待提高。面对大量与人类疾病相联系的 SNP 的基因组研究(如全基因组关联分析),蛋白质组学方法必须为与之相联系而不断推进。因此,更加灵敏的质谱设备,适用性更广泛的方法(如能够提高蛋白质和多肽分离的方法和多种酶的使用)以及扩展性的数据库将有助于蛋白质组学的发展。

总体来说,蛋白质组学已经日渐成熟,为各种心血管疾病的研究提供了有利的武器。心血管疾病相关蛋白质的鉴定、结构和功能分析,以及心血管疾病相关分子机制的深入挖掘,为心血管疾病的诊断提供了重要的依据。基于组学数据的精准医学可能将疾病的诊断和治疗带入分子水平,大幅快速的缩短基础医学和临床医学之间的差距,将最终导致医学的一次飞跃性变革。

参考文献

[1] Institute for Health Metrics and Evaluation (IHME). Global Burden of Disease Study 2015 (GBD 2015) Life Expectancy, All-Cause and Cause-Specific Mortality 1980-2015 [EB/OL]. (2016-12-11) [2017-02-04]. http://ghdx. healthdata. org/record/global-burden-disease-study-2015-gbd-2015-life-expectancy-all-cause-and-cause-specific.

[2] 王吉耀. 内科学[M]. 2 版. 北京:人民卫生出版社,2010.

[3] 顾东风,黄广勇,何江,等. 中国心力衰竭流行病学调查及其患病率[J]. 中华心血管病杂志,2003, 31(1):3-6.

[4] McMurray J J, Adamopoulos S, Anjer S D, et al. 2014 ESC Guidelines on diagnosis and management of hypertrophic cardiomyopathy: the Task Force for the Diagnosis and Management of Hypertrophic Cardiomyopathy of the European Society of Cardiology (ESC) [J]. Eur Heart J, 2014,35(39):2733-2779.

[5] Menon S C, Ackerman M J, Ommen S R, et al. Impact of septal myectomy on left atrial volume and left ventricular diastolic filling patterns: an echocardiographic study of young patients with obstructive hypertrophic cardiomyopathy [J]. J Am Soc Echocardiogr, 2008,21(6):684-688.

[6] Kim M S, Pinto S M, Getnet D, et al. A draft map of the human protoeme [J]. Nature, 2014, 509(7502):575-581.

[7] Wilhelm M, Schlegl J, Hahne H, et al. Mass-spectrometry-based draft of the human proteome [J]. Nature, 2014,509(7502):582-587.

[8] Li W, Zeng Z, Gui C, et al. Proteomic analysis of mitral valve in Lewis rat with acute rheumatic heart disease [J]. Int J Clin Exp Pathol, 2015,8(11):14151-14160.

[9] Baldus S, Heeschen C, Meinertz T, et al. Myeloperoxidase serum levels predict risk in patients with acute coronary syndromes [J]. Circulation, 2003,108(12):1440-1445.

[10] Brooks J D. Translational genomics: the challenge of developing cancer biomarkers [J]. Genome Res, 2012,22(2):183-187.

[11] Bagnato C, Thumar J, Mayya V, et al. Proteomics analysis of human coronary atherosclerotic

plaque: a feasibility study of direct tissue proteomics by liquid chromatography and tandem mass spectrometry [J]. Mol Cell Proteomics, 2007,6(6):1088-1102.

[12] Malaud E, Merle D, Piquer D, et al. Local carotid atherosclerotic plaque proteins for the identification of circulating biomarkers in coronary patients [J]. Atherosclerosis, 2014,233(2): 551-558.

[13] Viiri L E, Full L E, Navin T J, et al. Smooth muscle cells in human atherosclerosis: proteomic profiling reveals differences in expression of Annexin A1 and mitochondrial proteins in carotid disease [J]. J Mol Cell Cardiol, 2013,54:65-72.

[14] Schechter M A, Hsieh M K, Njoroge L W, et al. Phosphoproteomic profiling of human myocardial tissues distinguishes ischemic from non-ischemic end stage heart failure [J]. PLoS One, 2014,9(8): e104157.

[15] Cordwell S J, Edwards A V, Liddy K A, et al. Release of tissue-specific proteins into coronary perfusate as a model for biomarker discovery in myocardial ischemia/reperfusion injury [J]. J Proteome Res, 2012,11(4):2114-2126.

[16] Dardé V M, la Cuesta F D, Dones F G, et al. Analysis of the plasma proteome associated with acute coronary syndrome: does a permanent protein signature exist in the plasma of ACS patients? [J]. J Proteome Res, 2010,9(9):4420-4432.

[17] Kristensen L P, Larsen M R, Mickley H, et al. Plasma proteome profiling of atherosclerotic disease manifestations reveals elevated levels of the cytoskeletal protein vinculin [J]. J Proteomics, 2014,101:141-153.

[18] López-Farré A J, Zamorano-Leon J J, Azcona L, et al. Proteomic changes related to "bewildered" circulating platelets in the acute coronary syndrome [J]. Proteomics, 2011,11(16): 3335-3348.

[19] Corbett J M, Why H J, Wheeler C H, et al. Cardiac protein abnormalities in dilated cardiomyopathy detected by two-dimensional polyacrylamide gel electrophoresis [J]. Electrophoresis, 1998,19(11):2031-2042.

[20] Rosello-Lleti E, Alonso J, Cortes R, et al. Cardiac protein changes in ischaemic and dilated cardiomyopathy: a proteomic study of human left ventricular tissue [J]. J Cell Mol Med, 2012, 16(10):2471-2486.

[21] Matafora V, Zagato L, Ferrandi M, et al. Quantitative proteomics reveals novel therapeutic and diagnostic markers in hypertension [J]. BBA Clin, 2014,2:79-87.

[22] Delles C, Neisius U, Carty D M. Proteomics in hypertension and other cardiovascular diseases [J]. Ann Med, 2012,44 (Suppl 1):S55-S64.

[23] Martin-Rojas T, Mourino-Alvarez L, Alonso-Orgaz S, et al. iTRAQ proteomic analysis of extracellular matrix remodeling in aortic valve disease [J]. Sci Rep, 2015,5:17290.

[24] Deroyer C, Magne J, Moonen M, et al. New biomarkers for primary mitral regurgitation [J]. Clin Proteomics, 2015,12:25.

[25] Peng Y, Gregorich Z R, Valeja S G, et al. Top-down proteomics reveals concerted reductions in myofilament and Z-disc protein phosphorylation after acute myocardial infarction [J]. Mol Cell Proteomics, 2014,13(10):2752-2764.

[26] Taylor S W, Fahy E, Zhang B, et al. Characterization of the human heart mitochondrial proteome [J]. Nat Biotechnol, 2003,21(3):281-286.

[27] Lam M P, Lau E, Scruggs S B, et al. Site-specific quantitative analysis of cardiac mitochondrial

protein phosphorylation [J]. Proteomics，2013,81:15-23.

[28] Barallobre-Barreiro J, Didangelos A, Schoendube F A, et al. Proteomics analysis of cardiac extracellular matrix remodeling in a porcine model of ischemia/reperfusion injury [J]. Circulation，2012,125(6):789-802.

[29] Hortin G L, Sviridov D, Anderson N L. High-abundance polypeptides of the human plasma proteome comprising the top 4 logs of polypeptide abundance [J]. Clin Chem，2008,54(10): 1608-1616.

[30] Huebner A R, Somparn P, Benjachat T, et al. Exosomes in urine biomarker discovery [J]. Adv Exp Med Biol, 2015,845:43-58.

[31] Malik Z A, Kott K S, Poe A J, et al. Cardiac myocyte exosomes: stability, HSP60, and proteomics [J]. Am J Physiol Heart Circ Physiol, 2013,304(7): H954-H965.

[32] Roma-Rodrigues C, Fernandes A R, Baptista P V. Exosome in tumour microenvironment: overview of the crosstalk between normal and cancer cells [J]. Biomed Res Int，2014, 2014:179486.

[33] Katsuda T, Kosaka N, Takeshita F, et al. The therapeutic potential of mesenchymal stem cell-derived extracellular vesicles [J]. Proteomics，2013,13(10-11):1637-1653.

[34] Van Eyk J E. Overview: the maturing of proteomics in cardiovascular research [J]. Circ Res, 2011,108(4):490-498.

[35] Monte F D, Agnetti G. Protein post-translational modifications and misfolding: new concepts in heart failure [J]. Proteomics Clin Appl, 2014,8(7-8):534-542.

[36] U. S. National Library of Medicine. ClinicalTrials. gov[EB/OL]. [2016-03-12]. http://www. clinicaltrials. gov.

[37] Geisterfer-Lowrance A A, Christe M, Conner D A, et al. A mouse model of familial hypertrophic cardiomyopathy [J]. Science, 1996,272(5262):731-734.

[38] Bartz R R, Suliman H B, Piantadosi C A. Redox mechanisms of cardiomyocyte mitochondrial protection [J]. Front Physiol, 2015,6:291.

[39] Lindsey M L, Iyer R P, Jung M, et al. Matrix metalloproteinases as input and output signals for post-myocardial infarction remodeling [J]. J Mol Cell Cardiol, 2016,91:134-140.

[40] Dorn G W, Vega R B, Kelly D P. Mitochondrial biogenesis and dynamics in the developing and diseased heart [J]. Genes Dev, 2015,29(19):1981-1991.

[41] Garnier A, Fortin D, Delomenie C, et al. Depressed mitochondrial transcription factors and oxidative capacity in rat failing cardiac and skeletal muscles [J]. J Physiol, 2003,551 (Pt 2):491-501.

[42] Sharifzadeh Z, Rahbarizadeh F, Shokrgozar M A, et al. Genetically engineered T cells bearing chimeric nanoconstructed receptors harboring TAG-72-specific camelid single domain antibodies as targeting agents [J]. Cancer Lett, 2013,334(2):237-244.

[43] Hughes A D, Marshall J R, Keller E, et al. Differential drug responses of circulating tumor cells within patient blood [J]. Cancer Lett, 2014,352(1):28-35.

[44] Amarenco P, Bogousslavsky J, Callahan A 3rd, et al. High-dose atorvastatin after stroke or transient ischemic attack [J]. Engl J Med, 2006,355(6):549-559.

[45] Van Calster B, Vickers A J, Pencina M J, et al. Evaluation of markers and risk prediction models: overview of relationships between NRI and decision-analytic measures [J]. Med Decis Making，2013,33(4):490-501.

9 体液蛋白质组学及其应用

随着精准医学的发展，人们对精准诊断的要求不断提高，通过蛋白质组学方法寻找体液中精确的生物标志物已经成为一个非常重要的研究方向。血液和尿液是目前临床上最常用的体液检测样本，也是体液蛋白质组学中主要的研究对象。由于血清/血浆蛋白质成分复杂，并且蛋白质丰度的动态范围较广，对其进行蛋白质组分析时，需对样本进行预处理，如高丰度蛋白质去除、预分离和富集等。血清/血浆蛋白质组分析在疾病研究中应用广泛。源于蛋白质组学研究发现的疾病标志物 OVA1 已获得美国FDA 批准，同时还有大量候选标志物处于研究阶段，涉及肿瘤、糖尿病等疾病的诊断及疾病进程和疗效的监测等多个领域。尿液的组成比血液更为简单，并且尿液取材方便、无创，也是理想的生物标志物来源。但是由于基线不平、影响因素较多等原因，尿液的蛋白质组研究相对血清/血浆来说较少。目前，尿液蛋白质组研究主要集中在泌尿系统的相关疾病上。此外，利用疾病动物模型的尿液蛋白质组学进行疾病诊断标志物及药物代谢相关研究也具有非常大的潜力。体液蛋白质组学在精准医学发展中具有重要意义，随着新的样本预处理和检测技术的发展，未来会有更为广阔的应用前景。

9.1 概述

9.1.1 精准医学需要精准诊断

简而言之，精准医学就是把以前认为是同一种的疾病进一步分类，以达到区别治疗,减少无效治疗,减少不良反应,降低总体医疗费用的目的[1]。精准医学的基础就是精准诊断。现阶段,精准医学主要依赖于基因组学数据提供患者对药物敏感与否的可能性[2]。但是随着疾病的发展,DNA 很少产生相应的变化,而相关的蛋白质组则一定会产生相应的变化,而且变化的种类、幅度和组合数目远超过基因组。精准医学未来的精准诊断需要更多依据蛋白质组的变化。

9.1.2　精准诊断依赖于生物标志物

精准的诊断一定要来源于能够对病理生理过程具有精准刻画能力的标志物。本质上,标志物就是和疾病病理生理相关联的可以监测的变化[3, 4]。疾病产生的变化在时时刻刻地传导到组织液、血液中。机体的稳态机制通过肝、肺、肾、皮肤再同时不断地把各种血液中的变化排除出去,使血液尽快恢复到正常的状态[3]。在早期的代偿阶段[5],通过各个器官的作用,血液还能够恢复正常,即血液还处在稳态可代偿阶段,这时疾病处在非常早期,病因已经出现,机体尚未失衡。这时应该是诊断的黄金时期,如果能早期认识到疾病造成的损害,早期干预,疾病可能不会发展到失代偿期,或者说血液中稳定的变化可能不会产生。那么怎么才能知道血液还没有产生稳定变化时的早期病理生理改变呢? 必须有能够精准刻画病理生理学过程的生物标志物。

9.1.3　体液在临床诊断中的应用

体液是临床检验中常用的样本。通过对其理化性质和所含元素、蛋白质、抗体、微生物等的检测,可达到诊断或辅助诊断疾病的目的。由于体液成分随机体状态不同处于动态变化之中,对其进行分析也可用于疾病的早期筛查和动态检测,如甲胎蛋白可用于高危人群中肝癌患者的筛查。

9.2　血液的蛋白质组研究及其应用

血液是目前临床上最为常用的体液检测样本,如血生化就包括了总蛋白、酶类、脂类、血糖、代谢产物、免疫蛋白、补体、离子和血气水平等几十项指标。蛋白类的疾病诊断标志物多用于器官损伤评价以及肿瘤诊断,如心肌肌钙蛋白用于心肌梗死的诊断,甲胎蛋白(alpha-fetoprotein, AFP)、癌抗原 125(cancer antigen 125,CA-125)、CA19-9、癌胚抗原（carcino embryonic antigen，CEA）、前列腺特异性抗原（prostate specific antigen，PSA）等是临床常用的肿瘤标志物。有分析表明，截至 2008 年美国 FDA 批准的基于蛋白质的分析和临床检测共涉及 205 种目标蛋白质[6]。表 9-1 列出了目前应用于临床的 2012 年之前美国 FDA 批准的肿瘤蛋白标志物。

表 9-1　美国 FDA 批准的蛋白类肿瘤标志物

标志物	肿瘤类型	临床用途	检测样本	批准年份
PSA 前体（Pro2PSA）	前列腺癌	鉴别肿瘤与良性疾病	血清	2012
ROMA（HE4＋CA-125）	卵巢癌	预测恶性程度	血清	2011
脱-γ-异常凝血酶原（DCP）＋甲胎蛋白异质体 3（AFP-L3）	肝细胞癌	发病风险评估	血清	2011
多蛋白（OVA1）	卵巢癌	预测恶性程度	血清	2009
人附睾蛋白 4（HE4）	卵巢癌	复发和疾病进展监测	血清	2008
纤维蛋白/纤维蛋白原降解产物（DR-70）	结肠癌	疾病进展监测	血清	2008
AFP-L3％	肝细胞癌	发病风险评估	血清	2005
CA19-9	胰腺癌	疾病状态监测	血清、血浆	2002
CA-125	卵巢癌	疾病进展监测、治疗反应监测	血清、血浆	1997
CA15-3	乳腺癌	治疗反应监测	血清、血浆	1997
CA27.29	乳腺癌	治疗反应监测	血清	1997
游离 PSA	前列腺癌	鉴别肿瘤与良性疾病	血清	1997
甲状腺球蛋白	甲状腺癌	辅助监测	血清、血浆	1997
AFP	睾丸癌	肿瘤处置	血清、血浆	1992
总 PSA	前列腺癌	诊断和监测	血清	1986
CEA	非特异	辅助处置和预后	血清、血浆	1985

9.2.1　血液在临床诊断中的应用

血液由血浆和血细胞组成。血浆中 90％以上是水，其他 10％以可溶性血浆蛋白为主，并含有多肽、电解质、激素、胆固醇、代谢产物等多种小分子物质。血浆蛋白成分复杂，包含了来源于全身组织器官的蛋白质，其蛋白浓度动态范围在 10 个数量级以上[7]，不仅包含了浓度达几十毫克/毫升的高丰度蛋白质,也包含了大量浓度在皮克每毫升级以下水平的低丰度蛋白质。其中丰度最高的白蛋白,由肝实质细胞合成,占血浆总蛋白的50%以上,前10位的高丰度蛋白质占据了血浆总蛋白量的约90%,前22位的高丰度蛋白质占据了血浆总蛋白量的约99%(见图9-1)[8]。也正是因为这个原因,低丰度蛋白质的信号被掩盖,据报道只有约5%的肿瘤组织蛋白可以在血浆中被检测到[9]。

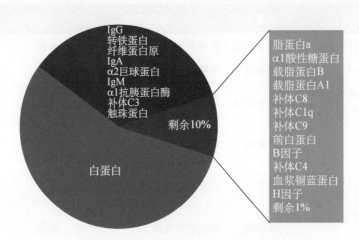

图9-1 22种人血浆高丰度蛋白质组成

收集血浆,需要在采血管中加入抗凝剂,然后通过离心的方法获得不含细胞成分的上清。不同的抗凝剂,甚至不同的采血管都可能对血浆成分产生影响,因此人类血浆蛋白质组计划(human plasma proteome project,HPPP)对使用的采血管种类进行了限定。除此之外,采集过程中要避免溶血,离体后需尽快处理。除了血浆之外,血清也是经常使用的体液样品。因为血清是血液离体凝固后得到的上清,其中缺少了大量的凝血因子和纤维蛋白原,但是增加了凝血后释放出的产物。

血细胞主要包括红细胞、白细胞、血小板等,白细胞主要包括中性粒细胞、嗜酸性粒细胞、嗜碱性粒细胞、淋巴细胞和单核细胞,而淋巴细胞的种类更多,所包含的T淋巴细胞、B淋巴细胞、自然杀伤细胞按照不同的分子标志和功能又可细分为多种细胞亚群。除此之外,器官组织脱落的细胞也会存在于血液之中,如循环肿瘤细胞(circulating tumor cell,CTC)可作为重要的癌症早期诊断标志物之一。下面主要介绍血浆的蛋白质组分析。

9.2.2 血液的蛋白质组分析技术

由于血浆蛋白成分复杂、蛋白质浓度动态范围广、存在较多高丰度蛋白质,这使得对血浆蛋白进行分析成为技术挑战。血浆蛋白分析常用的策略有（见图 9-2）：①去除高丰度血浆蛋白；②对血浆蛋白/肽段进行预分离；③对血浆中某些组分的蛋白质/肽段进行富集。上述策略也可结合使用以进一步提高分析能力。除此之外，还有针对血浆中多肽和自身抗体的检测方法。目前质谱技术已能在血浆中直接检测到不少于 7 个数量级浓度范围的蛋白质的变化，加上基于免疫反应的检测自身抗原方法的补充，现在已有可能发现浓度低于 1 ng/ml 的候选标志物蛋白质，这个浓度甚至可以超出 ELISA 实验的检测范围。

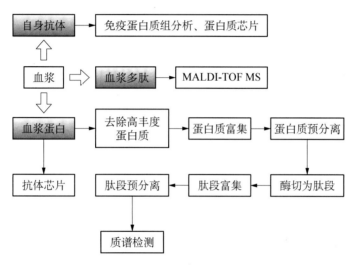

图 9-2　血浆蛋白质组分析常用的技术流程

9.2.2.1　去除高丰度蛋白质

将血浆中的高丰度蛋白质去除，可以相对富集中低丰度蛋白质。为此研发出了多种去除血浆高丰度蛋白质的试剂，主要是基于免疫亲和的方法，通过抗体去除白蛋白、免疫球蛋白，以及其他几种甚至十几种高丰度蛋白质，将与抗体结合的高丰度蛋白质洗脱后还可重复使用。市场上已有很多商品化的血浆高丰度蛋白质去除柱，可以单独使用，也可与其他色谱柱串联使用。由于抗体的非特异性吸附，以及白蛋白等血浆蛋白本身具有较强的结合能力，非目标蛋白质也会被一并去除。

9.2.2.2　预分离

血浆样本可通过 SDS-PAGE 或尺寸排阻等多种色谱进行蛋白质水平的预分离，或者酶切为肽段后进行不同原理的色谱分离。多种分离方法也可结合使用，可大大提高血浆蛋白的鉴定数目，如将尺寸排阻色谱与 iTRAQ、2D-LC-MS/MS 相结合的三维分离,可鉴定到 2 472 种血清蛋白[10]。

Lai 等对去除高丰度蛋白质的小鼠血浆进行了阴离子交换色谱、反相色谱和 SDS-PAGE 分离后,共鉴定了 4 727 种蛋白质[11]。应用上述策略,通过分析肝癌和肝硬化患者的血浆,发现骨桥蛋白可作为诊断肝癌的标志物。通过在两个独立人群 312 例血浆中的验证,发现骨桥蛋白的灵敏度高于 AFP,前瞻性队列研究表明骨桥蛋白可在临床确诊前 1 年出现上升,早于 AFP[12]。采取预分离的方法对胰腺癌小鼠模型发病不同阶段的血浆进行分析,可以鉴定到 7 个数量级丰度范围的 1 442 种血浆蛋白,对 5 个蛋白质的组合在 26 例患者中进行测试,可以在出现临床症状 7~13 个月前诊断胰腺癌[13]。

但是分离维度增加、馏分增多会导致质谱鉴定总时间增长,分析通量降低,限制其对大量临床样本的分析,此时可考虑采用同位素标记相对和绝对定量(isobaric tag for relative absolute quantification,iTRAQ)或串联质量标签(tandem mass tags,TMT)多标标记的方法相对减少质谱机时。

9.2.2.3 富集

为了鉴定更多的低丰度蛋白质,可对特定的血浆蛋白进行富集。最为常见的是富集糖蛋白,如使用多种凝集素亲和色谱(如伴刀豆蛋白 A、木菠萝凝集素、麦胚凝集素等)或凝集素芯片富集糖蛋白,或者使用酰肼法富集 N-连接糖蛋白,该方法可在血浆中鉴定到 303 种 N-连接糖蛋白[14]。

还可通过连续密度梯度离心的方法富集血浆中的高密度脂蛋白、低密度和极低密度脂蛋白,也可以对血浆中的微囊泡进行富集,如血浆微颗粒蛋白质组单次可鉴定到 3 000 种以上的血浆蛋白,Harel 等曾经鉴定到 5 374 种血浆微颗粒蛋白[15]。外泌体因其在细胞间交互作用(cross-talk)和疾病发生发展中的作用,尤其得到重视。Kalra 等曾对比了不同的分离方法(差速离心和超速离心、上皮细胞黏附分子免疫亲和、OptiPrep 密度梯度离心),发现 OptiPrep 密度梯度离心可以得到更高纯度的外泌体[16]。

除此之外,还可通过分子截留等方法富集低分子量蛋白质,或者使用活性探针富集与相应探针发生反应的活性蛋白质[17]。

上述 3 种策略可以结合使用,如将去除 12 种高丰度蛋白质与多凝集素亲和色谱预分离相结合等。赵焱等[18]对比了高丰度蛋白质去除、蛋白质预分离结合 LC-MS/MS 分析的 5 种策略,发现使用 ProteoMiner 进行蛋白质组均衡富集了碱性和低分子量的蛋白质,富集低丰度蛋白质的能力有限;串联 Seppro IgY14 柱可有效去除高丰度蛋白质,但同时其他蛋白质也被一起去除，去糖基化并不能提高血浆蛋白的鉴定数量；SDS-PAGE蛋白质分离会导致高丰度蛋白质过量上样，鉴定蛋白质数偏少；单一 Seppro IgY14 与高 pH 值反相液相分离联合 LC-MS/MS 可产出最大的数据集，30 小时机时可鉴定 1 544 种血浆蛋白；5 种策略总共可鉴定 1 929 种血浆蛋白，包括从 ng/ml 到 mg/ml 浓度的 20 种细胞因子。Carr 实验室[19]通过串联使用 Seppro IgY14 和 Supermix 柱分别去除血浆中 14 种高丰度和 50 种中丰度蛋白质，然后将酶切肽段分离为 30 个馏分，采用 3 小时的长梯度以提高质谱采集的分辨率，同时使用 4 标 iTRAQ 进行定量分析以进一步减少质谱机时，采用上述方法每个样本平均可达到 4 600 种血浆蛋白的鉴定量。

9.2.2.4　抗体芯片

抗体、适配体可特异富集某种或某类蛋白质，尤其是抗体芯片可被用于高通量地筛查血液中的蛋白质表达，与抗体特异结合的血清蛋白可被定量检测，使得每个样本可获得独有的蛋白质相对表达谱图，可用于疾病的诊断、分类和预后[20]。平面芯片最多可以包含几千种抗体，但成本相应增高，很难实现对大量样本的分析，而以 Luminex 为代表的液相悬珠抗体芯片，可在 96 孔板中同时检测与多达 100 种抗体结合的蛋白质，具有很高的样本分析通量。同时，具有较高检测灵敏度的抗体尤其适用于检测低丰度血浆蛋白。

9.2.2.5　靶向检测技术

对于蛋白质组分析发现的具有临床应用潜力的差异血浆蛋白，还需要进行进一步的验证，而传统的基于 ELISA 的验证方法需要高质量的抗体，实验成本高、研发周期长。于是，一种基于质谱的靶向定量技术——选择反应监测（selected reaction monitoring，SRM）被用于差异蛋白发现后的确证。SRM 特异检测和定量目标蛋白的独有肽段，具有特异度高、通量高、不依赖于抗体的优点。SRM 还可被用于血清中核心岩藻糖[21]和 N-糖肽[22]的定量分析，以及血浆中 SNP 产物的检测[23]。为了获得通用的重标内标肽用于 SRM 定量，赵焱等利用 ^{18}O 酶切标记的方法替代化学合成或原核表达重标内标肽，在 1 小时内即可得到 97% 以上的标记效率并能稳定 1 周，该方法被用于血清中两种蛋白质的 SRM 定量[24]。

为了进一步提高检测的灵敏度，多肽抗体被用于富集血浆酶切产物中的目标肽段，由此产生了稳定同位素内标和肽抗体捕获（stable isotope standards and capture by anti-peptide antibodies，SISCAPA）技术。SISCAPA 拥有较高的灵敏度，可用于检测血浆中丰度很低的纤维母细胞生长因子 15。Paulovich 实验室[25]建立了一套基于 SRM 的靶向鉴定血浆候选标志物的流程,他们从乳腺癌小鼠模型中发现的 1 908 种差异蛋白质中选取候选蛋白质,最后对 88 个肽段在 80 份血浆样品中进行了 SRM 检测(57 个肽段通过普通 SRM 检测、31 个肽段通过 SISCAPA 检测),有 36 种蛋白质被证明在荷瘤鼠血浆中含量上升。其中 SRM 的平均定量下限浓度为 157 ng/ml,而 SISCAPA 平均定量下限浓度为 48 ng/ml,可见 SISCAPA 对于低丰度蛋白质有很好的富集效果。

9.2.2.6　基于多肽的分析

血浆中还含有大量来自蛋白酶切或降解的多肽,对其进行分析的策略为富集血浆肽段后进行 MALDI-TOF MS 或 SELDI-TOF MS 分析。由于 MALDI-TOF MS 和 SELDI-TOF MS 的分析速度很快,可以在短时间内实现大量样本的高通量检测,通过软件分析和算法构建,获得鉴别疾病与对照组的特征肽峰组合,一般来说,这些特征肽峰还要通过二级质谱进行鉴定。如获得美国 FDA 批准的卵巢癌标志物 OVA1 中的 4 个分子就是通过 SELDI-TOF MS 技术发现的。此外还有人通过 SELDI-TOF MS 鉴定了胰腺癌的诊断组合载脂蛋白 C-Ⅰ和 A-Ⅱ,在 79 例样本中进一步进行 ELISA 验证发现,此组合与 CA19-9 联合使用可获得比单独使用 CA19-9 更好的诊断效果(AUC 由 0.84 提高到 0.90)[26],使用磁珠富集加 MALDI-TOF 的方法还在血清中发现了胰腺癌的候选诊断分子——血小板因子 4[27]。

除此之外,还可以分离血浆中的氨基端肽,从而实现对来自 6 个数量级浓度范围的 22 种蛋白质的 772 个独有氨基端肽段的鉴定[28]。

9.2.2.7　基于自身抗体的分析

许多自身免疫病和肿瘤患者血清中还会存在自身抗体,由于抗原-抗体免疫反应的检测灵敏度可达到 1 ng/L 以下,检测自身抗体成为发现疾病标志物的重要手段之一。肿瘤组织或细胞蛋白质可经双向电泳或高效液相色谱分离,然后利用免疫蛋白质组学的方法与患者血清免疫杂交,鉴定自身抗原。为了提高分析的通量,蛋白质芯片也被用于自身抗体的研究,如包含超过 8 000 种人源蛋白的芯片被用于多种肿瘤的免疫组学检测[29]。Yang 等[30]将人全蛋白质组芯片用于 87 例血清样本中胃癌自身抗体的筛查,然后用阳性候选蛋白质制备靶向蛋白质芯片在 914 例样本中进行大规模验证,自身抗体的定量结果还被 ELISA 方法再次验证,发现 4 种抗体组合鉴别诊断胃癌和正常人可达到 95% 的灵敏度和 92% 的特异度,并可作为胃癌患者总体生存时间的独立预测因子。

上述几种血浆蛋白质组分析技术的特点汇总于表 9-2。

表 9-2　血浆蛋白质组分析技术汇总

技术方法	优　　点	缺　　点
去除高丰度蛋白质	明显提升中低丰度蛋白质的比例	非目标蛋白质可被同时去除
预分离	降低样本复杂度	馏分增加、机时增多
富集	富集成分可灵活设计 降低样本复杂度	需特殊富集试剂
抗体芯片	灵敏度和特异度高 对蛋白质或样本的高通量检测	需特殊耗材和仪器，成本高
靶向检测	灵敏度和特异度高 对目标蛋白质的中等通量检测	需合成重标内标肽 选择合适的肽段
基于多肽的分析	样本检测速度快、通量高	样本收集和处理过程需保持多肽稳定
基于自身抗体的分析	检测灵敏度高	适用于存在自身抗原的疾病 体内的自身抗体存在动态变化

9.2.3　血清/血浆的蛋白质组分析在疾病研究中的应用

9.2.3.1　人类血浆蛋白质组计划

2002 年，国际人类蛋白质组组织启动了第一个国际研究计划——人类血浆蛋白质组计划，对血浆样本收集储存方法、样本预处理方法、不同蛋白质组分析技术平台分析能力和数据标准等进行了评价，并鉴定了人类正常血浆中表达的 3 020 种高可信度蛋白质[31]，为进一步的疾病标志物研究提供了技术方法和数据支持。

在此基础上，为了便于数据分析和共享，2011 年 Aebersold 实验室整合了不同来源的高可信度人血浆蛋白质组串联质谱数据，同时为了便于对血浆蛋白质进行 SRM 分析，将 1 929 个非冗余蛋白质中 20 433 个特征肽段的信息及其基于谱图计数的粗略浓度放入 PeptideAtlas 中，成为可供全世界参考的公共数据集。[32]

9.2.3.2　蛋白质组发现疾病标志物的成功范例

迄今为止，已经有一项源于蛋白质组学发现的疾病标志物获得美国 FDA 批准，即 OVA1。OVA1 于 2009 年 9 月获批，包括基于 SELDI-TOF 蛋白质组学技术发现的 4 个分子：甲状腺素视黄质运载蛋白、载脂蛋白 A1、β2 微球蛋白、运铁蛋白，以及常用的血清标志物 CA125。该标志物经过了几百例多中心人群的验证，可用于评估妇女盆腔肿块为卵巢癌的风险[33]。

9.2.3.3 血清/血浆用于疾病诊断标志物发现

大多数研究仍在发现疾病候选标志物阶段,仍需进一步验证候选分子的临床应用价值。以肿瘤诊断标志物为例,Gbormittah 等[34]通过多维预分离(去除 12 种高丰度蛋白质的抗体亲和色谱柱与多凝集素亲和色谱柱和反相色谱柱串联)联合 LC-MS/MS 的方法,对 40 例肾透明细胞癌患者行治疗性肾切除前后的血浆蛋白质组进行对比,在鉴定到的 200 余种蛋白质中发现了 13 种糖蛋白的差异表达,说明肾透明细胞癌患者血浆中出现了蛋白质糖基化水平的改变。Tsai 等[35]对来自两个人群的 205 例肝癌和肝硬化患者的血清进行非标记定量分析,然后通过 SRM 对上述 205 例患者血清中的 101 种蛋白质进行靶向定量,发现了 21 个差异候选蛋白。Taguchi 等[36]收集了包括 4 种肺癌模型和其他肿瘤模型在内的共 14 种小鼠的血浆,采用乙酰化标记定量的方法对 2 261 种血浆蛋白进行了定量分析,其中 4 个蛋白质的组合在小鼠和人的血浆样本中获得了 ELISA 实验的验证,该组合诊断肺癌的 AUC 可达 0.88。

抗体库和蛋白质芯片也被用于肿瘤诊断标志物的大规模筛选。Guergova-Kuras 等制备了肺癌患者血浆中天然蛋白质抗原的单克隆抗体库,然后利用其在 4 个人群的 301 例肺癌患者和 235 例健康对照中进行高通量的 ELISA 检测,发现 13 个抗体与肺癌相关,这些抗体识别出 5 种同源蛋白质,其中 4 种在肿瘤细胞原位表达。5 种标志物组合在两个独立临床样本中的诊断灵敏度达 77%、特异度达 87%,5 种标志物与已知标志物 CYFRA 联合使用,其早期诊断 I 期非小细胞肺癌的灵敏度和特异度可提升到 83% 和 95%[37]。

Yang 等[30]使用人蛋白质组芯片技术检测了胃癌、胃癌相关疾病患者和正常人血清中的自身抗体,发现由 4 种蛋白质(COPS2、CTSF、NT5E 和 TERF1)构成的组合在鉴别诊断胃癌患者和正常人时具有 95% 的灵敏度和 92% 的特异度。此外,临床数据分析发现这个标志物组合还是胃癌患者总体生存时间的独立预测因子。Syed 等[38]使用含有 17 000 种全长人蛋白质的芯片检测神经胶质瘤患者血清,发现自身抗体区分健康人与 II、III 和 IV 级神经胶质瘤的灵敏度可分别达到 88%、89% 和 94%,特异度可分别达到 87%、100% 和 73%,而且还发现了可用于区分神经胶质瘤不同级别的特征自身抗体。

血浆蛋白质组研究还被应用于其他疾病诊断标志物的发现。Zhang 等[39]使用 LC-MS/MS发现 1 型糖尿病与正常人之间存在 24 种血清蛋白的变化,进一步的验证表明,来自血小板基础蛋白质和 C1 抑制物的肽段区分 1 型糖尿病与正常人时有 100% 的灵敏度和特异度。高蛋白尿是高血压患者发生心血管疾病的危险因素,对 24 例无高蛋白尿、新发高蛋白尿和有持续性高蛋白尿患者的血浆分析发现血浆铜蓝蛋白、触珠蛋白和 α1 酸性糖蛋白在患者样本中上调,进一步在 105 例样本中进行比浊法验证发现,触珠蛋白和 α1 酸性糖蛋白上升的人有高蛋白尿并可能出现不可逆的肾损伤,提示这两种蛋白质在病情预测中的潜在作用[40]。

对孕妇血清的分析可用于胎儿疾病的产前诊断。Chen 等[41]对分娩正常胎儿和先天性心脏病患儿的孕妇血清进行 iTRAQ 分析,发现了 47 种差异蛋白质,进一步的 SRM 和 ELISA 实验验证发现,由 4 种细胞骨架蛋白组成的诊断标志物组合可用于胎儿先天性心脏病的产前诊断。为了寻找胎儿神经管缺陷的产前诊断标志物,An 等[42]用 iTRAQ 分析了全反式视黄酸诱导脊柱并裂孕鼠在胚胎 11 天和 13 天血清的变化,对其中 5 个候选蛋白质进行了 ELISA 实验验证,发现神经细胞凋亡调节转化酶-1 在神经管缺陷孕鼠血清中明显下降,在正常孕鼠血清中随着胚胎发育逐渐上升,该蛋白质可作为产前筛查胎儿神经管缺陷的候选分子。

9.2.3.4 血清/血浆用于疾病进程和疗效监测标志物发现

1) 疾病分期

Bell 等[43]对 69 例处于不同阶段的非酒精性脂肪肝患者(单纯性脂肪变、脂肪性肝炎、脂肪性肝炎合并肝纤维化)以及 16 例肥胖对照的血清进行非标记定量分析,鉴定了 1 700 种以上的血清蛋白,发现 70 种蛋白质可用于非酒精性脂肪肝患者的分期。为了寻找替代肝穿刺的诊断非酒精性脂肪肝的方法,Miller 等[44]通过 iTRAQ 和非标记定量的方法分析患者的血清蛋白,发现并用 ELISA 实验验证了可用于非酒精性脂肪肝分期的候选分子。

2) 疾病进展与严重程度

Tremlett 等[45]通过对血清进行 iTRAQ 分析,发现了判断多发性硬化症进展的 11 种蛋白质组合。为了发现与儿童疟疾不同症状相关的血浆蛋白,Bachmann 等[46]使用了多抗体包被的液态悬珠芯片检测了 700 多例儿童的 1 015 种血浆蛋白的含量,发现其中 13 种蛋白质可以区分一般和严重症状的疟疾患者,而且发现参与氧化应激的蛋白质与疟疾贫血症状相关,参与内皮细胞激活、血小板黏附和肌肉损伤的蛋白质与脑型疟疾相关。Glorieux 等[47]对 2～3 期和 5 期的慢性肾病患者血浆进行 LC-MS/MS 分析,共鉴定到 2 054 种蛋白质,对部分蛋白质在 40 例不同分期患者中进行了 ELISA 实验验证,发现血浆中 2 个与血管损伤和心脏衰竭相关的蛋白质——溶菌酶 C 和富含亮氨酸 α2 糖蛋白的浓度随着疾病进展增高,高水平的富亮氨酸 α-2 糖蛋白在进行血液透析 的 5 期患者中与更高的病死率相关。

在罕见疾病研究方面,Ayoglu 等利用抗体悬珠芯片分析了 384 种抗原在肌萎缩患 者血清和血浆中的含量,发现 9 种蛋白质与疾病的进程和严重程度相关[48]。

3）疗效监测和预测

Satoh 等[49]对主动脉瓣狭窄患者行主动脉瓣置换术前后的血清进行 iTRAQ 分析, 发现抗凝血酶Ⅲ和锌 α2 糖蛋白出现了变化并且被免疫印记实验进一步验证,而这两个 蛋白质在主动脉瘤患者术前、术后没有变化,提示它们可指示主动脉瓣狭窄患者手术前 后的病理生理和生化过程。Coenen-Stass 等[50]使用适配体蛋白质组学技术鉴定了野生 型和抗肌萎缩蛋白缺失小鼠血清中 1 129 种蛋白质的表达变化,当恢复抗肌萎缩蛋白表 达后,在疾病组小鼠血清中出现变化的蛋白质表达量趋向于接近野生型水平。其中的 5 个候选蛋白质在小鼠样本中进行了 ELISA 实验验证,蛋白 Adamts5 还被发现在患者 血清中显著上升,提示该蛋白质可作为杜氏肌营养不良的治疗反应血清候选标志物。

Yen 等[51]观察了 136 例慢性丙型病毒性肝炎 1b 亚型患者进行聚乙二醇干扰素联 合利巴韦林治疗的效果,并对出现持续性病毒应答和无应答患者的治疗前血清进行 MALDI-TOF 肽谱分析,发现治疗前血清中的 20 个蛋白质峰可被用于丙型病毒性肝炎 患者治疗效果的预测,灵敏度和特异度可达 100％和 82％。

4）发病风险预测

怀孕期间母体血浆中载脂蛋白的波动可用于评价妊娠期合并症的风险,Flood-Nichols 等[52]对妊娠期载脂蛋白及其不同修饰形式(水解、唾液酸化、半胱氨酰化、二聚 体化)进行 SELDI 靶向分析和 LTQ-Orbitrap 非标记定量验证,发现早产孕妇中修饰的 Apo A-Ⅱ水平增高,此指标有可能用于评估妊娠期合并症发生的风险。

9.3　尿液的蛋白质组研究及其应用

9.3.1　尿液是理想的生物标志物来源

身体稳态的机制使得在代偿阶段血液里的各种小变化都降解或排除到外界[53]。任何能够接受血液里排除的所谓废物的地方都是早期生物标志物的好来源。肝脏降解后的废物可以被再利用,不能被利用的要被排出体外。排出的变化可能随胆汁和粪便混合,使得标志物的监测难度加大。肺呼出的气体也包括大量可以气态化的废物,虽然可能和消化系统的气体混合,但是依然是一个好的标志物来源,特别是对呼吸系统、消化系统和代谢性疾病等一部分疾病而言更是如此[54, 55]。皮肤也可以通过汗液排出一些体内随生理和病理生理产生的变化[56, 57]。汗液的收集和皮肤造成的污染可能对汗液作为标志物来源构成挑战,而且汗液也不是随时可以收集。汗液和血液的直接相关性可能也没有尿液和呼出气体那么直接。唾液、泪液等其他体液理论上也可以是生物标志物的好来源[58, 59]。但是由于受取材的方便程度、对全身疾病的反映程度、受污染的程度和能取得足够分析变化的数量程度影响,上述体液与尿液相比都有明显的劣势。

尿液以其和血液天然的紧密联系成为最理想的标志物来源[4, 60]。血液中疾病发生发展带来的变化,在尿液中有些被降解,有些被排出。那些没有降解完全的,也会作为原来物质的残余在尿液中留下蛛丝马迹,成为标志物[61, 62],就像几乎所有的兴奋剂都可以在尿液里检测一样。

9.3.2 尿蛋白质组是精准医学持续发展的基础之一

尿液中含有大量的无机、有机分子。尿常规能够检测的主要还是重要的电解质,它们也更容易保存[63]。蛋白质一般也只是进行总的定量。尿液是自然留给人们窥探自身的一个窗口,它蕴藏的信息是巨大的,已经可以鉴定到数千种的代谢产物、无机小分子和数千种的蛋白质[64-66]。它们的定性定量分析,还因为没有足够的和临床相关的研究结果支持而停留在科研阶段。核酸检测的技术并不难,但是可以应用的常规的尿液核酸检测也还没有成熟。这些生物分子的鉴定可以提供极其复杂多样的表现形式,使得描述每个个体各种疾病的各个类型的各个阶段成为可能。尿蛋白质组包括蛋白质和多肽,是这些多样的生物分子中最重要的组成部分,它的各种组合有可能产生各种特异的关于疾病发生、发展、治疗监测和预后的描述和区别的方式。所以,了解生理情况下尿蛋白质组的组成和各种蛋白质的量及其变化范围是未来精准医学的基础,没有生理状况下的数据作对照,任何研究都难以得出结论。如上所述,尿液受各种因素的影响,变化很大[67],这就需要大量的研究数据确定年龄、性别、种族、饮食、生活习惯、气候等各种因素造成的差异和其变化范围[68]。

9.3.3　尿蛋白质生物标志物辅助的精准医学发展路线图

研究尿液生物标志物并不是一个新鲜的想法,只不过被大多数研究人员研究了一段时间就放弃了。放弃的原因很简单:基线不平。传统的思维认为如果基线都不平如何能找到变化呢? 血液最符合传统的思维模式,它来源于身体的每个器官,而且都是直接相通,和各个器官进行物质、能量的交换。取血相对于任何活检都更加容易,创伤极小甚至可以忽略不计。血液中各种物质的定量相对比较稳定,因为受到身体稳态机制的调节。

在尿液中寻找标志物完全不能按照这个思维定式。尿液充满了变化,影响身体稳态的物质或者这些物质的产物都可能进入尿液,导致变化[3]。大多数研究人员在看到这个现象的时候,特别是和血液比较后,可能会选择放弃尿液。毕竟取血的创伤不大,没有必要因为这一点点的创伤而选择完全无创的尿液。这可能是大多数研究标志物的文章选择血液作为研究对象的原因[69],真正在尿液中寻找标志物的研究仍然只占很低的比例。

本章前述提出:本质上,标志物就是和疾病病理生理相关联的可以监测的变化[3, 4]。打破传统的"和所有器官相连就必定更适合寻找每个器官的标志物"的思想束缚,既然标志物是变化,为何不到充满变化的地方去寻找呢? 虽然基线是变化的,难道疾病就不会引起更多更大的变化吗[70, 71]?

假定同意在尿里寻找标志物是个值得探索的想法,那么怎么才能克服这么多的变化所造成的干扰呢[62]?

一个办法就是考虑记录所有的干扰因素,包括它们的性质和程度,采集足够大的能包括所有这些变化的样本量,然后通过大量的实验、大量的计算,把每一个干扰因素所造成的影响分析清楚,这样也就得到了疾病所造成的影响,同时还了解了每种干扰因素的效果。这应该算是大数据的思维。当大数据的产生不是很昂贵、可以负担的时候,这会是一个可行的想法,它可以和临床紧密结合,前提是研究人员想到并且记录了每种影响因素。如果没有记录下可能的影响因素,可能会对后续的分析造成很大的不利影响。现在研究人员其实并不知道所有的这些影响因素。比如,研究人员记下了患者是否进食,但是没有记录或者也无法知道进食的食物中某种对这个疾病标志物有很大影响的成分及其含量,在后续分析的时候可能就会很难分离出这个因素及其造成的干扰。当然蛋白质组分析的价格并不便宜，这是这个策略的另一个弱点。

不过影响因素多并不致命，致命的是同时考虑这么多的影响因素。如果能尽量减少这些因素，还是不难得到疾病在尿里造成的影响，这也是研究人员觉得更适合现在发展阶段的路线图。假如能用遗传背景一样的动物做成疾病的动物模型，让疾病和对照组生活在完全一样的生活环境下，包括食物、饮用水、空气、光照、温度、运动范围、性别比例、每笼的个数等，是不是研究人员找到的尿中的差别就只和疾病有关了呢？当只有一个或者接近一个变量的时候，实验可以限制在很少的样本量也一样可以说明问题。不过这一定会受到传统评价体系的挑战。少量的动物模型找到的潜在标志物能和10倍以上临床样本找到的潜在标志物相比吗？直觉上不能。如果考虑到可能的影响因素，和实验设计考虑到的影响因素，居然应该是动物模型上找到的更可能和疾病相关[72-74]。虽然这个方法也有其自身的局限性，比如动物模型能否完整真实地体现人类的疾病，这个问题还没有办法解决，但是也许可以用同样疾病的多种不同模型从不同的角度来反映人类的疾病。

9.3.4 尿蛋白质生物标志物的研究进展

多个尿蛋白质同时检测的研究以前受到方法的限制，通量较低，只能用特异抗体同时对几个蛋白质进行定性和定量研究。蛋白质组学研究的早期，分离方法也受到双向电泳的限制，分辨率不高，质谱鉴定的效率和准确度也不高。液相色谱串联质谱（LC-MS/MS）的方式把尿蛋白质分析提高到更加自动化的程度[75-77]。软件的质量控制也让鉴定的数据可信度更高[78,79]。随着蛋白质组学特别是质谱技术的发展，鉴定的水平越来越高，现在已经可以在尿液中鉴定到6 000多个蛋白质。作为蛋白质组的一个分支，尿液多肽组学利用毛细管电泳和质谱技术，在尿液生物标志物的研究上有非常重要的作用[80]。

尿液生物标志物的研究总体不多，综述所有研究对后续研究人员的帮助不大，把需要关注但尚未关注的问题提出来可能更有益。

采用临床样本的研究还是主流。而能够注意到尿液特征，观察记录了大量可能的影响因素，样本量又足够大，能够解释疾病及其各个干扰因素在尿中反映的临床研究，应该还很难找到。

药物的作用是标志物研究不能不考虑的因素。疾病标志物是和疾病相关的可检测的变化。药物应该能够逆转疾病,减少甚至消除疾病造成的变化。理想的药物应该只消除疾病产生的变化,而药物本身不产生其他的变化。但是没有一个药物是完美的,药物相关的变化不可避免[4, 81, 82]。如果这些变化被当成了标志物,会让研究人员产生严重的误判。可是疾病和药物,对照和没有药物这两对因素是紧密连锁的,是用伦理规范强制连锁在一起的。任何人都不能因为标志物研究的需要而影响患者的治疗,也不能给对照组健康的志愿者使用治疗用的药物。这成了使用临床样本进行生物标志物发现研究的一个难题。如果只纳入尚未用药的首诊患者的样本进行标志物研究,势必很难做到没有药物干扰地观察到疾病发生发展的过程,观察到的是受到干预的疾病转归的过程。准备采取这个策略进行研究的研究人员在设计上一定要考虑药物这个影响因素,在后续进行分析时争取能够分离疾病和药物的不同影响。比如患有相同疾病的患者可能会使用不同类型的药物,对他们的样本进行比较有可能找到它们的共性,这也许是疾病的影响,也会观察到它们的区别,这其中也许包含着不同药物的作用[4, 81]。

按照上述路线图使用疾病动物模型的小规模研究已经进行了尝试,初步的结果还是令人振奋的。由于在动物模型上人们可以确切地知道动物发病的时间,可以无干扰地观察疾病发展的过程,尿中的变化可在疾病发生早期被观察到[72, 74]。当然这些从动物模型上早期观察到的结果还需要在临床样本中进行验证。临床样本的采集往往是在患者有了明显的症状之后,未必是疾病的最早期,是否适用也有待验证。

尿液生物样本库是标志物研发的基础。生物样本库的效益是生存的关键。膜上富集尿液蛋白质和核酸并干燥真空保存是样本保存方法的巨大进步[83, 84],它使得样本保存的成本大大降低,这为提高尿液生物标志物发现和验证的效率提供了可能性。尿液生物标志物的发展将有可能促进未来医学整体的发展。

总体上,尿液生物标志物研究还是一个新兴领域,有待于研究人员、临床医生、生物技术公司及慈善机构和政府基金管理部门的支持。

精准医学的发展需要尿液生物标志物。尿液生物标志物的发展也一定能促进精准医学的发展达到一个新的高度。

9.4　其他体液的蛋白质组研究

除了血浆、血清、尿液之外,还有很多体液样本被用于疾病相关的研究,如脑脊液、唾液、汗液、泪液、胆汁、肺泡灌洗液等。其中,组织间隙液由于具有疾病特异性蛋白质浓度高于外周血、蛋白质可溶性好易于分析、无血浆中高丰度蛋白质干扰等优点,被用于疾病标志物研究。国内外学者对乳腺癌[85]、卵巢癌[86]、肝脏[87, 88]等的组织间隙液进行了分析,有些研究人员还对发现的候选蛋白质在血浆中进行了进一步验证,如 Wang 等[89]将在结肠癌小鼠模型组织间隙液中通过 iTRAQ 发现的差异蛋白质进一步在临床血清样本中进行了 MRM 验证,获得了两种候选分子——富含亮氨酸 α2 糖蛋白 1 和微管蛋白 β5 链。

9.5　小结与展望

由于体液是常用的临床检验材料,对于体液的分析是未来精准医学非常重要的临床检测项目之一。体液的蛋白质组分析更多的是以发现疾病标志物为目的,包括发现可用于疾病筛查、早期诊断、分类、疗效预测和预后判断等精准医学范畴的检测指标,以期监测个体的健康状况,指导患者的个体化治疗。虽然在目前已发现的诸多候选标志物分子中,仅有少数得到了临床验证并成功实现了临床转化,但是近期蛋白质组分析技术的飞速发展,大大提高了检测的灵敏度和分析通量,使得分析中低丰度蛋白质在大样本量人群中的动态变化趋势和丰度范围成为可能,加上人群大数据的积累和整合分析,使得体液蛋白质组分析为实现精准医学和个体化诊疗提供了有力的工具。开发新的血浆和尿液蛋白质预处理技术,选择对外泌体等体液组分以及组织间隙液等其他样本进行分析,发展高通量的靶向检测或抗体芯片技术,建立个体化组学大数据的储存和分析系统等,都将是很有潜力的研究方向。

参考文献

[1] Jameson J L, Longo D L. Precision medicine—personalized, problematic, and promising [J]. N Engl J Med, 2015,372(23):2229-2234.

[2] Collins F S, Varmus H. A new initiative on precision medicine [J]. N Engl J Med, 2015,372 (9):793-795.

[3] Gao Y. Urine-an untapped goldmine for biomarker discovery? [J]. Sci China Life Sci, 2013,56 (12):1145-1146.

[4] Li M, Zhao M, Gao Y. Changes of proteins induced by anticoagulants can be more sensitively detected in urine than in plasma [J]. Sci China Life Sci, 2014,57(7):649-656.

［ 5 ］ Gao Y. Opinion: define the early biomarker [J]. MOJ Proteom Bioinform, 2016,3(2):78.

［ 6 ］ Anderson N L. The clinical plasma proteome: a survey of clinical assays for proteins in plasma and serum [J]. Clin Chem, 2010,56(2):177-185.

［ 7 ］ Anderson N L, Anderson N G. The human plasma proteome: history, character, and diagnostic prospects [J]. Mol Cell Proteomics, 2002,1(11):845-867.

［ 8 ］ Baker E S, Liu T, Petyuk V A, et al. Mass spectrometry for translational proteomics: progress and clinical implications [J]. Genome Med, 2012,4(8):63.

［ 9 ］ Fang Q, Kani K, Faca V M, et al. Impact of protein stability, cellular localization, and abundance on proteomic detection of tumor-derived proteins in plasma [J]. PLoS One, 2011,6 (7): e23090.

［10］ Al-Daghri N M, Al-Attas O S, Johnston H E, et al. Whole serum 3D LC-nESI-FTMS quantitative proteomics reveals sexual dimorphism in the milieu interieur of overweight and obese adults [J]. J Proteome Res, 2014,13(11):5094-5105.

［11］ Lai K K, Kolippakkam D, Beretta L. Comprehensive and quantitative proteome profiling of the mouse liver and plasma [J]. Hepatology, 2008,47(3):1043-1051.

［12］ Shang S, Plymoth A, Ge S, et al. Identification of osteopontin as a novel marker for early hepatocellular carcinoma [J]. Hepatology, 2012,55(2):483-490.

［13］ Faca V M, Song K S, Wang H, et al. A mouse to human search for plasma proteome changes associated with pancreatic tumor development [J]. PLoS Med, 2008,5(6): e123.

［14］ Liu T, Qian W J, Gritsenko M A, et al. Human plasma N-glycoproteome analysis by immunoaffinity subtraction, hydrazide chemistry, and mass spectrometry [J]. J Proteome Res, 2005,4(6):2070-2080.

［15］ Harel M, Oren-Giladi P, Kaidar-Person O, et al. Proteomics of microparticles with SILAC Quantification (PROMIS-Quan): a novel proteomic method for plasma biomarker quantification [J]. Mol Cell Proteomics, 2015,14(4):1127-1136.

［16］ Kalra H, Adda C G, Liem M, et al. Comparative proteomics evaluation of plasma exosome isolation techniques and assessment of the stability of exosomes in normal human blood plasma [J]. Proteomics, 2013,13(22):3354-3364.

［17］ Wiedner S D, Ansong C, Webb-Robertson B J, et al. Disparate proteome responses of pathogenic and nonpathogenic aspergilli to human serum measured by activity-based protein profiling (ABPP) [J]. Mol Cell Proteomics, 2013,12(7):1791-1805.

［18］ Zhao Y, Chang C, Qin P, et al. Mining the human plasma proteome with three-dimensional strategies by high-resolution quadrupole orbitrap mass spectrometry [J]. Anal Chim Acta, 2016, 904:65-75.

［19］ Keshishian H, Burgess M W, Gillette M A, et al. Multiplexed, quantitative workflow for sensitive biomarker discovery in plasma yields novel candidates for early myocardial injury [J]. Mol Cell Proteomics, 2015,14(9):2375-2393.

［20］ Borrebaeck C A, Sturfelt G, Wingren C. Recombinant antibody microarray for profiling the serum proteome of SLE [J]. Methods Mol Biol, 2014,1134:67-78.

［21］ Zhao Y, Jia W, Wang J, et al. Fragmentation and site-specific quantification of core fucosylated glycoprotein by multiple reaction monitoring-mass spectrometry [J]. Anal Chem, 2011,83(22): 8802-8809.

［22］ Thomas S N, Harlan R, Chen J, et al. Multiplexed targeted mass spectrometry-based assays for the quantification of N-linked glycosite-containing peptides in serum [J]. Anal Chem, 2015,87 (21):10830-10838.

[23] Johansson A, Enroth S, Palmblad M, et al. Identification of genetic variants influencing the human plasma proteome [J]. Proc Natl Acad Sci U S A, 2013,110(12):4673-4678.

[24] Zhao Y, Jia W, Sun W, et al. Combination of improved (18)O incorporation and multiple reaction monitoring: a universal strategy for absolute quantitative verification of serum candidate biomarkers of liver cancer [J]. J Proteome Res, 2010,9(6):3319-3327.

[25] Whiteaker J R, Lin C, Kennedy J, et al. A targeted proteomics-based pipeline for verification of biomarkers in plasma [J]. Nat Biotechnol, 2011,29(7):625-634.

[26] Xue A, Scarlett C J, Chung L, et al. Discovery of serum biomarkers for pancreatic adenocarcinoma using proteomic analysis [J]. Br J Cancer, 2010,103(3):391-400.

[27] Fiedler G M, Leichtle A B, Kase J, et al. Serum peptidome profiling revealed platelet factor 4 as a potential discriminating Peptide associated with pancreatic cancer [J]. Clin Cancer Res, 2009, 15(11):3812-3819.

[28] Wildes D, Wells J A. Sampling the N-terminal proteome of human blood [J]. Proc Natl Acad Sci U S A, 2010,107(10):4561-4566.

[29] Gnjatic S, Ritter E, Buchler M W, et al. Seromic profiling of ovarian and pancreatic cancer [J]. Proc Natl Acad Sci U S A, 2010,107(11):5088-5093.

[30] Yang L, Wang J, Li J, et al. Identification of serum biomarkers for gastric cancer diagnosis using a human proteome microarray [J]. Mol Cell Proteomics, 2016,15(2):614-623.

[31] Omenn G S. The HUPO Human Plasma Proteome Project [J]. Proteomics Clin Appl, 2007,1 (8):769-779.

[32] Farrah T, Deutsch E W, Omenn G S, et al. A high-confidence human plasma proteome reference set with estimated concentrations in PeptideAtlas [J]. Mol Cell Proteomics, 2011,10(9): M110. 006353.

[33] Fung E T. A recipe for proteomics diagnostic test development: the OVA1 test, from biomarker discovery to FDA clearance [J]. Clin Chem, 2010,56(2):327-329.

[34] Gbormittah F O, Lee L Y, Taylor K, et al. Comparative studies of the proteome, glycoproteome, and N-glycome of clear cell renal cell carcinoma plasma before and after curative nephrectomy [J]. J Proteome Res, 2014,13(11):4889-4900.

[35] Tsai T H, Song E, Zhu R, et al. LC-MS/MS-based serum proteomics for identification of candidate biomarkers for hepatocellular carcinoma [J]. Proteomics, 2015,15(13):2369-2381.

[36] Taguchi A, Politi K, Pitteri S J, et al. Lung cancer signatures in plasma based on proteome profiling of mouse tumor models [J]. Cancer Cell, 2011,20(3):289-299.

[37] Guergova-Kuras M, Kurucz I, Hempel W, et al. Discovery of lung cancer biomarkers by profiling the plasma proteome with monoclonal antibody libraries [J]. Mol Cell Proteomics, 2011,10(12): M111. 010298.

[38] Syed P, Gupta S, Choudhary S, et al. Autoantibody profiling of glioma serum samples to identify biomarkers using human proteome arrays [J]. Sci Rep, 2015,5:13895.

[39] Zhang Q, Fillmore T L, Schepmoes A A, et al. Serum proteomics reveals systemic dysregulation of innate immunity in type 1 diabetes [J]. J Exp Med, 2013,210(1):191-203.

[40] Baldan-Martin M, de la Cuesta F, Alvarez-Llamas G, et al. Prediction of development and maintenance of high albuminuria during chronic renin-angiotensin suppression by plasma

proteomics [J]. Int J Cardiol，2015,196:170-177.

[41] Chen L, Gu H, Li J, et al. Comprehensive maternal serum proteomics identifies the cytoskeletal proteins as non-invasive biomarkers in prenatal diagnosis of congenital heart defects [J]. Sci Rep, 2016,6:19248.

[42] An D, Wei X, Li H, et al. Identification of PCSK9 as a novel serum biomarker for the prenatal diagnosis of neural tube defects using iTRAQ quantitative proteomics [J]. Sci Rep, 2015, 5:17559.

[43] Bell L N, Theodorakis J L, Vuppalanchi R, et al. Serum proteomics and biomarker discovery across the spectrum of nonalcoholic fatty liver disease [J]. Hepatology, 2010,51(1):111-120.

[44] Miller M H, Walsh S V, Atrih A, et al. Serum proteome of nonalcoholic fatty liver disease: a multimodal approach to discovery of biomarkers of nonalcoholic steatohepatitis [J]. J Gastroenterol Hepatol, 2014,29(10):1839-1847.

[45] Tremlett H, Dai D L, Hollander Z, et al. Serum proteomics in multiple sclerosis disease progression [J]. J Proteomics, 2015,118:2-11.

[46] Bachmann J, Burte F, Pramana S, et al. Affinity proteomics reveals elevated muscle proteins in plasma of children with cerebral malaria [J]. PLoS Pathog, 2014,10(4): e1004038.

[47] Glorieux G, Mullen W, Duranton F, et al. New insights in molecular mechanisms involved in chronic kidney disease using high-resolution plasma proteome analysis [J]. Nephrol Dial Transplant, 2015,30(11):1842-1852.

[48] Ayoglu B, Chaouch A, Lochmuller H, et al. Affinity proteomics within rare diseases: a BIO-NMD study for blood biomarkers of muscular dystrophies [J]. EMBO Mol Med, 2014,6(7): 918-936.

[49] Satoh K, Yamada K, Maniwa T, et al. Monitoring of serial presurgical and postsurgical changes in the serum proteome in a series of patients with calcific aortic stenosis [J]. Dis Markers, 2015, 2015:694120.

[50] Coenen-Stass A M, McClorey G, Manzano R, et al. Identification of novel, therapy-responsive protein biomarkers in a mouse model of Duchenne muscular dystrophy by aptamer-based serum proteomics [J]. Sci Rep, 2015,5:17014.

[51] Yen Y H, Wang J C, Hung C H, et al. Serum proteome predicts virological response in chronic hepatitis C genotype 1b patients treated with pegylated interferon plus ribavirin [J]. J Formos Med Assoc, 2015,114(7):652-658.

[52] Flood-Nichols S K, Tinnemore D, Wingerd M A, et al. Longitudinal analysis of maternal plasma apolipoproteins in pregnancy: a targeted proteomics approach [J]. Mol Cell Proteomics, 2013,12 (1):55-64.

[53] Cannon W B. Organization for physiological homeostasis [J]. Physiol Rev, 1929,9(3):399-431.

[54] Gao Y. Opinion: taking a deep breath [J]. MOJ Proteom Bioinform, 2015,2(4):55.

[55] Pereira J, Porto-Figueira P, Cavaco C, et al. Breath analysis as a potential and non-invasive frontier in disease diagnosis: an overview [J]. Metabolites, 2015,5(1):3-55.

[56] Mena-Bravo A, Luque de Castro M D. Sweat: a sample with limited present applications and promising future in metabolomics [J]. J Pharm Biomed Anal, 2014,90:139-147.

[57] Jadoon S, Karim S, Akram M R, et al. Recent developments in sweat analysis and its applications [J]. Int J Anal Chem, 2015,2015:164974.

[58] Pieragostino D, D'Alessandro M, di Ioia M, et al. Unraveling the molecular repertoire of tears as

a source of biomarkers: beyond ocular diseases [J]. Proteomics Clin Appl, 2015, 9 (1-2): 169-186.

[59] Javaid M A, Ahmed A S, Durand R, et al. Saliva as a diagnostic tool for oral and systemic diseases [J]. J Oral Biol Craniofac Res, 2016, 6(1):66-75.

[60] Thongboonkerd V, McLeish K R, Arthur J M, et al. Proteomic analysis of normal human urinary proteins isolated by acetone precipitation or ultracentrifugation [J]. Kidney Int, 2002, 62 (4):1461-1469.

[61] Gao Y. Opportunities you do not want to miss and risks you cannot afford to take in urine biomarker era [J]. MOJ Proteom Bioinform, 2014, 1(1):3.

[62] Gao Y. Roadmap to the urine biomarker era [J]. MOJ Proteom Bioinform, 2014, 1(1):5.

[63] Remer T, Montenegro-Bethancourt G, Shi L. Long-term urine biobanking: storage stability of clinical chemical parameters under moderate freezing conditions without use of preservatives [J]. Clin Biochem, 2014, 47(18):307-311.

[64] Spahr C S, Davis M T, McGinley M D, et al. Towards defining the urinary proteome using liquid chromatography-tandem mass spectrometry. I. Profiling an unfractionated tryptic digest [J]. Proteomics, 2001, 1(1):93-107.

[65] Pisitkun T, Shen R F, Knepper M A. Identification and proteomic profiling of exosomes in human urine [J]. Proc Natl Acad Sci U S A, 2004, 101(36):13368-13373.

[66] Bouatra S, Aziat F, Mandal R, et al. The human urine metabolome [J]. PLoS One, 2013, 8(9): e73076.

[67] Wu J, Gao Y. Physiological conditions can be reflected in human urine proteome and metabolome [J]. Expert Rev Proteomics, 2015, 12(6):623-636.

[68] Gao Y. Urine proteomics in kidney disease biomarker discovery [M]. Berlin: Springer Netherlands, 2015.

[69] Gao Y. Urine is a better biomarker source than blood especially for kidney diseases [J]. Adv Exp Med Biol, 2015, 845:3-12.

[70] Gao Y. Opinion: surfing the wave of urine [J]. MOJ Proteom Bioinform, 2015, 2(3):48.

[71] Gao Y. Opinion: differences in blood and urine biomarker discovery [J]. MOJ Proteom Bioinform, 2015, 2(4):58.

[72] Zhao M, Li M, Li X, et al. Dynamic changes of urinary proteins in a focal segmental glomerulosclerosis rat model [J]. Proteome Sci, 2014, 12:42.

[73] Gao Y. Opinion: are human biomarker studies always more valuable than animal ones? [J]. MOJ Proteom Bioinform, 2015, 2(1):35.

[74] Yuan Y, Zhang F, Wu J, et al. Urinary candidate biomarker discovery in a rat unilateral ureteral obstruction model [J]. Sci Rep, 2015, 5:9314.

[75] Sun W, Li F, Wu S, et al. Human urine proteome analysis by three separation approaches [J]. Proteomics, 2005, 5(18):4994-5001.

[76] Adachi J, Kumar C, Zhang Y, et al. The human urinary proteome contains more than 1500 proteins, including a large proportion of membrane proteins [J]. Genome Biol, 2006, 7(9): R80.

[77] Thomas S, Hao L, Ricke W A, et al. Biomarker discovery in mass spectrometry-based urinary proteomics [J]. Proteomics Clin Appl, 2016, 10(4):358-370.

[78] Sun W, Li F, Wang J, et al. AMASS: software for automatically validating the quality of MS/ MS spectrum from SEQUEST results [J]. Mol Cell Proteomics, 2004, 3(12):1194-1199.

[79] Shao C, Sun W, Li F, et al. Oscore: a combined score to reduce false negative rates for peptide identification in tandem mass spectrometry analysis [J]. J Mass Spectrom, 2009,44(1):25-31.

[80] Kaiser T, Hermann A, Kielstein J T, et al. Capillary electrophoresis coupled to mass spectrometry to establish polypeptide patterns in dialysis fluids [J]. J Chromatogr A, 2003,1013 (1-2):157-171.

[81] Li X, Zhao M, Li M, et al. Effects of three commonly-used diuretics on the urinary proteome [J]. Genomics proteomics bioinformatics, 2014,12(3):120-126.

[82] Gao Y. Opinion: are urinary biomarkers from clinical studies biomarkers of disease or biomarkers of medicine? [J]. MOJ Proteom Bioinform, 2014,1(5):28.

[83] Jia L, Liu X, Liu L, et al. Urimem, a membrane that can store urinary proteins simply and economically, makes the large-scale storage of clinical samples possible [J]. Sci China Life Sci, 2014,57(3):336-339.

[84] Zhang F, Cheng X, Yuan Y, et al. Urinary microRNA can be concentrated, dried on membranes and stored at room temperature in vacuum bags [J]. PeerJ, 2015,3: e1082.

[85] Celis J E, Moreira J M, Cabezon T, et al. Identification of extracellular and intracellular signaling components of the mammary adipose tissue and its interstitial fluid in high risk breast cancer patients: toward dissecting the molecular circuitry of epithelial-adipocyte stromal cell interactions [J]. Mol Cell Proteomics, 2005,4(4):492-522.

[86] Haslene-Hox H, Oveland E, Woie K, et al. Increased WD-repeat containing protein 1 in interstitial fluid from ovarian carcinomas shown by comparative proteomic analysis of malignant and healthy gynecological tissue [J]. Biochim Biophys Acta, 2013,1834(11):2347-2359.

[87] Sun W, Ma J, Wu S, et al. Characterization of the liver tissue interstitial fluid (TIF) proteome indicates potential for application in liver disease biomarker discovery [J]. J Proteome Res, 2010, 9(2):1020-1031.

[88] Sun W, Jiang Y, He F. Extraction and proteome analysis of liver tissue interstitial fluid [J]. Methods Mol Biol, 2011,728:247-257.

[89] Wang Y, Shan Q, Hou G, et al. Discovery of potential colorectal cancer serum biomarkers through quantitative proteomics on the colonic tissue interstitial fluids from the AOM-DSS mouse model [J]. J Proteomics, 2016,132:31-40.

10 蛋白质组学"大数据"与生物信息学方法

　　精准医学主要是指在基因组、转录组、蛋白质组等组学大数据基础上的个体化医学。蛋白质是生命功能的执行体，因而蛋白质组与人类的健康和疾病更加密切相关。本章将首先介绍组学大数据的发展现状，其次详细阐述蛋白质组数据的分析方法及蛋白质组大数据的标准化收集、存储与共享，最后举例说明蛋白质组学相关的精准医疗分析方法和应用。通过本章的阅读，可对精准医学研究与应用中蛋白质组大数据的处理与分析有较为全面的理解。

10.1　精准医疗中组学大数据的发展现状

　　精准医疗离不开生物大数据[1]。具体来说，生物大数据主要包括以基因组、转录组、蛋白质组为代表的组学大数据，也包括医疗、健康、文献等类型的大数据。下面将简要介绍精准医疗中的组学大数据，尤其是蛋白质组学大数据的发展现状。

　　2001年，第一份人类基因组 DNA 序列草图的公布，首次提供了人类全部 DNA 序列信息，绘制出了人类生命信息的蓝本。人类基因组计划开启了生命科学研究新的篇章[2,3]。人类基因组大约有30亿对碱基、2万多个基因，再考虑到各种单核苷酸多态性，人类基因组所包含的信息就可以称得上是生物大数据。生命科学领域由此进入了大发现的组学时代[4]。基因组学经过十多年的快速发展，其测序通量和准确性、灵敏度大幅度提升，同时测序成本大大降低，目前已经进入生物大数据快速发展的新阶段。

　　随着基因组研究的不断深入，作为遗传信息的最终产物和生物体生命活动的直接参与者与执行者,蛋白质相关的研究越来越受到人们的重视。早在 1994 年,澳大利亚科学家 Marc Wilkins 便提出并定义了蛋白质组(proteome)——"细胞、组织或者器官内表达的全部蛋白质集合"。蛋白质组学(proteomics)的概念应运而生,成为后基因组学时代又一重要热点领域[5]。

相比基因组,蛋白质组有其自身特点:每个人只有一套基因组,但是随着时间或者空间的不同,每个人都会有多套蛋白质组,因此蛋白质组的数据量更大。同时,人类蛋白质组至少有 2 万种以上的蛋白质,再加上各种类型的单氨基酸多态性(single amino acid polymorphisms,SAP),以及随时间和空间动态变化的翻译后修饰(post-translational modification,PTM),蛋白质组的复杂程度要比基因组高很多。

不同于基因组测序技术的高覆盖率和高重复性,蛋白质检测受到蛋白质自身众多特性的限制,比如稳定性差、存在多种不同的翻译后修饰、表达丰度动态范围大等,因此目前蛋白质组中的大数据研究仍处于初级阶段。主要的问题在于目前的研究仅能覆盖 85% 左右的人类蛋白质[6,7],还有 3 000～4 000 个蛋白质由于低丰度或者组织特异性、半衰期短等原因无法被质谱和抗体技术鉴定到。

为解决这些难题,原本用于研究小分子化合物的质谱技术被应用于蛋白质的研究中。尤其当以电喷雾离子化方法(electro spray ionization,ESI)和基质辅助激光解析离子化方法(matrix-assisted laser desorption ionization,MALDI)为代表的软电离离子化技术出现后,质谱技术更加广泛地应用于蛋白质组学研究的各个方面[8]。

从原理上讲,质谱仪主要由离子源、质量分析器、检测器组成。其中,离子源是使样品离子化的设备,比如目前流行的 ESI 和 MALDI。质量分析器主要是将离子源产生的样品离子按照质荷比(m/z)分开,精确确定离子的质量。检测器是由收集器和放大器组成,主要是将样品离子所带的能量转换为电信号,形成最终的质谱谱图。质量分析器是质谱的核心部件,主要类型有离子回旋共振(ion cyclotron resonance,ICR)质谱、三重四极(triple-stage quadrupole,QqQ)质谱、线性离子阱(linear ion trap,LIT)质谱、飞行时间(time-of-flight,TOF)质谱、傅里叶变换(fourier transform,FT)质谱、静电轨道场离子回旋加速质谱(orbitrap)等。其中以 Thermo 公司推出的 Orbitrap 最具有代表性,它极大地缩小了质量分析器的体积,同时兼有高扫描速度、高分辨率的优势,加速了生物质谱的应用和推广。近午来,作为蛋白质组学的核心技术,生物质谱技术的分辨率和扫描速度不断增加。以 Thermo 公司的 Orbitrap 系列质谱仪为代表,生物质谱的分辨率和扫描速度已经从早期的 LTQ-Orbitrap[分辨率 100 000 FWHM (400 m/z),扫描速度 1 Hz],增加到最新的 Orbitrap Fusion[分辨率>500 000 FWHM (200 m/z),扫描速度 20 Hz]。

质谱技术在蛋白质组学领域中的应用越来越广,极大地推动了蛋白质组学的快速发展,为高通量蛋白质组数据的定性和定量分析、蛋白质相互作用和调控网络,以及差异蛋白质筛选、疾病标志物发现等研究提供了有力的技术支撑。

当前,以蛋白质组为代表的生物大数据的产生速度和数据规模飞速增长,描述计算机芯片性能的摩尔定律甚至已经不足以表述生物大数据发展的速度。因此,如何处理海量数据以及如何挖掘其中有价值的信息成为关键问题。本章将主要描述蛋白质组大数据的分析方法和策略,为读者介绍其中的具体方法流程。

10.2　蛋白质组学数据的分析方法

10.2.1　蛋白质组学大数据的定性方法

要分析和挖掘蛋白质组大数据,首先要弄清楚数据中包含了哪些蛋白质和肽段,发生了哪些翻译后修饰,也就是说首先要解决数据的定性问题。在基于质谱的蛋白质组数据鉴定分析方法中,有两种常用的鉴定策略,具体如下。

10.2.1.1　基于 bottom-up(自底向上)的鸟枪法策略

通常将蛋白质复杂样本进行酶切,得到以小肽段(相对分子质量在 5 000 以下)为主的混合物,再经液相色谱等技术分离后,送入质谱进行碎裂。这里的鉴定问题首先是要解决质谱产出的实验谱图如何匹配上相应的肽段序列。常用的谱图-序列匹配算法可以分为三大类。一是蛋白质序列数据库搜索。作为最常用的一种鉴定方法,该方法是将序列数据库进行理论酶切和碎裂后生成理论谱图,与实验谱图进行匹配,如图 10-1 所示。二是从头测序(de novo)法,直接通过实验谱图中碎片离子的质量数组合来推测实验谱图所对应的肽段序列,不需要与数据库进行匹配。这种方法要求质谱数据具有较高的分辨率和较完整的碎裂状态,但实际情况中实验谱图往往包含不完全碎裂离子以及干扰噪声,因此该方法目前还有待进一步发展。三是序列标签查询的方法,可以看作是前两种方法的结合。该方法首先利用实验谱图中的部分碎片离子得到几个氨基酸组成的肽段片段,然后利用序列数据库搜索该片段,从而得到肽段的全序列。

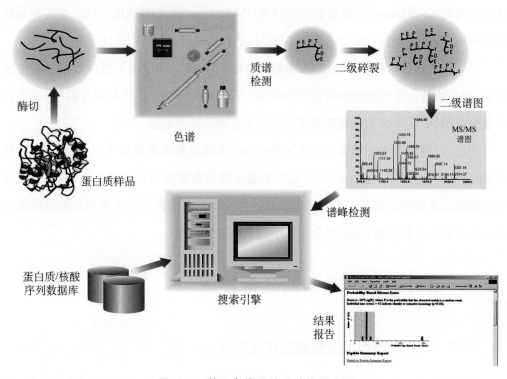

图 10-1　基于鸟枪法的质谱鉴定流程

（图片修改自参考文献[9]）

10.2.1.2　基于 top-down(自顶向下)的策略

该策略不需要酶切,直接以完整蛋白质作为质谱检测对象,该策略所对应的蛋白质分离技术、质谱检测技术以及生物信息学分析方法都与上述的鸟枪法策略不尽相同。这里只阐述基于 top-down 策略的生物信息学分析方法。与基于鸟枪法的质谱数据相比,基于 top-down 策略的质谱数据产生的谱图要更复杂:同位素峰所带电荷更大,离子质量范围更宽,大质量离子的同位素峰数也更多,谱峰混合叠加的现象也更加严重。因此,在鉴定之前首先需要对谱图进行预处理,包括去噪、去卷积等操作。然后再采用与10.2.1.1一样的三类搜索策略对 top-down 策略的质谱数据进行鉴定。该策略能够直接针对蛋白质以及蛋白质变体(proteoform)进行分析,适用于研究多种翻译后修饰条件下的蛋白质。

10.2.2　蛋白质组学大数据的定量方法

随着研究的深入,蛋白质组研究的重点已从最初的定性研究逐步转移到定量研究上,定量蛋白质组学(quantitative proteomics)既包括针对不同表达状态的相对定量研究,也包括针对特定状态下蛋白质丰度的绝对定量研究,定量蛋白质组学研究对生物标志物的发现和验证、疾病的诊断和治疗等众多领域都具有重要意义,目前已成为蛋白质组研究的热点之一。已有的定量实验策略和方法按照是否需要稳定同位素标记可以分为无标定量和有标定量两大类(见图 10-2)[10]。

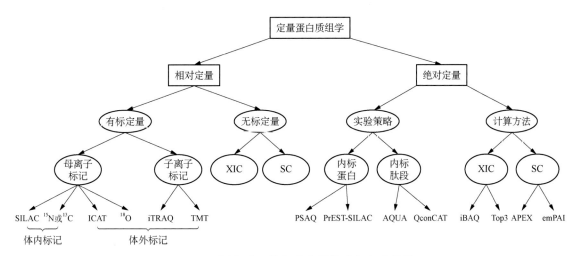

图 10-2　蛋白质组的主要定量策略和方法分类

　　无标定量的计算方法可根据定量原理分为两类。第一类是基于离子流色谱峰(extracted ion chromatography,XIC)的定量算法,首先在一级谱图上进行特征检测(feature detection),然后在保留时间(retention time)轴上,根据母离子质荷比在不同保留时间下的信号强度,重构出 XIC。该方法中常用的定量指标有 XIC 面积、XIC 信号加和等。而要得到 XIC 所对应的肽段序列,一是可以和精确时间质量标签(accurate mass and time tag)数据库进行匹配,二是结合搜库鉴定结果,确定相应的肽段序列。第二类无标定量方法是基于谱图计数(spectral counting)的半定量方法,根据蛋白质丰度越高对应肽段被质谱检测到的概率越大的原理,每个蛋白质对应的"肽段-谱图"匹配(peptide spectrum match,PSM)数就代表了蛋白质的相对丰度。基于该原理,研究者又推出了 NSAF[11]、APEX[12]、emPAI[13]、SI_N[14]等多种校正之后的谱图计数指标,扩大了谱图计数法在无标定量中的应用范围。

　　对于有标定量的研究,根据不同的标记方式可分为母离子标记和子离子标记两类。母离子标记是指针对质谱一级谱图中的母离子进行标记的方法,如 SILAC、ICAT、

^{15}N、^{18}O 等方式，子离子标记是针对二级谱图中的子离子标记，如 iTRAQ 和 TMT 标记。母离子标记的定量算法主要是利用标记肽段和对应的未标记肽段会在同一时间内流出的特点，分别构建每个肽段对应的未标记形式与标记形式的 XIC，将 XIC 对应的定量指标的比值作为该肽段轻重标记的比值。子离子标记的方法是通过化学反应给肽段添加质量标签，然后在质谱进行二级碎裂时将质量标签碎裂成不同质量数的报告离子，利用不同报告离子在二级谱图中的信号强度比值作为不同样品的定量比值。

定量蛋白质组学方法按照研究内容不同又可分为相对定量和绝对定量两类。目前，上述定量策略和方法已经广泛应用于相同蛋白质在不同状态间变化的相对定量研究中，为差异蛋白质筛选、疾病标志物发现等研究提供了有力的技术支撑。而蛋白质绝对定量研究是为了准确确定样品中不同蛋白质的绝对量或浓度，不仅局限于比较相同蛋白质的定量变化，还要针对不同蛋白质的绝对丰度变化进行研究，这对蛋白质网络研究、疾病诊断和治疗都有现实的指导意义。因此蛋白质的绝对定量方法研究对整个蛋白质组学以及生命科学的发展意义重大。

目前常用的绝对定量策略往往是利用已知绝对量的标准蛋白作为内标或者外标，通过样品和标准品在质谱中的定量比例关系求得样品中蛋白质的绝对量。绝对定量方法中使用的标准品策略有 AQUA、QconCAT、PSAQ 等，绝对定量实验往往还会结合质谱选择反应监测技术对特定蛋白质进行绝对定量分析。现有的蛋白质绝对定量算法并不多，比较常用的方法有：基于谱图计数法的 APEX 算法（额外考虑了肽段的可检测性作为一个校正因素）和 emPAI 算法；基于 XIC 的 iBAQ 算法[15]采用了蛋白质的理论酶切肽段数进行校正。

10.2.3 蛋白质组学大数据的生物学功能分析方法

蛋白质组学大数据生物学功能分析主要借鉴了基因组数据分析方法，包括功能注释分析和功能富集分析两个层面。功能注释分析又有狭义功能注释分析和广义功能注释分析之分。狭义的功能注释分析也称 GO 功能注释分析，指基于基因本体（gene ontology，GO）（http://geneontology.org/）[16]对蛋白质分子进行注释，获得蛋白质参与的生物学过程（biological process，BP）、构成的细胞组分（cellular component，CC）以及发挥的分子功能（molecular function，MF）3 种类别信息。目前 AmiGO（http://amigo.geneontology.org）、QuickGO（http://www.ebi.ac.uk/QuickGO）和 Blast2GO （https：//www. blast2go. com/）等是获取蛋白质 GO 功能注释的常用工具。广义功能注释分析是指包括 GO 功能注释在内的所有蛋白质功能分类信息的获取。人们已经开发出越来越多的功能分类体系，用来从不同角度对蛋白质进行功能分类。除了上述的 GO 功能注释，还有直系同源簇（cluster of orthologous groups of proteins，COG）注释（http：//www. ncbi. nlm. nih. gov/COG/）、KEGG 通路（http：//www. genome. jp/kegg/）、Reactome 通路（http：//www. reactome. org/）、BioCarta 通路（http：//cgap. nci. nih. gov/Pathways/BioCarta_Pathways）以及 OMIM 疾病（http：//omim. org/）等。利用 DAVID（https：//david. ncifcrf. gov/）工具[17]可以获得目标蛋白质组数据比较全面的生物学功能注释。

在功能注释的基础上，可以进行蛋白质功能分布分析，即对具有相同功能的蛋白质进行统计。进一步，还可以对目标蛋白质组数据进行功能富集分析，包括单一富集分析（singular enrichment analysis，SEA）、模块富集分析（modular enrichment analysis，MEA）以及基因集合富集分析（gene set enrichment analysis，GSEA）等几类[18]。SEA 和 MEA 常常以物种蛋白质组数据的总体功能分布为参照，使用基于超几何分布的 Fisher 精确检验计算目标蛋白质组在不同功能类别上的富集程度（P）。SEA 和 MEA 两者的区别在于前者获得目标蛋白质组在单一功能类别上的富集度，而后者获得目标蛋白质组在相近的几类功能组成模块上的富集度。GSEA 预定义基因/蛋白质功能集合，同时将所有的基因/蛋白质按照其在实验-对照样本中的差异表达程度进行排序，得到功能集合中的基因/蛋白质在整个表达谱中的排布位置［使用富集分值（enrichment score，ES）衡量］。然后，通过使用类似加权 K-S 检验（Kolmogorov-Smirnov test）来判断功能集合中的基因/蛋白质在整个表达谱中是随机分布还是在上调表达区域（排序顶端）或下调表达区域（排序底端）集中分布，从而获得样本与功能集合之间的相关性。GSEA 与 SEA 和 MEA 分析的不同在于，前者使用了全部的基因/蛋白质及其差异表达程度，而 SEA 和 MEA 需要预先选择出差异表达基因。PANTHER（http：//pantherdb. org/）、Babelomics（http：//babelomics. bioinfo. cipf. es/）、WebGestalt（http：//bioinfo. vanderbilt. edu/webgestalt/）和以上提及的 DAVID 几个工具常常用于 SEA 分析。另外，DAVID 还可以进行 MEA 分析。GSEA 分析也有相应的软件工具（http：//software. broadinstitute. org/gsea/index. jsp）。至今，用于组学数据进行生物学功能分析的工具已达上百种之多[19]，并且这些工具正在快速地增长中。这些工具的差别主要体现在蛋白质组数据功能注释的物种、数据可靠性以及注释规模上。在对蛋白质组大数据进行生物学功能分析时,研究人员需要根据分析目的和数据特点选择合适的分析方法及工具。

10.3　蛋白质组学大数据的标准化收集、存储与共享

目前,人类蛋白质组计划已进入全面发展时期,并且许多科学项目已经取得了阶段性成果。2014 年,*Nature* 杂志发表了两项大规模人类蛋白质组研究[6,7],被认为是人类蛋白质组的第一版草图,产出的原始数据以 TB 计算,实验谱图多达数十亿张。海量蛋白质组实验数据源源不断产出,学术界对蛋白质组数据共享的需要日益迫切。

实现蛋白质组数据快速发布和共享所面临的挑战主要可以分为三大类[20]:技术、基础设施和政策。技术挑战来源于蛋白质组数据本身,产出数据的仪器种类多样并在不断发展,不同仪器产生出的原始数据格式不一且多为商业专利格式;不同实验室的操作步骤、平台各异;并且针对质谱数据处理和分析的方法、软件也多种多样,这使得不同实验室来源的蛋白质组实验数据根本无法比较,并且很难被第三方再次利用。为解决这一问题,必须发展学术界广泛支持并应用的开源的标准数据格式,并采用控制词汇表提供尽量详细的实验元信息。基础设施的挑战在于与基因组数据相比,蛋白质组数据的公共存储平台较少,现有的一些数据库,如 GPMDB（http://gpmdb. thegpm. org/）、Uniprot （http://www. uniprot. org/）、PeptideAtlas （http://www. peptideatlas. org/）、PRIDE（http://www. ebi. ac. uk/pride/archive/）等所接受和保存数据的种类和格式各不相同,并且 NCBI 的蛋白质组数据库 Peptidome 和曾经一度为质谱原始数据主要存储平台的 Tranche 也相继停止服务。近年来,蛋白质组数据共享联盟（ProteomeXchange）[21]的形成和发展在一定程度上解决了这方面的问题,其主要成员 PRIDE 和 PeptideAtlas 分别成为蛋白质组鉴定数据和 SRM 实验数据的官方提交平台。蛋白质组数据共享政策的挑战一直都存在,即如何在蛋白质组研究领域建立并推行相应的指导方针和政策,包括提交数据的指南和评估数据质量的标准等。在这方面,许多资助机构以及学术期刊都大力鼓励学术研究产生数据的共享[22];蛋白质组学领域的著名期刊 *Molecular & Cellular Proteomics*（MCP）一直处于先驱者的地位,该期刊最早为蛋白质组实验研究的发表制定投稿要求,并第一个提出研究工作发表前必须共享质

谱原始数据。

10.3.1 蛋白质组学数据共享的国际政策

早在 2004 年,蛋白质组研究领域的顶级期刊 *MCP* 的编辑就意识到需要为蛋白质组实验相关的文章投稿制定相应的指导性文档,以帮助审稿人和读者了解文章作者获取、处理和分析数据的方法[23]。随后在 2005 年法国巴黎举行的讨论会中形成了《巴黎准则》[24,25],明确规定了涉及 LC-MS/MS 蛋白质组实验的投稿论文必须提供的信息,包括鉴定肽段列表、数据集的假阳性率水平、蛋白质装配结果等,对其他类型的蛋白质组实验包括定量、修饰以及肽质量指纹谱的数据也提供了指导原则。而在 2009 年美国费城举行的讨论会上基于上述原则,首次提出蛋白质组实验研究在投稿前必须将质谱原始数据提交到公共数据平台上[26]。2008 年,*MCP* 发布了第一套完整的用于临床蛋白质组学论文投稿的指南,以建立该研究领域论文可靠性的标准[27]。同时,人类蛋白质组组织(HUPO)中的蛋白质组标准委员会(Proteomics Standards Initiative,HUPO-PSI)也发展了报告蛋白质组实验数据和元信息的指导文件以及规范质谱数据的标准化格式,这些努力都为推动蛋白质组数据共享政策提供了坚实的基础。

2008 年 8 月 14 日,美国国立癌症研究所(the United States National Cancer Institute,NCI)在荷兰举行了蛋白质组数据共享的研讨峰会,参加成员包括研究团队、资助机构(如美国国立卫生研究院 NIH)、策略制定人员以及仪器厂商等,议题为"如何能尽快地让实验产出的质谱数据向公众共享"。会议形成了《阿姆斯特丹原则》(*Amsterdam Principles*),倡议尽早形成蛋白质组数据发布和共享的政策,并发表了《阿姆斯特丹原则白皮书》(*The Amsterdam Principles White Paper*)[20],类似基因组中的《百慕大原则》(*Bermuda Principles*,提出一系列标准化数据共享的政策大大促进了国际基因组研究的发展),提出了蛋白质组数据发布和共享的指导方针:①时效性(timing);②完整性(comprehensiveness);③格式标准(format);④数据存储平台(deposition to repositories);⑤质量标准(quality metrics);⑥责任性(responsibility for proteomics data release)。这份报告还探讨了实现蛋白质组数据共享的困难和挑战,以及如何能为蛋白质组学界的数据发布和共享制定一个行之有效的框架,同时满足研究界、资助机构和学术期刊等多领域的需求。

阿姆斯特丹会议之后,蛋白质组研究领域的主要学术期刊已经逐步开始实施及时发布和共享蛋白质组数据的政策。在数据共享方面,蛋白质组学界正在采取进一步的措施,即如何确保数据既能被公开访问,这些公开共享的数据又是高品质的,这是一项极具挑战性的任务,需要开发相应的方法来衡量数据的质量。2010 年 9 月 18 日,NCI 在澳大利亚悉尼召开了阿姆斯特丹会议的后续会议——"蛋白质组数据质量标准国际研讨会"(International Workshop on Proteomic Data Quality Metrics),参与人员包括蛋白质组实验数据产出和使用的科研人员、数据库管理人员、期刊编辑、资助机构代表等,会议议题为如何定义并解决蛋白质组数据开源共享过程中出现的质量控制相关的问题,并制定质量标准。研讨会上列举了构建质谱数据质量评估体系框架的关键原则,需要同时满足学术研究、专业期刊、资助机构和数据存储库的需求。与会者也强调了加强教育和培训项目的重要性,以促进蛋白质组通用协议和操作流程的发展和推广。本次研讨会的报告中探讨了推广和加强蛋白质组数据开源共享质量控制的历史进程、重点议题以及下一步必要的实施步骤。根据会议形成的协议,该报告同时在蛋白质组学术领域的 4 个主要杂志上一起发表,包括 *MCP*、*Journal of Proteome Research*、*Proteomics* 和 *Proteomics Clinical Applications*。

10.3.2　蛋白质组学数据的标准格式和控制词汇表

随着蛋白质组研究的发展,实验策略和数据分析方法越来越多,涉及的数据格式也越来越多,给生物信息学分析、数据整合带来了很大的挑战。采用开放式、标准化的数据格式,可以缓解质谱数据格式兼容性的问题,是数据共享和交换的前提。HUPO 于 2002 年 4 月的华盛顿会议中启动了蛋白质组学标准化计划(Proteomics Standards Initiative,PSI)[28],其目标是在蛋白质组学领域中为数据描述定义公共数据标准,以解决蛋白质组学研究中数据格式不统一的问题,实现数据的比较、交换和验证。

蛋白质组研究领域开始陆续提出了多种开放式数据标准并逐步推广应用[29]。2008 年以前,mzData 和 mzXML 是最常用的两种质谱原始数据的标准格式,mzData 是 2003 年 HUPO-PSI 发布的用于质谱数据交换和归档的标准格式;而由美国西雅图系统生物学研究所(Institute of Systems Biology,ISB)开发的数据标准格式 mzXML 虽然一开始是为了服务其数据分析流程(TPP),但实际得到了更广泛的应用。为了解决多种数据标准格式并存带来的问题,mzData 和 mzXML 研发团队以及质谱仪器厂商和其他研究人员一起参与到 HUPO 的 PSI-MS 工作小组中,推出了统一的质谱数据标准格式

mzML。mzML1.0 于 2008 年 6 月发布,2009 年 6 月发布了 mzML1.1.0 稳定版,改进了 mzML1.0 版的很多不足,并且有可能在较长的一段时间内保持稳定(最新版 mzML 是 2010 年 6 月份发布的 mzML1.1.1 版)。SRM 数据提交的标准格式是 TraML。

mzIdentML 是 PSI 推出的关于质谱数据鉴定结果的标准格式,包括质谱数据的匹配鉴定结果与质量控制后的肽段和蛋白质列表信息。早在 2006 年,PSI 开始着手制定蛋白质结果文件标准格式(AnalysisXML)的 UML 模型(unified modeling language model)。2009 年在 PSI 的春季会议上正式决定将 AnalysisXML 分成鉴定和定量两部分:蛋白质鉴定数据标准(mzIdentML)和蛋白质定量数据标准(mzQuantML)。2009 年 8 月,蛋白质鉴定数据标准 mzIdentML v1.0 版正式发布。2011 年 8 月,mzIdentML v1.1 版发布,相对于 1.0 版已经基本稳定。目前常用的搜索引擎如 Mascot 等可以将结果导出为该格式,一些开源工具如 jmzReader、jmzIdentML API 可以实现部分搜索引擎鉴定结果格式的转换,并且 PRIDE convert 2.0 版可以将 mzIdentML 格式的文件转换为 PRIDE xml 格式。mzQuantML 是蛋白质定量数据的标准格式,主要用于存储蛋白质组数据的定量信息,还存储了每个肽段的同位素峰簇的信息。mzQuantML 可以当作定量软件的输入、输出或者数据库的存储数据。最初的 mzQuantML v1.0.0 主要包括:谱图计数的无标定量、基于强度的无标定量、母离子标记的有标定量(如 SILAC、^{15}N)和子离子标记定量(如 iTRAQ、TMT)4 种类型的定量数据。2015 年,mzQuantML v1.0.1 版开始支持 SRM 定量数据。

由于蛋白质组学的搜库软件和质控软件不断更新,固定的标准格式 mzIdentML 无法及时满足研究者的需要。因此,PSI 又推出了一种更加灵活、通用的 XML 标准格式 qcML,qcML 综合了 mzML、mzIdentML、mzQuantML 的设计,是一种可用于多种搜库引擎、质控软件的标准格式,可以用于不同质控软件之间的格式转换以及鉴定质控结果的数据库存储。XML 的优势在于灵活方便、逻辑清晰,但是对于那些缺少数据处理知识的研究人员来说,这样的标签化语言较难理解。因此,PSI 又推出了相对于 XML 格式的轻量级标准格式 mzTab[30],能够用于蛋白质组学和代谢组学数据的存储。

控制词汇表(controlled vocabulary,CV)是指根据信息存储、检索和索引的需要,对自然语言中的词汇进行选择、规范后得到的标准化用语列表。CV 是定义标准的核心,是数据标准中不可缺少的重要部分。数据标准文件定义了不同类型数据的格式,而控制词汇表则规定了研究人员需要采用什么样的文字来描述文件中的内容。

HUPO-PSI组织推出的数据格式标准中就大量应用了相关的控制词汇术语对数据项目进行描述[31];其中,PSI-MS[32]是与蛋白质组(主要指质谱实验数据)数据标准最相关的一组控制词汇(http://psidev. cvs. sourceforge. net/viewvc/psidev/psi/psi-ms/mzML/controlled Vocabulary/psi-ms. obo)。PSI-MS CV整体结构第一级(top branches)共有8个条目,而与基于质谱的蛋白质组研究最相关的为其中两个:"谱图生成信息(spectrum generation information)",与mzML、TraML标准数据格式相关;"谱图解析(spectrum interpretation)",与mzIdenML和mzQuantML标准格式相关。通过对这两个条目及其下级子条目的了解,并将其与质谱数据元信息收集中的元素关联,有助于完成相关标准数据文件的转换和生成。

10.3.3　蛋白质组学实验数据的公共数据库

公共数据库平台是实现蛋白质组数据共享必不可少的重要条件之一。当积累的公共数据越来越多,如何能保证来自不同国家/地区的不同实验室产出的数据长期而稳定地存储,并为其他用户提供浏览、查询和下载的服务,这需要各类学术、产业团队以及资助机构共同努力来实现。目前已经发展了很多不同类型的存储和展示蛋白质实验数据集的公共数据库[33,34],既有专门接受质谱原始数据的,也有收集实验处理后结果和实验元信息的,每一个数据库都有各自的特点,共同促进了蛋白质组研究领域内的数据共享。

10.3.3.1　蛋白质组数据共享联盟

蛋白质组数据共享联盟(ProteomeExchange Consortium,PX,http://www. proteomexchange. org/)[21]是一个支持和促进蛋白质组领域数据共享的国际组织,由国际上几个主要的蛋白质组质谱数据库的研发团队一起构成,致力于为蛋白质组实验质谱数据面向公众共享提供一个统一的平台,研究人员只需要将实验数据提交给联盟中任何一个成员就能在其他数据库之间自动共享;同时为提交的数据集提供一组通用的标识号,使得用户可以在不同的数据存储平台中对不同版本的数据集进行区分。由于现有的蛋白质组数据库具有多样化特点,每个数据库有其不同的重点关注领域,蛋白质组数据共享联盟最基本的目的是简化蛋白质组数据提交、交换和共享的过程。

到2016年10月,蛋白质组数据共享联盟共包括PRIDE、PeptideAtlas、PASSEL、MassIVE和JPOST 5个成员。目前,PRIDE是蛋白质组鉴定数据的官方提交平台,

PeptideAtlas 中的 PASSEL 是 SRM 数据的官方提交平台。研究者通过 PX 提交的数据直接进入 PRIDE 数据库进行存储和展示，联盟其他成员如 PeptideAtlas 定期从 PRIDE 获取数据更新。多年的运行使得 PRIDE 已经形成了较为完整的数据标准和数据处理流程。

10.3.3.2 PRIDE

蛋白质组学鉴定数据库 PRIDE[35]（Proteomics Identifications Database，PRIDE，http://www.ebi.ac.uk/pride/）由欧洲生物信息研究所（European Bioinformatics Institute，EBI，位于英国剑桥）和法兰德斯大学校际生物科技研究所（the Flanders Interuniversity Institute for Biotechnology，VIB，位于比利时）一同创建。EBI 隶属于欧洲分子生物学实验室（EMBL），致力于以信息学手段解答生命科学问题。EBI 在蛋白质数据库方面全球领先，所构建的 IPI 和 Uniprot 数据库是全球蛋白质组最常用的搜索数据库，在蛋白质组数据库方面发展了一系列以 PRIDE 为核心的数据库和工具[36]。PRIDE 是蛋白质组质谱实验数据最主要的公共存储库，以支持蛋白质组相关研究工作的发表。PRIDE 主要存储 3 种类型的信息：肽段和蛋白质鉴定信息，一级和串联谱图信息，以及实验相关的所有元信息。PRIDE 对提交的数据集不会进行任何的加工和修改，完全保留提交者的观点；PRIDE 允许研究者们存储、分享并比较他们的结果，让研究者们能方便地搜索已经发表的和专家审阅的（peer-reviewed）数据，是 *Nature Biotechnology*、*Nature Method* 和 *MCP* 杂志推荐提交共享蛋白质组数据的公共数据库。此外，PRIDE 与 HUPO-PSI 紧密联系，允许使用者运用这套标准来描述和交换数据。

10.3.3.3 PeptideAtlas

PeptideAtlas[37]（http://www.peptideatlas.org/）由美国西雅图系统生物学研究所（ISB）创建并维护，致力于使用实验质谱数据注释不同物种的基因组。ISB 在蛋白质组生物信息学领域一直处于领先地位。ISB 从 2002 年开始，一直致力于为蛋白质组学界提供开源的数据分析软件，他们发展的 TPP 平台目前已经包含数据预处理、肽段和蛋白质鉴定、有标定量、无标定量和多实验数据整合等近十种分析模块，以及几十种软件工具。PeptideAtlas 中所有的蛋白质组实验数据集都采用统一的数据分析流程处理（TPP），并基于实验质谱原始数据构建不同物种/组织的整合的蛋白质组数据集（Build），数据主要来源于蛋白质组数据共享联盟成员的数据库，部分来源于研究者提交的数据，所有原始数据采用统一的数据分析流程进行鉴定、质控和入库处理。

PeptideAtlas 每个蛋白质组数据集中包含的数据都有严格的质控标准,构建数据集谱图水平的错误发现率(PSM FDR,false discovery rate)需要保证其蛋白质水平的 FDR 低于 1%。

PASSEL[38](http://www.peptideatlas.org/passel/)是 PeptideAtlas 的重要组成部分,是一个靶标蛋白质组(target proteomics)实验数据提交、发布、共享的数据库,是目前蛋白质组领域 SRM 实验数据的官方提交平台。在 PASSEL 中可以进行在线 SRM 实验数据集提交,浏览 PASSEL 中已经提交的 SRM 实验数据集,搜索查询 SRM 实验结果,审稿人可以浏览 PASSEL 中未公开的 SRM 实验数据集。

10.3.3.4 iProX

为了支撑国内蛋白质组项目对数据分析、管理和共享的需求,中国北京蛋白质组研究中心的生物信息学团队构建了综合性的蛋白质组数据资源系统 iProX(www.iprox.org)[33,39],并于 2014 年 3 月底正式上线运行,系统收集了中国国内外蛋白质组实验数据。

iProX 是一个综合性的蛋白质组数据资源中心,包括蛋白质数据提交系统、数据库、质谱数据分析平台等多个功能模块。该系统强调的数据共享主要有两个方面:实验原始数据和标准化的元信息(meta-data)共享。实验原始数据的共享可以让研究人员重现分析结果;标准化实验元数据的共享可以重现实验过程。iProX 系统可以接收多种类型的数据,包括质谱原始数据,mzIdentML、mzTab 和 PRIDE XML 等标准格式的结果文件,实验元信息,以及其他格式的数据文件。所有数据文件通过 iProX 提交系统收集,实验信息和结果文件自动导入 iProX 数据库系统,面向公众展示和共享。

10.3.3.5 其他蛋白质组实验数据库

Human Proteinpedia(http://www.humanproteinpedia.org)是一个用于共享源自多个实验平台的人类蛋白质数据的公共数据库[40]。它包含了人类蛋白质组的各种特征数据,包括蛋白质-蛋白质相互作用、酶-底物关系、翻译后修饰、亚细胞定位,以及蛋白质在不同组织和细胞系或者在人体各种生物条件下(包括疾病中)的表达情况。通过一个专门为蛋白质组数据开发的分布式注释系统,全世界的研究者都能上传、查看和编辑蛋白质组数据,包括产生数据的研究者和实验室信息,并通过提供可视化的实验谱图信息、染色组织切片、蛋白质/多肽微阵列、荧光显微照片和免疫印迹的实验信息,保证了 Human Proteinpedia 中存储的蛋白质组数据的质量。并且,人们也可以通过人类蛋白质参考数据库(Human Protein Reference Database,http://www.hprd.org),获得提交到 Human Proteinpedia 的蛋白质注释信息。Human Proteinpedia 中收集的全是实验数据集,并且都是面向公众共享的。

Tranche (https://proteomecommons.org/tranche/)作为 ProteomeCommons 的重要组成部分,可以为实验数据集提供免费加密的存储,这样实验数据可以在发表前上传,在特定的团队中共享,或者未发表的研究成果也可以在遵守某些协议的条件下面向公众开放。Tranche 的另一个特点为采用分布式文件存储系统,这样数据文件在不同服务器间冗余,可以避免某一台服务器崩溃而造成数据的不可逆损失;这一策略也使得Tranche 可以使用较低的成本达到扩大存储能力的目的,并能同时有效地防止数据丢失。2009 年 *MCP* 杂志提出蛋白质组实验相关研究在发表前需要向公共平台提交原始数据时,Tranche 可能是唯一能收集质谱原始文件的数据库[26]。但 Tranche 最大的问题在于缺乏长期稳定的经费支持,也正因为这一原因,Tranche 在 2016 年年初已经停止接受新数据。即使如此,Tranche 仍是目前收集蛋白质组实验数据最多的数据库,在其停止运行前已经积累了超过 60TB 的数据。

NCBI Peptidome[41](http://www.ncbi.nlm.nih.gov/peptidome/)是 NCBI 在2009 年推出的用于存储基于串联质谱的肽段和蛋白质鉴定结果的数据库。Peptidome数据库的核心结构是基于 NCBI 的 GEO 数据库结构(Gene Expression Omnibus),使用了 GEO 中大量相同的源代码来处理数据提交和数据库访问的过程。与 GEO 一样,Peptidome 的构建是为促进实验数据的共享提供一个公共的平台。与 PRIDE 相比较,Peptidome 强调尽可能使得数据提交和共享的程序简单化,系统能接受蛋白质组实验各个阶段的数据,通过使用标准文件格式和电子表格元数据模板降低数据提交的工作量,并且 Peptidome 中采取了多项举措来提高提交数据的质量和价值。Peptidome 因为经费原因在 2011 年 4 月停止服务。在 Peptidome 关闭后不久,Peptidome 和 PRIDE 两个数据库的研发团队共同努力将 Peptidome 中的数据迁移到 PRIDE 中,以确保Peptidome 中的数据能以合理的方式保存下来[42]。Peptidome 数据迁移到 PRIDE 中共表示为 54 个项目,对应的实验数据编号为 17 900～18 271,涉及 30 多家实验室提交的28 个物种的蛋白质组数据,共包含超过 5 300 万张谱图、约 1 000 万个肽段鉴定结果、65 万个蛋白质鉴定结果和超过 110 万个蛋白质修饰。

NIST 谱图索引库(spectral library,http://peptide.nist.gov/)是美国国家标准与

技术研究院（National institute of standards and technology，NIST）开发的谱图索引库，是国际上最早系统构建的、覆盖率最高、质量最好的质谱图谱数据库。NIST 在质谱数据领域具有深厚的基础，构建了国际上应用最广泛的小分子标准图谱库。NIST 谱图索引库在其发展过程中开发了一系列实验图谱比较和注释算法及工具，发展了质谱数据质量控制方法以及定量的标准化方法，并且所有谱图文件均可以免费下载使用。

10.4　蛋白质组学大数据平台

随着基于质谱的高通量蛋白质组技术的迅速发展，一台质谱仪数天内可以产生几百万张实验图谱。同时，蛋白质组数据库不断扩张。比如，IPI. Human 数据库从 V3.22 版升级到 V3.49 版时，蛋白质序列就增长了约 30%。NCBInr 蛋白质数据库的大小在 2010 年时比 18 个月之前整整翻了一番。蛋白质组数据量大，类型复杂多样，但解析率或有价值的信息比例低，对这些数据的深入探索可以得到新的发现。因此，蛋白质组数据符合大数据的特征，能利用大数据的方法进行研究，蛋白质组学已经进入大数据时代。传统的蛋白质组学分析平台在计算效率上无法适应海量蛋白质组数据的分析需求，同时也无法满足日益增长的数据存储需求。因此，蛋白质组大数据分析平台应运而生，为后基因组时代的生命科学研究和数据资源利用提供支持。

10.4.1　蛋白质组学大数据的获取、管理与搜索系统

随着蛋白质组研究的发展，实验策略和数据分析方法越来越多，涉及的数据格式也越来越多，给蛋白质组学大数据获取和管理带来了很大的挑战。采用开放式、标准化的蛋白质组大数据资源描述技术，可以缓解数据描述不一致和数据格式不统一的问题，是蛋白质组数据获取、管理和共享的前提。蛋白质组数据共享联盟提出了开放式数据资源描述方法，确定了质谱原始数据的标准格式，解决多种数据资源描述格式并存带来的问题，便于共享和交换数据。此外，EBI 提出了国际上通用的本体标准控制词汇表对蛋白质组数据资源进行统一描述，例如蛋白质组质谱实验的物种、组织器官、细胞类型、疾病、定量技术、酶切方式和实验仪器平台等。

基于蛋白质组大数据描述方法，蛋白质组大数据获取、管理与搜索系统接收多种类型的数据，包括质谱原始数据、结果文件、实验元数据，以及其他格式的数据文件，面向

公众展示和共享。实验原始数据的共享可以让研究人员重现分析结果,标准化实验元数据的共享可以重现实验过程。

10.4.2　蛋白质组学大数据的存储平台

传统的关系数据存储技术在扩展性方面存在严重缺陷,无法应用于蛋白质组大数据存储。因此,基于混合存储介质的云存储将成为蛋白质组学大数据存储平台。

10.4.2.1　面向混合存储介质的云存储环境可扩展的体系结构

大数据存储系统的发展趋势之一是基于混合存储介质的云存储,即针对固态存储与磁存储的不同特点,集成固态存储介质和磁存储资源,构建高效能、大容量、多介质和多层次的云存储系统,提高存储系统的 I/O 性能,降低成本。

10.4.2.2　面向混合存储介质的云存储系统中基于访问热度的蛋白质组元数据冗余分配算法

尽管蛋白质组元数据的数据量相对于整个云存储系统的数据容量而言比较小,但是在访问蛋白质组数据之前必须先访问元数据,因而元数据管理的性能直接影响到整个 I/O 性能。现有的元数据管理是面向基于磁盘的传统存储系统,不适用于基于混合存储介质的云存储体系结构,不适合管理蛋白质组学元数据。针对固态存储和磁盘存储的特性,在分层、异构的存储介质中分配元数据对于提高元数据管理的性能至关重要。

10.4.2.3　基于混合存储介质特性的动态、自适应的蛋白质组元数据负载均衡机制

蛋白质组元数据的负载均衡问题是如何将元数据负载公平地分布到元数据服务器集群上,使得元数据服务器集群的整体性能最大化,同时自适应元数据负载的变化。

10.4.2.4　基于数据访问行为的动态、自适应的蛋白质组大数据布局机制

通过分析蛋白质组大数据的访问特征,以数据访问行为和特点为基础,记录数据行为的历史信息,从中发掘数据行为之间的关联关系,在进行正确预测的前提下,动态调整 I/O 策略以满足不同应用需求。

10.4.3　蛋白质组学大数据的分析平台

基于蛋白质组学大数据存储平台,采用大数据的分析方法从存储的大数据中寻找

规律,构建基于 hadoop 的蛋白质组学大数据分析平台,旨在提供分析蛋白质组学的手段。在面向特定体系结构的并行编程模型之下,开发系列分析软件,支持完成蛋白质组学大数据分析任务,达到跨平台、可扩展和高性能等技术指标。

蛋白质组学大数据分析平台的体系架构如图 10-3 所示。底层是各种硬件存储、Linux 操作系统以及基于 hadoop 的分布式文件系统 HDFS。中间件层是 hadoop、高性能计算集群和云计算平台软件。应用层是蛋白质组大数据分析工作流,包括各种鉴定软件的 MapReduce 并行化和一致性谱图库的大数据挖掘算法。最终通过大数据分析工作流对蛋白质组数据进行分析、挖掘。

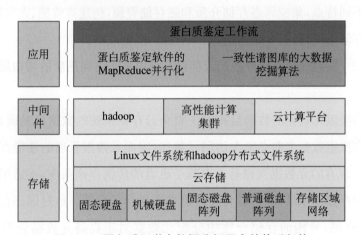

图 10-3 蛋白质组学大数据分析平台的体系架构

10.4.3.1 蛋白质鉴定软件的 MapReduce 并行化

高通量质谱技术的不断发展使得实验谱图数、序列库和谱图库大小不断增加,单机版数据库搜索无法满足实验室对蛋白质鉴定的需求,传统的并行版的数据库搜索软件及算法经常无法充分利用计算资源。因而,采用大数据的分析方法进行蛋白质鉴定具有重要的意义。

基于 hadoop 分布式计算框架对蛋白质搜索引擎、定量软件、质控软件进行并行化,处理高达 PB 级别的数据量,大数据分析平台具备良好的可扩展性、容错性和可用性,能被部署应用于多种类型的硬件平台,甚至由不同配置的计算机所组成的集群平台以及各大商业云计算平台上,如 Amazon EC2 等任务失败的概率不会随着任务、数据量和计算节点数量的增加而增加。

10.4.3.2   一致性谱图库的大数据挖掘算法

从几百万张谱图或者几千万张谱图构建一致性谱图库属于数据密集型和计算密集型的应用,传统的一致性谱图库构建方法无法满足存储和计算需求。使用大数据驱动的集聚分层聚类算法和高判别性特征选择方法构建一致性谱图库,同时使用云存储对海量谱图库进行存储,从而快速有效地构建一致性谱图库。

10.5   蛋白质组学大数据的精准医疗分析方法和应用

10.5.1   精准医学中如何利用蛋白质组学大数据

在过去的 50 年中,以还原论为主导的科学思想驱动了分子细胞生物学、医学、药理学的快速发展[43]。针对作为疾病位点和药物靶标的个别基因和细胞组分的研究已经成为了解组织器官生理和药物作用基本机制的关键步骤。基因组学和蛋白质组学领域的最新进展使得高效而精确地收集生命组学大数据成为可能。同时,针对大数据计算方法的改进也为人们认识疾病和生理机制带来了新发现和新知识,有力地推动了精准医疗研究的发展。可以说,精准医疗离不开生物大数据,以基因组学、蛋白质组学等为代表的组学大数据,多维度、高精度地细致描绘了生物体在分子水平上的特征图谱,是开展精准医学研究及精准医疗干预的重要基石[1, 44]。

在精准医疗的典型研究中,研究者结合样本捐赠者的临床特征,对基因组、转录组与蛋白质组数据进行网络分析,对比现有的生理学、细胞生物学、生物化学知识库,构建疾病状态下的分子网络。传统治疗疾病的方式主要是基于包括临床症状和病理分类在内的临床资料,而快速增长的生理学、细胞生物学、生物化学数据和高通量的组学数据特征,揭示了患者个体特异性的分子特征,为疾病的详细分类提供了条件。通过计算网络分析,将先验知识与患者的检测数据相结合,可以获得更精确的疾病状态特征,并对治疗效果做出更准确的预测(见图 10-4),即实现精准医疗。

10.5.2   蛋白质组学大数据在精准医学研究中的分析方法

实验数据分析是生物医学研究的必要手段,由于科学问题、实验数据特点和分析目的不尽相同,所用到的数据分析方法也多种多样。在精准医学研究中常见的蛋白质组

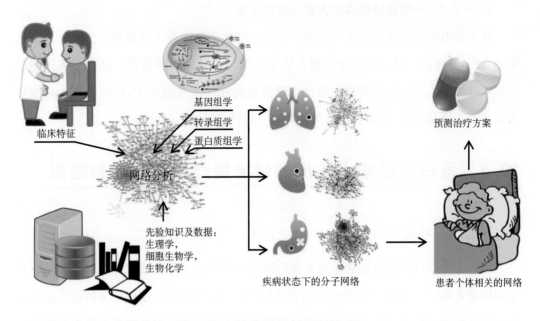

临床特征

基因组学
转录组学
蛋白质组学

网络分析

先验知识及数据：
生理学，
细胞生物学，
生物化学

疾病状态下的分子网络

预测治疗方案

患者个体相关的网络

图 10-4　精准医学研究中的信息流

(图片修改自参考文献[43])

学数据分析方法包括分层聚类方法和富集分析等。

　　分层聚类方法通常用于识别在多个样本中具有相似表达模式的蛋白质分子或蛋白质修饰位点[45]。图 10-5 展示了一位晚期肝癌患者服用抗癌药物索拉非尼（sorafenib）前后，其肝癌和癌旁活检组织的蛋白质表达量及磷酸化修饰位点表达量的无监督聚类分析结果。为了减少检测误差，每个样本都采集了 2～3 个位点，图 10-5 中同行的每 3(2) 个相邻的色块代表了同一样本上采集的 3(2) 个位点的某种蛋白质，色块的色温代表该蛋白质或磷酸化修饰位点（下文将此两者统称为"因子"）的表达量。由图 10-5 顶端的列集群结果可知：同一样本内多个位点的实验数据差异远远小于不同样本间的数据差异。通过基于方差分析的多样本检测，这些蛋白质的表达趋势包含了统计学意义显著（错误发现率为 2% 或 5%）的上调或者下调。从图 10-5 中可以看出，按照蛋白质表达量或磷酸化修饰位点表达量在用药前后的变化趋势来归类，可以将样本中的蛋白质大致归类为 5 组：第一组蛋白质是包含在肿瘤活检组织中相对于癌旁活检组织样本低表达的因子，这些因子可能是肿瘤抑制蛋白，其表达的缺乏是细胞内在的致癌因素。第二组蛋白质仅在肿瘤细胞用药前高表达，这些蛋白质可能是索拉非尼的靶点蛋白，其具有致癌性。值得注意的是，这组蛋白质包括一个 MAPK Erk 的磷酸化位点——核糖体蛋

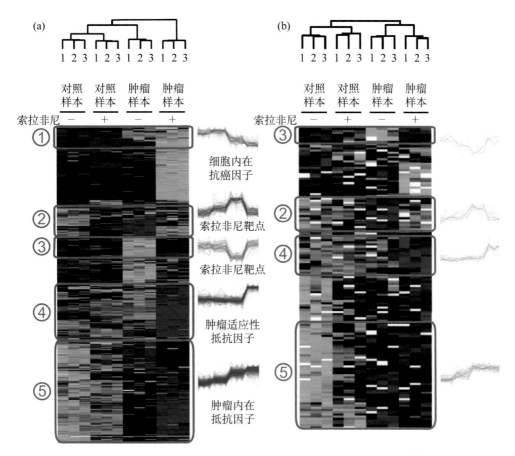

图 10-5 对使用索拉非尼前后样本蛋白质表达量及磷酸化修饰位点表达量变化趋势的聚类分析

(a)组:使用药物索拉非尼前后癌和癌旁组织样本的蛋白质表达量;(b)组:使用药物索拉非尼前后癌和癌旁组织样本的磷酸化修饰位点表达量。每个样本都采集了2~3个位点(图片修改自参考文献[45])

白 S6 激酶(Rsk-2)-S369。第三组蛋白质仅仅在肿瘤细胞用药前低表达,其角色可理解为被索拉非尼治疗所修复的肿瘤抑制因子。第四组蛋白质仅在肿瘤细胞用药后高表达,这些蛋白质可能是参与肿瘤适应性抵抗药物作用过程的因子。为取得更好的治疗效果,可采用以第四组蛋白质为作用靶点的药物,作为第二种药物与索拉非尼联合使用。第五组蛋白质含有在肿瘤中特异性高表达的因子,这些蛋白质可能是致癌的固有耐药因子。

富集分析通过对比实验样本的蛋白质组丰度表达数据与现有的包含蛋白质分子特征、功能、所在通路等注释信息的数据库,找出在样本中高表达的分子具有的共同功能和特征,或是在样本中显著活跃的分子通路[45]。前文所述的针对肝癌晚期患者对抗癌药物索拉非尼反应的研究中,研究者们利用 MetaCore 软件,对疑似具有肿瘤适应性抵抗药物作用的因子进行了通路富集分析。研究者发现了几条多次出现的注释术语:溶酶体、糖酵解、丙酮酸代谢、细胞凋亡、*c-Myc* 通路。有趣的是这些术语和概念与索拉非尼的治疗原理相吻合,即抑制血管生成,从而阻断肿瘤的氧气和营养供应。

10.5.3 蛋白质组学常用大数据资源与工具

由于数据自身的复杂性以及数据类型和实验流程的多样性等因素,基于质谱的蛋白质组学公共数据资源的完善程度,与基因组学等数据密集型学科相比仍有一定差距[33]。目前已建立了多个面向不同需求的质谱蛋白质组学数据公共资源库,如图 10-6 所示。除了在 10.3.3 中介绍的蛋白质组实验数据的公共数据库,具有代表性的数据库还包括 GPMDB (Global Proteome Machine Database),以及 ProteomicsDB、MassIVE (Mass Spectrometry Interactive Virtual Environment)、Chorus、MaxQB、PASSEL (PeptideAtlas SRM Experiment Library)、MOPED (Model Organism Protein Expression Database)、PaxDb、human proteome map (HPM)等。

图 10-6　各层次的蛋白质组学数据资源

蛋白质组学数据资源包括原始质谱数据资源、肽段或蛋白质鉴定及定量结果资源、
蛋白质知识库。某些资源包含了多层次的数据(图片修改自参考文献[33])

MassIVE 数据库(http://massive. ucsd. edu)是由加州大学计算质谱中心为促进质谱数据在全世界范围内的免费交流而开发的社区资源库。研究者们可以从 MassIVE 获取原始数据集及附加文件,以及相应的出版文献。与其他资源库相比,MassIVE 的显

著特点是为研究者们提供了一个社交的平台。MassIVE 的用户不仅可以浏览、下载数据，还可以对数据集做出公开评价。

Chorus（http://chorusproject.org）是一个为科研人员提供存储、分析和分享质谱数据的云应用。该应用对于原始数据的格式没有特殊要求。Chorus 团队旨在建立一个对科研领域和普通公众而言均可免费公开获取的质谱数据的完整目录，并于 2013 年在 AmazonWeb Services（http://aws.amazon.com）上运行。

GPMDB（http://gpmdb.thegpm.org）是目前最著名的蛋白质表达数据库之一，GPMDB 流水线利用目前流行的开源搜索引擎 X!Tandem 处理用户提交的串联质谱数据或来源于其他数据资源的原始数据，产出 XML 格式的肽段和蛋白质鉴定文件，并录入 MySQL 数据库。

ProteomicsDB（http://www.proteomicsdb.org/）是一个存储人类蛋白质和肽段鉴定和定量数值的蛋白质表达数据库。该数据库由慕尼黑工业大学等多家机构共同开发并于 2013 年发布。截至 2015 年，ProteomicsDB 已包含 62 个项目和 300 个实验的数据，7 000 万个人类癌细胞系及组织、体液的谱图，鉴定出的蛋白质覆盖了 18 000 个人类基因及 90% 左右的人类蛋白质组。ProteomicsDB 利用 SAP HANA 平台（http://www.saphana.com）进行实时分析，实现快速的数据挖掘和可视化。ProteomicsDB 不仅支持数据的公开共享，还提供发表研究论文前的数据审核功能。

MaxQB（http://maxqb.biochem.mpg.de/mxdb）是 2012 年发布的用于存储和展示大型蛋白质组学项目并支持分析和比较的数据库，可以对高精度的自下而上的实验数据进行分析。MaxQB 存储了蛋白质和肽段鉴定的详细信息，以及相应的高分辨率和低分辨率的碎片图谱及定量信息。

MOPED（http://moped.proteinspire.org）是一个支持快速浏览人类及若干模式生物蛋白质表达信息的扩展资源。MOPED 提供标准化分析产出的蛋白质水平的表达数据和定量数据。为了适应元数据的多样性，MOPED 数据库提供了多组学元数据的清单（下载地址：http:www.delsaglobal.org）。

PaxDb（http://pax-db.org/）是一个整合蛋白质绝对丰度水平信息的数据库，并于 2012 年首次发布。作为从 PRIDE 和 PeptideAtlas 等数据库中获取已发表数据的元资源，PaxDb 不接受直接数据提交。

心脏细胞器蛋白质图谱知识库（COPaKB，http://www.heartproteome.org/

copa/）是一个集中了高质量的心脏蛋白质组学数据、生物信息学工具和心血管表型的资源中心。目前 COPaKB 包含 8 个细胞器模块、4 203 个人类、鼠、果蝇、线虫样本的串联质谱实验数据，以及人类心肌中的 10 924 个蛋白质表达数据。COPaKB 以生动的界面展示了多个有效的分析流程，引导用户从浏览基础的蛋白质组学数据开始到系统解读数据背后的生物医学本质。

Pep2pro（http://fgcz-pep2pro. uzh. ch/）是拟南芥蛋白质组学资源库 AtProteome 的升级版本，是一个尤其适用于灵活数据分析的综合分析数据库。目前该资源库的分析流程采用了 PepSplice 和 TPP 两种肽段/蛋白质鉴定、全基因组匹配和翻译后修饰描述工具。与 PeptideAtlas 类似的是，该数据库用装配元件的方式组织数据，自 2011 年以来，已经包含了 14 500 多个蛋白质鉴定结果、140 000 个鉴定肽段，以及 200 万个鉴定谱图。

UniProt 系列数据库（http://www. uniprot. org）是最常用的蛋白质序列和功能注释的信息来源之一。其中 UniProtKB 子库提供了广泛的各物种蛋白质序列数据集。UniProt 不断地吸收各大公共数据库中的质谱蛋白质组学数据，从证据水平上注释蛋白质序列，证明了蛋白质及其同源异构体或变异序列的存在。

neXtProt（http://www. nextprot. org）是一个专门针对人类蛋白质研究的基于网络的蛋白质知识平台。neXtProt 整合了蛋白质组学质谱相关信息（例如基于质谱的糖基化、磷酸化、亚硝基化、泛素化、类泛素化等翻译后修饰相关的研究论文），并在其网站的"蛋白质透视图（Protein perspective）"→"蛋白质组学视角（Proteomics view）"页面中加以展示。

除上述公共数据资源之外，还有一些相关工具可供科研人员对现有的蛋白质组学数据进行整合、挖掘和重利用。例如，GPMDB 与 PeptideAtlas 多年来致力于开发新的蛋白质组学数据分析流程以发现和确认新的生物学事件，并同时从肽段和蛋白质两个水平上控制假阳性率。PeptideShaker（http://peptide-shaker. googlecode. com/）是一款将蛋白质鉴定实验数据进行后加工和可视化处理的 Java 工具，它很好地促进了对 PRIDE 数据的再加工，并用 FDR 及假阴性率等指标确认结果的可靠性，用户可以利用基于上述指标生成的 *ROC* 曲线来选择最优阈值。可视化工具 SpliceVista 可以对公共数据库中的分析流程或软件的输出文件进行可视化展示。

10.5.4　蛋白质组学在精准医学中的应用实例

癌症诊疗是精准医学目前的聚焦领域[46]。长期以来,癌症诊疗偏重适用于大部分患者的一般性原则而忽略患者个体间差异。癌症分型依据的是组织病理学分析,而这样被归类为同类型的癌症患者,其致病基因突变和癌症蛋白质表达谱可能迥然不同,这导致他们对化疗的反应和预后存在着巨大差异。不恰当的分型导致相当一部分患者并没有得到最佳方案的治疗,而精准肿瘤学的主要内容正是对患者进行精确分型及个体化治疗。近年来发展的高通量组学技术和相应的大数据分析方法可获得疾病细胞的详尽分子信息,并有效地识别出模糊数据中隐含的模式,从而进一步了解患者个体在疾病和健康状态下的生物学状态[47]。一些研究鉴定出了临床上可行的帮助诊断癌症的突变、基因和蛋白质表达模式,进一步揭示了癌症的分子机制,并为免疫疗法等新型癌症治疗策略进一步探明了前景[48]。

蛋白质是重要的细胞组成成分和细胞基本功能的执行者。恶性肿瘤细胞具有与正常细胞不同的复制和代谢过程,其所含蛋白质的数量与活性也是异常的,因此,对细胞的蛋白质进行定量分析并确定其修饰状态可判断细胞是否处于健康或疾病状态。若干高通量的试验方法可用于分析癌症的蛋白质组学图谱,包括质谱分析、蛋白质芯片实验和抗体检测法。

质谱方法通过检测肽段的质核比对肽段进行定量,其性能即敏感又稳健。各公司已经开发出具有不同分辨率、灵敏度、动态范围、产出效率和检测翻译后修饰能力的各类质谱仪,以供蛋白质组学研究的需要。质谱方法在癌症研究中得到了广泛的应用,例如通过质谱学研究发现了非小细胞肺癌样本中被激活的致癌激酶和新型的融合蛋白,如 ALK。借助于这一重要发现,研究者进一步证明了以 ALK、MET 和 ROS1 为靶点的酪氨酸激酶抑制剂——克里唑蒂尼(crizotinib)在治疗 *ALK* 基因重排的非小细胞肺癌患者中的有效性[49]。通过分析癌症基因组图谱计划癌症样本的蛋白质表达谱,可将结肠癌分类为层次相重叠的亚型,这一分类结果不同于 RNA 测序研究中对结肠癌的分类[50]。因此,对样本蛋白质的全局分析可以带来基因组、转录组研究中没有发现的新信息。

蛋白质微阵列(蛋白质芯片)是另一种被广泛应用的蛋白质组学分析方法。基于蛋白质丰度的蛋白质芯片包括捕捉芯片和反向蛋白质芯片两种,前者可被进一步分为直接标记分析和夹心免疫分析。直接标记法用可检测的标志分子,如荧光探针来标记感兴趣的蛋白质,并用固定在固体表面的抗体来捕捉被标记的蛋白质。这种方法可一次同时分析多个样本,但是需要用化学方法来修饰这些蛋白质。此外,可相互反应的抗体会导致假阳性结果,导致方法的特异性降低。夹心免疫法使用两种类型的抗体:一种抗体用于捕捉目标蛋白,另一种抗体将荧光分子绑定在目标蛋白的另一个抗原决定簇上。该方法避免了直接标记目标蛋白,因此提高了特异性,但该方法要求目标蛋白必须具备两个不同的抗原决定簇。反相蛋白质芯片将蛋白质裂解产物印在固体表面上,并通过引入目标蛋白质的一级和二级抗体来定量目标蛋白,该方法可以高效地扫描多个样本,但是可检测的蛋白质丰度的动态范围较窄。这些基于蛋白质芯片的方法可用于发现癌症的蛋白质标志物。例如,抗体芯片分析表明,白细胞介素-8 及生长相关癌基因(GRO)细胞因子水平是潜在的检测乳腺癌 HER2 靶向治疗反应的生物标志物。反向蛋白质芯片收集的数据表明:部分卵巢癌患者受益于 KIT-细胞周期蛋白 E2 抑制剂联合疗法,或PI3K-MAPK 抑制剂联合疗法。

如前所述,精确诊断和疾病分型是精准医学的主要研究内容之一。众所周知,恶性肿瘤细胞或肿瘤干细胞的抗化疗药物习性和转移能力是导致肿瘤患者死亡的关键原因。而以往的研究经验表明:单纯利用蛋白质组学鉴定特征分子的方法通常难以将肿瘤干细胞与非肿瘤干细胞区分开来。葡萄牙波尔图肿瘤研究所团队将糖组学和糖基化蛋白质组学数据融合到多组学数据中,为精确区分恶性和非恶性肿瘤细胞提供了新的考察视角[51]。

除精确诊断外,精准医疗还将实现针对疾病个体的差异化治疗。在目前肿瘤的临床治疗中,患者个体对化疗药物的反应存在很大差异,预测不同患者对药物干预的预后效果成为癌症治疗中的一大难点。精准医学的研究热点之一即是探明基因型和分子表型各异的肿瘤细胞对化疗药物的差异性表现,并找出导致这种差异的关键分子和通路,从而为肿瘤药物的精准干预提供理论基础。瑞士巴塞尔大学的研究团队,通过考察肝癌患者在用药前后一系列活检组织的定量磷酸化蛋白质组变化,描绘出致癌分子通路对药物作用的反应,从而反映了肿瘤细胞的耐药性机制,是将蛋白质组学应用于精准医学研究的经典实例[45]。

癌症免疫疗法是一种利用患者的免疫系统控制或消除恶性肿瘤细胞的治疗方法,近年来获得了较多的关注,该疗法涉及多种技术[52]。这种治疗方法利用了癌细胞基因畸变导致其表达在正常良性细胞中不表达的新肽段的特性[53]。部分新肽段被运送到细胞表面,免疫系统能识别这些癌细胞特异抗原。因为癌症免疫疗法只作用于恶性细胞,因此其不良反应较为轻微。最近,免疫疗法在没有其他治疗选择的晚期转移性黑色素瘤患者身上进行了临床试验并取得了成功[54]。组学研究可以从多个角度促进免疫疗法的发展与完善:基因组分析可以确定潜在的可供操作的肿瘤细胞新抗原;蛋白质组学方法可描绘出肿瘤细胞表面的新肽段,即免疫新抗原,为免疫疗法提供了选择,研究者可以据此为患者"量体裁衣",研发出个体化的疫苗,激活患者体内的免疫反应,促进 B 细胞产生针对肿瘤细胞的抗体[53]。

综上所述,包括基因组学、转录组学、蛋白质组学在内的多种组学研究,从不同水平上反映了生物分子的状态,由此发展出的整合分析方法与工具,试图从整体上系统地刻画癌症的生物学特征。将蛋白质组学融入多组学综合分析,将使人们对癌症的理解更加立体和深入[48]。

10.6 小结与展望

组学是精准医学的基础,精准医学将组学大数据直接应用到医学实践中。精准医学、大数据及蛋白质组学都是处于飞速发展中的年轻学科,随着相关技术的发展和成熟,蛋白质组学大数据将极大地推动精准医学的进展。

参考文献

[1] Bender E. Big data in biomedicine [J]. Nature, 2015,527(7576): S1.

[2] Venter J C, Adams M D, Myers E W, et al. The sequence of the human genome [J]. Science, 2001,291(5507):1304-1351.

[3] Lander E S, Linton L M, Birren B, et al. Initial sequencing and analysis of the human genome [J]. Nature, 2001,409(6822):860-921.

[4] He F. Lifeomics leads the age of grand discoveries [J]. Sci China Life Sci, 2013,56(3):201-212.

[5] Mann M, Kulak N A, Nagaraj N, et al. The coming age of complete, accurate, and ubiquitous proteomes [J]. Mol Cell, 2013,49(4):583-590.

[6] Kim M S, Pinto S M, Getnet D, et al. A draft map of the human proteome [J]. Nature, 2014, 509(7502):575-581.

[7] Wilhelm M, Schlegl J, Hahne H, et al. Mass-spectrometry-based draft of the human proteome [J]. Nature, 2014,509(7502):582-587.

[8] Altelaar A F, Munoz J, Heck A J. Next-generation proteomics: towards an integrative view of

proteome dynamics [J]. Nat Rev Genet，2013,14(1):35-48.

［9］ Cottrell J S. Protein identification using ms/ms data [J]. J Proteomics，2011, 74 (10):1842-1851.

［10］ 常乘，朱云平. 基于质谱的定量蛋白质组学策略和方法研究进展 [J]. 中国科学:生命科学,2015,45(5):425-438.

［11］ Zybailov B，Mosley A L，Sardiu M E，et al. Statistical analysis of membrane proteome expression changes in Saccharomyces cerevisiae [J]. J Proteome Res，2006,5(9):2339-2347.

［12］ Lu P，Vogel C，Wang R，et al. Absolute protein expression profiling estimates the relative contributions of transcriptional and translational regulation [J]. Nat Biotechnol，2007,25(1):117-124.

［13］ Ishihama Y，Oda Y，Tabata T，et al. Exponentially modified protein abundance index (emPAI) for estimation of absolute protein amount in proteomics by the number of sequenced peptides per protein [J]. Mol Cell Proteomics，2005,4(9):1265-1272.

［14］ Griffin N M，Yu J，Long F，et al. Label-free, normalized quantification of complex mass spectrometry data for proteomic analysis [J]. Nat Biotechnol, 2010,28(1):83-89.

［15］ Schwanhäusser B，Busse D，Li N，et al. Global quantification of mammalian gene expression control [J]. Nature，2011,473(7347):337-342.

［16］ Gene Ontology Consortium. Gene Ontology Consortium: going forward [J]. Nucleic Acids Res，2015,43(Database issue): D1049-D1056.

［17］ Huang da W，Sherman B T，Lempicki R A. Systematic and integrative analysis of large gene lists using DAVID bioinformatics resources [J]. Nat Protoc，2009,4(1):44-57.

［18］ Schmidt A，Forne I，Imhof A. Bioinformatic analysis of proteomics data [J]. BMC Syst Biol，2014,8(Suppl 2): S3.

［19］ Shi Jing L，Fathiah Muzaffar Shah F，Saberi Mohamad M，et al. A review on bioinformatics enrichment analysis tools towards functional analysis of high throughput gene set data [J]. Curr Proteomics，2015,12:14-27.

［20］ Rodriguez H，Snyder M，Uhlén M，et al. Recommendations from the 2008 International Summit on Proteomics Data Release and Sharing Policy: the Amsterdam Principles [J]. J Proteome Res，2009,8(7):3689-3692.

［21］ Vizcaíno J A，Deutsch E W，Wang R，et al. ProteomeXchange provides globally coordinated proteomics data submission and dissemination [J]. Nat Biotechnol，2014,32(3):223-226.

［22］ Kinsinger C R，Apffel J，Baker M，et al. Recommendations for mass spectrometry data quality metrics for open access data (corollary to the Amsterdam Principles) [J]. J Proteome Res，2012, 11(2):1412-1419.

［23］ Carr S，Aebersold R，Baldwin M，et al. The need for guidelines in publication of peptide and protein identification data: Working Group on Publication Guidelines for Peptide and Protein Identification Data [J]. Mol Cell Proteomics，2004,3(6):531-533.

［24］ Bradshaw R A. Revised draft guidelines for proteomic data publication [J]. Mol Cell Proteomics，2005,4(9):1223-1225.

［25］ Bradshaw R A，Burlingame A L，Carr S，et al. Reporting protein identification data: the next generation of guidelines [J]. Mol Cell Proteomics，2006,5(5):787-788.

［26］ Cottingham K. MCP ups the ante by mandating raw-data deposition [J]. J Proteome Res，2009, 8(11):4887-4888.

[27] Celis J E, Carr S A, Bradshaw R A. New guidelines for clinical proteomics manuscripts [J]. Mol Cell Proteomics, 2008,7:2071-2072.

[28] Deutsch E W, Albar J P, Binz P A, et al. Development of data representation standards by the human proteome organization proteomics standards initiative [J]. J Am Med Inform Assoc, 2015,22(3):495-506.

[29] Deutsch E W. File formats commonly used in mass spectrometry proteomics [J]. Mol Cell Proteomics, 2012,11(12):1612-1621.

[30] Griss J, Jones A R, Sachsenberg T, et al. The mzTab data exchange format: communicating mass-spectrometry-based proteomics and metabolomics experimental results to a wider audience [J]. Mol Cell Proteomics, 2014,13(10):2765-2775.

[31] Mayer G, Jones A R, Binz P A, et al. Controlled vocabularies and ontologies in proteomics: overview, principles and practice [J]. Biochim Biophys Acta, 2014,1844(1 Pt A):98-107.

[32] Mayer G, Montecchi-Palazzi L, Ovelleiro D, et al. The HUPO proteomics standards initiative-mass spectrometry controlled vocabulary [J]. Database(Oxford), 2013,2013:bat009.

[33] Perez-Riverol Y, Alpi E, Wang R, et al. Making proteomics data accessible and reusable: current state of proteomics databases and repositories [J]. Proteomics, 2015,15(5-6):930-949.

[34] Vaudel M, Verheggen K, Csordas A, et al. Exploring the potential of public proteomics data [J]. Proteomics, 2016,16(2):214-225.

[35] Vizcaíno J A, Csordas A, Del-Toro N, et al. 2016 update of the pride database and its related tools [J]. Nucleic Acids Res, 2016,44(22): D447-D456.

[36] Perez-Riverol Y, Xu Q W, Wang R, et al. PRIDE inspector toolsuite: Moving toward a universal visualization tool for proteomics data standard formats and quality assessment of proteomeXchange datasets [J]. Mol Cell Proteomics, 2016,15(1):305-317.

[37] Deutsch E W, Sun Z, Campbell D, et al. State of the human proteome in 2014/2015 as viewed through PeptideAtlas: Enhancing accuracy and coverage through the AtlasProphet [J]. Journal of proteome research, 2015,14(9):3461-3473.

[38] Farrah T, Deutsch E W, Kreisberg R, et al. PASSEL: the PeptideAtlas SRMexperiment library [J]. Proteomics, 2012,12(8):1170-1175.

[39] Chen T, Zhao J, Ma J, et al. Web resources for mass spectrometry-based proteomics [J]. Genomics Proteomics Bioinformatics, 2015,13(1):36-39.

[40] Mathivanan S, Ahmed M, Ahn N G, et al. Human Proteinpedia enables sharing of human protein data [J]. Nat Biotechnol, 2008,26(2):164-167.

[41] Slotta D J, Barrett T, Edgar R. NCBI Peptidome: a new public repository for mass spectrometry peptide identifications [J]. Nat Biotechnol, 2009,27(7):600-601.

[42] Csordas A, Wang R, Ríos D, et al. From Peptidome to PRIDE: public proteomics data migration at a large scale [J]. Proteomics, 2013,13(10-11):1692-1695.

[43] Hansen J, Iyengar R. Computation as the mechanistic bridge between precision medicine and systems therapeutics [J]. Clin Pharmacol Ther, 2013,93(1):117-128

[44] Eisenstein M. Big data: The power of petabytes [J]. Nature, 2015,527(7576): S2-S4.

[45] Dazert E, Colombi M, Boldanova T, et al. Quantitative proteomics and phosphoproteomics on serial tumor biopsies from a sorafenib-treated HCC patient [J]. Proc Natl Acad Sci U S A, 2016, 113(5):1381-1386.

[46] Collins F S, Varmus H. A new initiative on precision medicine [J]. N Engl J Med, 2015,372

（9）：793-795.

[47] Holzinger A, Dehmer M, Jurisica I. Knowledge Discovery and interactive Data Mining in Bioinformatics—State-of-the-Art, future challenges and research directions [J]. BMC Bioinformatics, 2014,15 Suppl 6: I1.

[48] Yu K H, Snyder M. Omics profiling in precision oncology [J]. Mol Cell Proteomics, 2016,15: 2525-2536.

[49] Shaw A T, Kim D W, Nakagawa K, et al. Crizotinib versus chemotherapy in advanced ALK-positive lung cancer [J]. N Engl J Med, 2013,368(25):2385-2394.

[50] Zhang B, Wang J, Wang X, et al. Proteogenomic characterization of human colon and rectal cancer [J]. Nature, 2014,513(7518):382-387.

[51] Ferreira J A, Peixoto A, Neves M, et al. Mechanisms of cisplatin resistance and targeting of cancer stem cells: Adding glycosylation to the equation [J]. Drug Resist Updat, 2016,24:34-54.

[52] Palucka K, Banchereau J. Cancer immunotherapy via dendritic cells [J]. Nat Rev Cancer, 2012, 12(4):265-277.

[53] Schumacher T N, Schreiber R D. Neoantigens in cancer immunotherapy [J]. Science, 2015,348 (6230):69-74.

[54] Mellman I, Coukos G, Dranoff G. Cancer immunotherapy comes of age [J]. Nature, 2011,480 (7378):480-489.

缩　略　语

英文缩写	英文全称	中文全称
2DE-MALDI-TOF MS	2-dimensional gel electrophoresis and matrix-assisted laser desorption/ionization time of flight mass spectrometry	双向电泳-基质辅助激光解吸离子化飞行时间质谱法
2DICAL	two-dimensional image converted analysis of liquid chromatography and mass spectrometry	液相色谱和质谱的二维图像转换分析
2D-DIGE	two dimension difference gel electrophoresis	双向差异凝胶电泳技术
2-DE	two-dimensional electrophoresis	双向电泳
5-FU	5-fluorouracil	5-氟尿嘧啶
ABPP	activity-based protein profiling	活性蛋白质谱
ACEI	angiotensin converting enzyme inhibitor	血管紧张素转化酶抑制剂
ACLF	acute-on-chronic liver failure	慢加急性(亚急性)肝衰竭
ACS	acute coronary syndrome	急性冠脉综合征
ACTH	adrenocorticotropic hormone	促肾上腺皮质激素
ADAM17	disintegrin and metalloproteinase domain-containing protein 17	去整合素-金属蛋白酶 17
AFP	α-fetoprotein	甲胎蛋白
AH	atypical hyperplasia	不典型增生
AIS	adenocarcinoma *in situ*	原位腺癌
ALDH2	acetaldehydedehydrogenase 2	乙醛脱氢酶 2
AMPK	AMP-activated protein kinase	腺苷酸活化蛋白激酶
ANT	adenine nucleotide translocase	腺嘌呤核苷酸转位酶
AOM	azoxymethane	氧化偶氮甲烷
APC	adenomatous polyposis coli protein	腺瘤性结肠息肉病蛋白
APO	apoptosome	凋亡体

（续表）

英文缩写	英文全称	中文全称
apoE	apolipoprotein E	载脂蛋白 E
AP-MS	affinity purification mass spectrometry	亲和纯化/质谱
ARB	angiotensin II receptor blocker	血管紧张素 II 受体阻滞剂
ARE	antioxidant response element	抗氧化反应元件
AS	atherosclerosis	动脉粥样硬化
BAC	bronchioloalveolar carcinoma	细支气管肺泡癌
BD	Barrett's dysplasia	巴雷特食管不典型增生
BE	Barrett esophagus	巴雷特食管
BMI	body mass index	体重指数
BN Gel	blue native gel	蓝色温和胶
BPDE	benzo[a] pyrene diol epoxide	二氢二醇环氧苯并芘
CA19-9	carbohydrate antigen 19-9	糖类抗原 19-9
CABG	coronary artery bypass grafting	冠状动脉旁路移植术
CAV1	caveolin-1	小窝蛋白-1
ccRCC	clear cell renal cell carcinoma	肾透明细胞癌
CD	cathepsin D	组织蛋白酶 D
CEA	carcinoembryonic antigen	癌胚抗原
CEER	collaborative enzyme enhanced reactive immunoassay	协同酶增强反应性免疫测定法
CE-MS	capillary electrophoresis coupled to mass spectrometry	毛细管电泳质谱联用技术
CHB	chronic hepatitis B	慢性乙型病毒性肝炎
CHD	coronary atherosclerotic heart disease	冠状动脉粥样硬化性心脏病
ChRCC	chromophobe renal cell carcinoma	肾嫌色细胞癌
CIMP	CpG island methylation phenotype	CpG 岛甲基化表型
CIS	carcimoma *in situ*	原位癌
CNV	copy number variation	拷贝数变异
COGENT	colorectal cancer genetics	结直肠癌遗传性
COPS2	COP9 signalosome complex subunit 2	COP9 信号复合体亚基 2
CP	ceruloplasmin	血浆铜蓝蛋白

（续表）

英文缩写	英文全称	中文全称
CPTAC	Clinical Proteomic Tumor Analysis Consortium	临床蛋白质组肿瘤分析联盟
CRC	colorectal cancer	结直肠癌
CRP	C-reactive protein	C 反应蛋白
CSC	cancer stem cell	肿瘤干细胞
CTC	circulating tumor cell	循环肿瘤细胞
CT	computed tomography	计算机断层扫描
CTLA-4	cytotoxic T-lymphocyte-associated protein 4	细胞毒性 T 淋巴细胞相关抗原 4
CTSF	cathepsin F	组织蛋白酶 F
Cyfra21-1	cytokeratin 19 fragment	细胞角蛋白片段 19
DCM	dilated cardiomyopathy	扩张型心肌病
DCP	des-γ-carboxy-prothrombin	脱-γ-羧基凝血酶原
DDH	dihydrodiol dehydrogenase	二氢二醇脱氢酶
DHEA-S	dehydroepiandrosterone sulphate	脱氢表雄酮硫酸盐
DNMT3A	DNA (cytosine-5)-methyltransferase 3A	DNA 甲基转移酶 3A
DOX	doxorubicin	多柔比星
DSS	dextran sulfate sodium	葡聚糖硫酸钠
EAC	esophageal adenocarcinoma	食管腺癌
EBI	European Bioinformatics Institute	欧洲生物信息研究所
EBV	Epstein-Barr virus	EB 病毒
EC	endothelial cell	内皮细胞
ECM	extracellular matrix	细胞外基质
EDHB	ethyl-3,4-dihydroxybenzoate	原儿茶酸乙酯
EGFR	epidermal growth factor receptor	表皮生长因子受体
EGFR-TKI	epidermal growth factor receptor tyrosine kinase inhibitor	表皮生长因子受体酪氨酸激酶抑制剂
EI	electron ionization	电子轰击离子化
ELISA	enzyme linked immunosorbent assay	酶联免疫吸附测定
EMR	endoscopic mucosal resection	内镜下黏膜切除术
EMT	epithelial-to-mesenchymal transition	上皮间质转化

（续表）

英文缩写	英文全称	中文全称
ENaC	epithelial sodium channel	上皮钠通道蛋白
ESCC	esophageal squamous cell carcinoma	食管鳞状细胞癌
ESD	endoscopic submucosal dissection	内镜黏膜下剥离术
ES	enrichment score	富集分值
ESI	electrospray ionization	电喷雾离子化
EUS	endoscopic ultrasonography	超声内镜
EV	extracellular vesicle	细胞外囊泡
EXO	exosome	外泌体
EZH2	enhancer of zeste homolog 2	zeste 同源物增强子 2
FBP1	fructose-1,6-diphosphatase 1	果糖-1,6-二磷酸酶 1
FDA	the Food and Drug Administration	美国食品药品监督管理局
FDR	false discovery rate	假阳性率
FFPE	formalin fixed paraffin embeding	福尔马林固定石蜡包埋
FOBT	fecal occult blood test	便隐血检测
FSH	follicle-stimulating hormone	卵泡刺激素
FST	follistatin	卵泡抑素
FT-MS	fourier transform mass spectrometry	傅里叶变换质谱
GBD	global burden of disease	全球疾病负担
Gd-IgA1	galactose-deficient IgA1	半乳糖缺陷型 IgA1
GERD	gastroesophageal reflux disease	胃食管反流疾病
GO	gene ontology	基因功能注释
GRP78	glucose-regulated protein 78	葡萄糖调节蛋白 78
GSEA	gene set enrichment analysis	基因集合富集分析
GSK-3β	glycogen synthetase kinase 3β	糖原合成酶激酶-3β
GWAS	genome-wide association study	全基因组关联分析
HapMap	International HapMap Project	国际人类基因组单体型图计划
HBV	hepatitis B virus	乙型肝炎病毒
HCC	hepatocellular carcinoma	肝细胞癌
HCG	human chorionic gonadotropin	人绒毛膜促性腺激素
HCV	hepatitis C virus	丙型肝炎病毒

（续表）

英文缩写	英文全称	中文全称
HDL	high density lipoprotein	高密度脂蛋白
HE4	human epididymis secretory protein 4	人附睾分泌蛋白 4
HGH	human growth hormone	人生长激素
HGP	Human Genome Project	人类基因组计划
HIF	hypoxia-inducible factor	缺氧诱导因子
HLPP	Human Liver Proteome Project	人类肝脏蛋白质组计划
HPA	Human Protein Atlas	人类蛋白质图谱
HPLC	high performance liquid chromatography	高效液相色谱法
HPP	Human Proteome Project	人类蛋白质组计划
HPPP	Human Plasma Proteome Project	人类血浆蛋白质组计划
HPRD	Human Protein Reference Database	人类蛋白质参考数据库
HPV	human papillomavirus	人乳头瘤病毒
hr-HPV	high-risk human papillomavirus	高危型人乳头瘤病毒
HSC	hepatic stellate cell	肝星形细胞
HUPO	Human Proteome Organization	国际人类蛋白质组组织
I/R	myocardial ischemia/reperfusion	心肌缺血/再灌注
IARC	International Agency for Research on Cancer	国际癌症研究中心
ICAT	isotope-coded affinity tag	同位素编码亲和标签
ICM	ischemic cardiomyopathy	缺血性心肌病
ICR-MS	ion cyclotron resonance mass spectrometry	离子回旋共振质谱
IHC	immunohistochemistry	免疫组织化学
iNNT	individualized number needed treat	个体化的需治疗数
IR	insulin resistance	胰岛素抵抗
ISEV	International Society for Extracellular Vesicles	国际胞外囊泡协会
iTRAQ	isobaric tags for relative and absolute quantitation	同位素标记相对和绝对定量技术
KBP	kallikrein-binding protein	激肽释放酶结合蛋白
KRT5	keratin-5	角蛋白 5

（续表）

英文缩写	英文全称	中文全称
KRT7	keratin-7	角蛋白 7
LCM	laser capture microdissection	激光捕获显微切割
LC-MS	liquid chromatography-mass spectrometry	液相色谱–质谱法
LC-MS/MS	liquid chromatography tandem mass spectrometry	液相色谱串联质谱法
LDH	lactate dehydrogenase	乳酸脱氢酶
LH	luteinizing hormone	促黄体素
LIT-MS	linear ion trap mass spectrometry	线性离子阱质谱
LNM	lymph node metastasis	淋巴结转移
LTQ-MS	linear trap quadrople-mass spectrometry	线性离子阱四级杆
LVH	left ventricular hypertrophy	左心室肥厚
MALDI	matrix-assisted laser desorption ionization	基质辅助激光解吸离子化
MALDI-MS	matrix-assisted laser desorption/ionization mass spectrometry	基质辅助激光解吸离子化质谱
MALDI-TOF MS	matrix-assisted laser desorption/ionization time-of-flight mass spectrometry	基质辅助激光解吸离子化飞行时间质谱
MARS	multiple affinity removal system	多重亲和去除系统
MDR	multi-drug resistance	多药耐药
MIA	minimally invasive adenocarcinoma	微浸润腺癌
MI	myocardial infarction	心肌梗死
MiST	mass spectrometry interaction statistics	质谱相互作用数据统计
MMP	matrix metalloproteinase	基质金属蛋白酶
MnSOD	manganese-containing superoxide dismutase	锰超氧化物歧化酶
MPO	myeloperoxidase	髓过氧化物酶
mPTP	mitochondrial permeability transition pore	线粒体通透性转变通道
MRM	multiple reaction monitoring	多重反应监测
MRM-MS	multiple reaction monitoring-mass spectrometry	多重反应监测质谱法
MS	mass spectrometry	质谱法
MS/MS	tandem mass spectrometry	串联质谱法

（续表）

英文缩写	英文全称	中文全称
MSI	microsatellite instability	微卫星不稳定性
MSI-H	high-level microsatellite instability	高度微卫星不稳定性
MudPIT	multidimensional protein identification technology	多维蛋白质鉴定技术
MV	microvesicle	微囊泡
NAFLD	nonalcoholic fatty liver disease	非酒精性脂肪肝
NAPPA	nucleic acid programmable protein arrays	核酸可编程蛋白质芯片
NASH	non-alcoholic steatohepatitis	非酒精性脂肪性肝炎
NCI	United States National Cancer Institute	美国国立癌症研究所
NEC	normal endothelial cell	正常内皮细胞
NEJM	*The New England Journal of Medicine*	新英格兰医学杂志
NIH	National Institutes of Health	美国国立卫生研究院
NIST	National Institute of Standards and Technology	美国国家标准与技术研究院
NMP22	nuclear matrix protein 22	核基质蛋白 22
NMRI	nuclear magnetic resonance imaging	核磁共振成像
NSCLC	non-small cell lung cancer	非小细胞肺癌
NSE	2-phospho-D-glycerate hydrolase	糖分解烯醇酶
NT	normal donor	健康捐献者
NT5E	ecto-5'-nucleotidase	细胞外 5'-核苷酸酶
NYHA	New York Heart Association	纽约心脏病协会
OPG	osteoprotegerin	护骨因子
PAI	plasminogen activator inhibitor	纤溶酶原激活剂抑制因子
PCA3	prostate cancer antigen 3	前列腺癌抗原 3
PCI	percutaneous coronary intervention	经皮冠状动脉介入术
PCR	polymerase chain reaction	聚合酶链反应
PD-1	programmed death-1	程序性死亡受体-1
PD-L1	programmed death-ligand 1	程序性死亡配体-1
PEC	paratumor endothelial cell	肺鳞状细胞癌旁内皮细胞
PET	positron emission computerized tomography	正电子发射计算机断层成像

英文缩写	英文全称	中文全称
PGC-1	peroxisome proliferator-activated receptor-gamma coactivator-1	过氧化物酶体增殖物激活受体 γ 辅激活因子 1
PK	pharmacokinetics	药物代谢动力学
PKC	protein kinase C	蛋白激酶 C
PKM2	pyruvate kinase-M2	丙酮酸激酶-M2
PMF	peptide mass fingerprinting	肽质量指纹图
PMSF	phenylmethylsulfonyl fluoride	苯甲基磺酰氟
PostC	ischemic postconditioning	缺血后适应
PPP	pentose phosphate pathway	戊糖磷酸途径
PRCC	papillary renal cell carcinoma	乳头状肾细胞癌
PRDX-3	thioredoxin-dependent peroxide reductase	硫氧还蛋白依赖性过氧化物还原酶 3
PRIDE	Proteomics Identifications Database	蛋白质组学鉴定数据库
PRL	prolactin	催乳素
PRM	parallel reaction monitoring	平行反应监测
PRR	pattern recognition receptor	模式识别受体
PRX1	peroxiredoxin 1	过氧化物氧化还原酶 1
PSA	prostate specific antigen	前列腺特异性抗原
PSI	Proteomics Standards Initiative	蛋白质组标准化工作委员会
PSM	peptide spectrum match	肽段-谱图匹配
PTM	post-translational modification of protein	蛋白质翻译后修饰
PTX3	pentraxin 3	正五聚蛋白 3
PX	ProteomeXchange Consortium	蛋白质组数据共享联盟
QqQ-MS	triple quadrupole mass spectrometry	三重四极杆质谱
RC	respiratory chain	呼吸链
RCC	renal cell carcinoma	肾细胞癌
RIRR	ROS-induced ROS release	ROS 诱导的 ROS 释放
ROC	receiver operating characteristic	接受者操作特征
ROMA	risk of ovarian malignancy algorithm	卵巢恶性肿瘤风险模型
ROS	reactive oxygen species	活性氧

（续表）

英文缩写	英文全称	中文全称
RPPA	reverse phase protein arrays	反相蛋白质芯片
RTK	receptor tyrosine kinase	受体酪氨酸激酶
SAA	serum amyloid A	血清淀粉样蛋白 A
SAGE	serial analysis of gene expression	基因表达系列分析
SCCA	squamous cell carcinoma antigen	鳞状细胞癌抗原
SCJ	squamocolumnar junction	鳞状上皮-柱状上皮交界区
SCLC	small cell lung cancer	小细胞肺癌
sDNA	stool DNA	粪便 DNA
SDS-PAGE	sodium dodecyl sulfate-polyacrylamide gel electrophoresis	十二烷基硫酸钠聚丙烯酰胺凝胶电泳
SID	stable isotope dilution	稳定同位素稀释法
SILAC	stable isotope labeling by amino acids in cell culture	细胞培养稳定同位素标记技术
SISCAPA	stable isotope standards and capture by anti-peptide antibodies	稳定同位素内标和肽抗体捕获
SM	squamous metaplasia	鳞状上皮化生
SMG	significantly mutated genes	显著突变基因
SNP	single nucleotide polymorphism	单核苷酸多态性
SOX2	SRY-box 2	Y 框蛋白 2
SR	sarcoplasmic reticulum	肌浆网
SRM	selected reaction monitoring	选择反应监测
TAA	thioacetamide	硫代乙酰胺
TAC	transverse aortic constriction	主动脉缩窄
TBK1	TANK-binding kinase 1	TANK 结合激酶 1
TCC	transitional cell carcinoma	移行细胞癌
TCEB1	transcriptional elongation factor B polypeptide 1	转录延伸因子 B 多肽 1
TCGA	The Cancer Genome Atlas	癌症基因组图谱计划
TEC	tumor endothelial cell	肺鳞状细胞癌肿瘤内皮细胞
TERF1	telomeric repeat-binding factor 1	端粒重复序列结合因子 1
TfR	transferrin receptor	运铁蛋白受体

（续表）

英文缩写	英文全称	中文全称
TG	thyroglobulin	甲状腺球蛋白
TGF-β1	transforming growth factor beta 1	转化生长因子-β1
TIF	tumor interstitial fluid	肿瘤间隙液
TIMP1	tissue inhibitor of metalloproteinases 1	金属蛋白酶组织抑制物 1
TMT	tandem mass tags	串联质量标签
TNF-α	tumor necrosis factor-α	肿瘤坏死因子-α
TNFRSF 1A	tumor necrosis factor receptor superfamily member 1A	肿瘤坏死因子受体超家族成员 1A
TOF-MS	time-of-flight mass spectrometry	飞行时间质谱
TPA	tissue polypeptide antigen	组织多肽抗原
TPM4	tropomyosin-4	原肌球蛋白-4
TRPS1	tricho-rhino-phalangeal syndrome 1 gene	发鼻指综合征 1 基因
TSH	thyroid stimulating hormone	促甲状腺激素
TSP1	thrombospondin 1	凝血酶敏感蛋白 1
TTF-1	thyroid transcription factor-1	甲状腺转录因子-1
uPA	urokinase-type plasminogen activator	尿激酶型纤溶酶原激活剂
VEGF	vascular endothelial growth factor	血管内皮生长因子
VIB	the Flanders Interuniversity Institute for Biotechnology	法兰德斯大学校际生物科技研究所
VSMC	vascular smooth muscle cell	血管平滑肌细胞
vWF	von Willebrand factor	血管性血友病因子
WB	Western blotting	蛋白质印迹法
WES	whole exome sequencing	全外显子组测序
WGS	whole genome sequencing	全基因组测序
WHO	World Health Organization	世界卫生组织
XIC	extracted ion chromatography	离子流色谱峰
YBX1	Y-box binding protein 1	Y-框结合蛋白 1
YLD	years lived with disability	伤残损失健康生命年
YLL	years of life lost	损失生命年

索　引